世界技术编年史

SHIJIE JISHU BIANNIAN SHI

交通 机械

主编 陈朴

山东教育出版社

图书在版编目（CIP）数据

世界技术编年史. 交通 机械 / 陈朴主编 . — 济南 ：山东教育出版社，2019.10（2020.8重印）

ISBN 978-7-5701-0801-5

Ⅰ. ①世… Ⅱ. ①陈… Ⅲ. ①技术史－世界 Ⅳ. ①N091

中国版本图书馆CIP数据核字（2019）第217563号

责任编辑：任军芳　董　晗　徐　旭
装帧设计：丁　明
责任校对：赵一玮

SHIJIE JISHU BIANNIAN SHI
JIAOTONG　JIXIE

世界技术编年史

交通 机械

陈朴　主编

主管单位：山东出版传媒股份有限公司
出版发行：山东教育出版社
地址：济南市纬一路321号　邮编：250001
电话：（0531）82092660　网址：www.sjs.com.cn
印　　刷：山东临沂新华印刷物流集团有限责任公司
版　　次：2019年10月第1版
印　　次：2020年8月第2次印刷
开　　本：710毫米×1000毫米　1/16
印　　张：32.25
字　　数：532千
定　　价：100.00元

（如印装质量有问题，请与印刷厂联系调换）印厂电话：0539-2925659

《世界技术编年史》编辑委员会

本卷撰稿：陈　朴

人类的历史，是一部不断发展进步的文明史。在这一历史长河中，技术的进步起着十分重要的推动作用。特别是在近现代，科学技术的发展水平，已经成为衡量一个国家综合国力和文明程度的重要标志。

科学技术历史的研究是文化建设的重要内容，可以启迪我们对科学技术的社会功能及其在人类文明进步过程中作用的认识与理解，还可以为我们研究制定科技政策与规划、经济社会发展战略提供重要借鉴。20世纪以来，国内外学术界十分注重对科学技术史的研究，但总体看来，与科学史研究相比，技术史的研究相对薄弱。在当代，技术与经济、社会、文化的关系十分密切，技术是人类将科学知识付诸应用、保护与改造自然、造福人类的创新实践，是生产力发展最重要的因素。因此，技术史的研究具有十分重要的现实意义和理论意义。

本书是国内从事技术史、技术哲学的研究人员用了多年的时间编写而成的，按技术门类收录了古今中外重大的技术事件，图文并茂，内容十分丰富。本书的问世，将为我国科学技术界、社会科学界、文化教育界以及经济社会发展研究部门的研究提供一部基础性文献。

希望我国的科学技术史研究不断取得新的成果。

路甬祥 2012/11/02

前言

技术是人类改造自然、创造人工自然的方法和手段，是人类得以生存繁衍、经济发展、社会进步的基本前提，是生产力中最为活跃的因素。近代以来，由于工业技术的兴起，科学与技术的历史得到学界及社会各阶层的普遍重视，然而总体看来，科学由于更多地属于形而上层面，留有大量文献资料可供研究，而技术更多地体现在形而下的物质层面，历史上的各类工具、器物不断被淘汰销毁，文字遗留更为稀缺，这都增加了技术史研究的难度。

综合性的历史著作大体有两种文本形式，其一是在进行历史事件考察整理的基础上，抓一个或几个主线编写出一种“类故事”的历史著作；其二是按时间顺序编写的“编年史”。显然，后一种著作受编写者个人偏好和知识结构的影响更少，具有较强的文献价值，是相关专业研究、教学与学习人员必备的工具书，也适合从事技术政策、科技战略研究与管理人员学习参考。

技术编年史在内容选取和编排上也可以分为两类，其一是综合性的，即将同一年的重大技术事项大体分类加以综合归纳，这样，同一年中包括了所有技术门类；其二是专业性的，即按技术门类编写。显然，两者适合不同专业的人员使用而很难相互取代，而且在材料的选取、写作深度和对撰稿者专业要求方面均有所不同。

早在1985年，由赵红州先生倡导，在中国科协原书记处书记田夫的支持下，我们在北京玉渊潭望海楼宾馆开始编写简明的《大科学年表》，该年表历时5年完成，1992年由湖南教育出版社出版。在参与这一工作中，我深感学界缺少一种解释较为详尽的技术编年史。经过一段时间的筹备之后，1995

年与清华大学汪广仁教授和东北大学远德玉教授组成了编写核心组，组织清华大学、东北大学、北京航空航天大学、北京科技大学、北京化工大学、中国电力信息中心、华中农业大学、哈尔滨工业大学、哈尔滨医科大学等单位的同行参与这一工作。这一工作得到了李昌及卢嘉锡、任继愈、路甬祥、柯俊、席泽宗等一批知名科学家的支持，他们欣然担任了学术顾问。全国人大常委会原副委员长、中国科学院原院长路甬祥院士还亲自给我写信，谈了他的看法和建议，并为这套书写了序。2000年，中国科学院学部主席团原执行主席、原中共中央顾问委员会委员李昌到哈工大参加校庆时，还专门了解该书的编写情况，提出了很好的建议。当时这套书定名为《技术发展大事典》，准备以纯技术事项为主。2010年，为了申报教育部哲学社会科学研究后期资助项目，决定首先将这一工作的古代部分编成一部以社会文化科学为背景的技术编年史（远古—1900），申报栏目为“哲学”，因为我国自然科学和社会科学基金项目申报书中没有“科学技术史”这一学科栏目。这一工作很快被教育部批准为社科后期资助重点项目，又用了近3年的时间完成了这一课题，书名定为《社会文化科学背景下的技术编年史（远古—1900）》，2016年由高等教育出版社出版，2017年获第三届中国出版政府奖提名奖。该书现代部分（1901—2010）已经得到国家社科基金后期资助，正在编写中。

2011年4月12日，在山东教育出版社策划申报的按技术门类编写的《世界技术编年史》一书，被国家新闻出版总署列为“十二五”国家重点出版规划项目。以此为契机，在山东教育出版社领导的支持下，调整了编辑委员会，确定了本书的编写体例，决定按技术门类分多卷出版。期间召开了四次全体编写者参与的编辑工作会，就编写中的一些具体问题进行研讨。在编写者的努力下，历经8年陆续完成。这样，上述两类技术编年史基本告成，二者具有相辅相成，互为补充的效应。

本书的编写，是一项基础性的学术研究工作，它涉及技术概念的内涵和外延、技术分类、技术事项整理与事项价值的判定，与技术事项相关的时间、人物、情节的考证诸多方面。特别是现代的许多技术事件的原理深奥、结构复杂，写到什么深度和广度均不易把握。

这套书从发起到陆续出版历时20多年，期间参与工作的几位老先生及5位顾问相继谢世，为此我们深感愧对故人而由衷遗憾。虽然我和汪广仁、远德玉、程承斌都已是七八十岁的老人了，但是在这几年的编写、修订过程中，不断有年轻人加入进来，工作后继有人又十分令人欣慰。

本书的完成，应当感谢相关专家的鼎力相助以及参编人员的认真劳作。由于这项工作无法确定完成的时间，因此也就无法申报有时限限制的各类科研项目，参编人员是在没有任何经费资助的情况下，凭借对科技史的兴趣和为学术界服务的愿望，利用自己业余时间完成的。

本书的编写有一定的困难，各卷责任编辑对稿件的编辑加工更为困难，他们不但要按照编写体例进行订正修改，还要查阅相关资料对一些事件进行核实。对他们认真而负责任的工作，对于对本书的编写与出版给予全力支持的山东教育出版社的领导，致以衷心谢意。本书在编写中参阅了大量国内外资料和图书，对这些资料和图书作者的先驱性工作，表示衷心敬意。

本书不当之处，显然是主编的责任，真诚地希望得到读者的批评指正。

姜振寰

2019年6月20日

一、收录范围

本书对远古—19世纪、20世纪人类在交通和机械等领域所取得的成就，按照其发生的年代进行混合编写。

二、条目选择

与上述有关的技术思想、原理、发明与革新（专利、实物、实用化）、工艺（新工艺设计、改进、实用化）以及与技术发展有关的重要事件、著作与论文等为条目进行编写。

三、编写要点

1. 每个事项以条目的方式写出。用一句话概括，其后为内容简释。

2. 外国人名、地名、机构名、企业名尽量采用习惯译名，无习惯译名的按商务印书馆出版的辛华编写的各类译名手册处理。

3. 文中专业术语根据具体情况稍加解释。

4. 书后附录由人名索引、事项索引及参考文献部分组成，均按汉语拼音字母顺序排列。人名、事项后加注该人物、事项出现的年代。

四、国别缩略语

[英] 英国　[法] 法国　[德] 德国　[意] 意大利　[奥] 奥地利

[西]西班牙　[葡]葡萄牙　[美]美国　[加]加拿大　[波]波兰
[匈]匈牙利　[俄]俄国　[中]中国　[芬]芬兰　[日]日本
[希]希腊　[典]瑞典　[比]比利时　[埃]埃及　[印]印度
[丹]丹麦　[瑞]瑞士　[荷]荷兰　[挪]挪威　[捷]捷克
[苏]苏联　[以]以色列　[新]新西兰　[澳]澳大利亚

交　通

机　械

交　通

概 述

交通技术历来就是人际交往、信息交流和物品运输的重要手段。因此广义的交通包括实物（人、物及作为信息载体的实物）的运输及通信两大类，狭义的交通仅指前者，即将人或物从一个地点向另一个地点的移动（在一定时间内改变人或物的空间位置），往往与“运输”一词在同一意义下使用。不过这种空间位置的移动一般指大范围内的，如将商品从一个地区运向另一地区，从一个国家运向另一国家。而小范围内，如车间内部或房间内部，多使用“搬运”而不用“交通”或“运输”这种概念。本书谈的交通技术是狭义的，也可以称作交通运输技术。

交通可以看作是一种特殊的生产。一般产品的生产与消费既不是同地的，也不是同时的，而交通的生产与消费则是同时同地的，因此交通会因季节不同，一天内的时间不同及社会经济状况变化出现运输的高峰期和休闲期。一个国家的交通条件是这个国家发展社会生产力的基本条件，交通的发展与工农业生产力的发展有密切的相互依存关系。交通使作为生产手段的土地、劳动、资本得到合理利用，并使它们之间密切结合在一起。交通的发展有助于土地、资源的合理利用，扩大经济活动对象的经济区，并使地区性分工成为可能，从而促进生产力的发展；交通的发展扩大了劳动就业机会；交通的发展可以促进全国性乃至世界性市场的形成。交通的进步增加了资本流通速度，起到了与增加资本相同的作用。也就是说，交通手段使土地、劳动、资本的使用更为合理，使三者形成合理的结合，这正是交通的生产功

能。交通通过其生产功能和开辟市场功能，为世界规模的生产和市场发展做出重要贡献。交通的发展促进了社会的经济发展，同时也对文化、政治发展产生影响。

人类社会的进化，东西方文化的交流，不同地区不同民族的文化交流和科技交流无不依赖于交通。交通的进步不但可以扩展社会生活的地区基础，而且也可以促进社会关系的密切联系和发展进步。

人类历史发展的不同时期，交通的内容和范围也是不同的。人类最初的交通主要靠步行、跑步和游泳。动物的驯化引入了一种新的方式来承担更重货物的运输，而且可以提高运输的速度和持续时间。诸如车轮和雪橇等发明通过引入车辆使得动物运输更加高效。水上运输，包括划船和航行船只，可以追溯到远古时代，是工业革命前大量运输或远距离运输的唯一有效方式。在以自然经济为主的漫长的农业社会里，劳动场所（如耕地）离居住场所较近，可以称得上的交通运输至多是将种子从家里运向田地，将收获物运回家中。人背、牲畜驮或人力车、畜力车即可满足这些物品的运输要求，农民去种地也是徒步自行，不需要也没有必要进行远距离运输，因此，交通在几千年内一直发展缓慢，没有形成独立的产业，虽然有过隋炀帝修大运河和郑和下西洋的壮举，在西方地中海一带也出现过海上贸易，但它对于一个民族的生存、一个国家的兴亡并不是主要的，贸易额、运输量或贸易范围也不大，它还不是当时的社会经济需求，而仅是为满足帝王、权贵等少数人政治或生活上的要求而已。

近代意义上的交通是随着西方资本主义的兴起而兴起的。封建时代末期，由于资本主义生产方式的出现，封建的、闭锁的、自给自足的自然经济开始崩溃，市场经济发展起来。随着商品生产的发展，出现了以陆运和水运为主的交通业（产业）。18世纪中叶开始的英国产业革命促进了商品的流通和原材料的远距离运输。除煤、铁外，一些轻工材料和产品的运输量也大增，旧式的马车、帆船等运输工具已远不能适应要求，正如马克思在《资本论》中所说的："工农业生产方式的革命，尤其使社会生产过程的一般条件即交通运输工具的革命成为必要。……工场手工业时期遗留下来的交通运输工具，很快又成为具有狂热的生产速度和巨大的生产规模、经常把大量资本和工人由一个生产领域投入另一个生产领域，并具有与新建立的世界市场联系的大工业所不能忍受的桎梏。”

近代交通业之所以随着英国产业革命的兴起而兴起，其一是由于这一时期社会对交通需求有了变化，要求运量大、速度快、运输成本低的新交通工具；其二是这一时期的技术进步为新交通工具的发明制造奠定了物质基础。事实上，近代以来每一种新的动力形式的出现，无一不很快即用于交通工具的改革和发明方面，并由此带来交通运输技术的一次全面的革命性变化。近200余年来，由于新动力机的不断出现和进步，运输工具无论从种类、形式还是速度上都在发生着迅速的变化。如果说近代以来技术发展呈现出一种指数性的加速变化的话，那么交通运输技术的发展对此倒是个很好的佐证。

18世纪60年代，英国开始了产业革命。工厂制生产方式的形成、工商业的发展使国内外市场不断扩展。但是，当时英国的公路状况很糟，大部分不适合车辆通行，主要的运输方式是用马驮运。最早发展起来的北坪工业区开始了公路的建设，特尔福德（Telford，Thomas 1757—1834)等公路技术家改革了公路和桥梁的建设技术，用碎石和燧石把路面建成拱形的公路建设方法成为当时公路建设的基础。从1818年到1829年，英国新修了近1 000英里的公路，并改修了旧路，大型的马拉货车取代了用马驮运。由于英国多数地区平坦、水源丰富，水运也迅速发展起来。1759年，从华莱斯煤矿到曼彻斯特间开凿了长达14英里的运河，使煤炭价格降低了一半，于是自18世纪60年代起在英国很快就形成了开凿运河的高潮，到1830年，英国国内已是运河交错。运河给当时的经济和人们的生活带来重大变化，煤、铁、木材、石头、盐、棉花等体积大的材料价格明显下降，促进了国内单一市场的形成，并使古老的河港城镇衰退，水路相交的新城镇发展起来。美国在1817—1842年间也出现了开凿运河的高潮。

大工业的发展使仅从数量上增加原来的交通工具已不能从根本上解决问题，需要运量更大、速度更快的新的交通工具。随着蒸汽机的广泛使用，到英国产业革命后期，近代重要的运输手段——铁路首先在英国出现。1825

年，英国的铁路技师史蒂文森制成第一台实用的蒸汽机车，并领导铺设了英国的第一条铁路，到1830年，史蒂文森和他儿子共同研制成功的火箭号机车，以29公里的时速牵引17吨货物在曼彻斯特至利物浦间的铁路上无故障地行驶了112公里后，才使人们认识到铁路运输的优越性。由于铁路利润率很高，许多资本家纷纷向铁路投资，英国国会在1825—1835年期间，通过了25条铁路修筑案。19世纪40年代后，修筑铁路的热潮遍布欧洲和美国。在尔后的100余年内，铁路一直是陆路运输的主要工具。蒸汽机出现后，很快也用来作为船的动力。在19世纪前使用的船，都是靠人工摇橹及风帆推进的，1807年，美国人富尔顿开始研制可以实用的以蒸汽动力推动的轮船，当年在美国即建造了一艘明轮(桨轮）轮船——克勒蒙特号，使用了金属材料制造船体，增加了船的机械强度。英国于1811年开始仿造蒸汽轮船。1812年苏格兰就开辟了欧洲第一条定期轮船航线，在内河及沿海贸易上开始大量使用蒸汽轮船。1840年，英国采用了史密斯新发明的螺旋桨推进器，制成第一艘全铁制的客轮——大不列颠号。该轮船于1843年7月从利物浦出发，仅用了15天即横渡大西洋到达纽约。随着海运业的发展，与海运有关的港口、堤岸、灯塔、船坞、起重设备逐步完善。海运的发展为资本主义的海外掠夺和贸易提供了条件，进一步促进了资本主义的经济发展。19世纪末，出现了使用汽轮机的轮船，汽轮机轮船的优点是速度高、功率大、工作平稳可靠和热效率较高。到20世纪初，大功率汽轮机的出现引起了轮船的大型化，汽轮机驱动的远洋巨轮已成为海运中的主流。

19世纪末，一些新的动力机械的问世，导致了汽车、电力机车、内燃机车、电车以及使用柴油机、汽油机的轮船的问世，为了输送原油，又出现了管道运输。随着内燃机和汽车在1900年左右的发展，公路运输再次变得更具竞争力，第一条“现代”高速公路建于19世纪，柏油、碎石和混凝土成为主要的铺路材料。1903年，莱特兄弟展示了第一架成功的可控制飞机。飞机在第一次世界大战（1914—1918）之后成为一种快速运输人员和长途货物的工具。第二次世界大战（1939—1945）之后，汽车和航空公司获得了更高的交通份额，将铁路和水资源减少到主要为货运和短途客运服务。科学航天飞行始于20世纪50年代，20世纪70年代所受关注度迅速增长，此后关注度逐渐减少。在20世纪50年代，集装箱化的引入大大提高了货运效率，促进了全球化发展。随着喷气发动机的商业化，国际航空旅行在20世纪60年代变得更加便利。随着汽车和高速公路的增长，铁路和水运的重要性相对下降。1964年日本的新干线推出后，亚洲和欧洲的高速铁路开始在远离航空公司的长途航线上吸引乘客，使20世纪的交通运输呈现出一幅立体化发展的图景。

B.C.10世纪

亚述帝国修筑石砌驿道 亚述帝国修筑的石砌驿道是古代最早的通信道路。波斯帝国在居鲁士二世（B.C.600—B.C.529）统治时期，修建邮驿，由骑兵担任传递。波斯帝国统治者大流士一世（Darius I the Great B.C.558—B.C.486）在亚述帝国驿道的基础上修筑的。驿道通向四面八方，沿途设有驿馆，以便调遣军队和传达政令。公元476年，西罗马帝国仍采用罗马建立的行省邮驿制度。东罗马帝国邮驿制度基本上保持、沿用罗马旧制，成为阿拉伯邮驿制度的基础。阿拉伯帝国阿拔斯王朝（750—1258）在中央设有管理驿道部门，在各省设置驿馆900多处；驿道干线以巴格达为中心，东达锡尔河，东南到波斯湾，北通摩苏尔，西通叙利亚；干线两侧设有若干支路。

约B.C.1000年

耶路撒冷隧道技术 耶路撒冷人修筑的输水管道已包括多条隧道，有的隧道长达537米。

B.C.8世纪

古希腊罗马发现和利用天然水泥 古希腊人和罗马人发现，把某些火山灰沉积物磨细与石灰和砂混合，做成的砂浆黏结强度较高，并有抗水性。这种砂浆就是一种天然水泥。这种火山灰与石灰的混合物，曾长期被用作水下工程材料。

中国发明圭表 圭表是中国古代用来测量日影长度的仪器，春秋时期已用圭表测量连续两次日影最长或最短之间所经历的时间，以定回归年的长度。圭表由圭与表两部分组成，圭为按南北方向置放的水平尺，表是放在圭的一端与其垂直的标杆，正午时表影投落在圭面上，夏至日表影最短，冬至日表影最长。

中国设邮驿 春秋战国时期，各诸侯国都有邮驿，还有作为传信、调兵、通信凭证用的铜马节、虎符等。秦朝筑驰道，统一法度，车同轨，书同文，开河渠，兴漕运，为邮驿的发展创造了条件。汉朝继承秦制，每30里置驿，每驿设官掌管，邮驿得到进一步发展。唐代邮驿分为陆驿、水驿、水陆兼办三种邮驿，共1 639处，在中央由兵部的驾部郎中管辖，在地方，各节度使下设馆驿巡官4人，进行管理。宋代设急递铺传递信息，此外还颁布对于邮驿特别编定的专令《嘉祐驿令》74条。元代驿政曾有蒙古站赤和汉地站赤之分，前者属通政院，后者属兵部。明清邮驿大都承袭旧制。近代邮政形成以后，古代邮驿制度被淘汰。

西亚利用装有滑轮的雪橇运输笨重物品

北叙利亚出现赫梯战车　赫梯战车由一个上部开口的木桶构成，一边放箭筒，后壁是凸出的狮子头，辕上装有半月形的盾牌作防御工具。

赫梯战车（浮雕）

B.C.781年

中国修建褒斜道　褒斜道是从陕西褒城褒谷至眉县斜谷的通道，全长470里。该道在周幽王伐有褒以前已初通，秦国攻楚国经汉中时畅通。B.C.316年，修建了南栈道，全长495里。B.C.263年修通了阴平道，全长700余里。西汉初年，开通了陈仓栈道，全长550里。B.C.129年，修建了长200余里的五尺道。B.C.118年，修筑了贯通秦岭南北的500多里褒斜道。上述各类栈道，有助于在恶劣条件下的交通运输。

约B.C.750年

凯尔特人使用马蹄铁　在哈尔斯塔特文化时期，凯尔特人已使用马蹄铁，其华丽的四轮车（辐条轮）传到丹麦。

亚述人捕鱼和打仗时用充气的皮囊作浮游工具

B.C.732年

亚述使用夯槌式攻城器 亚述浮雕表明当时已使用可以像车辆一样运动的夯槌式攻城器。

夯槌式攻城器（浮雕）

B.C.7世纪

亚述人使用桔槔汲水 在辛那赫里布统治时期（B.C.705—B.C.681）的浮雕上，有亚述人使用桔槔汲水的场景。

巴比伦人用沥青修筑公路路面 巴比伦人利用天然沥青胶结石块修筑路面，这一技术不久后失传。直到19世纪初，西班牙人才开始使用特里尼达湖地区的天然沥青修筑路面。19世纪后期，石油炼制和煤焦油加工后的残渣被发现可以代替天然沥青，遂被广泛应用于路面的修筑。

腓尼基人制造双段大型船 腓尼基介于地中海和黎巴嫩之间，早在B.C.2000年就建立了奴隶制国家。腓尼基人是最出色的航海者，从B.C.10世纪起，就开始沿地中海、红海、波斯湾、尼罗河、底格里斯河和幼发拉底河航行。腓尼基人能根据太阳星辰、海水颜色、海岸形状和特征在白天和夜间航行。在B.C.1400年的埃及贵族陵墓壁画和B.C.7世纪亚述人的浮雕中已有腓尼基船。该船有桨，在水平桅杆上张帆，还有舵桨，桅顶有类似背篓的瞭望台，船首柱上端雕成马头和驴头。船长约30米，宽约10米。

腓尼基船（浮雕）

B.C.700年

希腊用三列桨船作战舰 希腊科林斯的战舰大约有100吨重，配有150名桨手、50名水兵，但其航海性能有限。

希腊战舰模型

B.C.604年

埃及开凿苏伊士运河 埃及第26王朝被称为埃及的“复兴时代”，铁

器、金属货币流行，经济繁荣，国王尼科二世开凿尼罗河通向红海的苏伊士运河，该运河于B.C.517年由波斯国王大流士完成。

B.C.6世纪

希腊出现最早的航路指南 希腊人撰写的《西氏航海指南》中载有地中海地区港口之间的距离、助航设备、危险物、港口设施等资料，尔后1 000余年，西欧和北欧航海国家先后编写了多种航路指南，但形式基本相同。

中国发明桔槔 桔槔是中国古代汲水或灌溉用的简单机械，根据杠杆原理制成。在汲水的另一侧一般用坠石作平衡物，它能改变用力方向，使水桶上提时省力。汉代画像石（砖）上多有表现。

桔槔图（山东嘉祥武氏祠画像石）

马克西马地下水道 亦称马克西马暗沟，罗马广场中最古老的遗迹之一。B.C.6世纪，罗马的伊鲁特立亚人利用原有的一条河床用石块砌筑而成一条明渠，旨在将雨水引入台伯河。B.C.3世纪初，开始在明渠上覆盖半圆形石拱顶，后来在此基础上建成马克西马地下水道（Cloaca Maxima），成为排除城市废水的著名公共卫生工程。

B.C.598年

孙叔敖［中］主持修建芍陂工程 约于楚庄王十六年至二十三年（B.C.598—B.C.591），楚国令尹孙叔敖主持修建了芍陂工程，这是中国最早的大型蓄水灌溉工程。它使寿春一带大片农田获得灌溉之利，促进了淮南农业的发展。其堤坝建筑十分坚固，多年无须大修。《芍陂纪事》载："秦汉之时，应有修培，史不具载，必其初制堤厚而坚，无俟加损，功未著焉。"

B.C.575年

巴比伦建连通地道 在巴比伦宫殿和太阳神庙之间建有一条900米长的连

通地道，该地道经过幼发拉底河河底。

B.C.556年

中国架设木柱木梁桥 据《水经注》记载，春秋时晋国公平年间（B.C.556—B.C.532），曾在汾水上架设了一座木柱木梁桥。这是中国最早的桥梁记载。

B.C.532年

提奥多鲁斯［希］发明水准仪等器具 萨摩斯岛上的神庙设计师和工程师提奥多鲁斯（Theodorus of Samos B.C.530年左右）发明了水准仪、定规、车床、钥匙等器具，以及研磨宝石平面的方法。

B.C.530年

欧帕里诺斯［希］主持修筑萨莫斯地下水道 希腊工程师欧帕里诺斯（Eupalinos 活跃于B.C.6世纪）在卡斯特罗山上挖掘长达1 036米的穿山隧道，隧道宽1.6米，高1.8米，用于从爱琴海引水到萨莫斯岛。当时他命令两个工程队从山的南北两侧同时向中间挖掘，最后在山底某处会合。据考古发现，隧道会合处误差极小。

B.C.521年

尼罗河运河工程结束 波斯大流士一世（Darius Ⅰ the Great B.C.550—B.C.486）统治期间，为了商贸往来，完成了尼罗河直通红海的运河。

B.C.513年

波斯大流士一世在博斯普鲁斯海峡修建浮桥

B.C.506年

中国开凿运河 春秋时期吴国开凿运河，该运河从苏州通太湖，经宜兴、高淳，穿石臼湖，在芜湖入长江，缩短了从苏州到安徽巢湖一带的路程。

B.C.5世纪

中国绘制和使用海图 B.C.5—B.C.3世纪，战国时代的《山海经》是已散佚的《山海图》的文字说明，散轶的图中有一部分可能带有原始海图的性质。12世纪初北宋末年的《宣和奉使高丽图经》一书，文存图亡，书中写到“神州所经岛洲苫屿，而为之图”，可见，所失亡图为海图。明朝《武备志》卷240收有明代航海家郑和下西洋绘制的“郑和航海图”，图上全程自右向左一字展开，记有每段航线的针位和航程及牵星“指数”，却没有基准方向，也不成比例，属于图解的航路指南。此外，还有许多在民间手抄流传的海图，时称秘本。《古航海图考释》中收有60幅古海图，北起辽东湾，南至广东，范围较广。

中国出现筏运 《论语》中记载“乘桴（小筏）浮于海”，说明中国春秋战国时期已掌握了编筏水运的技术。

中国出现砖、瓦当、水道 战国时期出现空心砖，长1.3～1.5米，宽30～40厘米，用于砌筑陵墓。小条砖的出现也可追溯到战国时期，由于其制作容易、承重性强、砌筑方便、应用灵活等优点，在秦汉时期已成为一种重要的建筑材料，同时还出现了用于室内铺设地面的方砖。战国时期出现瓦当，即古代建筑檐头筒瓦前端的遮挡。瓦当一般为泥质，烧结温度较高，质地坚硬，有圆形和半圆形两种，圆形由半圆形发展而来。早期半圆形瓦当为素面或饰绳纹，至战国中期，形成各具特色的半圆形瓦当图案。与此同时，为排水的需要，出现了烧制成型的水道。

中国发明胶接技术 《考工记》在谈到车辆和弓箭的制造工艺时，有“胶必厚施”“胶也者，以为和也”的记载，还记述了多种动物胶的色泽等。说明至迟到B.C.5世纪，中国工匠已对胶接材料有了一定的认识，并掌握和应用了胶接技术。

中国风筝问世 战国时期墨家学派的创始人墨子（B.C.468—B.C.376）和工匠鲁班都曾用木头制成鸟禽状的器械，放之能飞行，称为木鸢，即我国早期的风筝。汉代开始以竹篾制成鸟禽状骨架，上糊以纸，称为纸鸢。南北朝至唐代，纸鸢（鹞）用于军事，传递情报。纸鸢上附有竹哨、弓弦，放飞空中因风吹而哨响，如同筝鸣，所以宋代时又名风筝。清代时中国风筝制作已很精巧。清代著名文学家曹雪芹著有《南鹞北鸢考工记》，总结了风筝制作的技艺经验，是中国古代唯一的风筝专著。

希腊海军使用三层桨战船 这是一种平底桨船，排水量达2 300吨，长40～45米，170支桨，分成三层排于两舷（这种船由此得名），用桨时最大航速达6节，顺风时可用帆。三层桨战船的主要武器是船首柱下端的船首冲角。作战时先用冲角冲撞，紧接着进行接触战。

约B.C.500年

中国发明斜面 斜面主要被用来在其上向上牵引重物，根据斜面角度的变化可使所需要的力量变换大小。

希腊商船已经把帆作为船舶的主要动力 大英博物馆收藏有一件绘有古希腊商船的陶瓶，从陶瓶上可看出船型不仅短，而且吃水深，帆装形式是西方古船常见样式，船上未见有侧桨，只有操纵船舶的尾桨，说明当时的商船已经把帆作为船舶前进的动力了。

B.C.486年

中国开凿江淮运河邗沟 吴国为北上争霸，由邗地（今江苏扬州东南）向北开凿运河，经射阳湖至末口（今江苏灌南县北），使长河与淮河相通，是为邗沟。它是大运河的起源，著名的南北大运河、京杭大运河就是在此基础上，经过唐、宋、元、明、清历代修（扩）建而成的。

约B.C.481年

中国学习北方游牧民族的骑射技术，从而淘汰了战车

B.C.480年

波斯人架设海峡浮桥 波斯人在赫勒斯滂海峡架设两座浮桥。在希罗多德的著作中记载，薛西斯（Xerxes I of Persia B.C.519—B.C.465）的军队要渡过赫勒斯滂海峡，薛西斯命令波斯军民用船连船的办法，建造了一座横跨赫

勒斯滂海峡的浮桥。这些船被船首锚和船尾锚固定，舷接舷地并列在一起。船龙骨顺着水流靠牢固的缆链接起来，上面铺着木板，两侧用横木连接，并盖上一层土。第一座浮桥用了360只船，第二座浮桥用了314只船，两座浮桥的建造方法相同。

B.C.422年

西门豹［中］主持修建引漳灌邺工程 战国时期魏国政治家、水利家西门豹主持修建的引漳灌邺工程渠首在邺（今河北临漳西南40里的邺镇）西18里处，延伸12里，内有拦河溢流堰12道，各堰都在上游右岸开引水口、设引水闸，共成12条渠道，称“引漳十二渠”，灌区近10万亩，为中国最早的多渠制灌溉工程。

B.C.4世纪

中国将辘轳（定滑轮装置）用作矿井提升工具

皮忒阿斯［希］驾舟进行远距离航海 B.C.4世纪下半叶，希腊航海家皮忒阿斯（Pytheas of Massalia B.C.4世纪）驾舟从马西利亚（今法国马赛）出发，沿伊比利亚半岛和今法兰西海岸，再沿大不列颠岛的东岸向北航行到达奥克尼群岛，并由此折向东到达易北河口。这是西方最早的海上远距离航行。

B.C.360年

中国开凿黄淮运河——鸿沟 战国时期魏惠王（B.C.400—B.C.319）出于争霸需要，从河南荥阳引黄河水东流，经开封北南下，至淮阳东南入颍水，从而沟通和连接了黄河、淮河两大水系及济、汴、睢等重要河道，形成了黄淮平原上的水道交通网。这就是著名的鸿沟，约魏惠王十年（B.C.360年）开通，是继邗沟之后中国开凿的又一条人工运河。

B.C.350年

克劳迪乌斯［罗马］建造了罗马最早的水道——阿皮亚水道 罗马检查官克劳迪乌斯（Claudius，Appius Caecus B.C.340—B.C.273）建造的这条水道的地下、地上部分都用不渗水的石壁围了起来。水道在山谷间和架高部分采用了拱形，全长16.56公里，落差53.63米。阿皮亚水道开创了用暗渠输水的方法，并在大约100年内是罗马的唯一供水来源。

B.C.312年

罗马修建大型水道　罗马帝国为供应城市生活用水，修建了许多输水渠道。B.C.312年—A.D.226年，罗马城先后修建了大型水道11条。有些水道在穿山越岭、跨越河谷时，还修筑了隧洞、渡槽和虹吸管等。在法国南部尼姆附近的一条水道，原长约40公里，现仅存横跨加尔河的渡槽，长约270米，为三层叠置的石砌连续拱券结构，最大跨度24.5米，最高处离地49米。在叙利亚安蒂奥克的一段水道，最高处离地约64米。有些水道还采用了铅管、陶管或石管等。

罗马水道

B.C.3世纪

中国秦朝制作铜马车　陕西临潼秦始皇陵封土西侧发掘出两乘大型彩绘铜马车（立车和安车），人、马、车全部用青铜仿制，并配有大量金银饰件，显示出高超的金属加工技术。立车和安车分别由3 000多个零件组装而成，采用了铸造、镶嵌、焊接、铆接、子母扣连接等十几种工艺方法，如马

秦始皇陵1号铜车马

络头由金管和银管用子母扣榫卯连接，虽历时2 000余年，仍弯曲自如，柔软灵活；装饰的瓔珞采用青铜拔丝法制作，直径仅0.3～0.5毫米；立车的伞柄可左右旋转45度，以遮挡日出和日落的阳光；安车的篷盖面积达2.3平方米，最薄处仅1毫米，最厚处也只4毫米，采用一次浇铸而成。

中国开辟从太平洋到印度洋的航线　汉代使臣从徐闻、合浦出发，航海至都元、邑卢没、谌离等国，进行海上贸易，开辟了从太平洋到印度洋的航线，远达印度半岛的南部和锡兰（今斯里兰卡）。以此为中介，连接了当时世界两大帝国——东方的汉帝国和西方的罗马帝国，构成了一条贯穿西欧、非、亚的海上航线。

中国发明帆船上使用的立帆式风轮　汉魏时期，在风轮的外缘竖装6张或8张船帆，其特点是每一张帆转到顺风一侧，能自动与风向垂直，以获得最大风力；转到逆风一侧，又能自动和风向平行，使所受阻力最小。

埃拉托色尼［希］发明地图投影　古希腊地理学家、天文学家埃拉托色尼（Eratosthenes 约B.C.276—约B.C.194）在他的《地理学》一书中，采用经纬线互相垂直的等距离圆柱投影，绘制了当时已知世界的地图。该书及图均已佚，其部分内容仅见于他人著作的引文中。

中国制造漕船　漕船是中国封建王朝专运“田赋”的船，经常结队而行，规模庞大。漕船起源于中国秦朝。当时，为了大量运载粮食，就采用两船相并，在其上安放木板以增大载粮面积，这就是最初的漕船。漕船除了两船连体外，每船体型肥大，平底浅舱，这样可以使船在行驶中平稳、安全。

罗马人建造双排桨船　B.C.264年，罗马和迦太基之间发生了战争，迫使罗马人开始造船建立舰队。起初，罗马人仿造迦太基人造的迦太基船和希腊人造的有三层划桨手的三层桡船，继而又建成了五层帆桨船和航速快、机动性能好的双排桨船。双排桨船长约40米，宽约7米，设有撞角，船上配有内部装满煤油、生石灰混合物的容器，作战时，将该容器投到敌舰上，就会引起爆炸起火。罗马人曾用双排桨船在战斗中取得胜利。

B.C.300年

东欧人发明了车轮铁配件 该配件安装在车轮上，在车前方底盘上装有摩擦钉可使车自由旋转。

罗马人铺设了从罗马城到加普亚的大道“ViaAppia” 该道路长198公里，宽8米。

约B.C.300年

罗马城输水中使用铅管 管子工（plumber）的名字来源于拉丁语的铅（plumbum）。罗马市供水除用木制的管子外，还使用了更为耐用的铅管，后来维特鲁威奥曾指出铅有毒。

B.C.280年

埃及建成灯塔 灯塔起源于古埃及的信号烽火。当时最著名的灯塔是亚历山大港灯塔。白色大理石砌成的塔楼高130多米，上层开有天窗，夜间光亮照射海上达数十公里。塔内日夜燃烧木材，以火焰和烟柱作为助航的标志。该塔曾被誉为古代世界七大奇观之一，后毁于地震。

亚历山大港灯塔

B.C.260年

罗马整修运河 托勒密二世统治期间整修了尼罗河和红河之间的有水闸的运河，此运河建于B.C.7世纪，其前身大概可追溯到B.C.13世纪。

阿基米德滑轮组出现在这一时期

B.C.256年

李冰父子［中］兴修都江堰 秦昭王五十一年（B.C.256年），战国时期水利家李冰（B.C.3世纪）任蜀郡守时，与其子二郎主持修建了都江堰。工程由分水的“鱼嘴”、泄洪的“飞沙堰”和进水的“宝瓶口”三大基本建筑巧妙结合，取得了防洪、灌溉和排沙的综合效益，成为古代大型水利工程的杰作。

都江堰全景

都江堰（鱼嘴）

中国创建分水建筑物——鱼嘴 始见于都江堰工程，其形如鱼嘴，系用竹笼装卵石砌筑而成，修筑于河道江心洲或河滩滩脊的迎水端，其后部多与导流堤相连，一并起分水导流入渠作用。鱼嘴布置的位置、导流堤的高低可大致决定引水量。通常鱼嘴多用块石平砌或用卵石散筑，也有用料石砌筑的。

B.C.250年

中国发明司南 成书于战国的《韩非子·有度》中的“先王立司南以端朝夕”是有关司南的最早记载。东汉哲学家王充（27—约97）在《论衡·是应》中指出：“司南之杓，投之于地，其柢指南。”司南系用天然磁石制成，勺形，底部光滑呈球状，置于平整光洁刻有方位的“地盘”上，磁勺柄自动指南。

中国西南山区开始架设竹索或藤索渡河 中国西南山区开始架设竹索或藤索渡河，这是现代架空索道的雏形。而欧洲有记载的第一条货运索道是在1644年修建但泽要塞时运砂石的麻绳循环式索道。后来，钢丝绳代替了麻绳，使架空索道的输送距离和输送能力有了很大的提高，向着长距离、大输送能力、高速度的方向发展。

B.C.246年

郑国［中］主持兴修郑国渠 B.C.246年，秦王政命韩国水利家郑国兴修引泾水入洛水的灌溉工程。工程历时10余年，从云阳（今陕西省泾阳县）引泾水东流，干渠长300余里，“溉泽卤之地四万余顷”，灌溉面积约280万亩，余水进入洛水。郑国渠故道宽24.5米，渠堤高3米，工程十分壮观。其渠首选于泾水入渭北平原的峡口，地形略向东南倾斜，从而使工程自然形成了全部自流灌溉的系统。建成后“关中为沃野，无凶年。秦以富强，卒并诸侯”。

约B.C.245年

克特西比乌斯［希］发明多种机械装置 古希腊发明家、数学家克特西比乌斯（Ctesibius B.C.285—B.C.222）发明了利用空气或水的压力为动力的灭火泵、压力泵、水风琴、水钟等机械装置。

B.C.230年

菲隆［希］写成《应用力学百科辞典》 希腊工程师、物理学家菲隆（Philo of Byzantium 约B.C.300—？）写成该辞典，现存4卷，书中记载有许多武器和利用空气的机械装置，还记载有现代用于自行车链上的锥形齿轮传动装置以及用人力脚踏车驱动吊桶提水的装置。

B.C.220年

阿基米德［希］创制螺旋提水器 螺旋提水器的创制，减轻了向高处提水的劳动负担。阿基米德（Archimedes of Syracuse B.C.287—B.C.212）还改进了投石机和起重机。

阿基米德螺旋提水器

克特西比乌斯［希］发明水泵 该水泵含有一个汽缸活塞和两个阀，一个阀在进水口，一个阀在出水口。当活塞提升时，进水口的阀打开吸进水，这时出水口的阀关闭；当活塞降落时，进水口的阀关闭而出水口的阀打开。

B.C.219年

中国发明水闸 水闸在中国古代早期称水门或陡门、斗门，唐代以后才称水闸。秦始皇二十八年（B.C.219年）凿灵渠时，为克服湘江与漓江之间的水位落差，设置陡门，使陡门前后的水位得到调整，便于船舶在有水位差的航道上通行。这种陡门构成了单门船闸，或称半船闸，简称单闸。

中国出现大规模的海上航行 秦王朝开国皇帝秦始皇东巡山东时，遣秦朝方士徐福率童男童女数千人入海，随后于B.C.210年，秦始皇乘船北上，环航整个山东半岛。

B.C.215年

中国修建万里长城 长城始建于春秋时的楚国，战国时齐、魏、燕、赵、秦等国也在各自边境修筑了自卫长城。秦统一六国后，于秦始皇三十二年（B.C.215年）决定在秦、燕、赵、魏各国旧城的基础上，修筑一条防御北方匈奴的长城，它“起临洮、至辽东，延袤万余里”。汉武帝时重建了秦长城，又兴建了朔方长城和凉州西段长城，从内蒙古、甘肃直达新疆。长城“五里一燧，十里一墩，三十里一堡，百里一城”，城墙用夯土筑成。玉门关一带的汉长城遗迹，在距地50厘米处，铺有一层厚6厘米的芦苇以防碱。金塔县及居延等地现存200余座烽火台，为方台状，高25米，顶边长17米。秦汉长城的修筑，动用兵卒、囚徒数十万人，如此浩大艰巨工程的完成，显示了中国古代工程测量、建筑设计施工和组织管理的高超水平。

长城

中国兴修灵渠工程　秦王朝开国皇帝秦始皇派监郡御史禄在广西兴安县开凿灵渠，把漓江支流始安水与湘江相连，使船只可从漓江入湘江、洞庭湖而进入长江，从此，交通闭塞的岭南地区有了一条便捷的水路通道。在以后的2 000多年中，它一直是沟通岭南和中原地区的主要运输线。在灵渠工程中，修建有一座高5米的砌石溢流坝，迄今已运行2 000多年，是世界现存的使用历史最悠久的重力坝。都江堰、郑国渠和灵渠是中国古代水利史中最为著名的三大工程。

B.C.212年

中国开始使用辘轳（绞车）　中国古代辘轳常指三种器具：定滑轮装置、绞车、手摇曲柄辘轳。1974年，在中国湖北铜绿山春秋战国古铜矿遗址发掘中，发现两根木制辘轳轴，其中一根全长250厘米，直径26厘米，经判定为用于提升铜矿石的起重绞车的残件。

B.C.2世纪

中国大规模兴修水利 汉武帝时，为发展生产、防止水患，大规模兴修水利，如开凿地下井渠、堵塞泛滥20余年的黄河大决口、兴修新设边郡农田水利，以及修灵轵渠、成国渠、白公渠等，又在汝南、九江郡引淮水，东海滨引巨定泽水，泰山下引汶水用于灌溉，以及兴修各地小型渠系陂池。

中国地图测绘技术获重大进展 战国时期地图的绘制已达较高水平，当时军事地图已制定有方位、距离和比例尺。长沙马王堆汉墓中出土的西汉初年的三幅地图——地形图、驻军图和城邑图，是世界现存最早的具有较高科学水平的地图。地形图比例为1∶180 000，所绘内容有山脉、河流、居民点和道路等，已包括现代地形图的基本要素，各地物的距离、方位都相当精确，图中已有统一的图例，还用细线层层重叠表示峰峦的起伏，颇似现代等高线画法。驻军图用青、红、黑等不同颜色，分别标注河流、湖泊、军事重地和居民点等，是一幅颇具特色的彩绘地图。城邑图绘有城垣、房屋等，创后世城市平面图的先河。

希帕恰斯［希］发明星盘 希帕恰斯把一块转盘刻为360等分，在其中心安上了一个能转动的臂针，利用它可以通过观察北极星的角度测出船只所在的纬度。

希腊使用多种机械零件 这些机械零件包括杠杆、曲柄、辊筒、轮、滚柱、滑轮组、螺旋、蜗杆和齿轮等，当时的工程师和工匠们以巧妙的技艺将这些机械零件组合成更为复杂的机器。

中国使用滑车 滑车是简单的起重机械，将绳索绕在一个滑轮上，以提升或牵引重物。中国成都扬子山出土的汉画像砖盐井图和站东乡出土的陶井及铜井架上，都有滑车装置。后来，中国又发明了级差滑车。它是把一个圆轴做成粗细两段，起重时，使悬挂重滑车的绳索一头向较粗的一段缠绕，另一头由较细的一段下放，两边上升和下降差数的一半大体上等于重物上升的距离。用这种机械，可以用较小的力提起较大重量的物体。

B.C.200年

中国使用多桅帆船　帆船的风帆用植物叶编成，属于硬帆（古称“蓬”），可利用侧向风力，并可根据多帆的相互影响，随时调节帆的位置和帆角。历史上中国帆船的构造与西方不同，船的两端不是上翘，而是用木板横向封闭形成平底的长方形盒子。尾部建成楼型高台，以防上浪。船内有多道水密隔舱，提高了船体的结构强度。在宋、元、明、清时期，中国沿海帆船可分四类，即主要航行于黄海的平底“沙船”，福建的尖底“福船”，广东的“广船”和在浙江、福建、广东一带沿海广为流行的一种小型快速的“鸟船”。在16世纪以前，中国帆船在尺度和性能上都处于世界领先地位。

沙船（中国古代的主要船型）

B.C.180年

小亚细亚的佩尔加蒙城修建供水用高压水管　通过水管将储存在367米高的贮水池中的水输送到3.3公里以外332米高的佩尔加蒙城。该水管中压力达16～20个标准大气压，水管使用石头做成圆形。

B.C.155年

中国大规模养马　汉景帝二年（B.C.155年），在西北边郡大兴马苑，养马人达3万，建马苑36所，养马30万匹，是较早建立的大规模养马场。

B.C.141年

罗马人掌握拱形结构技术　拱形的出现促成了两项重要的建筑进步，它使得单个跨度的长度增加，而且也能够用小的组合跨度代替单个大的跨度。

罗马人在建筑过程中使用临时的木架支撑，并且使用楔形的石头或拱石。在拱形的中心，人们使用了拱心石，它起到让整个结构坚固完整的作用。罗马人使用拱形的一个不足之处是拱顶为半圆形，这样拱顶的高度只能是跨度的一半。

B.C.132年

中国开凿漕渠 汉武帝时水工徐白受命主持开凿漕运渠道，他自行设计、勘定，率百万民工历时3年凿通从长安直通黄河的漕渠。漕渠全长300余里，既便利了漕运，又灌溉了沿渠的农田。

B.C.122年

中国首创井渠法 汉武帝元狩至元鼎中期（B.C.122—B.C.113）修龙首渠。施工中为避免沿山明渠塌方，创造了开凿竖井同时“井下相通行水”的“井渠法”。使龙首渠从地下穿过7里宽的商颜山。由于井渠可减少渠水的蒸发，开渠法很快就流传于甘肃、新疆一带，并演变为至今仍发挥重要作用的水利设施“坎儿井”。

B.C.111年

中国开凿六辅渠 汉武帝元鼎六年（B.C.111年），左内史倪宽奏请开凿六辅渠，借提高水位之策灌溉郑国高地干旱之田。

B.C.104年

中国出现水利通史著作 《史记·河渠书》是中国第一部水利通史，记载了黄河、长江、淮河、济水、淄水等的防洪、航运、灌溉诸事，开创了史书中撰写水利专篇的范例。

B.C.95年

中国开凿白公渠 汉赵中大夫白公主持开凿白公渠，渠首起于谷口，尾入栎阳，引泾水灌溉4 500余顷良田，解决了关中农田用水的难题。

B.C.80年

西班牙矿山为排除矿井渗水使用阿基米德螺旋提水器

B.C.63年

罗马兴建大型渡槽 渡槽是为水道跨越河谷、山涧、洼地而设置的架空水槽，最早见于罗马人修建的输水渠中。现在法国南部尼姆城附近的加尔河上，有建于B.C.63年—B.C.13年的罗马水道渡槽遗存。该渡槽为三层叠置的石砌连续拱券的支柱，其在水中的柱墩做成带尖角的横断面，以减少水的压力；第二层连续拱券与底层相同，但构造较单薄；顶层拱券跨度较小且低，顶上建过水水槽。渡槽现存长约270米，石砌拱券最大跨度24.5米，最高处距地49米，显示了罗马人高超的拱券技术。

加尔河上的渡槽遗存

B.C.47年

罗马建立驿站通信系统 罗马的驿站是供旅行者居住的地方，重要的路段，驿站每五六里一置，设施十分精良。“条条大路通罗马”由此而来。

B.C.34年

召信臣［中］建引水闸门　西汉建昭五年（B.C.34年）南阳太守召信臣在今河南省邓州市西兴建了六门堨，设3个闸门引水灌溉。这是中国历史上最早的用于引水的水闸。

B.C.24年

维特鲁威奥［罗马］的《建筑十书》成书　维特鲁威奥（Marcus Vitrurius Pollio 活跃在B.C.1世纪）的这本书是一部西方古代技术的集大成著作，内容包括建筑技术及材料、寺院、圆柱、塔、祭坛、绘画、水道及导管、时钟（水钟、日晷）、起重机、水车、风琴、里程计、弓及其他武器制造技术。在中世纪曾遗失，到文艺复兴时期被发现，对当时技术发展产生过很大的影响。

B.C.5年

奥古斯都皇帝给圆形剧场架设水道　该水道长32.8公里。奥古斯都当政时修了700口泉井、150个喷水装置、40条左右分水道，当时罗马的8个大水道日供水量为4 000万加仑。

4年

关并［中］提出水猥滞洪思想　汉平帝元始四年（4年）长水校尉关并针对黄河下游平原郡和东郡决溢的特点，指出这一带“地形下而土疏恶。闻禹治河时，本空此地，以为水猥，盛则放溢，少稍自索”。他建议空出河南滑县、濮阳一带“南北不过百八十里”的地方，作为水猥以滞洪。水猥即滞洪区，是存储过量洪水的场所。在此之前，中国西汉时期筹划治理黄河的代表人物贾让亦曾提出，在黄河下游“陂障卑下，以为污泽。使秋水多得有所休息”的设想。

32年

马援［中］创制简易活动地形模型 东汉建武八年（32年），光武帝西征隗嚣时，将军马援（B.C.14—A.D.49）为介绍军情，以米粒为材料，堆成高山和各种地形，标识进军路线，这是一种活动的简易地形模型。

58年

中国修建铁索桥 据明代《南诏野史》记载，东汉明帝（58—75年在位）时，在云南景东地区的澜沧江上修建了兰津桥，该桥是“以铁索南北”而成。这是世界上最早的铁索桥记载。清代的《小方壶斋舆地丛钞·云南考略》亦有相同记述。

61年

中国石门隧道凿通 东汉永平四年（61年，一说西汉初年刘邦时）扩建褒斜栈道时在其南端七盘山下开通的隧道，是世界上最早的人工修建的用来通行车辆的隧道。《石门颂》云：“至于永平，其有四年，诏书开斜，凿通石门。”隧道长15～16.5米，宽4.1～4.2米，高约3.6米，大体南北走向，与褒谷谷道平行，而与褒斜栈道在同一水平线上。隧道内未见斧凿痕迹，传说是用火烧水激法开成，是技术上的进步。

69年

王景［中］治理黄河 东汉水利专家王景（约30—85）率数十万民工治理黄河，包括修筑黄河和汴河堤防、建分水和减水水门、整治河道等，实施改河、筑堤、疏浚等工程，对解决黄河决溢隐患、畅通航道起了重大作用。

97年

弗朗提努斯［罗马］著《论罗马城的供水问题》 罗马工程师弗朗提努斯曾任罗马水务专员，直接领导了输水道的设计施工工作。所著《论罗马城的供水问题》对后来城市水道的建设有较大影响。

98年

罗马修建大型石拱桥 石拱桥起源于模仿石灰岩溶洞形成的“天生桥”。罗马时代石拱桥建造已达较高水平，其拱券呈半圆形，拱石经过细凿，砌缝不用砂浆。由于不能修建深水基础，桥墩宽度对拱的跨度之比大多为1∶3或1∶2，阻水面积过大，故易被冲毁。现存西班牙境内的阿尔坎塔拉桥，建成于公元98年，桥墩建在岩石上，共6孔，中间两孔跨度各约28米，桥面高出谷底52米。

1世纪

阿拉伯及地中海地区应用齿轮机构 齿轮机构以齿轮的轮齿相互啮合传递轴间的动力和运动，其特点是结构紧凑，效率高，寿命长，工作可靠，传动比准确。当时的这些地区已经在测路器和水钟中应用了简单的齿轮机构。

希罗的蒸汽球结构图

古希腊的螺杆传入罗马 起源于B.C.2世纪或B.C.1世纪古希腊的螺杆，约在B.C.1世纪末传入罗马。

希罗［希］进行蒸汽球试验 希罗（Hero of Alexandria 约10—70）在一个可通入蒸汽的空心球上，装了两根方向相反的喷管，当蒸汽从喷管喷出时，由于反作用力的推动，使球旋转起来。这是反冲式蒸汽机的雏形。

140年

中国建造大型楼船 汉代楼船是在春秋战国时期楼船的基础上发展起来的。楼船主要用于军事，由于各诸侯国连年水战，刺激了造船技术的发展。汉代水战频繁，船队庞大，船型有在舰队最前列的冲锋船——“先登”，有用于冲突敌船的狭长战船——“蒙冲”，有快船——“赤马”，有上下都用双层板的重武装战船——“槛”。更有多层高大的楼船，其上第一层叫“庐”，第二层叫“飞庐”，第三层叫“雀室”。还有“造十层赤楼帛栏船”的记载。汉代楼船的建造是中国古代造船技术初步成熟的标志。与此同时，中国最早发明船尾舵，舵的发明如同航海罗盘的发明一样，为水运事业的一大进步。

186年

中国出现龙骨水车和虹吸管 《后汉书·张让传》载，“中平三年（186年），又使掖庭令毕岚铸铜人四……又作翻车、渴乌，施于桥西，洒南北郊路”，供洒路用的翻车即为后来龙骨水车之雏形。唐代李贤对“渴乌”做了注释，指出：“渴乌，为曲筒，以气引水上也。”可见，渴乌就是利用大气压力抽水的虹吸管。公元3世纪三国时期的马钧制作的翻车“灌水自复，更入更出”，说明其结构精巧，运转轻便省力，而且可以连续不断地提水。马钧继毕岚之后对翻车进行了重大改进，使之成为用于河渠上的重要提水工具——龙骨水车。

龙骨水车

2世纪

锚开始在中国使用 锚抛入水中后能啮入底土产生抓力以使船停泊。古代的锚是将石头或是装满石头的篓筐系在绳的一端抛入水中，以其重量使船停泊，这种锚称作石锚。以后又创造了木锚——碇，是用较大且坚韧的硬木（如铁力木等）制成的，有两个爪，当它抓入土中时，所产生的摩擦力要比木锚自重大数倍。后在石块两旁系上树枝或木棒，创造出了木爪石锚。中国南朝时期已有关于锚的记载。

220—265年

中国盛行独轮车 汉魏时期盛行用独轮车运输。该车货架设在车轮的两侧，用以装货，也可以乘人。独轮车只有一个车轮着地，可以灵活地转换方向，不受道路宽窄限制，便于在田埂、小道上行驶。

独轮车（模型）

220—280年

中国出现记里鼓车 记里鼓车是西汉初年发明的一种能自动报告行车里程的车辆，系利用汉代鼓车改装而成。车中装设具有减速作用的传动齿轮和凸轮杠杆等机械，车行一里，车上木人受凸轮的牵动，由绳索拉起木人右臂击鼓。据考证，这种车仅用作帝王出行时的仪仗。中国记里鼓车的创造，是近代里程表、减速器发明的前奏。

记里鼓车（汉代画像石）

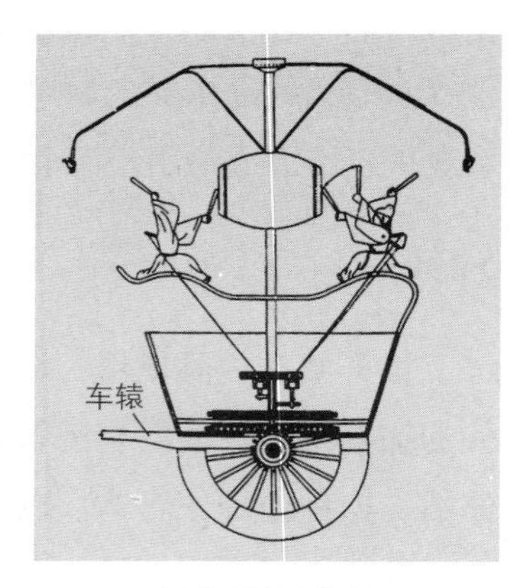

记里鼓车结构图

约230年

罗马开始用马车代替轿子

235年

马钧［中］发明指南车　《宋史·舆服志》记载：中国黄帝时代（约B.C.26世纪）已发明了指南车，B.C.3世纪西汉时对其进行了改进。据中国古代科技史专家王振铎考证，指南车实为三国时代魏国给事中、机械发明家马钧制造。它采用了一种能自动离合的齿轮机构，当车向左转弯时，车辕前端向左移动，后端向右移动，即将右侧传动齿轮放落，使车轮的转动带动木人下的大齿轮向右转动，恰好抵消车轮向左转弯的影响，使木人手臂方向不变。当车轮向正南方向行驶时，车轮与木人下的大齿轮分离，不影响木人指向。这实际上是一种运用了扰动补偿原理的自动装置。

指南车（模型）

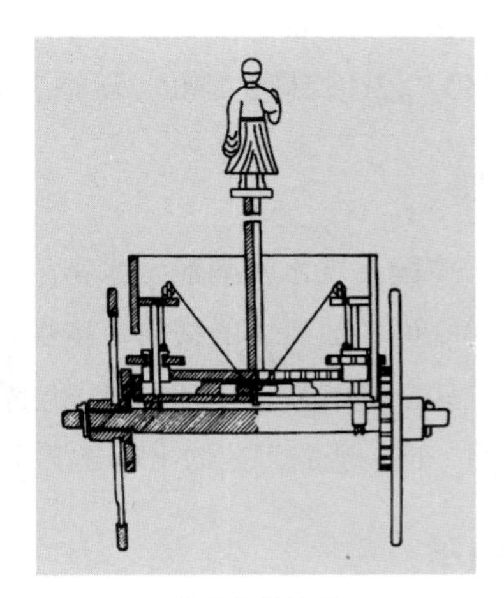

指南车结构图

268—271年

裴秀［中］提出“制图六法”　西晋泰始四年至七年（268—271），裴秀（223—271）编《禹贡地域图》，系统总结中国传统地图的绘制方法，提出：“制图之体有六焉：一曰分率，所以辨广轮之度也；二曰准望，所以正彼此之体也；三曰道里，所以定所由之数也；四曰高下，五曰方邪，六曰迂直，此三者各因地而制宜，所以校夷险之异也。”“分率”即比例尺，“准望”即方位，“道里”即地物之间的距离，这三项至今仍为绘制地图的基本

要素。而“高下”、“方邪”和“迂直”则要因地制宜，根据地形的起伏和地物之间的迂回曲折，以校正位置的误差。“制图六法”体现了当时数学基础与测量技术的进步，奠定了中国古代制图学的理论基础，为历代制图学家所遵循。

282年

中国建成最早的石拱桥　东晋时建于今河南洛阳七里涧的旅人桥（又称七里涧桥），是中国迄今所知最早的石拱桥。

290年

帕普斯［希］记述多种简单机械　帕普斯（Pappus of Alexandria 约290—约350）记述杠杆、滑轮、轮轴、斜面和螺纹5种简单机械。

3世纪

中国出现水密隔舱　水密隔舱是用隔板将船舱分隔成各自独立的舱室，这样既可增加船体的横向稳定性，提高船体的结构强度，又可以分类运输物品，具有防止水进入舱中、阻止船体沉没的功能。这是中国船舶结构上的重大发明，这一造船工艺约出现于汉代，到宋代中国已普遍在船内设置水密隔舱。

340年

解飞［中］造指南车

4世纪

中国在河流山谷间利用架空索道运输薪材

420年

中国首创悬臂梁式木桥　汉代之后在修筑木桥时，当桥的跨度大于木材长度时，已开始采用悬臂梁式结构。据南北朝宋代（420—479）《沙州记》记载，在安西到吐鲁番之间，羌人曾建单跨悬臂梁桥，称“河厉”。对于多跨桥，则在各桥墩上用大木纵横相叠，各向跨中伸出，再在伸出端之间用纵梁相连；为保持稳定，一般须在桥墩处纵横大木之上修建楼阁，以其重量压住悬臂梁的固定端。

475年

祖冲之［中］制造铜制指南车 南北朝时期数学家祖冲之（429—500）根据古法将指南车改造为铜制指南车，运转灵活，指向唯一。

5世纪

中国发明磨车 磨车是中国古代一种行进式的粮食加工机械，车上安装石磨，车轮转动通过齿轮带动石磨旋转工作。磨车行十里能磨麦一斛。磨车主要用于行军中，又名“行军磨”，在行军时加工军粮以节省时间。

516年

中国兴建浮山堰 南朝梁天监十三年（514年），为军事目的兴建拦截淮河的浮山堰（在今安徽五河县东）。其主体为土坝，高20丈，顶宽45丈，底宽140丈，长9里，坝旁开有两条溢洪道。此工程投入军民20万人，由两岸同时填土施工，历时两年建成。浮山堰在淮河上游形成了巨大的水库，使几百里外为北魏占领的寿阳被水围困。但当年8月涨水时，大坝溃决，下游受灾居民达10余万。

600年

波斯（今伊朗）建成最早的风车 风车是将风能转换为机械能的动力机械，最早出现在波斯。波斯人用布做风帆，挂在一根直柱上，柱的下端与脱谷和磨面粉的石臼相联结，由此发明了最早的风车。起初发明的是立轴翼板式风车，后又发明了水平轴风车。风车传入欧洲后，在15世纪得到广泛应用，荷兰、比利时等国为提水建造了功率达90马力以上的风车。18世纪末期以后，随着工业技术的发展，风车的结构更加完善，性能有了很大提高，后风车又被用来进行发电。

605年

李春［中］设计建造安济桥 安济桥又称赵州桥，隋大业年间（605—618）由工匠李春设计监造。桥全长50.82米，两端宽9.6米，中部宽9米，主拱券跨度37.4米，是当时世界跨度最大的单孔石拱桥。其设计突破了半圆拱多孔桥的形式，而采用了平拱单孔长跨的桥型，降低了桥高和坡度。在设计时，李春把以往拱桥中采用的实肩拱改为敞肩拱，在桥的两端各设两个小拱作为拱肩，这是世界敞肩拱形桥的肇始。敞肩拱形桥节省石料约260立方米，减轻了桥身自重，减小了对桥台与桥基的垂直压力与水平推力，也减少了主拱券的变形，提高了桥的承载能力和稳定性，同时还增加了约16.5%的过水面积，更有利于汛期洪水的宣泄，而桥形也较实肩拱新颖美观，使安济桥成为建筑科学与艺术完美结合的典范。

安济桥

610年

中国建成南北大运河 隋开皇四年（584年）起，由曾任营新都副监的建筑家宇文恺（555—612）主持，在秦汉漕渠和邗沟的基础上，开通了从长安到潼关的广通渠和沟通江淮的山阳渎。隋大业元年（605年），用民工100余万开通了通济渠，从洛阳可由黄河、汴水达淮河。同年，又以民工10余万整修、扩建了从洛阳经山阳渎入长江的长1 000多公里的运河。大业四年（608

年），用民工100余万开永济渠，由河南武涉附近的黄河往东北，经德州、天津达北京，长1 000多公里。大业六年（610年），又开江南运河400多公里，沟通了长江和钱塘江。前后20多年，完成了总长2 500多公里的广通渠、永济渠、通济渠、山阳渎和江南运河，形成了沟通海河、黄河、淮河、长江和钱塘江5大水系的运河网，为世界水利史上罕见的奇迹。

741年

中国唐朝开凿“开元新河”　开元新河位于三门峡以东的岩石中，是专门为通行漕船而开凿的。在开凿过程中，应用热胀冷缩的科学原理，采用了“烧石沃醯（即醋）”和烧石岩的方法，使巨石炸成碎片，从而加速了渠道开凿进程。

759年

李筌［中］记载水准仪测量技术　唐代道教思想家、政治军事家、隐士李筌著《神机制敌太白阴经》，书中第4卷详细记载了“水平”（即水准仪）的结构，并描述了使用“水平”以及“照板”和“度竿”进行测量的技术。

764年

中国刻置长江水位标志涪陵石鱼　涪陵石鱼位于重庆市涪陵区城北长江河道中，分布在一处与长江流向平行的礁石上，共14尾，只在长江枯水年低水位时才露出水面。它是中国古代用以标志长江枯水位的石刻群。现在可用作水位观测标志的石鱼共3尾，位于石刻鱼群的最低处。石鱼最早的创刻年代尚待考证。据石刻文字记载，唐广德二年（764年）刻鱼2尾，现仅存1尾。在唐代石鱼上方有2尾为清康熙二十四年（1685年）所刻，称清代双鱼。石鱼上共有题刻163幅，为研究

涪陵石鱼

1 200多年间的长江枯水位提供了宝贵史料。

约780年

李皋［中］改进车船　车船是轮船的前身，它的桨轮（叶轮）安装在船的两舷，在桨轮四周装上能拨水的叶片，桨轮的下半部浸在水中，上半部露出水面，用脚踩动桨轮时，轮周上的叶片拨水推动船体前行。车船最早是南北朝时期发明的，后唐代江西道节度使，后任江陵尹的李皋（733—792）对其进行改进。因其形如车，故将这种船称作车船。到了南宋时期，车船有较大发展，桨轮也从两个轮子改为4轮、6轮、11轮、20轮等许多种。1183年，宋代曾建造了多达90轮的车船。最大的车船能载1 000多人。古代车船主要用于战争。由于车船仍用人力推动，且只能在风平浪静时航行，用途受到限制。

969年

岳义方［中］发明以火药为动力的箭　北宋军官岳义方发明的火药动力箭由箭身、药筒组成。药筒由竹、厚纸制成，内充火药，前端封死，后端引出导火绳。点燃后，以火药产生的反作用力推箭前进。这是世界上第一支火药动力箭。

970年

冯继升［中］制造火箭　据《宋史·兵志》载，970年，北宋军官冯继升采用火箭法，即将竹篾或细苇编成篓子，形如飞鸦，外用绵纸封牢，内装火药，鸦身前后分别装有头、尾，用裱纸做成翅膀钉在鸦身两侧。鸦身下安装4支火箭，点燃引线，靠火箭推力，可飞行百余丈，故名“神火飞鸦”。到达目标时，鸦身内的火药点燃爆炸，借以焚烧陆地上的营寨或水面上的船只。其原理和火箭弹相同，此后出现各类火箭。“火龙出水”是在薄竹筒前后端装木制龙头和龙尾，筒内装火箭数支，引线全部扭结起来，从龙头下的小孔引出。龙身下前后各装两支火箭，引线也扭在一起，且前面两支火箭起火的药筒底部和从龙头引出的引线连通。使用时点燃龙身下的火箭，龙身射出，用于水战时犹如水面上腾飞的火龙，故名“火龙出水”。龙身外的火箭的药筒烧尽后，龙身内的火箭即被点燃飞出，射向敌方，其原理已同现代两级火箭相似。“飞空砂筒”则是在火箭箭身前端两侧各绑一个药筒，一个筒口向前，一个筒口向后。筒口向后的药筒前放有爆竹，其引线与药筒底部相通。使用时利用筒口向后的药筒将火箭射出，钉在敌方营寨的帐篷上，筒内火药烧尽后引燃爆竹，内装细砂喷出伤人双目，随后筒口向前的药筒点燃，将火箭返回。“飞空砂筒”体现了火箭回收的设计思想。

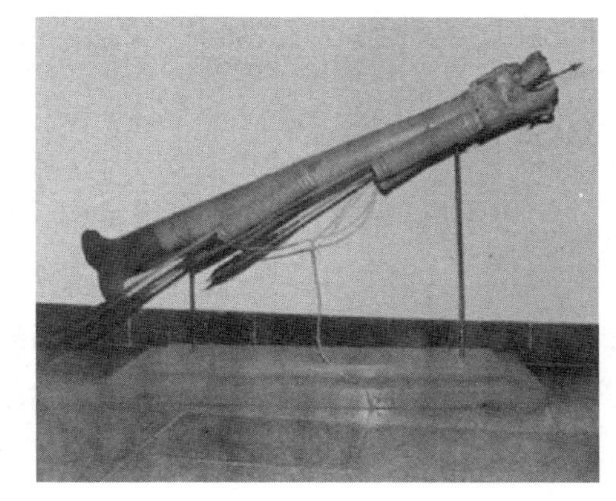
古代火箭（模型）

976年

张平［中］建造船坞 976—997年，宋代张平发明并使用“穿池引水，再系其中”法建造干船坞，为船坞建造史的开端。

984年

中国发明复闸 中国至迟在南朝宋景平年间（423—424）在运河上已出现了用以节制水流并可通过船只的闸门，称斗门或水门。唐代在扬州扬子津建斗门2所，统一管理，随次开闭，这是早期船闸的雏形。宋雍熙元年（984年）淮南转运史乔维岳（926—1001）在沙河上设置了连续两道闸门的复闸，两闸间相距50步，其运作方式与功能已与现代船闸相同。以后复闸进一步在江南运河推广，还出现了三道闸门的邵伯闸、瓜州闸等。

10世纪

中国指南针普及

1031年

中国出现十字形桥 北宋时建于太原晋祠内的“鱼沼飞梁”桥，成十字

形桥面，为中国现存此种桥型的唯一实例。

1032年

中国首创独特的虹桥木拱结构　据《渑水燕谈录》等书记载，虹桥始建于1032—1033年间。宋代名画《清明上河图》中绘有汴京（今河南开封）的虹桥。其承重结构由两套多铰木拱各若干片，相间排列，配以横木，以篾索扎成。其中一套多铰木拱拱骨为长木3根，作梯形布置；另一套木拱拱骨为长木2根、短木2根，作尖拱状布置。各木以端头彼此抵紧，形成铰接；一套拱骨的铰，恰好在另一套拱骨长木中点之上。用篾索将两套木拱夹着横木扎紧，便形成了稳定的超静定结构。根《清明上河图》画面推算，估计汴京虹桥实际跨度约18.5米，桥上大车荷载约3吨。

1053年

中国建造洛阳桥　北宋皇祐五年（1053年）在福建泉州建造洛阳桥（又名万安桥），该桥位于水急浪高、江面开阔的入海口，桥原长1 200多米。在建桥过程中，中国工匠首创稳固桥基的“筏形基础”、浮运架桥法和种蛎固基法三项技术。施工中，先在江底沿桥位纵轴线方向抛掷数万立方的大石块，筑成一条宽20余米、长500米的石堤，提升江底标高3米以上，然后在石堤上建筑桥墩，此为现代桥梁工程中“筏形基础”技术之先声；利用潮汐的涨落，巧妙地控制运石船的高低位置，将300余块重达20～30吨的大石梁平衡地架设在桥墩上，成功地采用了浮运架桥技术；繁养牡蛎，利用其石灰质贝壳把桥基和桥墩联结成坚固的整体，有效地提高了大桥的牢固性和稳定性。

1066年

怀丙［中］创造浮船起重法　北宋治平年间（1064—1067），黄河泛滥，把河中府（今山西省永济市）一座浮桥两侧的8只大铁牛冲入河中。僧人怀丙为打捞沉入江中的万斤铁牛，“以二大舟实土，夹牛维之，用大木为权衡状，钩牛，除去其土，舟浮牛出”。

1079年

中国创建水源调蓄工程——水柜 北宋元丰二年（1079年）清汴工程中，为防水源不足，在今荥阳、汜水一带建小型水库36座，平日蓄水，当汴渠水量不足时补给，这种调节运河供水的蓄水工程，叫作水柜。水柜之名虽始于宋代，但此种性质和应用的工程，早已见于汉代。东汉时的陈公塘、晋代的练湖等，都曾发挥蓄水济运的功能。

中国建成木兰陂堰闸工程 木兰陂工程位于福建莆田，北宋熙宁八年（1075年）由李宏和冯智日主持修建，元丰六年（1083年）完工。木兰陂为堰闸式陂，有长35丈、高2.5丈、32孔的堰闸，能把引水与蓄水、蓄水与泄洪统一起来。900多年来，木兰陂工程一直在防洪、灌溉、航运、水产等各方面，发挥着巨大的效益。

11世纪

中国船舶普遍设置水密隔舱 水密隔舱是用隔板将船舱分成互不相通的一个个舱室。早在独木舟时代，人们就在舟的凹槽间加固有多道横梁，以增加船体的横向稳固性，提高船体的结构强度，它还有运输分类物品、防止水进舱中、不让船体沉没的功能。1100年，中国已普遍在船内设置水密隔舱，在制造水密隔舱过程中，还在水密隔舱的正中线的下端留有一个圆形或方形小孔。当水涌向甲板时很可能流入舱室，导致舱底积水。这时，水就可从通过上述小孔在整个舱底内自由流动，从而能够自由调节船体的平衡度。一旦需要，还可以堵塞小孔，不会影响水密隔舱的抗沉能力。

1119年

中国指南针开始用于航海 指南针在中国发明后，很快便被用于航海。北宋地理学家朱彧在《萍洲可谈》中说：“舟师识地理，夜则观星，昼则观日，阴晦则观指南针。”这是世界最早的关于指南针

司南（复制品）

用于航海的记述。

1151年

中国建成晋江安平桥　福建省晋江市的安平桥，始建于南宋绍兴八年（1138年），竣工于绍兴二十一年（1151年）。桥长约2 500米，是中国古代最长的海湾石梁桥。直到20世纪初，它始终保持着中国桥长的最高纪录。桥面用4至7根巨大石梁拼成，石梁长7～11米，宽、厚均在0.4～0.8米。桥上不设栏杆，涨潮时潮水可漫桥而过，是别具一格的漫潮桥。

约1155年

中国刊印世界最早的地图　1155年前后，南宋杨甲编《六经图》，内有《十五国风地理之图》。该书刊印于南宋乾道年间（1165—1173），为已知世界最早的印刷地图。地图以雕版印刷，按实际人文、自然要素绘制，采用注记和符号两种表达方式，具有较高的科学性。欧洲现存最早的印刷地图是1475年刊印的布兰迪斯的《吕贝克编年史》中的一幅地图。

1170年

中国出现罕见的设市桥　广济桥始建于南宋乾道六年（1170年），历时56年建成，位于广东省潮州市之东，是一座独特的设市桥。桥全长515米，宽约5米，中间一段长约百米，系用18只梭船搭成浮桥，能开能合，是早期开启桥的先例。广济桥桥墩之大为古桥中少见，由于它特别宽长坚固，使桥面得以“广三丈”，除满足过往交通外，还有条件在桥墩处兴建亭台楼阁，在桥上造屋。据明代宣德年间记载，当时桥上已立有亭屋126间。这些楼屋形成了繁荣的商市和商贾豪绅寻欢作乐的场所。在桥上建庙设市，中国在隋唐时已有先例，但像广济桥这样的“一里长桥一里市”的盛况，在中外桥梁史上都是罕见的。

1176年

英国建伦敦桥　伦敦桥位于伦敦泰晤士河上，连接南沃克自治市高街和伦敦市的威廉国王大街，1176—1209年由彼得（Peter of Colechurch）建造，以代替早期建造的木桥。该桥的19孔拱跨度不同，位于河中心的桥墩最大，上有一座小教堂。19世纪20年代由伦尼父子设计重建为5拱跨桥。

1192年

中国建成卢沟桥　卢沟桥横跨北京西南约15公里处的永定河，因永定河原名卢沟河，故名。清康熙年间曾被洪水冲毁，于1698年重修。桥长266.5米，宽7.5米，为11孔石拱桥。桥旁有石雕护栏，共有望柱280根，柱头上雕有石狮485个，千姿百态，生动传神。此桥除桥面、桥栏与石雕经历代修补外，大部为金代遗物，是中国北方闻名中外的古桥。

卢沟桥

12世纪

欧洲发展具有特色的石拱桥　11—12世纪，中亚和埃及的石拱桥被引入欧洲，按当时习俗，往往在桥上设置教堂、神龛、神像，或设置关卡、碉堡及商店、住房等。如法国1177—1187年建成的跨越罗纳河的20孔阿维尼翁石拱桥，跨度约30米，现仍存靠岸的4孔和上面的小教堂。1388—1355年建成

的瓦朗特尔桥，6孔，跨度16.5米，上有设防严密的高耸箭楼3座，至今完好无损。

中国创造水工构件石囷 石囷又称石囤、木柜、木笼、羊圈，最早见于宋代，是一种用圆木扎成圆形、方形或矩形框架，内填卵石或石块的水工构件，可用以叠放构筑拦河坝、堤防、桥墩等。宋兴元府（今陕西省汉中市）的山河堰即以石囷修筑。元代陕西引泾灌溉工程，曾用石囷建成长850尺、宽85尺、高10余尺的拦河坝。元泰定四年（1327年）曾以石囷44万个，护长约30里海塘。

中国发展埽工技术 中国在先秦时已有类似埽工的河工建筑物，称茨防。宋代时埽工已普遍应用，技术亦较成熟。埽工是以埽捆（简称埽）构筑的河工建筑物，卷埽的方法是将柳梢、苇、秸等分层铺匀，压以土石，然后推卷成捆，用竹索、草绳等捆扎，即成埽捆。将若干埽捆下至河岸指定位置，用桩、绳固定，即成埽工，可用于护岸、堵口等。埽工可就地取材，施工简便，但质轻易腐，须经常维修更换。

徐兢［中］撰航海指南著作 北宋末年徐兢（1093—1155）撰写的《宣和奉使高丽图经》是现存最早的类似航海指南著作，该书论述了前往高丽的海上航路、海洋地理和航程等资料。

1206年

阿尔-贾扎里［阿拉伯］著《机械技术的理论和实践概要》 阿尔-贾扎里（al-Jazari，Ismail 1136—1206）的这本书描述了各种抽水机械和水钟，其中在一种汲水装置中，曲柄已经作为机械的一部分，这在阿拉伯世界还是第一次。

1232年

中国使用火箭武器 1232—1233年金人使用的飞火枪，在形制和构造原理上就是《武备志》中具体描述的飞枪箭，即火箭武器。其火药筒内除实以固体火药外，还有铁粉、磁末和砒霜，故能喷出有毒性和迷人眼目的火焰和气流。铁粉可增加其特殊光泽。这种火箭导杆较长，在形制上脱胎于火枪，士兵不便携带，也不利于集束发射，所以到元、明以后，都改用较短的火箭筒和导杆，以便携带。

13世纪

中国改造京杭大运河　元代迁都北京后，为便利从江南调运物质，省却水运要绕道洛阳才能转至河北的麻烦，对隋代大运河进行了截弯取直的改造。1282年，开凿济州河，从济州（今山东省济宁市）南接泗水入淮河，北沿山东丘陵西部边缘达东平。1289年，开凿会通河，从东平向北至临清接隋代的永济渠。为使漕船能直接进入北京城，1292年又开凿了北京至通州的通惠河，于次年完工，汇合温榆河到天津。至此，北起北京南至杭州，全长约1 794公里的京杭大运河全线贯通。京杭大运河是一项十分浩大复杂的水利工程，特别是从徐州沿泗水，穿过山东至临清连接永济渠的施工，其间要穿过高度差达15米的高岗，技术难度很大。为此，从1275年起，郭守敬主持了黄河中下游地区大规模的地形测量工作，对开凿会通河进行可行性研究，绘制地图作为施工的依据。据《元史·河渠志》记载，为使船只能顺利航行，在会通河上曾修建船闸和引水闸门，另在通惠河下段修建船闸20余座。

比利时安特卫普港建成　安特卫普港位于比利时埃斯考河下游，至今仍为比利时的最大海港。

1310年

维斯康特［意］绘制世界航海图　第一个留下姓名的航海图制作者是意大利热那亚人维斯康特（Vesconte，Pietro 活跃于1310—1330），他大约在1310—1320年间绘制了许多自己签名的地图，包括地中海、黑海和大西洋沿岸的航海图，其中地中海海岸图沿用了400余年，直到18世纪才被改进。

维斯康特绘制的世界航海图

1311年

中国在水面上设置导航标志　中国在江苏太仓刘家港西暗沙嘴设置两艘

标志船，船上竖立旗缨引导粮船，为水上导航标志之始。1732年，英国在泰晤士河口诺雷浅滩设置第一艘灯船，引导船只航行。

1321年

沙克什［中］编纂《河防通议》 元代水利学家、数学家沙克什（1278—1351）（元、明时期译作赡思）将北宋至金代的三本水利工程书籍重新修订，编纂《河防通议》。全书分为河议、制度、料例、功程、输运、算法六门，对河道形势、河工结构、料物结构、施工管理等方面均有论述，为宋、金、元时期治理黄河的主要文献。

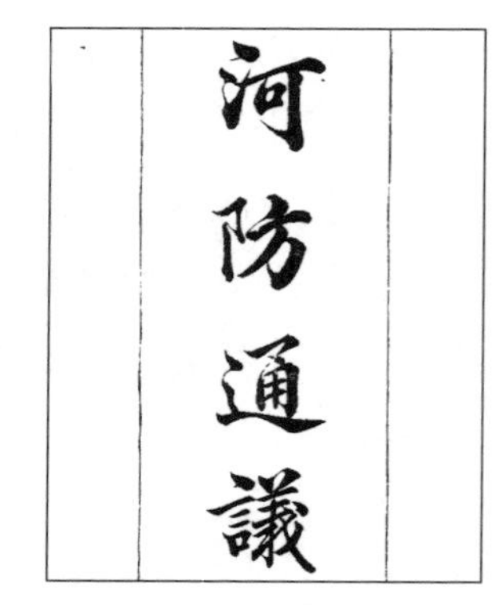

《河防通议》

1351年

贾鲁［中］发明石船拦水坝 元至正十一年（1351年），元代工部尚书、总治河防使贾鲁（1297—1353）主持黄河堵口工程时，创造了石船拦水坝。他将27条大船分3排，每排9条固定在一起，装满大石块后在堵口处同时把船凿沉，这种拦水坝大大减轻了合龙时的压力，保证了堵口的成功。

1403年

中国始造大宝船 大宝船是明代著名航海家郑和（1371—1433）七次下西洋时用的帆船。大宝船是外国人对郑和船队的赞誉之词，当时，外国人把郑和船称为“大宝船”，意为船队大、规模大、载宝多。1403年，即郑和下西洋前两年，当时的南京龙江造船厂和江苏太仓浏河等地，从各地汇集造船名师开始建造大宝船。其中大船长44丈4尺，宽为18丈；中船长37丈，宽为15丈。每艘大宝船有9道桅、12面帆，自甲板以下有4～5层舱室，水线以下有两层半舱室，水线以上有两层或两层半舱室，吃水4.4米，排水量为5 000～10 000吨。中国当时的造船技术已经达到相当高的水平。

郑和大宝船结构图

马泰奥［意］倡导用火药开掘坑道 佛罗伦萨人围攻比萨时，工程师马泰奥（Matteo，Domenico di）最早提出使用火药开掘坑道的方案。

1405年

郑和［中］七次下西洋 1405—1407年，中国明代航海家郑和第一次下西洋，最远达锡兰山（今斯里兰卡）；1407—1409年，第二次下西洋，至印度西部的柯枝（今柯钦）和古里；1409—1411年，第三次远航，曾到达占城、爪哇、苏门答腊，并经锡兰抵达印度西部；1413—1415年，郑和第四次下西洋，第一次横渡印度洋至波斯湾沿岸的忽鲁谟斯（今霍尔木兹海峡中的一个海岛），以及非洲东岸的麻林地（今肯尼亚的马林迪）等地；1417—1419年，第五次出航，历经印度、阿拉伯半岛沿岸的祖法尔、阿丹以及东非诸国；1421—1422年，第六次出航，横渡印度洋，经赤道无风带，抵达肯尼亚南部；1431—1433年，第七次下西洋，曾到忽鲁谟斯。郑和航海为后人留下的《郑和航海图》《瀛涯胜览》等珍贵交通史料，在世界地图志发展史上占有重要地位。

1450年

阿尔贝蒂［意］发明机械风速计 意大利的艺术建筑师阿尔贝蒂（Alberti，Leon Battista 1404—1472）发明了机械风速计。该仪器利用风力吹动木盘上的风向标，以摆动角度的大小表示风力的大小。

1457年

富斯特［德］、舍费尔［德］首次套色印刷《圣诗集》 最早获得商业成功的德国印刷商人富斯特（Fust，Johann 约1400—1466）和舍费尔（Schffer，Peter 约1425—约1503）套印了《圣诗集》，该书是第一部标明确切印刷日期的图书。

1487年

中国建成霁虹桥 霁虹桥建于明成化年间（1465—1487），是中国现存最早的铁索桥，修建在云南永平澜沧江上的江面最狭、河床最稳固处。明正德元年（1506年）及清康熙二十年（1681年）两度重修。清光绪年间（1875—1908），再次重修，至今完好。桥长113.4米，宽3.7米，净跨径57.3米。全桥共有18根铁索，其中底索16根，承重部分为4根1组共3组，上覆纵横木板，铁索由直径2.5～2.8厘米、长30～40厘米、宽8～12厘米的扣环组成；扶栏索每边一根，由长8～9厘米、宽7厘米左右的短扣环组成。铁索锚固在两岸桥台的尾部，桥台长约23米。桥两端建有飞阁桥屋。

霁虹桥

1492年

贝海姆［德］制成地球仪 贝海姆（Behaim，Martin 1459—1507）为航

海的需要，以黄铜代替木材制造星盘。1485年他曾航行到非洲西海岸，1490年回纽伦堡，在画家格洛肯东（Glockendon，Jorge ？—1514）的协助下开始绘制自己设计的地球仪。该地球仪直径50.7厘米，根据马可·波罗的《东方见闻录》在其上绘制了想象中的中国和日本，于1492年完成，现藏于纽伦堡的德意志国家博物馆。这是现存最古老的地球仪，虽然所绘制的世界地形既不准确又已过时，且有很多错误，但在发现美洲之前为人们提供了关于地理上的一些有益想法。

贝海姆制成的地球仪

达·芬奇［意］设计飞行器 文艺复兴时期意大利工程师、发明家、画家达·芬奇（Leonardo da Vinci 1452—1519）在对鸟的飞翔研究的基础上，设计出扑翼机和直升机、降落伞，并设计出推动飞行器前进的螺旋桨。他的有关这类设计的著作是300年后出版的，因而对后来航空技术影响不大。

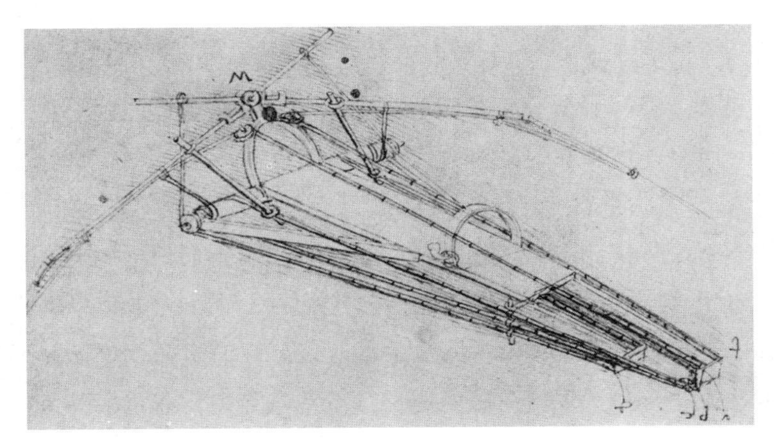

达·芬奇设计的飞行器

1493年

哥伦布［意］首先使用海洋漂流瓶传信 在发现新大陆后的返航途

中，意大利航海家哥伦布（Colombo，Cristoforo 1451—1506）担心遭遇海难，于是把船员信息以及绘制的新大陆地图密封到瓶子里投入大海。300多年后，美国一位船长在大西洋捡到了此漂流瓶。

15世纪

达·芬奇［意］提出蒸汽动力机、大型水车和链式水泵设计方案 意大利文艺复兴时期发明家、画家达·芬奇曾对蒸汽炮进行过试验，在炮身之下安装金属箱，用炭火在底部加热，当置于其上的水箱中水流入被加热箱中时，水立刻转变成蒸汽，发出爆声的同时，把炮弹发射出去，射程可达180米。他曾设想使用大型水车把河中的水引到农田灌溉。他设计过深井汲水用的链式水泵，在链子上按一定间隔安装铁皮水桶，通过链子回转，水桶就把深井的水提升上来，当上升到顶端再下降时，汲上的水就被引流出来。

1512年

英国建造大型战舰 英国建造排水量达1 000吨的战舰，这是一种双层甲板船，配有70门大炮。

1516年

达·芬奇［意］设计运河建设计划 达·芬奇应弗朗索瓦一世（Francis I of France 1494—1547）的邀请，到法国协助设计运河建设计划。

1519年

麦哲伦［葡］首次环球航行 1519年9月，葡萄牙航海探险家麦哲伦（Magellan，Ferdinand 1480—1521）奉西班牙政府之命率船队从西班牙的塞维利亚出发，穿越大西洋，进入圣路西亚湾（今里约热内卢湾）。次年到达南美洲大陆和火地岛之间的海峡，即麦哲伦海峡，然后驶出海峡进入太平洋，从而找到沟通大西洋和太平洋的水上通道，最后到达菲律宾。在菲律宾与土著人的冲突中，麦哲伦中箭身亡。之后其船队经过印度洋，绕过好望角，于1522年9月返回西班牙，完成了人类历史上的首次环球航行。

1527年

弗朗索瓦一世［法］清理塞纳河堤疏通拖船河道

1550年

德国矿区最早采用木制轨道　法国和德国边界附近阿尔萨斯的勒伯德尔地方，最早建木制轨道用于采矿的货车行驶。

卡尔达诺［意］论述阿基米德螺旋提水法　意大利数学家、物理学家、占星术士卡尔达诺（Cardano，Gerolamo 1501—1576）在《论精巧》一书中，以奥格斯堡使用的一种机器为例，说明了用阿基米德螺旋提升水的原理。这个提水机的一个竖轴由提供动力的水轮轴上的一个金属正齿轮驱动，竖轴上还带有一些小齿轮，其数目和竖轴上螺旋的数目相同，它们依次将水从一系列水平水槽提升到更高的一个水槽。通过旋转螺旋和固定水槽的交替提升，最后水便升流到达塔的顶端，再从那里供水。

卡尔达诺［意］发明悬吊　卡尔达诺悬吊又叫“卡尔达诺平浮环”，它由3个具有相互垂直旋转轴的圆环构成，当船横向摇晃时，可使放于其上的指南针、时钟、蜡台等保持平衡。

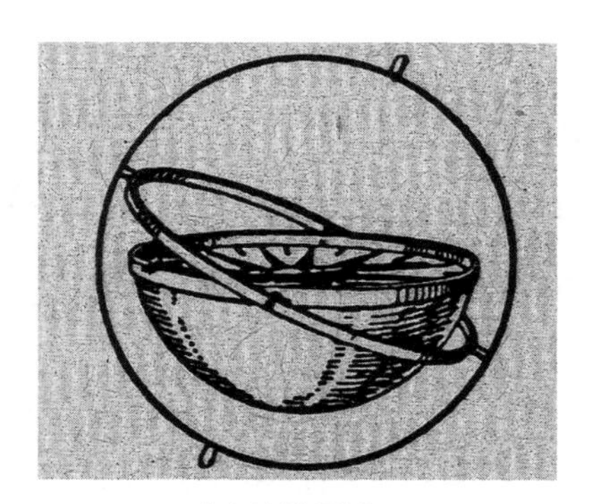

卡尔达诺平浮环

1556年

中国发明逆风航船方法　明代抗倭名将胡宗宪（1512—1565）等撰《筹海图编》卷十三载有“沙船能调戗使斗风”，指出逆风时，轮流换向（调戗）地斜驶，走“之”字形的航线，使逆风变为旁风，仍能让船向前保持正

确航线航行。

1569年

意大利圣特里尼塔桥建成 意大利佛罗伦萨1567—1569年建成的圣特里尼塔桥，共3孔，中跨29.3米，矢跨比为1∶7，拱轴为多心圆弧，拱弧半径在拱趾处小于拱顶处，左右两弧在拱顶相交，交角处被镶嵌于拱顶的浮雕所掩盖。欧洲文艺复兴时期，为适应日益发展的交通要求，城市拱桥设计出现了较大的变化。拱桥矢高与跨度之比明显降低，使桥面纵坡平缓，拱弧曲线也相应改变，石料加工亦趋精细。

墨卡托［荷］绘制世界航海图 荷兰地图学家墨卡托（Mercator，Gerardus 1512—1594）发明地图绘制中的“墨卡托投影法”。他绘制的海图是按等角正圆柱投影原理制作的，第一次将东西半球的已知地区展现在同一幅图上，因而墨卡托被尊为现代海图之父。该海图上用直线连接任何两点，就是这两点间的航线，而且航线是以恒向角交于子午线的。只要守定了所设的罗经航向，就能无误地从这一点驶向另一点。这种圆心标射投影图最适于航海使用，成为现代海图制绘的基础。

约1570年

帕拉第奥［意］著《建筑四论》 《建筑四论》是文艺复兴时期意大利著名建筑师帕拉第奥（Palladio，Andrea 1508—1580）的著作，书中谈到了城市街道及干线的布置，公共广场及周围建筑的安排，神庙基址的选择，以及城市外部的道路、桥梁等问题。

航海中使用计程仪推定航海速度 计程仪是计量船舶航程的航海仪器。古代用流木法计程航海，就是在船头把木块投入海中，然后向船尾跑去，其速度要与木块同时从船头到达船尾相同，以测算航速和航程。16世纪初，荷兰人也用流木法计程，即通过计量流木通过一个船体长的时间来计算航速和航程。以后又创造出沙漏计程法，利用一个14秒或28秒的沙漏计时，另以一块木板连接一根绳索，在绳索上按等距离打结，两结之间称为一节，以节数来计算船的航速。至今航速单位仍称为节。

约1573年

万恭［中］提出“束水攻沙”治理河道的方法　明万历初年（约1573年），官员万恭（1515—1591）完成治河著作《治水筌蹄》，现存本为上下两卷，计148条。书中阐述了黄河、运河河道演变规律，汇集整理了治河及管理等方面的经验，首次提出了“束水攻沙”的理论和方法，以及滞洪拦沙、淤高滩地以稳定河槽的治理措施，还总结了一套因地制宜的运河航运管理和水量调节经验等。此书是16世纪70年代治黄通运的代表作之一，对后来的黄河、运河整治和管理有很大影响。1677—1687年，靳辅等进一步完善束水攻沙的方法，采取措施引洪泽湖水流入黄河，达到了“蓄清刷洪”的目的。

1578年

贝松［法］的《数学仪器和机械器具图册》印行　《数学仪器和机械器具图册》是在法国数学家、工程师贝松（Besson，Jacques 1540—1576）去世后才于里昂出版的，附有贝罗阿尔德的注释，是一部包罗了仪器、机床、泵唧装置以及武器等内容的巨著。这些设计中广泛采用了螺杆和蜗轮。该著作对在法国传播达·芬奇的思想传统起到了很大作用。

1582年

伦敦开始用水道供水　英国设立集体主义桥水道公司，在伦敦桥附近用水车带动水泵将泰晤士河水抽上供市民使用，日供水18 000立方米。

16世纪后半叶的水车

莫里斯［荷］在伦敦泰晤士河装设提水机器　荷兰工程师彼得·莫里斯（Morris，Peter）向伦敦市长和参议员建议，在泰晤士河装设一台提水机器。这种机器利用水泵和阀门可以将水抽吸和压送

到城里地势最高地区中那些最高建筑物的最高处房间。

1588年

拉梅里［意］著《各种精巧的机械装置》出版　意大利工程师拉梅里（Ramelli，Agostino 1530—1590）的《各种精巧的机械装置》中有193幅精美的铜版插图，艺术性强，并附有法文和意大利文的解说。其中绘制了许多当时由拉梅里本人发明的机械，特别是以详细记录风车、水泵及齿轮装置而著名，同时也有关于滚碾制粉机、采石机、制材机、起重机等16世纪重要机械方面的文献。

《各种精巧的机械装置》插图

1590年

潘季驯［中］撰《河防一览》　该书系统地记述了明代治黄专家潘季驯（1521—1595）20多年治河的基本思想和主要措施，提出“以河治河，以水攻沙”的主张。该书总结了历代河堤决口的情况和治河的经验，也反映出明代治河的新成就。

1600年

法国塞纳河和罗纳河之间的布尔昆斯运河完工

1608年

利帕希［荷］发明望远镜　荷兰眼镜工匠利帕希（Lippershey，Hans 1570—1619）发明的这种望远镜与最早的复式显微镜非常相像，也由一个作为物镜的双凸透镜和一个作为目镜的双凹透镜组合而成。利帕希的发明很快传到德国、意大利和法国等地，1610年法国人已经用望远镜观察木星的卫星。

1614年

福克斯［法］建灯塔 法国建筑师福克斯（Foix，Louis de）建成的这座灯塔高182.5英尺，是一座点篝火的宫殿式塔楼，是典型的文艺复兴式建筑。

1617年

维兰梯乌斯［意］著《新机器》 意大利人维兰梯乌斯（Verantius，Favstvs 1551—1617）在书中描述了一些风车的细部结构、拱桥的拱架、吊桥以及疏浚设备，还描写了一台抓斗掘土机。

1620年

中国建成松花闸水利枢纽 明万历四十八年（1620年），云南府水利道水利佥事朱芹重建盘龙江引水工程渠首时，在盘龙江中建分水闸，即松花闸。闸宽4.16米、高3.2米，闸身长9.6米。闸门为叠梁门。这种以闸门控制干渠配水、泄洪，闸堰结合、设施完备的水利枢纽，是中国古代无坝引水工程的又一类型。

法国最早采用陶瓦管排水，英美两国也相继采用

德雷贝尔［荷］建造第一艘潜水艇 早在1578年，英国数学家伯恩（Bourne，William 1535—1582）就对潜水艇做了记载，但最早制作出潜水艇的是荷兰物理学家、发明家德雷贝尔（Drebbel，Cornelis 1572—1633），他在詹姆斯一世（James Ⅰ 1566—1625）资助下制成木制的潜水艇，载12个人下潜5米。德雷贝尔的潜水艇用木材和牛皮制造，用木桨推进，为防止渗水，用油皮罩密封，用一根浮在水面的管子换气。1620年，该潜水艇在泰晤士河中约4米深处从威斯敏斯特航行到格林尼治。航行中由两根管子供应空气，管口用浮体浮在水面上。俄国木匠尼科诺夫（Nikonov，Efim Prokopyevich）于1724年试制了世界上第一艘用于军事目的的潜水艇。

德雷贝尔建造的第一艘潜水艇（复制品）

1621年

茅元仪［中］的《武备志》中载《郑和航海图》 明末儒将茅元仪（1594—1640）著《武备志》中收载了《郑和航海图》（《自宝船厂开船从龙江关出水直抵外国诸番图》的简称），其中有正图40幅、附图4幅。正图18幅描绘了从南京出长江口，沿海南下至海南岛的水程，其余22幅正图为海外水程，4幅附图是往返孟加拉湾和阿拉伯海的过洋牵星图。航海图中详细记载了航线所经亚非各国的海域、岛屿、港埠情况，标明了航线上的礁石、浅滩状况。图中标明了500多个地名，其中有300多个外国地名。《郑和航海图》指出了用罗盘针指示方向的航海线路即针路（包括针位和航程）和过洋牵星数据（这是中国关于牵星术最早的记载），成为15世纪以前中国关于亚非两洲较为详尽的地理图志，也是中国现存的第一部全幅的包括亚非海域的海道图志。

郑和航海图（局部）

1627年

邓玉函［德］，王徵［中］的《奇器图说》出版 由德国耶稣会传教士邓玉函（Johann，Schreck 1576—1630）口授，明末科学家王徵笔译并绘图，编译而成的《奇器图说》于1627年出版。该书分三卷，第一卷叙述重力、比重、重心、浮力等力学知识；第二卷叙述简单机械的原理、构造和应用；第三卷叙述各种机械的构造和应用，如起重机械、汲水机械、粮食加工机械、锯木机等。书中还介绍了曲柄连杆、行轮、星轮、齿轮系、蜗轮蜗杆、棘轮、飞轮等机构，以及人力、畜力、风力、水力、重力的应用方法。这是中国最早翻译的西方工程机械图书。

《奇器图说》

1657年

惠更斯［荷］制作用摆锤调速的时钟 惠更斯（Huygens，Christiaan 1629—1695）把重锤和摆用擒纵器组装在一起，制造了最早的摆锤时钟。该钟由一个每拍半秒的短摆调节，仪器基座上方的摆锤由V形双线悬置方式支撑，以便在一个平面上摆动。摆锤和一条悬置绳索上的可移动重锤相组合，后者可上下移动，以调准时钟的走速。该钟还可确定经度，以保证船只在海上准确、安全地航行。惠更斯在海上进行摆锤时钟试验表明，在有风浪时当然不行，就是在风平浪静的时候由于纬度不同引起重力变化也使时钟产生误差，因此不能用于航海。

1661年

英国邮件开始使用日戳 1661年，在英国邮政总局局长毕绍普（Bishopp，Henry 1611—1691）在任时，开始使用一种只标明邮件经办月日的日戳，世称“毕绍普日戳”，这种日戳沿用了100多年。1840年，英国使用邮票后，在邮件上除加盖有年、月、日和地名的日戳以外，同时，用一种“马耳他十字”形戳盖销邮票。后来改为直接用日戳盖销邮票，戳样历经改换，但仍有用专门盖销戳，或把日戳和盖销戳连在一起的双联戳盖销邮票的。

1663年

武斯特［英］介绍蒸汽机 1655 年，英国侯爵武斯特（Worcester，Edward Somerset 1601—1667）写了一本书名为《发明的世纪》。该书于1663年正式印刷，书中介绍了100多项发明，其中有一项是蒸汽机。

牛顿［英］设计喷汽蒸汽机车 英国物理学家、数学家牛顿（Newton，Isaac 1642—1727）设计了一种利用蒸汽反冲作用使四轮车前进的装置。他将一个大的球形蒸汽锅安装在一辆四轮车上，在汽锅下面安装一个火炉，蒸汽锅后端有一喷嘴。牛顿设想在驾驶这种车辆时，驾驶员通过手中的长杆将汽锅后面的喷嘴打开，蒸汽就会从汽锅上的喷嘴向后喷去，从而推动车辆向前移动，然而牛顿并未试验成功。

1666年

法国米迪运河开工 该运河位于法国，连通大西洋与地中海，由法国工程师里奎特（Riquet，Pierre-Paul 1609—1680）和安德列奥西（Andréossy，Franois 1633—1688）主持施工。运河全长240公里，1681年完工。

1669年

海登［荷］发明道路照明油灯 荷兰人海登（Heyden，Jan van der 1637—1712）发明的道路照明油灯首先在他的家乡阿姆斯特丹使用。随后的50年中，世界上绝大部分的主要城市都陆续实现了道路照明。从1810年起，煤气灯占据了优势。1844年法国巴黎协和广场上第一次装上了试验性的碳弧灯。

1670年

西欧在马车上使用钢制弹簧 英国人布伦特（Blunt，Colonel）发明了钢制弹簧并安装在马车上，以提高车辆的舒适性，但是直到埃利奥特（Elliot，Obadiah）发明椭圆形钢弹簧之后，钢制弹簧才得以在各种车辆上广泛使用。

1673年

惠更斯［荷］提出内燃机设计方案　荷兰物理学家惠更斯提出用火药作燃料的真空活塞式火药内燃机。这种发动机利用火药燃烧的高温燃气在气缸内冷却，形成真空，使大气压力推动活塞做功。

1681年

法国凿成马尔帕斯通航大隧道　通航隧道是为运河穿越山岭而开凿的地下通航建筑物，它通常为单线航道，隧道一侧或两侧一般设有曳引设备，以此加快船舶通过隧道的速度。该隧道建于普罗旺斯运河线上，长155米，宽6.7米，高8.8米，是世界第一条通航大隧道。

1682年

拉内坎［法］建成抽水装置　法国工程师拉内坎（Rennequin，Sualem 1645—1708）建抽水装置为凡尔赛花园供水，所铺设的管线分为三段，在距离河岸600英尺和2 000英尺处设置两个中转蓄水池，其高度分别比河面高160英尺和325英尺。该抽水装置是当时最精巧、最宏伟的供水系统。

1690年

巴本［法］发明原始活塞式蒸汽机　法国物理学家巴本（Papin，Denis 1647—1712）设计的这种活塞式蒸汽机由直径约2.5英寸、装有活塞和连杆的竖管构成。管下部盛的水加热变成蒸汽，推动活塞向上运动到顶部时被插销固定。移去热源后蒸汽冷凝，汽缸内形成真空，拔去插销，上部大气压使活塞向下运动，通过杠杆提升重物。竖式管子完成了锅炉、汽缸和凝汽器三种功能。巴本只是实验未能制成实用的蒸汽机，但他最早应用蒸汽在汽缸中推动活塞，首先指出了蒸汽的工作循环，为实用的活塞式蒸汽机的制造奠定了基础。

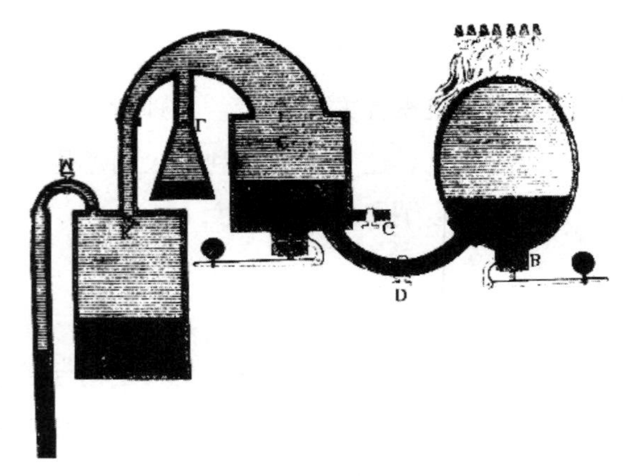

巴本的蒸汽机设计图

1698年

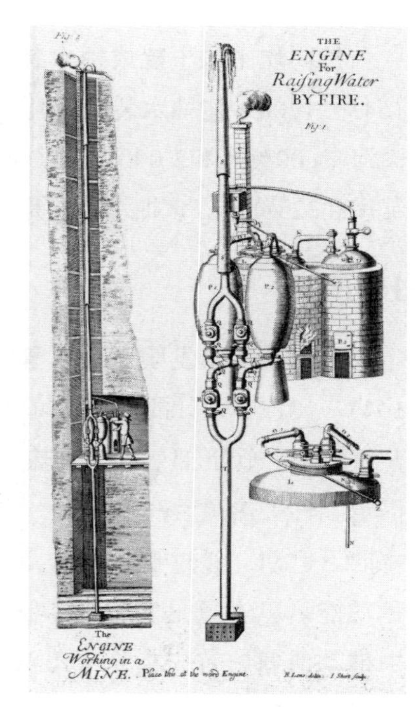

萨维里的蒸汽抽水机示意图

萨维里［英］发明蒸汽抽水机　英国工程师萨维里（Savery，Thomas 1650—1715）发明的蒸汽抽水机，又称蒸汽泵，功率为1马力。将蒸汽注入容器（凝汽器），关上阀门，使蒸汽冷凝形成真空，矿井中的水被抽入容器，关上水管阀门后再注入蒸汽，利用蒸汽压力将水从另一水管排出。该机的特点是把蒸汽压力和大气压力的利用结合起来。1698年7月25日取得专利。翌年，在英国皇家学会展出了包括锅炉在内的模型。萨维里机在一些矿井上得到应用，被称为“矿山之友”。由于当时的锅炉材料和焊接技术问题，蒸汽压力只能产生3个大气压，限制了抽水高度，最多提水至80英尺高。燃料消耗也很大，约为现代蒸汽机的20倍。

17世纪

中国四川敷设天然气管道　B.C.61年，中国已在鸿门（今陕西省西安市临潼区东北）、临邛（今四川省邛崃市）等地挖掘了火井（即天然气井）。明代宋应星在其《天工开物》（1637年）中详细描述了用竹管输气的方法："长竹剖开，去节，合缝，漆布，一头插入井底，其上曲接，以口紧对釜脐。"说明约17世纪在中国管道地面建设技术已经达到一定高度。

1704年

欧洲出现顶棚可开合的四座马车

1705年

纽可门［英］发明蒸汽抽水机　英国发明家纽可门（Newcomen，Thomas 1663—1729）发明蒸汽抽水机（当时称大气机），其蒸汽汽缸和抽水汽缸分置，蒸汽通入汽缸后，内部喷水使之冷凝，造成汽缸部分真空，汽缸外的大气压力推动活塞动作。与活塞相连的平衡梁另一端和抽水机相连，活塞在汽缸内上下运动，平衡梁就带动水泵抽水。纽可门蒸汽抽水机是综合了巴本的汽缸活塞和萨维里形成真空的凝汽器的优点而研制成的。汽缸内安装冷水喷射器，大大提高了热效率。由于蒸汽汽缸的直径大于提水泵的缸径，故可提取数十米深处的水。但该机器的耗煤量很大，效率低，而且只能做往复直线运动。

纽可门发明的蒸汽抽水机

1707年

巴本［法］著《利用蒸汽抽水新技术》 1705年，德国数学家、哲学家莱布尼茨（Leibniz，Gottfried Wilhelm von 1646—1716）把英国发明家萨维里制造的蒸汽抽水机设计草图寄给法国物理学家巴本，促使他进一步研究蒸汽机的原理和结构并撰写《利用蒸汽抽水新技术》一书。该书对尔后蒸汽抽水机的重大革新做出贡献。

1708年

中国进行首次全国三角测量 中国清政府组织以法国传教士白晋（Bouvet，Joachim 1656—1730）为首的中、西方人员，进行大规模大地测量，并绘制全国地图。1708—1711年，首先完成了北直隶（今河北）和东部地区的测绘。1711—1718年，又完成了蒙古和关内各省，包括台湾、西藏以及新疆哈密以东等地区的测量，并以统一的比例和投影，绘成了《皇舆全览图》。1755年，清军平定准噶尔叛乱后，又补测了哈密以西和塔什干等地区，至1759年，全部完成了中国范围的三角测量，这是世界测绘史上空前的壮举。这次测绘发现经线一度的长距不等，这就在实际上获得了地球为椭球体的证据，还最早发现和标绘了世界最高峰——珠穆朗玛峰，并首创以地球经线来制定长度标准，这在地学和测绘学发展史上都具有意义。

1710年

阿伦［英］（Allen，R.）在英国巴特使用有铁轮箍的矿车

1712年

实用纽可门蒸汽机投入运行 该机安装于英国达德利城堡煤矿，功率为55马力，每分钟12冲程，每冲程能将10加仑水提升153英尺。纽可门蒸汽机比萨维里抽水蒸汽机有明显的优点，可以安放在地面上，不需要像萨维里机那样高的蒸汽压力，排水效率高，操作简便。纽可门机是蒸汽机发展过程中的一次突破，标志着从蒸汽冷凝造成真空直接抽水，过渡到利用蒸汽压力使活塞做机械运动抽水，实质上是人类把热能转换成动力使用的开端。到18世纪末，英国煤矿基本上都用上了这种蒸汽抽水机。

1714年

克特［法］设计差动齿轮装置 克特（Quet，Du）设计出一种允许内轮和外轮的转向半径不一样的差动齿轮装置，这种装置使转向装置有了重大的改进。

1716年

高蒂埃［法］著《论桥梁》出版 高蒂埃（Gautier，Hubert 1660—1737）著的《论桥梁》一书在很长时期内一直是桥梁建筑领域的经典著作，对欧美的桥梁建筑业产生持久的影响。

法国桥梁和道路协会成立，土木工程开始成为一门单独学科

1720年

利奥波德［德］设计高压蒸汽机 德国工程师利奥波德在1720年出版的《舞台机械》一书中，首次对机械工程进行系统分析，其中设计了一台高压无冷凝器的蒸汽机，该蒸汽机有两个活塞和两个汽缸。

1727年

尼科诺夫［俄］试验世界上第一艘用于军事目的的潜艇 在1718年的俄国沙皇时代，一位名叫叶菲姆·尼科诺夫的发明家提出了建造一艘“绝密舰船”的想法，这种船可以“在平静的海面下潜行，甚至发射弹丸击沉敌舰”。按照尼科诺夫的想法，这种船全身用橡木制成，外观呈雪茄形。1720年1月31日，彼得一世（Peter the Great 1672—1725）命令尼科诺夫在圣彼得堡建造一艘这样的原型艇。1720年6月，尼科诺夫的这艘潜艇建造完成，沙皇彼得一世出席了试航仪式，但试航失败。1727年春，尼科诺夫再次进行了潜艇试航，由于一系列技术问题没能得到解决，试航再次以失败告终。

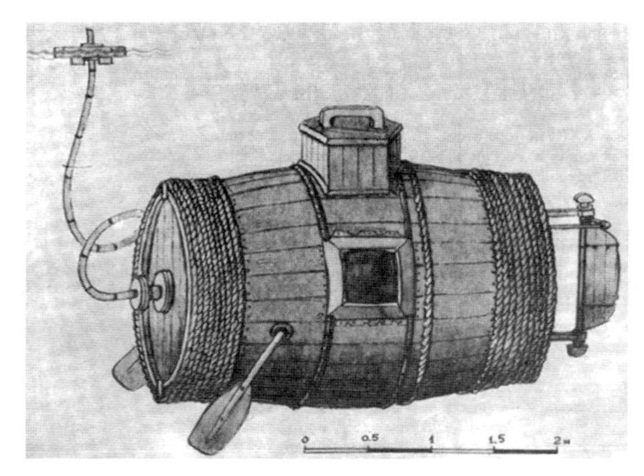

尼科诺夫的潜艇

1730年

哈德利［英］、戈弗雷［美］分别设计出普通光学六分仪　英国数学家、天文学家哈德利（Hadley，John 1682—1744），美国工程师戈弗雷（Godfrey，Thomas 1704—1749）分别设计的普通光学双反射六分仪最初只能测圆周的八分之一，也称为八分仪，用以测量太阳或一颗恒星在地平线上的高度和确定海上的经纬度。经改进后所测弧长增大到圆周的六分之一（其刻度盘为周围的六分之一），故名六分仪。现代六分仪的弧长可达圆周的五分之一。

西森［英］发明经纬仪　英国人西森（Sisson，Jonathan 1690—1747）发明的经纬仪是一种测角仪器，后经改进成型，用于英国的大地测量。它主要由望远镜、度盘、水准器、读数设备和基座等组成，用以测定水平角。另一竖直度盘的一个方向是特定方向（水平或天顶方向），只需在度盘上读取视线指向欲测目标的读数，即可获得竖直角值。

1732年

赫瑞鲍［丹］首创南北星中天时天顶距微差法　丹麦天文学家赫瑞鲍（Horrebow，Peder Nielsen 1679—1764）首创的南北星中天时天顶距微差法后经美国泰尔格特改进，称为“赫瑞鲍-泰尔格特法”，是大地天文测量中测定纬度的最精密方法之一。

英国在泰晤士河口设置灯船 英国在泰晤士河口诺雷浅滩设置第一艘灯船。1311年中国于江苏太仓刘家港西暗沙嘴设置两艘标志船，船上竖立旗缨引导粮船，是灯船的前身。

1737年

哈尔斯［英］获蒸汽船专利 英国发明家哈尔斯（Hulls，Jonathan 1699—1758）获得了蒸汽船的专利，该蒸汽船以纽可门蒸汽机为驱动力。

1750年

米克尔［英］发明风车用风翼方向自动调节装置 英国工程师米克尔（Meikle，Andrew 1719—1811）采用与主翼轴、风磨主轴相互垂直的辅助风翼来控制主翼的方向。当风向改变时，辅助风翼受到风力转动，借助蜗轮蜗杆和齿轮齿条机构，带动转塔转动，改变主翼方向，直到辅翼不受风力为止，此时主翼方向的风力最大。1772年，他又把主翼板分成若干不均等开合的部分，其开裂也受到控制，过量的风便自动漏掉，保护机翼不受狂风的危害，作用相当于安全阀。

希思［英］发明轮椅 英国人希思发明的轮椅由两个轮子支撑，轮子靠座位下的车轴连接，前面装一个转动用的小轮，上装脚踏板。椅子可从后面推，用装在前轮上的一根弯曲的金属长杆调整方向，由坐者掌握。

1751年

沙姆舒连科夫［俄］、库利宾［俄］制成用人工踏板驱动的车 俄国人沙姆舒连科夫（Шамшуренков, ЛеонтийЛукьянович 1687—1758）和库利宾（Кулибин, Иван Петрович 1735—1818）制成的这种车，驾车人站在车座的后面，踏动踏板，使重大的飞轮转动，飞轮经过一系列的机构和车的驱动车轮连接，使车前进。同时，该车在驾车人停止踏动踏板时，还可以依靠惯性继续前进，以使驾驶人休息，从而能够完成长距离的行驶。

1753年

贝利多［法］著《水利建筑》出版 法国工程师贝利多（Belidor，Bernard Forestde 1698—1761）的《水利建筑》全书共4卷，内容包括工程力学、水磨与水轮、水泵、港口、海上工程等，为法国水利工程技术奠定了理论基础。

1759年

罗比森［英］提出用蒸汽机驱动车轮的设想 在纽可门蒸汽机问世的33年之后，英国格拉斯哥大学的学生罗比森（Robison，John 1739—1805）首次把蒸汽机与铁轨联系起来，提出了用蒸汽机驱动车辆在铁轨上运行的最初设想。

哈里森（Harrison，John 1693—1776）［英］完成航海时钟（chronometer）的研制

英国开凿联结曼彻斯特和煤矿地区的布里津沃特运河 1755年之前英格兰几乎没有运河，1759年在兰开夏开始修筑从桑基堡到圣赫森斯的运河和布里津沃特运河，1761年完工。此后纵横交错地开凿了许多运河，这些运河成为英国产业革命初期的重要运输动脉。

布里津沃特运河

1760年

英国劳氏船级社成立 该船级社因在伦敦爱德华·劳埃德咖啡馆成立，故得此名。劳氏船级社是世界上规模最大的船级社，它的分支验船机构遍布世界上280个主要港口，经济来源依靠检验工作收取的费用。劳氏船级社初期仅承办船舶保险，以后不断扩大业务范围，办理船舶入级以及根据国际公约承担对船舶载重量、稳性、结构、安全设备、无线电通信、吨位丈量、装载化学危险品检验等任务，该社制定和出版了《钢质海船入级和建造规范》等技术规范和标准。

1763年

波尔祖诺夫［俄］设计双缸蒸汽机 俄国机械师波尔祖诺夫（Polzunov，Ivan Ivanovich 1728—1766）于1763年绘制了世界上第一台双气缸蒸汽机设计图，但未能实现。1765年根据另一个设计图制造类似俄国工厂用的第一台蒸汽动力装置，该装置运转了43天。

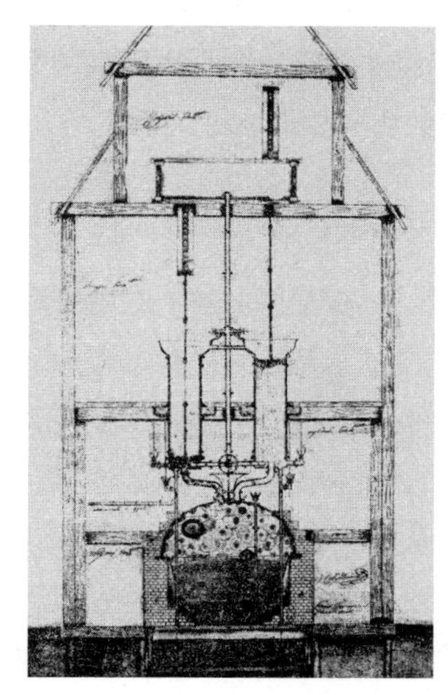

波尔祖诺夫的双缸蒸汽机设计图

1764年

特雷萨盖［法］公路铺装法 法国道路技师特雷萨盖（Tresaguet，Pierre-Marie-Jérme 1716—1796）研制的这种铺装法，能成功解决公路排水问题，而且基础牢固，俗称“特雷萨盖公路铺装法”。

瓦特改造的纽卡门蒸汽机（模型）

1765年

瓦特［英］发明凝汽器与汽缸分离的蒸汽机 英国发明家瓦特（Watt，James 1736—1819）在研究纽可门蒸汽机模型时，发现其运转不灵、效率低的原因是每一冲程都要用冷水把汽缸冷却一次，热量损失巨大。于是他把蒸汽的冷凝过程设计在汽缸以外进行，这样就可保持汽缸的恒热，从而发明了凝汽器与汽缸分离的蒸汽机。这是对纽可门蒸汽机的关键性改革。瓦特蒸汽机的热效率为3%，每小时每马力

耗煤量为4.3千克；而纽可门蒸汽机的热效率不到1%，每小时每马力耗煤量为25千克。1775年，瓦特与企业家博尔顿合作创办了世界上最早的蒸汽机制造厂。

欧拉（Euler，L.）［瑞］建议采用渐开线作齿廓曲线 平面上一动直线沿固定圆做纯滚动时，此直线上任意点的轨迹为该圆的渐开线。齿廓是指齿面被一指定的曲面所截的截线。渐开线齿轮较易制造，设计合理，现代使用的齿轮中渐开线齿轮占绝对多数。

1766年

勒鲁瓦［法］制成航海时钟 法国钟表匠勒鲁瓦（Le Roy，Pierre 1717—1785）制成的这种航海时钟，配备了他发明的补偿摆和独立式航海时钟节摆件。运动由一个圆形摆轮调节，水银式补偿摆是在摆轮系中配备两个部分充水银、部分充酒精的温度计。水银的任何热膨胀都会使其重心移向摆轮轴，从而引起转动惯量增加，以及摆簧随温度上升而变弱的效应。双金属式补偿摆的摆轮的轮缘由两种具有不同热膨胀的金属条片制成，轮周分割成若干片段，每个片段的一端固定在摆轮上，另一端加载，当温度上升时，在差膨胀作用下朝向摆轮中心卷曲，这样可以补偿摆簧的变弱，以及因辐条膨胀而引起的转动惯量增大。这种时钟逐渐取代了哈里森的时钟，被认为是现代仪器原型的一种航海时钟。

1767年

雷诺兹［英］制造铸铁轨道 英国铁路工程师雷诺兹（Reynolds，

铸铁轨道

Richard 1735—1816）于1767年修建从科尔布鲁克戴尔到塞文的铸铁轨道。这条轨道的界面为是一个“U”形，用铸铁制造。这些早期的铁轨专门用于煤矿和炼铁厂。

1769年

英国出现滑阀 滑阀是利用阀芯在密封面上滑动，改变流体进出口通道位置以控制流体流向的分流阀。瓦特蒸汽机出现以前，旋塞阀和止回阀一直是主要的阀门。蒸汽机的发明使阀门进入了机械工业领域，在瓦特的蒸汽机上除了使用旋塞阀、安全阀和止回阀外，还使用了蝶阀，用以调节流量。随着蒸汽流量和压力的增大，使用旋塞阀控制蒸汽机的进汽和排汽已不能满足需要，于是出现了滑阀。

居尼奥［法］制成世界上第一辆蒸汽汽车 法国军事技师居尼奥（Cugnot，Nicolas Joseph 1725—1804）制成的蒸汽汽车是三轮木制的，在前轮上安装一个锅炉，其后有两个气缸，由蒸汽推动气缸中的活塞上下运动，然后通过曲柄传给前轮推车前行。该车被称为“居尼奥蒸汽汽车”，开动时振动大，声音大，浓烟和蒸汽多，且每隔15分钟必须停下来加水，1小时只能走4公里。尽管如此，该车是世界上第一辆蒸汽汽车，后来不少人在此基础上又进一步改革，制造出了多种类型的蒸汽汽车，从而使汽车制造技术得到了发展。

居尼奥蒸汽汽车

1770年

埃奇沃思［英］发明履带拖拉机　英国发明家埃奇沃思（Edgeworth, Richard Lovell 1744—1817）的履带拖拉机被认为是履带行走机构的最早构想。1867年，美国工程师米尼斯研制成功第一台农用履带拖拉机。1888年，俄国工程师布里诺夫研制出具有两条履带装置的拖拉机。

1773年

英国利物浦和曼彻斯特间运河开通

1774年

斯米顿［英］首创“四合土”　英国工程师斯米顿（Smeaton, John 1724—1792）用石灰、黏土、砂子和矿渣混合成“四合土”，用它砌筑海上灯塔取得良好效果。

1775年

瓦特［英］、博尔顿［英］合作创办蒸汽机制造厂　这是最早的蒸汽机制造厂，从1775年到1800年的25年间，共生产了318台蒸汽机。蒸汽机的发明和生产应用，促使人类开始进入以大机器生产为主要标志的工业化社会。

威尔金森［英］研制成铸铁汽缸　英国机械技师威尔金森利用他自己发明的镗床研制成铸铁汽缸。有了优质的铸铁汽缸，1769年开始制造的铸锡汽缸被淘汰，瓦特发明的带有分离凝汽器的蒸汽机才真正获得推广。

布什内尔［美］发明手动式潜水艇和海洋用水雷　耶鲁大学毕业生布什内尔建造了以手摇螺旋桨为动力的海龟号木壳潜艇，艇上装有水雷，可潜入水下30分钟。这艘潜艇上

布什内尔发明的手动式潜水艇

装有水雷，发明者的意图是想把水雷固定到敌舰舷上，但都未成功。

富兰克林［美］用喷射水为动力推进船只　美国物理学家富兰克林用一台水泵把水从船头吸入，从船尾喷出使船前进。这种船于1782年在波托马克河试航后，直到1865年，英国皇家海军才造出一艘用这种方式推进的装甲炮舰。

1776年

架空索道诞生　在法国和葡萄牙边界的比利牛斯山区，用架空索道运输木材。

1779年

英国首次建成铸铁拱桥　英国在科尔布鲁克建成了一座主跨约30.5米的铸铁拱桥，曾使用170年，现已作为文物保存。

1784年

瓦特［英］取得安有平行四边形机构的复动蒸汽机专利　把活塞的上下运动借助所谓平行四边形机构转变为旋转运动的方法，仅是机构学上的进步，然而它对社会产生的影响却是极大的。因为用这种机构首次使蒸汽机可以作为一切工作机的动力而使用。为驱动威尔金森的铸铁锤而安设这种蒸汽机以来，产业革命进入了真正的发展阶段。

赛明顿［英］、默多克［英］制成蒸汽汽车　英国发明家赛明顿、苏格兰发明家默多克制成用蒸汽机驱动的汽车，但是制造出来后运行效果不佳。

1787年

塞扎尔［法］发明蒸汽压路机　法国皇家道路工程师塞扎尔发明了第一个实用的压路机，由马拉动。这个压路机由铸铁制成。

菲奇［美］制造桨轮式汽船　美国发明家菲奇从1785年开始对造船发生兴趣，将瓦特刚推出的双向式蒸汽机安装在帆船上，代替人划桨，这种船于1781年试航行。1787年，建造一艘长45英尺的小船在特拉华河上试航成功。

后来又造了一艘较大的船，采用桨轮（明轮）推进，在费城和新泽西州的伯灵顿之间进行定期航行，获得美国、法国的汽船专利。

威尔金森［英］用铁制造船 发明镗床的英国铁匠威尔金森用铁制造船，证明了传统的认为铁比木料重做成船会沉的观念是错误的。

1789年

英国使用带凸缘车轮 雷诺兹、斯米顿制造与轨道相配合的带凸缘的机车车轮。

1790年

法国建成中央运河 该运河连接卢瓦尔河和索恩河，成为沟通英吉利海峡与地中海的欧洲第一条内陆水道。

西弗拉克［法］制造木制自行车 法国伯爵西弗拉克用木材制成自行车，结构简单，既没有使车子前进的驱动装置也没有转向装置。骑车时，人两脚着地，靠两脚轮番蹬地使车子前进；拐弯时，骑车人要临时挪动前轮，调整方向后再蹬地前进。这种车虽然简单，但却形成了现代自行车的雏形。1817年，德国男爵德拉伊斯制造了一辆能转弯的自行车并于1818年获得了专利。1821年，英国人造出了一辆用手旋转前轮行驶的自行车，不久他又将手旋式改为脚踏式。1830年，法国政府首次将自行车用于邮差，出现了第一批为生活服务的自行车。

西弗拉克制造的木制自行车

1791年

库利宾［俄］制成人力车 俄国发明家库利宾用脚踏曲柄机构、飞轮、变速机构、自由推动机构、盘轴承等制成一辆人力车。

夏普［法］发明悬臂通讯机 法国工程师夏普在一根竖立的木杆顶端安装一个可以绕中轴旋转的横杆，横杆两端各有一个可旋转的悬杆。由横杆和悬杆的不同角度组合表达一定的字母或数字，由此可以较为完整地传递信息。这种悬臂通讯机安装在较高建筑物上或塔楼上。在望远镜可达的距离（10公里左右）设立安有悬臂通讯机的塔楼，就可以实现信息的接力传送。

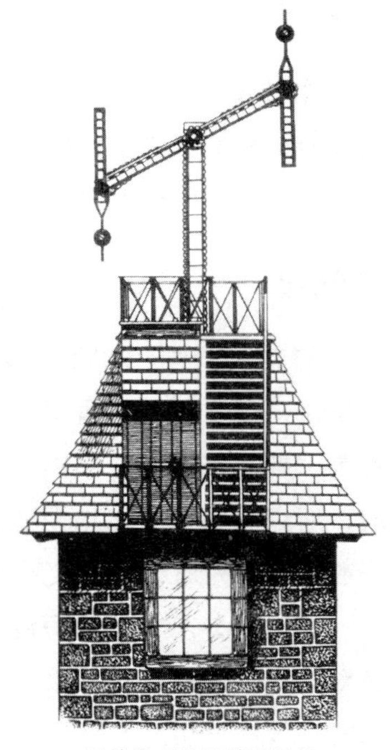
夏普发明的悬臂通讯机

1794年

瓦特［英］发明示功汽缸 示功汽缸是一种小汽缸，有一个精密适配的活塞借助一根螺旋弹簧装在顶部，活塞同作用于它的压力成正比例地上升，活塞杆上固定的一根针在所附标尺上指示出每平方英寸的压力。示功汽缸同汽缸相连，使得蒸汽能从后者通到前者，并使二者中有相同压力。瓦特的一个名叫萨瑟恩的助手给示功汽缸添加一块滑动板，用以支承铅笔和纸，铅笔在纸上描绘的曲线相应于汽缸中气压的变化，这就是“示功图”。示功图是在活塞式机器的一个循环中，气缸内气体压力随活塞位移而变化的循环曲线。循环曲线所包围的面积可表示为机器所做的功。

斯特里特［英］发明燃用松节油或柏油的内燃机 英国人斯特里特首次提出根据燃料与空气混合的原理可以制成内燃式动力机。这一发明虽然获得专利但未实际应用。

沃恩［英］取得球轴承专利 1772年，英国的瓦罗设计制造球轴承，装在邮车上试用。1794年，沃恩取得球轴承的专利。1881年，德国物理学家赫兹发表关于球轴承接触应力的论文。在赫兹成就的基础上，德国的施特里贝克、瑞典的帕姆格伦等人又进行了大量实验，对发展滚动轴承的设计理论和疲劳寿命计算做出了贡献。

1795年

本瑟姆［英］建造水密隔舱船 英国机械工程师本瑟姆在考察中国的水密隔舱结构的基础上，设计并改进了6艘船，修造了带有水密隔舱的新型船。他认为水密隔舱技术“是今天的中国，也是古代的中国所实行的”。

1796年

帕克尔［英］发明罗马水泥 英国水泥制造商帕克尔发明的这种用泥灰岩烧制出的水泥，外观呈棕色，很像罗马时代的石灰和火山灰混合物，故被称为“罗马水泥”。又因为它是采用天然泥灰岩作原料，经配料直接烧制而成，所以又叫“天然水泥”。这种水泥具有良好的水硬性和快凝性，除用于一般建筑，尤适于与水接触的工程。

中国对外港口实行海港检疫制度 中国清政府为控制和预防天花流行，在对外港口实行检疫制度。凡出海远洋进行贸易的商船回国入港，由专门机构的官员检查船上人员，若有发天花者，必令其痘平复之后方许入境。

1800年

特里维西克［英］发明横梁连接杆型复式发动机 英国矿业工程师特里维西克发明的横梁连接杆型复式发动机，压力为65磅/平方英寸，汽缸直径25英寸，冲程10英尺，应用于矿山起重作业。1802年，他又发明高压蒸汽机，工作压力达145磅/平方英寸。1804年，配合1800年发明的复式发动机，研制成“特里维西克型锅炉”，该锅炉有一个铸铁圆筒形外壳和一个碟形封头。

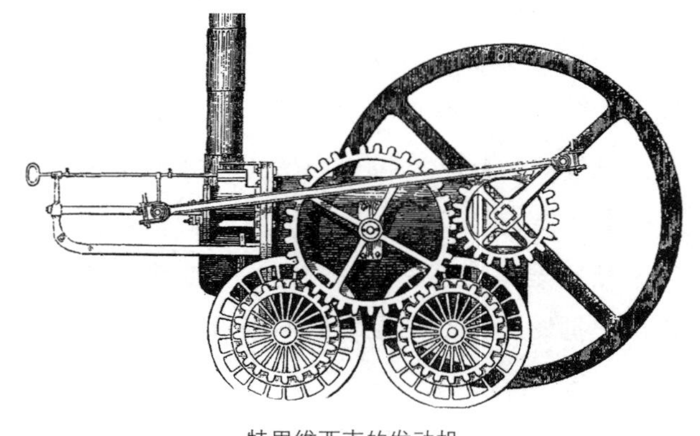

特里维西克的发动机

埃文斯［美］制作出10个大气压的高压蒸汽机

18世纪

中国制造人力挖泥船 名为“清河龙”的船上设有绞盘柱，柱下端围以铁齿能插入泥沙中，用人力转动绞盘柱带动铁齿挖泥。

居尼奥［法］设计“长脚汽车” 法国的居尼奥设计的这种“长脚汽车”前面安装着驾驶方向轮，后面竖起一支烟囱，车身中间放着椅子。当车开动时，整个车身皆颤动，车身下面的长脚便交替踏步向前挪动，同时车轮也随之转动起来，整个车被带动向前运动。由于该车除车轮以外，还有脚，故时人称之为“长脚汽车”。居尼奥去世以后，有人对他的汽车进行了多次改制，由原来的3个车轮增加到6个车轮，车速可达到每小时10公里，并将“长脚”去掉，增加了汽车的行驶速度。

1801年

勒邦［法］取得一种内燃机专利 法国的机械师勒邦将爆燃室放在汽缸外面，让在爆燃室中产生的气体通过阀门进入汽缸做功。

英国万兹瓦斯和克洛伊顿间运送货物的铁路开通

特里维西克［英］制造高压蒸汽汽车 英国发明家、矿业工程师特里维西克在汽车上安装了一部高压蒸汽发动机。两年后，他又制造了一辆类似公共马车的蒸汽汽车，该车可乘坐8个人，时速达9.6公里。1823年，英国人格尼制造了一辆蒸汽汽车。1825年，格尼制造了蒸汽公共汽车，该车把发动机安装在后部，自重虽只有3吨，却可容下18位乘客，时速达到19公里。1828年，汉考克制造出了时速为32公里、载客22人的蒸汽公共汽车。1834年，世界上第一个公共汽车运输公司——苏格兰蒸汽汽车公司成立，开始了公共汽车营业。1863年，美国的罗帕制造了自重只有300千克，时速却达到32公里的轻快汽车。由于蒸汽汽车的噪声大、黑烟多、损坏路面，而且不安全，引起公众反对，使其发展受到限制。1878年，法国的配尔制造了奥贝桑特号和曼歇尔号蒸汽长途公共汽车，时速分别为40公里和42公里。

赛明顿［英］建造蒸汽机拖船 英国技师赛明顿建造了第一艘蒸汽机拖船夏洛特·邓达斯号，船长17米，功率为10马力。1837年，制造出拖船奥格登号，首次采用螺旋桨，在泰晤士河上航行。

富尔顿［美］制作诺其拉斯号潜水艇 美国发明家富尔顿制作的诺其拉斯号潜水艇，装有两枚水雷，铁骨架铜壳。潜艇在水下靠手摇螺旋桨，在水上靠桨帆行驶。

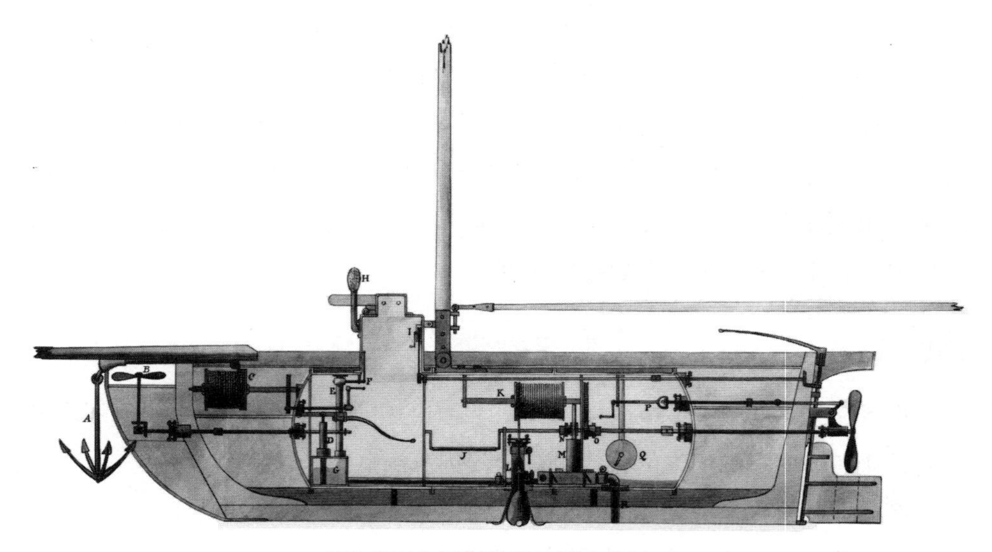

富尔顿制作的诺其拉斯号潜水艇剖面图

1802年

布鲁内尔［英］研制木滑轮组自动生产线 布鲁内尔设计制造出生产木滑轮组的自动线。他采用了32马力蒸汽机驱动44种不同的机械，将木材沿长度横向切割、剥（树）皮、钻孔、打榫、开槽等。使用这组设备只需10个非熟练工人即可代替110个熟练工人的劳动，每年可生产13万个滑轮组。

特里维西克［英］取得高压蒸汽机专利并制成实验蒸汽机车 英国发明家、矿业工程师特里维西克采用内壁呈U型的筒式锅炉，并把气筒置入锅炉内，使蒸汽压力从瓦特蒸汽机的0.8个大气压提高到35个大气压。他制成的首台实验蒸汽机车，在默瑟尔和加尔第夫之间的铁路上行驶，时速9英里。1815年，他又制成7个大气压、热效率超过7%的蒸汽机车，功率超过100马力。虽然特里维西克面临着机车动力不足，车轴、铁轨断裂，运输振动过大等一系列难题而得不到应有的支持，使其发明难以为继，但为尔后史蒂芬森发明蒸汽机车奠定了基础。

特里维西克的高压蒸汽机

1803年

埃文斯［美］制造蒸汽挖泥船　15世纪，荷兰人采用了搅动泥沙的疏浚方法，把犁系于航行的船尾，耙松河底泥沙，使其悬浮于水中，利用水流将泥沙带到深水处沉淀。16世纪，荷兰人又创造出一种“泥磨”。施工时，用人力或畜力转动平底木船上的大鼓轮，通过循环链条带动木刮板，将水底泥沙刮起，经溜泥槽卸入泥驳。17世纪初用铜制斗勺代替木刮板。埃文斯采用蒸汽机为动力驱动带有挖泥铲斗的链条传动，将挖进铲斗中的泥沙传到船舱中。

富尔顿［美］制造蒸汽船　美国画家富尔顿建造38马力、时速达4海里的蒸汽轮船，并首次试航成功。1807年，他又建造了一条更大的蒸汽轮船，用蒸汽机驱动装在两边的明轮，取名为克莱蒙特号，并于同年8月17日在哈得逊河试航成功。该船长150英尺、宽13英尺，吃水量为2英尺，往返于纽约和奥尔巴尼城之间，时速为16海里。这标志着蒸汽动力船取代帆船的开始。1811年，美国制造的奥尔良号蒸汽船在俄亥俄河试航成功。

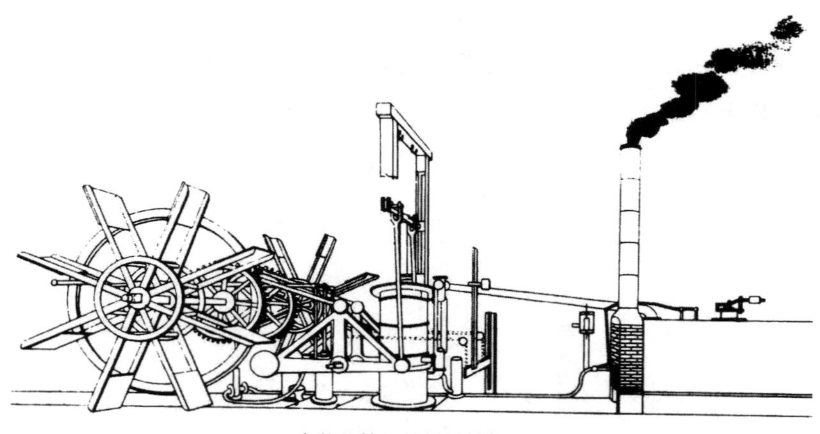

克莱蒙特号的机械结构图

特尔福德［英］开凿联结北海和大西洋的喀里多尼亚运河 该运河于1847年完工。

1804年

史蒂文斯［美］制造小汽艇 该艇装有水管锅炉和直立型蒸汽机驱动的螺旋桨。

1805年

默里［英］制作萨伊多列维发动机 当时的蒸汽机的横梁在上方，重心过高，英国技师默里制作的萨伊多列维发动机把横梁设在汽缸两侧。这种蒸汽机本来是应船舶或蒸汽机车需要低重心的小型发动机而出现的，但在陆地上使用的发动机中亦开始设计不受安装场所限制的蒸汽机。

1807年

莫兹利［英］制作台式蒸汽机 这是一种没有摇杆的蒸汽机。活塞和曲轴直接相连，并装有大型惰性轮，由于比带摇杆的蒸汽机所占的空间小，因此非常普及。

英国修建水下人行隧道 英国在泰晤士河修建穿越该河的水下人行隧

道，但因隧道进水，于1808年被迫停工。1825年，布鲁内尔采用新的方法即盾构法重新施工，终于在1843建成了这条隧道。该隧道长约366米。1865年，该隧道归并于东伦敦铁路，改建成为水下铁路隧道，1913年又改为电气化水下铁路隧道。1873—1886年，英国又修建了塞文河水下铁路隧道。该隧道采用6座竖井同时施工，并利用强有力的抽水设备和采取向地层注浆等措施，从而解决了隧道进水问题。

1810年

博南贝格尔［德］发明陀螺仪

1811年

布伦金索普［英］取得与齿轨啮合的带齿车轮蒸汽机车专利　早在1802年，特里维西克已经证明蒸汽机车的平滑车轮与平滑轨道间的摩擦，能充分保证列车运动。1811年，英国工程师布伦金索普制作了带有特殊齿的轨道及能与其啮合的带齿车轮的机车，认为这样轮就不会空转了。车轮虽然不会空转但由此导致速度低（每小时6公里以内）、价格昂贵、噪声以及易损坏等问题，此类机车虽然有一台在矿山上实际应用，但未能普及。

1812年

哈德利［英］证明路轨与车轮间的摩擦足可以保证机车运动

富尔顿［美］设计制造蒸汽明轮战舰　美国人富尔顿和美国海军签订合同，开始世界上第一艘蒸汽明轮战舰的设计制造，1815年制成，被命名为锹莫路号，后改为富尔顿号。该舰船型为双体，单个明轮布置在双体的中部，明轮尺寸为4.8米×4.26米，排水量2 475吨，航速可达5节。1836年后采用螺旋桨推进。

1814年

史蒂芬森［英］制成可以实际运行的蒸汽机车　1812年，英国铁路技师史蒂芬森从博览会上参观特里维西克的蒸汽机车后，受到很大启发。1814

年，他对所制造的布留赫尔号蒸汽机车进行了改进，首次用凸边轮作为火车的车轮，以减少车轮和路轨的摩擦力。采用蒸汽鼓风法，将废气导引向上喷出烟囱，带动后面的空气，从而加强通风。该机车在达林顿的矿区铁路上牵引8节共30吨的货车进行试运行，时速约4英里，这次试验虽然取得了一定效果，但该车运行时浓烟滚滚，火星四溅，噪音过大，震动过猛，对铁轨的破坏厉害，蒸汽机车本身也存在着爆炸的危险。

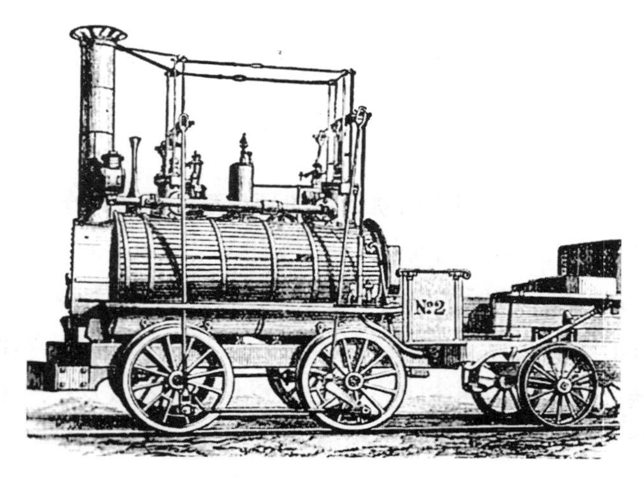

史蒂芬森的蒸汽机车

1818年

德拉伊斯［德］制造“娱乐马”自行车 该车由一个木构架安装两个用铁架支撑的同样大小的车轮构成，前轮安有舵可转换方向，骑车者坐在中间的鞍座上用两脚蹬地前进。鞍座与车把间有搭肩，车轮为木制的，安装有刹车装置。这是人力双轮车的设想的首次实现，也是自行车的雏形。

德拉伊斯的“娱乐马”自行车

1819年

萨凡纳号蒸汽机帆船（油画）

罗杰斯［美］建造蒸汽机帆船 美国船舶工程师罗杰斯设计监制的萨凡纳号蒸汽机帆船，从美国运输棉花到英国的利物浦，首开27天横渡大西洋的纪录（其中用蒸汽机航行80小时）。

法国出现公共马车 法国把马车作为在巴黎街道上行驶的公共交通工具，促进了公共交通业的发展。1860年，英格兰出现用马拉的有轨公共马车。1869年，日本东京公共马车营业。1870年，英国伦敦出现了轨道马车。到20世纪初，马车在工业发达国家已趋少见。

麦克亚当［英］发表公路建设法 早在1750年马车同业公会即试行由公路技师对路面进行各种修整。这时期最流行的公路建设一般是把大的石块并排铺开，在上面堆积小石块，使路面呈凸形。但这种路面曲率过大，两侧垃圾堆积排水沟，在路面半圆形截面中心处又常有大洞。英国筑路技师麦克亚当不铺设碎石块，而在路面上铺一层小碎石子，能较好地耐受重量而起到固定路面的作用。1818—1829年间，在英格兰和威尔士建造了法定路宽60英尺的砂石路1 000英里，几乎所有的街道都按麦克亚当的方式重加修整。

特尔福德［英］发表《公路的科学修补及维护》

1820年

塞歇尔［英］提出以煤气为燃料的内燃机报告 这种内燃机的工作原理是利用爆发后的真空构成动力。塞歇尔曾在实验室里试运转成功，获得每分钟60转的转速。1833年，出现爆燃式内燃机，它是直接利用燃气压力推动活塞动作，从此结束了真空机的历史。在内燃机的技术发展过程中，从燃料的化学能转化为机械功的方式上追踪，可分为自真空机到爆燃机、压缩机、二冲程及四冲程点燃机、二冲程及四冲程压燃机等阶段。

伯特［英］发明海洋测深器 英国海洋学家伯特发明的这种测深器有一根测深索，索上用绳环穿过一个救生圈形的浮标，如果很快松开绳索，即使船在行驶时浮标在水里仍会保持不动，测深锤将从浮标处垂直进入海底。当测深锤碰到海底时，一个钳子状弹簧制动器会卡住绳索，由此可读出海水的深度。

梅西［英］发明海洋测深绳 英国海洋学家梅西（Massey，Edward 1768—1852）发明的测深绳包括一个装有螺旋桨的管状重物和一台以海水深度值为刻度的记录仪，记录值反映的是测深绳自海面降到海底时所转过的转数。测深绳上装有一种巧妙的装置，使它能在碰到水面时放开螺旋桨，在碰到海底时又锁住螺旋桨。

英国建成独轨铁路 这条铁路建在伦敦北部，是世界上最早的一条用于运输货物的独轨铁路。独轨铁路的主要结构是轨道梁，由钢或钢筋混凝土制成。独轨铁路车辆一般由铝合金制成，用电动机驱动。独轨铁路按车辆的行车状态分为悬吊式独轨铁路和跨座式独轨铁路。独轨铁路造价低廉，工期较短，技术简单，行车速度高，不受地面交通干扰，运行平稳安全。因此日本、德国、美国等国都重视独轨铁路的研究并取得成效。

1824年

卡诺［法］著《关于火动力和适于发展这种动力的机器之思考》出版 法国军官萨迪·卡诺出版开拓性的热力学研究著作《关于火动力和适于发展这种动力的机器之思考》，其中解释了蒸汽机动力来源于锅炉与冷凝器之间的温度差，提出描述热和机械运动的相互转换的著名的“卡诺循环”。

英国成立通用轮船公司 英国通用轮船公司在伦敦、汉堡和鹿特丹之间开辟了班轮航线，开始了以蒸汽机船经营的班轮运输。

1825年

英国伦敦泰晤士河河底隧道使用屏蔽钟施工法

史蒂芬森［英］设计世界上第一条铁路并将蒸汽机车推向实用 1821年，英国筹建从斯托克顿到达林顿供马车拉煤的铁轨路，英国铁路技师史蒂芬森建议改为蒸汽机车铁路获准，后由他设计、勘测，施工中在铁轨枕木下加铺碎石块以增大路基强度，经4年努力完成铁路的铺设。这是世界上第一条正式铁路。与此同时，史蒂芬森对所设计的动力1号机车进行了改进，例如将锅炉安装在车头以减小万一发生爆炸时造成的危害，在车厢下安装减震弹簧等。1825年9月27日，史蒂芬森亲自驾驶动力1号机车，牵引20节客车厢（共450人）和6节煤车厢，总载重90吨，以24公里/时的速度从达林顿顺利开往斯托克顿，标志着铁路运输事业从此开始。

动力1号机车

1826年

泰勒-马蒂诺公司制造卧式蒸汽机 英国伦敦的泰勒-马蒂诺公司制造出最早的一种卧式蒸汽机，在1826年出版的一幅版画中展示了这台蒸汽机。蒸汽机的汽缸水平地安装在两个铸铁侧架之间，这两个侧架还支承着曲轴轴承以及为十字头上的滚轴而设置的导槽，水平的活塞阀和凝汽器均位于汽缸下方。

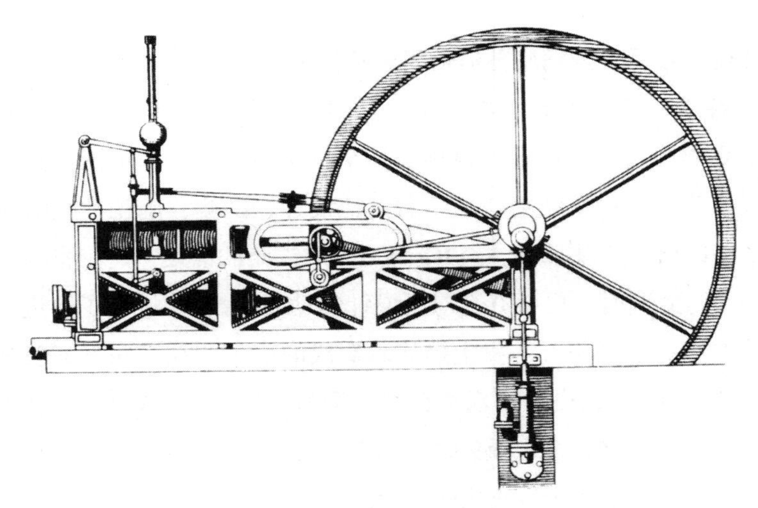

泰勒–马蒂诺公司制造的卧式蒸汽机

英国建成锻铁悬索桥 1820—1826年英国在梅奈海峡建造了一座跨度177米的锻铁链杆柔式悬索桥，由于采用了强度较高的锻铁材料，故能在桥面随坏随修的情况下延长使用寿命。

英国建成铁路隧道 英国在铁路修筑中开始修建长770米的泰勒山单线隧道和长2 474米的维多利亚双线隧道。以后，其他国家相继建成了许多铁路隧道。

1827年

霍普森［英］建造水泥路 英国道路技师霍普森发明用水泥灰浆填灌碎石的铺路方法并获专利。

格尼［英］制造出世界上第一辆正式运营的蒸汽四轮汽车 英国公爵格尼制造的蒸汽四轮汽车采用新型高压蒸汽机，可乘坐18人，平均时速19公里。此后用蒸汽机驱动的汽车开始在实际中应用。

1829年

史蒂芬森父子［英］设计制造火箭号蒸汽机车 英国机械师史蒂芬森父

子设计制造的火箭号蒸汽机车采用卧式多烟管锅炉，是第一辆使用现代形式的管式锅炉的机车。该车自重4吨，蒸汽压力达0.345兆帕。在1829年的比赛中以每小时近14英里的平均速度行驶了60英里，最高速度达到每小时29英里，创造了当时地面行驶车辆的最好成绩。1830年，史蒂芬森又完成了利物浦到曼彻斯特全长40英里铁路的修建，并亲自驾驶火箭号蒸汽机车以平均18英里/时的速度顺利完成无故障运行，其最高时速达到34英里。“铁路时代”由此到来。

火箭号蒸汽机车

1830年

科克伦［英］发明在架设桥梁中使用压缩空气沉箱法　英国工程师科克伦发明的这种方法于1843—1851年在契布斯特的高架桥（天桥）中实际应用。

法国最早的铁路在圣·特其恩尼与里昂间通车

英国第一条客运铁路在利物浦与曼彻斯特间通车

美国查尔斯顿至奥古斯塔间铁路通车

1831年

杰维斯［美］发明机车转向架　美国工程师杰维斯首次在机车前部试装引导转向架，使机车能够在弯道上安全行驶。

美国铁路客车使用二轴转向架　这种转向架是由机车车辆走行部的零部

件和装置组装而成的独立部件，起支承车体、转向和制动的作用，并保证机车车辆在轨道上安全平稳地运行。这种转向架在机车、货车上广为使用。

1832年

美国开始使用球形固定铁路信号装置 1825年，世界上第一列列车在英国运行，当时为保证安全需一人手持信号骑马引导列车前进。1832年，美国在纽卡斯尔至法兰西堂铁路线上开始使用球形固定信号装置，以此传达列车运行信息。如果列车能准时到达悬挂白球，晚点则悬挂黑球。这种信号每隔5公里安装1架。铁路员工用望远镜瞭望，沿线互传消息。英国铁路1839年开始用电报传递列车运行信息，1841年出现了臂板信号机，1851年用电报机实行闭塞制度。1856年，萨克斯比发明了机械联锁机。1866年，美国利用轨道接触器检查闭塞区间有无机车。1867年出现点式自动停车装置。1872年，美国鲁宾逊博士发明了闭路式轨道电路从而加快了列车信息传递。

1833年

赖特［英］设计爆燃式内燃机 英国物理学家赖特提出爆燃式内燃机设计方案，即通过煤气和空气混合使其爆燃，直接利用燃烧气体的压力推动活塞做功。

英国建成饼干自动输送生产线 该生产线采用机器和面，用滚筒将面团碾开铺在面板上切割成形，然后由蒸汽机驱动的滚筒运输机送入炉内烘烤。同时，另一部分空板被滚筒送回到和面桌上，继续进行上述过程。但炉温仍需有经验的师傅控制。

美国建造飞剪式帆船 美国建造了一艘飞剪式帆船安·玛金号，其排水量为493吨。该船型瘦长，前端尖锐突出形如剪刀，故名“飞剪式帆船”。1853年，美国又建造了一艘更大的大共和国号飞剪式帆船。该船长93米，宽16.2米，深91米，排水量3 400吨，主桅高61米，船帆面积3 700平方米，航速为每小时12～14海里。该船横渡大西洋只需13天，这标志着飞剪式帆船制造技术已经达到顶峰。

飞剪式帆船

1834年

巴黎修筑柏油路

希尔德［俄］设计建造最早装有潜望镜、撑杆水雷、燃烧火箭和爆破火箭的潜艇

1835年

欧洲在铁路上开始使用横标信号器和灯光信号器

斯特拉廷［荷］、贝克尔［荷］试制以电池供电的双轴小型铁路车辆

1836年

美国最早的铸铁桥在宾夕法尼亚州的布朗斯维尔建成

埃里克森［美］设计能自动测量水深的测深锤 瑞典裔美国发明家埃里克森设计的这种仪器是一根一头封闭，另一头有单向阀的玻璃管。当测深锤向海底坠入时，随海水深度而增加的压强会将不同的水量压入管中，单向阀会阻止管上提时水向外泄，根据管中的水量按一定修正值折合可测出海的深度。

坎贝尔［美］设计了一台四轮转向架四轮驱动的机车 美国工程师坎贝尔设计了一台四轮转向架四轮驱动的机车后，与他同时代的哈里森在这辆机车上加装了车辆均衡装置。不久这辆机车就成为美国的标准机车，被命名为“美国式”机车，它是早期最常用的机车，具有很好的弯道行进功能。

美国的宾夕法尼亚州开始使用卧铺车

史密斯［英］，埃里克森［美］发明船用螺旋桨 英国发明家史密斯和美国发明家埃里克森共同发明了螺旋桨推进器，他们分别制成用螺旋桨推进的蒸汽船。19世纪中叶后，螺旋桨船开始逐渐为人们所认识，并用于新船的设计中。

1837年

韦伯［德］发明地磁感应仪 德国物理学家韦伯发明的这种地磁感应仪的主要部分，是一可绕平行于线圈平面的轴旋转的多匝线圈。线圈装在水平架上，架上有垂直度盘和水平度盘。当线圈的旋转轴与地磁场方向平行时，转动线圈的电压输出为零，此时测出线圈旋转轴的倾角即地磁倾角。

西贝［英］发明密封潜水服 英国的西贝发明的密封潜水服，有用螺丝钉拧在胸板上的金属潜水帽、橡胶领子、水密袖口、铅底靴子和铅制的腰部配重。空气通过从水面伸下的软管泵进入潜水服内，潜水服裹着除手脚以外的整个身体，呼出的气体通过潜水帽中的一个特殊活门排出。

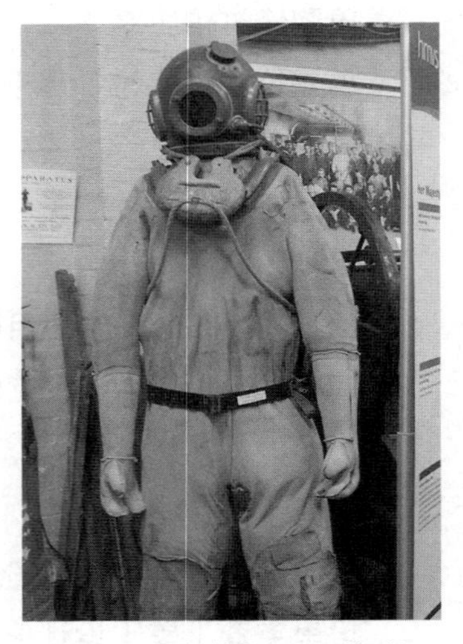
西贝发明的密封潜水服（模型）

法国铁路部门采用列车运行图 该图是标示列车在铁路各区间运行时刻及在各车站停车和通过时刻的线条图。它规定了列车占用区间的次序，列车在每一车站出发到达或通过的时刻，在区间的运行时长、在车站的停站时长，以及列车的重量和长度等，还规定了线路、站场、机车、车辆等设备的运用守则，以及与行车有关的各部门的工作内容。

英国建造格雷特·威斯坦号蒸汽船 该船重1 350吨，功率为750马力，用16天横渡大西洋，这是最早的蒸汽与风帆混合动力船横渡大西洋。1854年，英国又制造了一艘排水量达24 000吨的巨轮古雷特·伊斯坦号。

维格里斯［英］设计工字形路轨 英国的铁路工程师维格里斯设计的平底工字形路轨，很快成为铁路的标准轨型。

1838年

天狼星号蒸汽船横渡大西洋 天狼星号是第一艘全程用蒸汽机横渡大西洋的桨轮船，该船由英美汽轮公司租用，船重703吨，载客40人，于1838年从伦敦经科克驶往纽约，在快到达终点时燃料耗尽，船长拒绝升帆，以帆桁代替燃料，终于以蒸汽机为动力驶完全程。该船还最先采用了通过冷凝器回收锅炉用淡水的新技术。

布鲁内尔［英］设计跨洋轮船 英国船舶工程师布鲁内尔设计的大西方号轮船为最早的横跨大西洋的定期轮船，该船的船壳是木制的，排水量1 320吨，船长65米，载客148人。船上装有两台蒸汽机带动两副桨轮，另有4根桅和简单的帆具。1838年4月8日，大西方号离开英国的布里斯托尔初航，15天后抵达纽约，用时仅为当时帆船航行时间的一半。

大西方号轮船

英国制造世界上第一艘螺旋桨蒸汽船 该船称阿基米德号，长38米，主机功率80马力，载重237吨，是第一艘螺旋桨蒸汽船。该船的成功激励英国海军委托制造了响尾蛇号军舰，它是第一艘用螺旋桨装备的海军舰艇。

英国在铁路上配备邮政车厢 这是一种编挂在铁路列车上供邮政部门运输邮件的专用车厢，英国第一次在伯明翰—利物浦—伦敦—普雷斯顿的铁路线上用火车邮厢运输邮件，并在运输途中进行分拣封发作业。这一方式被许多国家相继采用。

俄国以彼得堡为起点站的铁路通车

1839年

麦克米伦［英］制成由曲柄连杆驱动的自行车 1818年，德国发明家德拉伊斯制造“娱乐马”自行车，虽为自行车的雏形，但是靠脚蹬地前进。苏格兰铁匠麦克米伦的自行车在木轮上第一次裹上铁皮，在前轮上安装了脚踏板和曲柄，用一根连杆将动力传向后轮，骑车人通过脚踩踏板驱车前进。同时，扭动车把可以自由改变行车方向，也可制动后轮刹车。这是自行车发展史上的一大突破。

麦克米伦制成的由曲柄连杆驱动的自行车

以那波利为起点的意大利第一条铁路通车

1840年

豪［英］设计用熟铁（后改用钢）架设垂直桁架的桥

1841年

特里热［法］发明沉箱　法国采矿工程师特里热在采煤工程中，把沉井的一段改装成气闸做成沉箱，并提出了用管状沉箱建造水下基础的方案。沉箱是一种有顶无底的箱形结构。施工时向下部工作室输入压缩空气，以阻止地下水渗入，并便于在室内挖土施工，使沉箱逐渐下沉。待沉到预定深度后，用混凝土填充工作室内部，即成为桥墩等建筑物的基础。早期的沉箱多用钢铁制造，以后又相继出现了石沉箱、木沉箱和钢筋混凝土沉箱等。

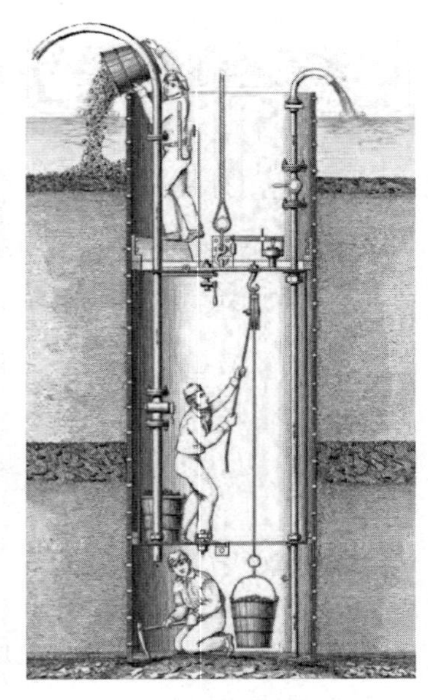

沉箱法示意图

罗布林［美］申请编缆法制造吊索的专利　在美国土木工程师罗布林之前，悬索桥用的吊索是由几段钢缆绞在一起制成，然后拉过桥跨并连在桥上。罗布林在制造吊索时使用许多平行钢缆，不经绞扭，而是在现场一根一根地用软钢丝缠绕成既结实又张力均匀的聚束。他在1841年3月申请了专利。这种方法在高架渠和短跨桥上得到了成功的应用。

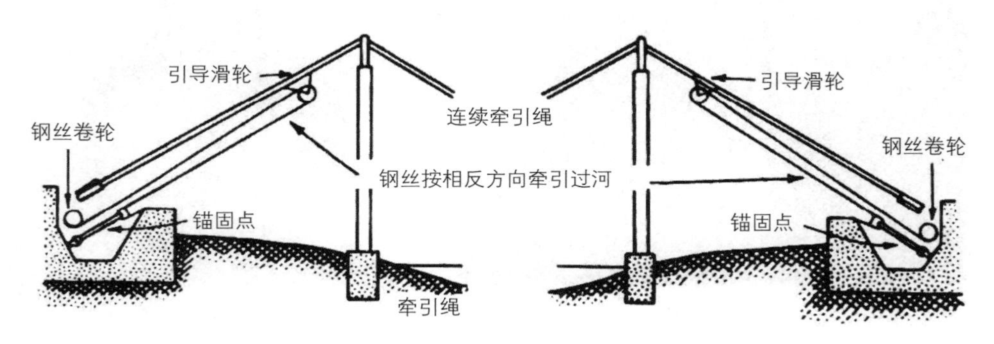

罗布林发明的编缆法示意图

英国铁路装设臂板信号机 英国在伦敦克洛顿铁路纽克罗斯车站上装设了世界上第一架臂板信号机。1904年，美国在东波士顿隧道里安装了世界第一架近射程的色灯信号机。铁路信号机用臂或灯光的颜色、形状、数目、位置等向机车司机指示运行条件和行车设备状况，这对于保证行车安全、提高行车效率具有重要作用。

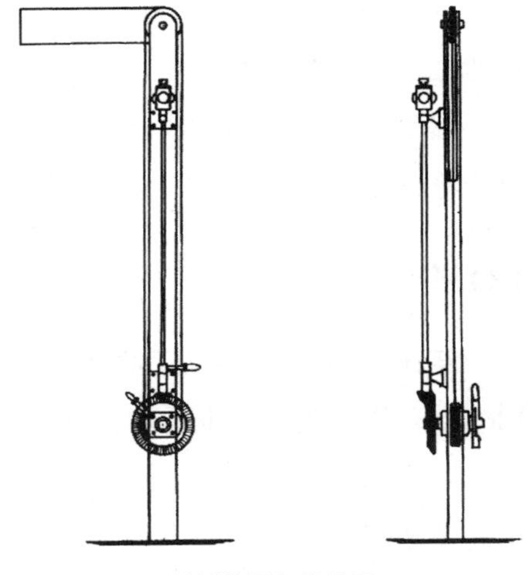

臂板信号机结构图

1842年

内史密斯［英］发明的蒸汽锤获专利 1839年，英国造船技师布鲁内尔在建造大不列颠号轮船时，外轮的巨大的轴无法加工，苏格兰技师内史密斯发明了蒸汽锤解决了这一问题。这种蒸汽锤能锻造大型锻件，1842年获得专利，但布鲁内尔改变了设计而未使用蒸汽锤。1843年，内史密斯又制成蒸汽打桩机。

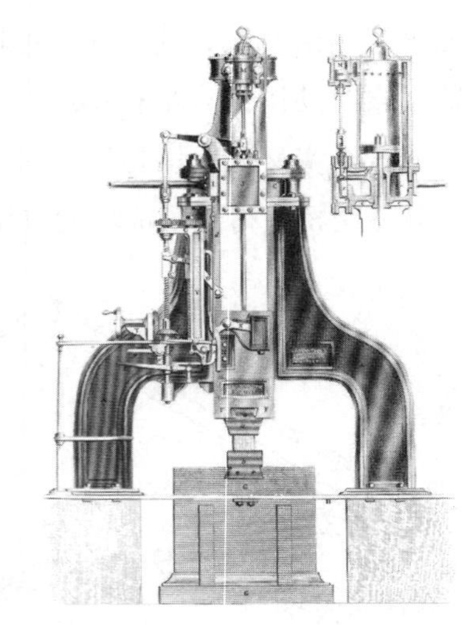

内史密斯蒸汽锤　　内史密斯蒸汽锤结构图

戴维森［英］制造电力机车　英国发明家戴维森制造出用40组电池供电、重5吨的标准轨距电力机车。这种自带化学电源的机车，由于供电时间有限加之自重过大而未能得到推广。

潘世荣［中］自制火轮船　广东绅士潘世荣雇用工匠，自制一只小火轮船（蒸汽船）。这是中国自制的第一艘火轮船。

1843年

英国泰晤士河隧道工程竣工　该隧道是水下人行隧道，长1 200英尺。1865年，隧道改建为水下铁路隧道，1913年又改为电气化水下铁路隧道。

丁拱辰［中］制小蒸汽机车和小轮船　清代机械工程专家丁拱辰在广东著《演炮图说》，制成象限仪一具。1843年，丁拱辰将《演炮图说》修订为《演炮图说辑要》，其中所附《西洋火轮车、火轮船图说》是中国第一部有关蒸汽机车、轮船的著作，它记载了丁拱辰制成的小蒸汽机车和小轮船模型。小蒸汽机车长1尺9寸，宽6寸，载重30余斤，配置铜质直立双缸往复式蒸汽机；小轮船船长4尺2寸，明轮，在内河行驶较快，但不能远行。1851年，丁拱辰又写成《演炮图说后编》。

萨姆纳［美］发现天测位置线 船舶在海洋行驶时，需要时刻掌握船舶在海洋中的位置，航海家虽然创造过多种计算方法，但都未离开观测月球与天体的角距的基本理论。直到1735—1765年间，英国人哈里森研制成基本上可用于海船的天文钟，1825年生产出可用于在海船上实用的天文钟。此后上述用观测月球与天体的角距以求经度的方法才逐渐被放弃。1843年，美国船长萨姆纳发现了天测位置线。通过观测天体高度求天文船线，在海上同时测量船位的经、纬度，奠定了近代天文定位的基础。

布鲁内尔［英］设计的大不列颠号轮船下水 英国船舶工程师布鲁内尔设计的大西方号轮船获得了很大的成功，开辟了定期的大西洋航线。这使船主决定制造第二艘轮船大不列颠号。布鲁内尔建议大不列颠号采用铁制船壳，在建造过程中又做出了一个大胆的决断，即抛弃明轮翼，采用螺旋桨推进器，并设6根船桅张帆助航。大不列颠号轮船长98米，载重量3 270吨，为当时世界上最大的蒸汽船，也是第一艘采用螺旋桨推进的横跨大西洋的定期轮船。虽然投入使用后的第二年，该船曾在爱尔兰海岸上搁浅，但铁制船壳的优良性使它一直航行了30多年。

大不列颠号下水

英国首先在铁路车站采用机械集中联锁 铁路车站联锁是利用机械、电气自动控制和远程控制技术和设备，使车站范围内的信号机、进路和进路上的道岔相互具有制约关系。1843年，英国首先采用机械集中联锁。1887年，日本研制成功联锁箱设备。1904年，美国开始采用电气集中联锁。1929年，美国开始使用继电集中联锁。20世纪后半叶，有些国家已经开始使用计算机联锁。

埃里克森［美］建造布林斯坦号军舰 该舰上安装有螺旋桨推进器，由此带来军舰制造的变革。

1844年

古特异［美］取得硫化橡胶专利 美国发明家古特异通过加热添加硫的橡胶发明了硫化橡胶。由于天然橡胶天热变黏，天冷变脆，只能用于防水。1839年，一次偶然的机遇，古特异把加硫的橡胶掉到火炉上，发现加过热的加硫橡胶在冷天变得柔韧，热天变得干燥。后来，他完善了这种橡胶的硫化技术。该技术于1844年6月15日获得美国专利。硫化橡胶的最重要应用是制造汽车的橡胶轮胎。

勒贝里耶［法］设计蒸汽动力飞艇 法国飞艇爱好者勒贝里耶设计的这种以蒸汽为动力的飞艇，于1844年6月9日在巴黎上空试飞成功。

1845年

汤姆森［英］取得充气轮胎专利 苏格兰工程师、企业家汤姆森取得首项充气轮胎的专利。汤姆森发明的这种轮胎由外胎、内胎、垫带三部分组成。外胎是用平纹帆布制得的单管式胎面无花纹壳体，内胎是带有气门嘴的环形胶管，由几层浸透橡胶溶液的硫化帆布制成，用于保持轮胎的充气压力，垫带是用于保护内胎与轮辋的着合面不受轮辋磨损的环形胶带。充气轮胎的发明推动了橡胶工业和汽车工业的发展。

1847年

联结北海和大西洋的喀里多尼亚运河开通 该运河位于苏格兰北部，从苏格兰西岸的洛恩湾到东岸的马里湾，全长100公里。运河于1803年开工，由土木技师特尔福德主持，1822年通航，1847年完成全部工程。包括人工运河35公里，水闸29个。

格雷特黑特［英］创造气压盾构法施工工艺 在英国伦敦地下铁道城南线施工时，英国工程师格雷特黑特首次在黏土层和含水砂层中采用气压盾构法施工，并第一次在衬砌背后压浆来填补盾尾和衬砌之间的空隙，创造了比较完整的气压盾构法施工工艺，为现代盾构法施工奠定了基础。

1848年

朗博［法］制成水泥船 法国人朗博用钢丝和水泥砂浆制成一条小型水泥船，以后出现用钢筋取代钢丝制成的钢筋混凝土船。早期的水泥船工艺很简陋，船舶吨位较小，但自重大。在20世纪两次世界大战中，由于缺乏钢材，各国纷纷建造钢筋混凝土船，吨位加大，有的船排水量已经超过1万吨。水泥船分为钢筋混凝土船和钢丝网水泥船两大类，都具有抗腐蚀性和耐久性。

朗博的小型水泥船

斯特林费洛［英］制作以蒸汽机为动力的三翼模型飞机 1842年，英国人亨森设计并制造了名为“飞行蒸汽车”的模型飞机，实质是用蒸汽机驱动两个螺旋桨的单翼机，翼展150英尺，该机有保持稳定的可操作尾部和离地、着陆的三轮装置，但试飞未能成功。斯特林费洛制造的三翼模型飞机，以蒸汽机为动力，用木头和帆布做成弧形机翼和独立的机尾，曾进行过短时间的

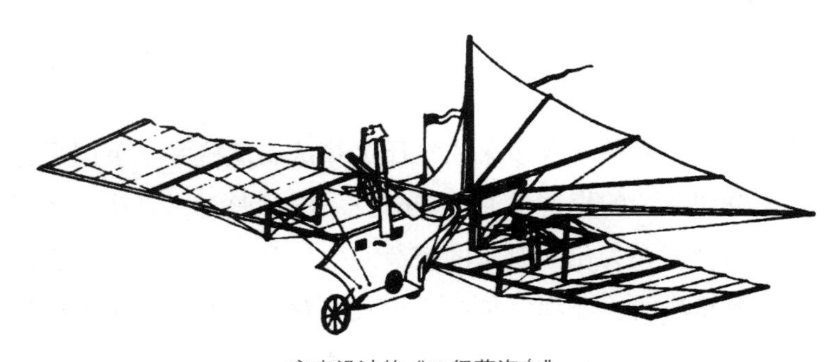

亨森设计的“飞行蒸汽车”

飞行。有关记载虽不算充分，但可认为是安有动力装置的固定翼飞机的最早飞行。从地面起飞成功进行动力飞行的最早模型飞机是1857年法国拉克鲁瓦兄弟制作的小型牵引式动力单翼机。

俄国第一艘螺旋桨巡洋舰阿基米德号下水 俄国海军工程师阿莫索夫于1846—1848年间在圣彼得堡建造了俄国第一艘螺旋桨巡洋舰阿基米德号，该舰配有功率为220千瓦的蒸汽机和双叶螺旋桨。

1849年

英国建成系杆拱铸铁桥 英国在纽卡斯尔建成了6米宽、378米长的双层铸铁桥，上层为铁路，下层为道路。为使桥墩不受拱的水平推力影响，在同一拱肋两端之间设置系杆，形成了系杆拱，为拱梁组合体系桥的形式之一。

1850年

史蒂芬森［英］创建箱管桥 19世纪40年代，英国建造跨梅奈海峡的大跨度铁路桥时，工程负责人史蒂芬森提出，用锻铁型材造一巨型箱管，管中可容纳铁路列车驶过，用石塔支撑铁质悬索，并以吊杆将箱管吊于悬索之下。在对不同箱管尺寸、管壁厚度和跨度进行过12次圆截面管、7次椭圆截面管和14次矩形截面管的实验后，决定了箱管梁的截面形状和细节，同时证明不用悬索也有足够的刚度。1850年该桥建成，称不列颠箱管桥，为4孔连续，越过水面的两跨各长459英尺，越过陆地的两跨各长230英尺。不列颠箱管桥在造桥史上是一个惊人的进展，成为现在板梁桥（最常用的铁路桥）的先驱，至今仍在使用。此前最长的熟铁桥跨只有31.5英尺。

1851年

丘比特［英］、赖特［英］采用气压沉箱法制造桥墩 英国丘比特爵士和赖特在英国罗切斯特的梅德韦河建造61英尺的桥墩时，首次采用了气压沉箱。1859年，圣德尼在为位于凯尔的莱茵河桥打基础时，对沉箱法进行了重大改进。气压沉箱法的主要程序是在沉箱底部有一个上部封闭下部敞开的工作室，该室可泵入压缩空气，底部的四周有铁或钢制的切割刃。泵入空气的压力控制在等于或略大下沉箱底部的水压。工作室有一个供人和材料出入用的竖井，一直从工作室的顶部到达水面。竖井内有空气闸，可使人和材料进出沉箱而不降低里面的空气压力。为使沉箱下沉，工人进入工作室将底土挖出装入桶内，然后通过竖井送出，也可直接泵出或捞出底土。为让墙体始终高出水面，沉箱下沉时，边墙应往上砌高。

1852年

吉法尔［法］第一次用飞艇实现载人飞行 吉法尔的飞艇长43.6米，最大直径约12米，气囊容积2 497立方米，形如橄榄，下悬吊舱，飞艇上装一台重160千克功率为3马力蒸汽机，能使大型螺旋桨每分钟转110周，在其尾部挂有一块三角形的风帆用以操纵方向。1852年9月24日，吉法尔驾驶飞艇从巴黎赛马场升空，以10公里/时的速度，飞行约28公里后在特拉普斯附近降落，实现了人类历史上第一次飞艇载人飞行。1879年，德国人亨莱因首次使用安装内燃机的飞艇飞行。1883年，法国的蒂桑迪埃兄弟成功地用电动机驱动飞艇。

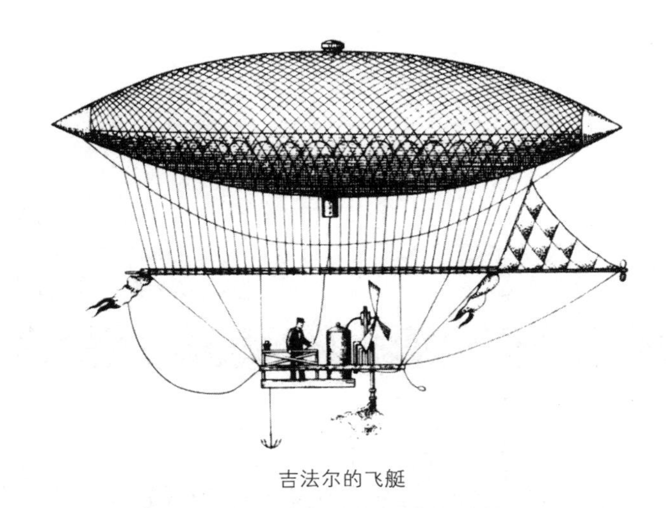

吉法尔的飞艇

1853年

美国建造大共和号远洋帆船 该船长93米、宽16.2米、深9.1米，排水量3 400吨，主桅高61米，全部船帆面积3 760平方米。航速每小时12～14海里，横越大西洋只需13天，成为帆船发展的顶峰。

美国铁路采用集装箱运输 1801年，英国的安德森博士提出用集装箱运输。1853年，美国铁路开始采用集装箱运输。1886年，德国开始采用集装箱。此后集装箱运输在欧美各国迅速发展开来。

以孟买为中心的亚洲最早的铁路通车 连接印度孟买和塔那的铁路通车，这是印度第一条客运铁路线，也是亚洲首条铁路。

1854年

布鲁内尔［英］组织制造大东方号铁船 英国船舶技师布鲁内尔在建造大东方号船过程中，应用梁的力学理论在船体结构上首创纵骨架结构和格栅式双层底结构。双层底向两舷延伸直到载重水线以上，形成了双层船壳。上甲板也用同样的结构以增加船体强度。船内部用纵横舱壁分割成22个舱室。船上安装两台蒸汽机，一台驱动直径为56英尺的明轮，另一台驱动直径为24英尺的螺旋桨，蒸汽机总功率为8 300马力。船上还有6根桅杆，船帆总面积为8 747平方米。设计船长207米，排水量27 000吨，能载客4 000人，装货6 000吨，比当时的大型船大6倍。

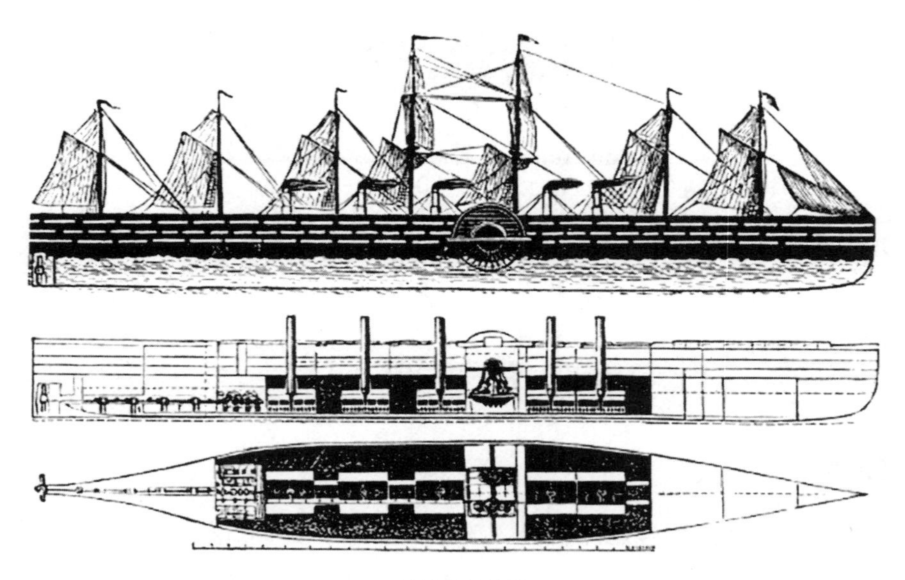

大东方号结构图

奥蒂斯［美］发明升降机（电梯） 美国的奥蒂斯研制成用钢丝绳提升的升降机，并进行安全示范表演。他斩断正在运行的提绳，安全钳可靠地钳住导轨，轿厢仍保持在井道空间。1854年，奥蒂斯在伦敦世界博览会上公开演示了他发明的升降机，这种升降机是他在绞车基础上改制的。奥蒂斯在绞车上安装弹簧，在井道两侧的导轨上装设棘齿杆，并创造了一个制动器。1857年，纽约的哈瓦特公司安装了世界上最早的乘客升降机，载重量达450千克，每分钟升（降）12米。1867年成立了奥蒂斯兄弟公司，1878年奥蒂斯兄弟公司设计出了水压动力升降机（每分钟运行204米）和在高速运行紧急时刻缓慢停车的安全限速装置。1879年，美国纽约波利尔大楼同时安装了4台升降机。1889年出现使用电动机驱动的电梯，1915年出现自动控制电梯。电梯的出现成为19世纪后期高层建筑的出发点。

奥蒂斯的升降机

1855年

尼亚加拉河大干线铁路桥建成 该桥由美国土木工程师罗布林设计，建在美国的尼亚加拉河上。从砖石结构塔中心算起跨度为820英尺，为双层桥面结构，上层是单行铁路，下层是公路。它是第一座成功地经受住铁路运输时的集中载荷和冲击的吊桥。塔为石砌，加劲桁架梁为木制，桥塔之间用平行的由熟铁绳组成的4根主吊索，每根直径为10英寸。上下桥面的加强梁高18英尺，为木制桁架。桥面上下用若干斜张的熟铁绳索将加劲梁同塔顶及设在岩壁的锚固点拉紧，已具有一定程度的斜拉桥式构造。该桥开通时，总重268吨的列车可平稳驶过。

1857年

法国开始修建仙尼斯峰铁路隧道 该隧道位于法国里昂经尚贝里至意大利都灵的铁路上，是一条穿越阿尔卑斯山的双线铁路隧道，又称“弗雷儒斯铁路隧道”。该隧道于1857年开工，1871年完工。隧道内线路坡度自北向南为+22‰～0.5‰。隧道海拔为1 338米，最大埋深为1 600米，隧道原长为12.9公里，后因地层移动，于1881年加长至13.7公里。隧道穿过片麻岩、砂岩、石灰岩、片岩等地层，采用导坑法施工。施工中未设竖井，由两端掘进，人工凿孔火药爆破，畜力运输，通风和降温条件很差。1861年开始使用索梅耶设计制造的风动凿岩机，加快了施工速度。

拉克鲁瓦兄弟［法］制成模型飞机 这种飞机是牵引式单翼机，包括可伸缩的轮式起落架，螺旋桨、发动机，后来采用蒸汽机驱动。

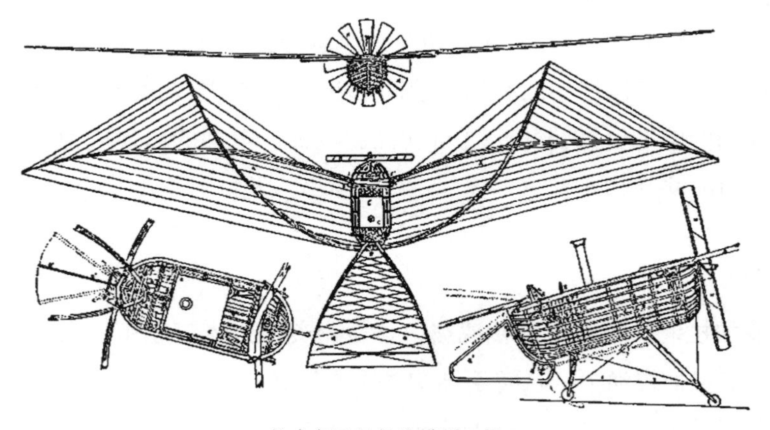

拉克鲁瓦兄弟的模型飞机

1858年

里基特［英］制造三轮蒸汽汽车 里基特制造的这种三轮蒸汽汽车，有两个大驱动用的后轮和一个可操纵用的前轮，包括驾驶员座位在内的3个座席安在锅炉上，炉工站在车后台子上工作。在两个后轮中，一个后轮通过链条与蒸汽机相连，另一个后轮则在主轴上自由转动。当上陡坡或路面不好走时，驾驶员还能同时驱动双轮前进。该车自重约1.5吨，最高时速约19公里。

两年后，他又设计了一辆重量更大、用齿轮代替链条驱动的蒸汽汽车。他最后设计的是一辆将曲柄与驱动车轴直接联结与铁路机车相似的蒸汽汽车。

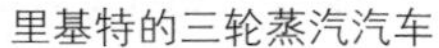

里基特的三轮蒸汽汽车

大东方号轮船

英国制造的大东方号轮船下水　大东方号轮船是英国船舶技师布鲁内尔和罗素于1854年开始为东方航运公司设计的轮船，当时就有“水上城市”之称，被认为是现代远洋定期航船的原型。在建船过程中，应用梁的力学理论，在船体结构上首创纵骨架结构和格栅式双层底结构，双层底向两弦延伸直到载重水线以上，形成双层船壳。该船排水量27 000吨，船长207米，设计速度为14节，船内部用纵横舱壁分隔成22个舱室，安装两台明轮发动机组（明轮直径约17米）和两台螺旋桨发动机组（螺旋桨直径约7.3米），蒸汽机总功率为8 300马力。船上另有6根桅杆，帆总面积达8 747平方米。该船可载客4 000人，装货6 000吨，半个世纪之后世界上才出现比它更大的船，被认为是造船史上的奇迹，在造船理论和技术上为现代钢船的建造开辟了道路。

1859年

勒努瓦［比］发明实用二冲程煤气内燃机　勒努瓦设计靠煤气和空气混合气体的爆发来运行的发动机，其结构与卧式双作用式蒸汽机相似，具有一个汽缸、一个活塞、一根连杆和一个飞轮。它与蒸汽机的不同之处仅在于用燃气代替蒸汽，当活塞到达中间位置时，蓄电池和感应圈便提供必要的高强度电火花点燃混合气体。当活塞返回时，废气被排除，在活塞另一边新充入

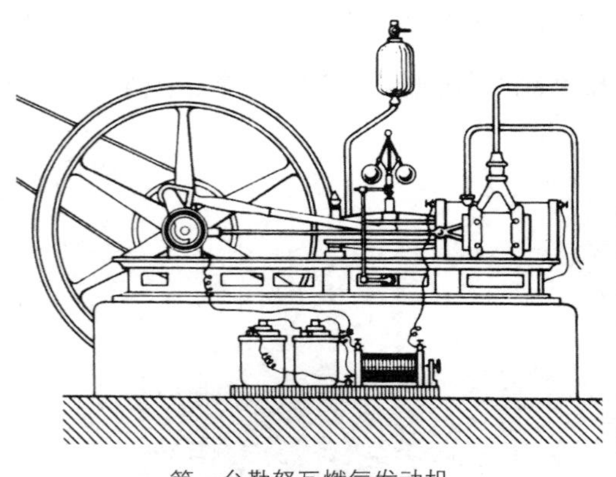
第一台勒努瓦燃气发动机

的煤气和空气则被点燃，故该发动机是双作用式的。这种发动机沿用了蒸汽机上所用的滑阀。勒努瓦在1860年便将发动机装在一辆运输车上，使其成为世界上第一台用内燃机驱动的“不用马拉的车辆”，后又将发动机装在轮船上作为动力。由于该发动机没有压缩过程，热效率仅为4%，每马力1小时耗用煤气为100立方英尺，比同样功率的蒸汽机运行费用高，但运转稳定。1865年，法国和英国分别生产400台和100台，德国生产300～400台，小型的每台为0.5～3马力，大型的每台为6～20马力。

1860年

奥托［德］发明定容加热循环（奥托循环）活塞式内燃机 内燃机按加热时工质状态参数方式，可分为定容加热、定压加热和混合加热三类循环。德国工程师奥托发明的这种活塞式内燃机定容加热循环过程，是将煤气和空气的混合物送入气缸进行压缩，在压缩终了时点火，由于反应时间很短，加热时的位

奥托发明的定容加热循环活塞式内燃机

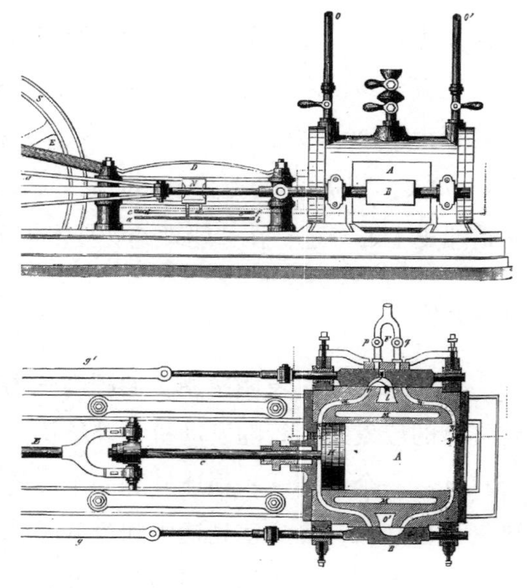
奥托发明的定容加热循环活塞式内燃机原理图

移极小，近于定容。这种循环还用于后来的汽油机，因被压缩的是燃料和空气的混合物，压缩比太高容易产生爆燃，故汽油机和煤气机的压缩比相对定压加热循环的汽油机较低，热效率也较低。

1861年

利兹的公司（Carrett，Marshall & Company）制造蒸汽汽车　该车采用双缸蒸汽机，后驱动轮安于底盘中部，两个车轮与车轴是固定在一起的。该车可容乘客9人，自重为5吨。1862年，帕特森制作的蒸汽汽车的前部安有旋转台，整体旋转就可以使车转弯。该车采用了前轮驱动方式，装有立式锅炉，锅炉旁安有汽缸，车体后部有6～8个座席，车重1吨。

米肖父子［法］发明大前轮小后轮自行车　法国的米肖父子发明前轮大、后轮小，在前轮上装有曲柄和可转踏板的自行车，并于1867年在巴黎博览会展出，在欧洲曾一度掀起自行车热。1870年，英国的斯塔利和希尔曼设计的高轮自行车曾风靡一时。该车采用直接传动以克服以往自行车传动比低的缺点，它的脚踏与前轮（高轮）直接连接，前轮直径4～5英尺，后轮直径约2英尺。为适应不同的要求，前轮直径每隔2英寸为一级，具有多种规格。这种自行车由于前后轮大小不同，难以掌握平衡，骑车者需要进行专门培训。随后又出现了与上述结构相反，即前轮小、后轮大的“星型”自行车。1876年，英国的劳森获得了由法国梅耶尔发明的链条链轮驱动的专利，将其应用到自行车上，由此开始了安全自行车的研制和生产，但此时的自行车仍是前轮大，后轮小。

米肖父子发明的自行车

伦敦出现有轨马车　这种有轨马车是作为城市公共交通工具使用的，后来被有轨电车取代。

曾国藩［中］创办安庆军械所　清代政治家曾国藩创办的安庆军械所是中国自办的第一家机械厂，该所于1862年和1865年先后造出中国第一台蒸汽机和第一艘木质蒸汽机船——黄鹄号。

1862年

英国开创使用钢材制造轮船的新工艺 利物浦的一家造船公司用钢板建造了一艘小型的班希号桨叶式轮船。1863年3月，班希号轮船进行了从利物浦到美国的首次航行，它是第一艘用钢板制成的横渡北大西洋的轮船。1864年，利物浦的这家公司又用3/8英寸厚的钢板建造了另一艘1 250吨级的克吕泰墨斯特拉号快速帆船，成功地抵抗住了飓风的袭击。1877年，英国彭布罗克造船厂制造的彩虹女神号轮船被看作是钢船时代开始的标志。到1890年前后，船舶制造业出现了用钢取代熟铁的重大变革，随后英国的沃特利为蓝烟囱航运公司远东航线所设计的蓝烟囱号货轮体现了英国19世纪通用货轮的最高水平，该船采用的双层底结构成为船舶结构设计的主要进展。

徐寿［中］、华蘅芳［中］试制蒸汽机 中国清末科学家徐寿和清末数学家华蘅芳在安庆军械所任职时，制成中国第一台蒸汽机，该机气缸直径为1.7英寸，转速为每分钟240转。

1863年

索斯渥克铸造机械公司［美］制造波特–艾伦蒸汽机 美国费城的索斯渥克铸造机械公司制造了由波特设计的波特–艾伦蒸汽机，它装有一个悬垂的汽缸，以每分钟350转的较高速运转，能产生约168马力的功率。

伦敦地下铁路通车 伦敦地铁于1863年1月10日正式运行。该铁路使用蒸汽机车牵引，线路长约6.4公里，用明挖法施工，是世界上第一条地下铁路。1890年12月18日，英国伦敦首次用盾构法建成另一条地铁线路，线路长约5.2公里。地铁车辆在伦敦市中心是在地底运行的，而在郊区则在地面运行，其中地面运行线路占全长的55%。伦敦地铁在英语中常被昵称为the tube（管子），名称来源于车辆在像管道一样的圆形隧道里行驶。

1864年

马库斯［奥］制成汽油汽车 奥地利的西格弗里德·马库斯自己制造了内

燃机并将其安装在手推车上，从而制造出了使用燃烧精炼石油的内燃机汽车。这是世界上最早的汽油汽车，内燃机是卧式的，车后装有飞轮。马库斯对其制造的汽油汽车曾进行过试运行，该车一共试制过3辆，其中一辆现仍保存在维也纳博物馆。

马库斯制成的汽油汽车

普尔曼［美］设计卧铺车厢

世界上第一艘破冰船问世 世界上第一艘破冰船由派洛特号小型轮船改制而成，该船用于冰冻期间在喀琅施塔得至奥兰宁鲍姆航线上航行。

法国建造了潜水员号潜艇 该潜艇长140英尺，排水量420吨，安装了80马力的压缩空气发动机。艇上的很大部分舱室放置压缩空气瓶，这使得潜艇对水面空气的依赖性相对减少了。潜水员号潜艇是20世纪之前最大的潜艇。

1865年

杜兰德［英］在中国修建小铁路 英国商人杜兰德在北京宣武门外修建了一条1里长的小铁路，这是在中国境内出现的最早的铁路。清政府以“观者骇怪”“破坏风水”为由，不久便命人拆掉。

英国在因佛内斯修筑水泥混凝土路面 1777年，法国路桥技师特雷萨盖提出改善路基排水，设置路拱，减小石块尺寸，修筑块石路面。以后，英国的特尔福德和麦克亚当分别于1805年和1815年在块石基层上铺筑碎石面层和全部用碎石铺筑路面获得成功。1859年，美国的布莱克研制成碎石机。1860—1867年，法国和英国先后研制成功蒸汽压路机，从而使碎石路面铺筑技术获得进一步发展。1854年，法国首次在巴黎采用瑞士产的天然岩沥青修筑沥青路面。1864年，苏格兰出现混凝土公路。1865年，英国在因佛内斯首次修筑水泥混凝土路面。1891年，德国开始铺设碎石混凝土路面公路。1892

年，法国建设混凝土路面公路。

徐寿［中］等人设计制造黄鹄号木质蒸汽船 1862年，清代政治家曾国藩设立安庆军械所，派徐寿、华衡芳等人设计和试造轮船，先制成了一台蒸汽机，其汽缸直径为1.7英寸，转速为240转/分。1863年制成了一艘螺旋桨暗轮木质轮船，但因蒸汽供应不足只能行驶1里。1865年，徐寿等人改暗轮为明轮，即以蒸汽机推动的桨轮，终于获得了成功。黄鹄号重25吨，长55英尺，锅炉长12英尺、直径2英尺6英寸，炉管49根，长8英尺、直径2英寸。蒸汽机为高压单汽缸，汽缸直径1.09英尺、长2.18英尺，回转轴长14英尺、直径2.4英寸，静水速度为每小时12.5公里。黄鹄号成为中国人自行设计制造的第一艘轮船，船除转轴、烟囱和锅炉是用外国材料，船体、主机以及其他一切设备，均为国产。

西克尔［美］敷设输油管道 B.C.3世纪，中国人用竹子连接管道输送卤水，这是世界管道运输的开端。1600年前后，中国四川出现了穿越河流的竹制卤水管道。1865年，美国人西克尔在宾夕法尼亚州用熟铁管敷设了一条9 756米长的输油管道，该管道用的是直径为50毫米、长为4.6米搭焊热铁管。管道由宾夕法尼亚州皮特霍尔敷设至米勒油区铁路车站，沿线设3台泵，每小时输送原油13立方米。

巴黎出现最早的蒸汽压路机

蒸汽压路机

手持红旗为蒸汽车辆开路

英国颁布交通规则《红旗法》 由于蒸汽车行驶时产生很大的噪声和烟雾，使英国的绅士们受到惊吓，迫使英国国会通过《红旗法》，规定蒸汽类车辆行驶时，必须有人手持红旗在前开路。

1866年

霍尔特［英］制造小型蒸汽汽车 霍尔特制造了一辆安有立式锅炉和两个双缸蒸汽机的小型蒸汽汽车，该车每个蒸汽机各用链条、链轮与后轮联结，前轮采用防止车体振动方法，该车载客8人，最高时速为32公里。

左宗棠创办福州船政局 晚清重臣，军事家、政治家、洋务派首领左宗棠创办福州船政局。福州船政局是晚清政府经营的制造兵船、炮舰的新式造船企业，亦称马尾船政局。1866年左宗棠任闽浙总督时创建，稍后由沈葆桢主持，任用法国人日意格、德克碑为正副监督，总揽一切船政事务。船政局主要由铁厂、船厂和船政学堂三部分组成。1869年 6月10日，船局制造的第一艘轮船万年青号下水。船政学堂（求是堂艺局）设制造、航海两班，要求学员分别达到能按图造船和任船长的能力，并派员留学英、法，学习驾驶和造船技术。

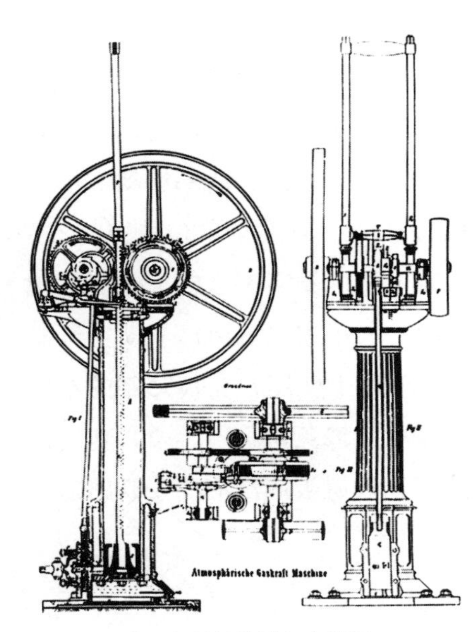

奥托与兰根的煤气内燃机

1867年

奥托［德］、兰根［德］设计出改进型立式煤气内燃机 德国人奥托与德国工业家兰根合作，成立奥托公司后，创制成一台改进型立式煤气内燃机。该内燃机1867年获巴黎世界博览会金质奖章，其原理与勒努瓦的卧式燃气内燃相同，均为二冲程内燃机。在动力发展史上，煤气内燃机是继纽可门蒸汽机之后的先进发动机，它比蒸汽机装置简单、热效率高。由于煤炭易被制成煤气燃料，因而煤气机被广泛用于工厂动力机和发电厂的原动机。在19世纪中后期是煤气机的全盛期，随后被效率更高的汽油机所代替。

格贝尔［德］建成静定悬臂桁架梁桥 19世纪50年代以后，静定钢桁架的内力分析法逐步为工程界所掌握。1867年，德国土木工程师格贝尔在哈斯富特建成了静定悬臂桁架梁桥，此种梁又被称为格贝尔梁。1880—1890年，英国用此桥结构方式建成了福斯湾铁路桥，其总长1 620米，支承处桁架高度达110米，最大跨度达521.2米，创造了当时大跨度的最高纪录。

左宗棠［中］创办马尾船政学堂（求是堂艺局） 晚清重臣，军事家、政治家、洋务派首领左宗棠1866年创办福州船政局并设船政学堂“求是堂艺局”，1867年1月6日在马尾开学，通常称“马尾船政学堂”。它分为前学堂和后学堂。前学堂聘法国人用法语教授制造，后学堂聘英国人用英语教授驾驶。学员完成学业后分别到法国、英国留学。

1868年

法尔科［法］发明气动船舵位置伺服机构 法国船舶学家法尔科（Farcot，Joseph 1824—1908）提出了“伺服机构”的概念，并在研究船舵调节器时发明了伺服马达。法尔科发明的伺服机构将操纵杆与一曲柄连杆连接，曲柄连杆带动杠杆推动钟形曲柄打开或关闭滑阀，控制活塞运动，活塞杆与一臂连接，臂的旋转带动通向掌舵引擎的轴转动，实现舵的位置控制。

威斯汀豪斯［美］发明铁路用空气制动器 美国发明家、电工企业家威斯汀豪斯发明使用压缩空气的空气制动装置后，次年成立威斯汀豪斯空气制动公司，所生产的自动空气闸于1872年开始在铁路上使用，在1875年的一次制动试验中，自动空气闸成功地使一列行驶速度为52英里/时、重203吨的列车在19秒内停住，滑行距离为913英尺。随后气动装置被广泛应用于铁路道岔和信号系统以及其他方面。

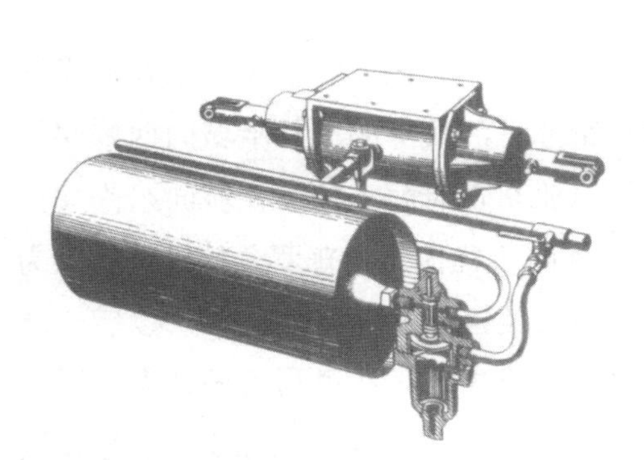

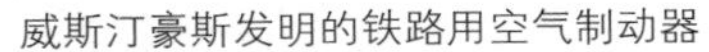

威斯汀豪斯发明的铁路用空气制动器

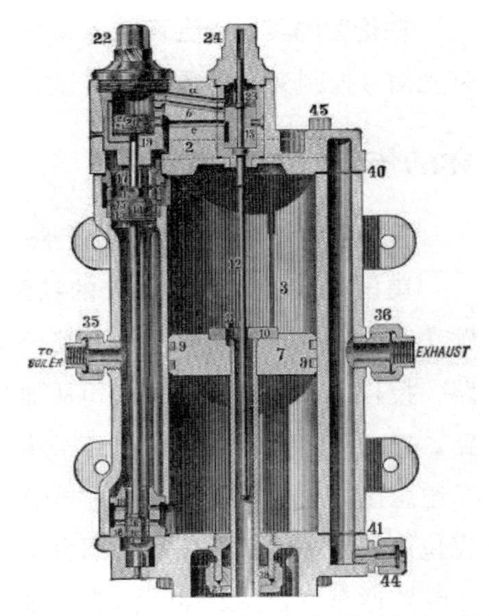

威斯汀豪斯发明的铁路用空气制动器的空气泵结构图

奈特［英］制造四轮蒸汽汽车 英国人奈特制造的四轮蒸汽汽车开始时是用单缸蒸汽机，后来又改用双缸蒸汽机，车后安有立式锅炉，车前部设有3个座席，后部的火夫平台上还设有两个座位。该车体重约1.7吨，时速为13公里。1871年，汤姆森制造了用实心橡胶轮箍取代铁轮箍的牵引蒸汽汽车，并在德国发展成用于运送旅客和邮政的汽车。

奈特制造的四轮蒸汽汽车

在伦敦的英国议会两院入口处设置了带有红绿两色的煤气灯 这是用彩色灯光信号控制交通的开始。

1869年

美国纽约试验敷设混凝土公路

美国建成横跨美洲大陆的铁路 1862年，美国国会通过了《太平洋铁路法案》，授权联合太平洋铁路公司从密苏里河西岸的奥马哈城向西修建铁路，授权中央太平洋铁路公司从加利福尼亚州首府萨克拉门托城向东修建铁路。1869年5月10日，两公司对向修建的铁路于犹他州的普罗蒙特里接轨。为了纪念接轨成功，最后使用金质道钉，并用镀银的铁锤将其钉入。以后，萨克拉门托到圣弗朗西斯科（旧金山）段的铁路建成，从奥马哈城到太平洋沿岸铁路通车，长达2 880公里。在此期间，纽约中央铁路公司和宾夕法尼亚铁路公司整顿了奥马哈城到纽约的铁路，建成了从美国大西洋沿岸的纽约市通往太平洋沿岸的圣弗朗西斯科市的横贯美国大陆的铁路，全长4 850公里。这条铁路的建成，促进了美国西部工业的发展。

横跨美洲大陆的铁路在铺设铁轨

横跨美洲大陆的铁路通车仪式

泉要助［日］发明人力车 日本福冈县的泉要助发明的这种人力车，在车左右安有两个大轮，前部有从车架延伸出的两根供人力拉动的木辕。该车发明后很快传到中国和印度，中国习称东洋车、洋车或黄包车。

勒努瓦［比］发明新型自行车 勒努瓦发明的这种自行车用钢圈代替了木轮，用车辐条拉紧车轮，车架也改用钢管制作，轮子上改装了实心轮胎。

人力车

高轮自行车

这种自行车在结构和功能上都比以往的木制自行车紧凑、结实、耐用、轻便。不过，由于该车轮胎是实心的，行驶时咯咯作响颠得厉害，时称 “震骨器” 。1872年，又出现了一种高轮自行车，这种车的前轮约有半人高，车座也比较高。这种车速度快，结构新颖，人们根据拉丁文“快”和“步行人”两个词的意思，给这种车取名为“bicycle”（自行车）。

鲁佩尔［美］制造原始的摩托车 美国发明家鲁佩尔将一台双缸蒸汽机安装在自行车上，并用两根长连杆带动后轮旋转，在车把上分别安装着用来控制车速与车闸的手柄。同年，法国人贝洛也制成了时速为15公里的蒸汽自行车。

鲁佩尔制造的原始摩托车

苏伊士运河建成通航 B.C.1887—B.C.1849年，古埃及就建成了绕道尼罗河及其支流，经苦河沟通地中海与红海的古苏伊士运河，后因泥沙淤积和年久失修而废弃。1858年，法国工程师莱塞普斯组建苏伊士运河公司，进行运河设计并任总工程师。运河工程于1859年开工，1869年建成，形成从塞得港往南，经提姆萨赫湖、大苦湖、小苦湖至陶菲克港注入红海，长174公里的苏伊士运河。河面宽58米，河底宽22米，水深6米，沿途无船闸装置，航运畅通无阻，船只通过运河时间约48小时，使大西洋岸到印度洋诸港之间的航程比绕道非洲好望角缩短了5 500～8 000公里。1955年运河河面展宽至135米，河底宽50米，水深13米，可通航3万吨货轮和4.5万吨油轮，通过运河的时间缩短至14小时。

通过苏伊士运河的船队

1871年

布拉泽胡德［英］获得新型蒸汽机专利 英国的布拉泽胡德获专利的新型蒸汽机是供直接驱动机械用的，其速度比原先使用过的速度要高得多。它有3个以辐射状固定在一个垂直平面内的汽缸，每个汽缸之间的夹角为120°。

俄国西伯利亚输电线路架通

索梅耶［法］主持建成塞尼山隧道 法国工程师索梅耶主持建成的塞尼山隧道是一座穿越阿尔卑斯山，连接法国和意大利的双线隧道，长13.657公里，是世界第一条长度超过10公里的隧道。

1872年

鲁宾逊［美］研究成功直流电闭路式轨道电路 美国的鲁宾逊博士在纽约举办的展览会上展出了开路式轨道电路控制信号机模型，之后他又成功研制出直流电的闭路式轨道电路，并于1872年获美国专利。

德内鲁兹［法］发明能够自己供给空气的潜水器 德内鲁兹把带有头罩的柔软的水密潜水衣跟一个盛压缩空气的容器连接起来。盛压缩空气的容器像一个小桶，由潜水者背在背上。潜水者通过一根救生索跟水面的船只连接起来，出水时被救生索把他拉上来。

汤姆生［英］研制出新的测深装置 英国工程师汤姆生把一个绕满金属线的鼓轮装在一个电镀保护层的机架上，上面有制动器和摇把。金属线和一个重的测深锤相连，穿过船尾栏杆上的一个木块。当制动器松开时，测深锤很快坠入海底，鼓轮转动时摩擦力很小，而且金属线受到的阻力也很小。当测深锤碰到海底时，金属线上的探测器就会感觉到，然后制动器动作，放出金属线的总长被记录在设备顶端的刻度盘上。到1878年，皇家海军和所有的大海船公司都采用了这种装置。

伦道夫［英］制造四轮蒸汽汽车　英国的伦道夫制造了结构较复杂的车窗全封闭的四轮蒸汽汽车，车长约4.5米，总重4.5吨，时速9.6公里。立式锅炉置于车后部，锅炉两侧各有一台互相独立运转的立式双缸蒸汽机，用平齿轮驱动汽车后轮。在司机旁装设后视镜，这在汽车设计上属于首创。该车中央客舱有6个座席，前舱除司机席外还有两个客席。该车是当时较重的汽车，因不实用而被淘汰。

伦道夫制造的四轮蒸汽汽车

日本最早的铁路横波线通车

日本铁路宣传画

美国在纽约铺设最早的高架铁路

李鸿章［中］创办轮船招商局

1873年

英国制成船舶导航仪——磁罗经 磁罗经由中国创造的司南、指南针发展而成。14世纪，南意大利阿玛尔菲人乔亚首先把纸罗经卡（即方向刻度盘）和磁针连接在一起转动，从而代替了用手转动罗盘。16世纪，意大利人卡尔达诺制成平浮环，使磁罗经在船摇晃时也能保持水平。19世纪，英国人弗林德斯和艾里先后提出消除铁船引起磁罗经产生自差的方法。1873年左右，英国物理学家汤姆生制成稳定性好的干罗经，20世纪又制造了稳定性更好的液体罗经。

英国建成驼峰调车场实施调车控制 英国在利物浦建成世界上第一个机车用驼峰调车场，实行了驼峰调车控制。1891年，美国开始把转辙机用于操纵驼峰调车场的道岔，以加快道岔转换，实施控制。

戴维森［英］制造四轮电动卡车 英国发明家戴维森致力于研究电动车，这一年他制造出世界上最早的四轮电动卡车。1899年，法国人杰那茨驾驶着电动车创造了时速105公里的最高纪录。蓄电池电动车驾驶方便而且噪声很小，缺点是一次充电的续驶里程太短，而且蓄电池的体积很大也很重。

霍奇森［英］设计复式运货索道 1868年，美国人哈里迪设计了单线固定式运货索道。同年，英国人霍奇森设计了用钢丝制作的钢缆绳，从而使索道进一步得到利用。1873年，霍奇森又设计出了复式运货索道，该索道由专门支撑缆车重量的支索和牵动缆车的支索组成。

1874年

伊兹［美］设计圣路易斯桥 伊兹设计的圣路易斯桥横跨密西西比河，该桥由3个拱组成，中间拱的跨度为500英尺，两旁的拱跨度各为502英尺，双层桥面，上层为公路，下层为双向铁路，是第一座用悬臂法建造的大型拱桥。其承重结构为无铰桁架拱，桁架由钢质圆管制成，开创了用小截面杆件拼装大跨度铁路桥的先例。该桥由卡内基钢铁公司建造，为世界上首座以钢代铁制作构件的大桥。

美国铺设世界上第一条现代输油管道 这条管道长60英里，管径为4英寸，日输油7 500桶，是世界上第一条输油管道。1880年和1893年相继出现了直径为100毫米的成品油管道和天然气管道。1886年在俄国巴库修建了一条管径为100毫米的原油管道。这是管道运输的创始阶段。在管材、管道连接技术、增压设备和施工专用机械等方面还存在许多问题。1895年，生产出质地较好的钢管。1911年，输气管道用乙炔焊接技术连接。1928年，用氩弧焊代替了乙炔焊，并生产出无缝钢管和高强度钢管，降低了耗钢量。

马库斯［奥］改进汽油汽车 奥地利人马库斯对1864年制成的汽车进行改制，将发动机改为卧式单缸四冲程型，采用活塞摇动横梁的方式旋转曲轴，安有4个传递带驱动后轴和后轮与圆锥形离合器相连，与蜗轮蜗杆相联结的驾驶盘用手控制转向，其汽化器设计也采用旋转刷子式的喷雾器以使导管中的燃料汽化，点火则采用了低压电磁方式，这是公路运载工具中最早采用的点火方式，该车时速最高达5英里。

1875年

美国胡萨克铁路隧道建成 这条隧道位于美国波士顿—缅因铁路线上，是一条在马萨诸塞州境内北阿达姆附近穿越胡萨克山脉的双线铁路隧道，1851年开工，1875年建成。隧道长7.6公里，海拔234米，最大埋深549米，隧道内线线路坡度为±5%的人字坡。隧道穿越的地层主要是片岩、片麻岩等。隧道开挖方法是上导坑法，使用风动凿岩机和凿岩台车，并用电起爆硝化甘油炸药爆破。这些在世界上都是首次采用。在隧道中部设有竖井，深300米。建成后，竖井用于通风。

1876年

奥托［德］创制四冲程往复活塞式内燃机（煤气机） 1876年，奥托偶然看到德罗沙斯于1862年提出的四冲程循环理论，受到很大启发，年底造出了一台以四冲程理论为依据的燃气内燃机。他发现利用飞轮的惯性可以使四冲程自动实现循环往复，将德罗沙斯的理论付诸实践，使燃气内燃机的热效率一下提高到14%。1878年，奥托开始成批生产卧式燃气内燃机。由于这种内燃机的优越性，仅几年时间，德国奥托–兰根公司就制造了35 000台内燃机安装在世界各地。到1880年，奥托内燃机的功率由原来的4马力提高到20马力，人们将四冲程循环习惯地视为奥托循环，而其创始人德罗沙斯往往不为人提及。1883年，奥托制造出200马力燃气内燃机，随着工作过程的改善，性能不断提高，热效率在1886年已达到15.5%，1894年更达到20%以上。在动力发展史上，燃气内燃机是继蒸汽机之后的先进发动机，它装置简单，热效率高，加之煤气易被制成燃气，随着石油工业的发展燃气内燃机得以广泛应用。

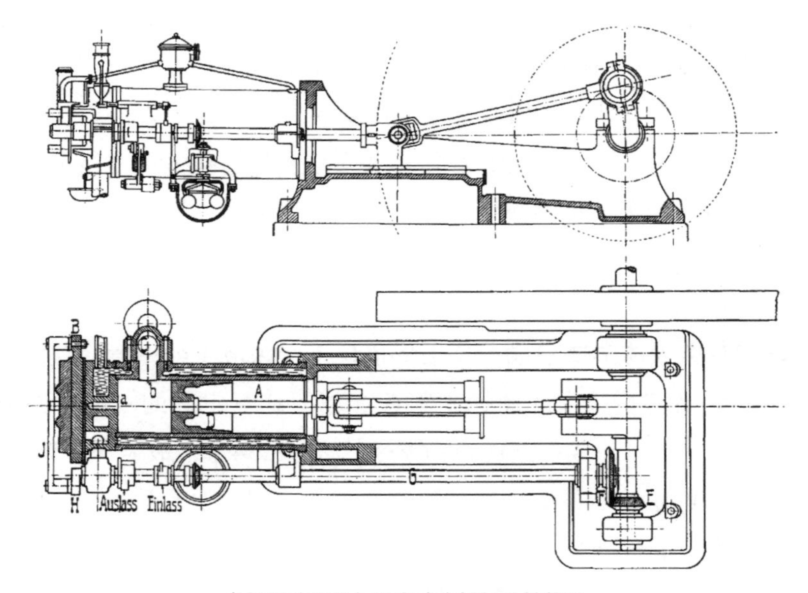

奥托四冲程往复活塞式内燃机的结构图

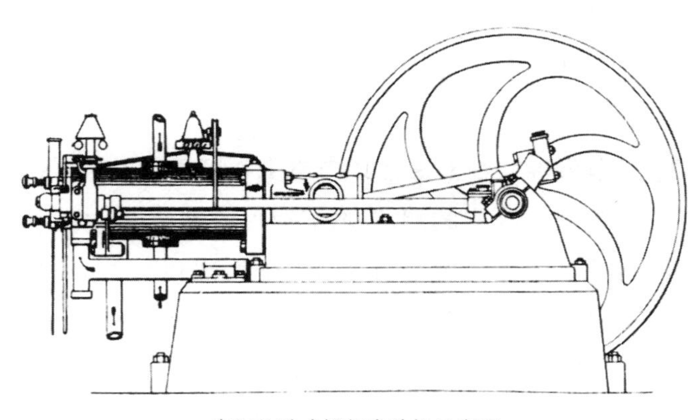

奥托的卧式燃气发动机示意图

汤姆生［英］研制干标度板罗盘 汤姆生用丝线绑住8根轻的针柱，丝线以一个枢轴为中心沿辐射方向伸展到一个直径为10英寸的轻铝环上。枢轴是一个倒置的小铝杯，它在一个极细的铱尖上旋转，铱尖焊在一根固定在罗盘碗底的细铜丝上。该罗盘被人们称为“现代罗盘”，取得专利后很快被应用到皇家海军和大型商船上。

汤姆生研制的罗盘

中国最早的铁路在上海江淞间通车

德国铁路建成简易驼峰 驼峰是铁路编组站供解传和编组货物列车用的调车线路设备。德国在斯皮道夫铁路编组站建成世界上第一个简易驼峰。

1877年

俄国建成切什梅号和锡诺普号鱼雷艇 俄国人将鱼雷安装在经过特别改装的两艘舰艇上，分别建成切什梅号和锡诺普号鱼雷艇。1878年1月13日深夜，切什梅号和锡诺普号鱼雷艇首次用鱼雷击沉土耳其的因蒂巴凯赫号护卫舰。

1878年

汤姆生［英］制成机械测深机 这是一种测量水深的航海仪器，是测量水道的必备工具。英国人汤姆生根据水深与压力成正比的原理，制成了机械测深机。其原理是在接近铅锤处的钢索上装有测深玻璃管，内涂遇海水变色的化学品，开口端向下，当铅锤触及海底时，在水压的作用下海水进入管内，根据玻璃变色的长度可知水深度。该测深机可测深度为180米左右，但因易受航速及气候影响而产生误差。

法国研制成功列车自动停车装置 它是列车在一定区间运行时，当司机未能确认并执行停车或减速信号显示时，强迫列车实行紧急制动的一种技术设备。1855年和1859年，英国和美国先后提出在机车闯进禁止信号时，采取

技术措施，迫使列车自动停车的设想。1878年，法国研制成功第一套列车自动停车装置。

杰韦茨基［俄］建造潜水艇　俄国人杰韦茨基建造的这艘潜水艇以脚踏传动带动螺旋桨为动力。1884年他又建造了第一台使用蓄电池供电的电动机为动力的潜水艇，船上装有经过改良的潜望镜和空气再生系统。

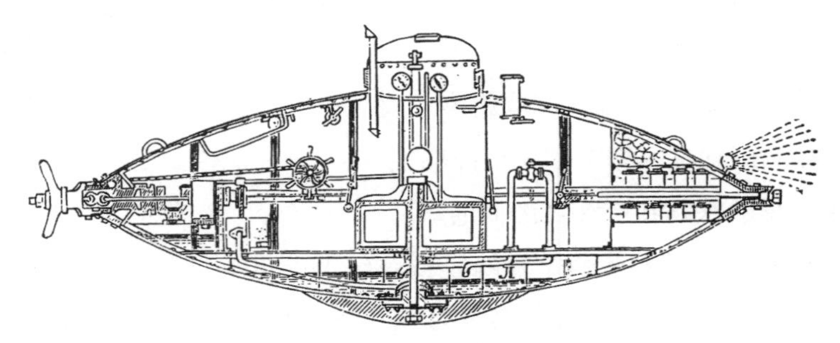

杰韦茨基的以电动机为动力的潜水艇结构图

杰韦茨基的以电动机为动力的潜水艇

1879年

西门子［德］设计并成功运行电力机车　德国电气工程师西门子设计的小型电力机车的电源，由在车外150伏直流发电机供应，通过位于两轨道中间与两轨道绝缘的第三轨向机车输电。机车牵引一列装有背靠背座椅的车厢，载18人运行在柏林博览会上的一条小型铁路线上，进行了成功的表演。这是世界上第一台采用外接电源而不是靠车厢携带化学电池成功运行的电力机车。

西门子设计的电力机车在进行试验

劳森［英］发明链条自行车 早在15世纪，意大利的达·芬奇已经率先设计了带链条的自行车。他在设计图中，使用链条来带动后轮使车前进，前后两轮在一条直线上，这种原理与现代自行车的原理差不多。1870年，法国人梅耶尔发明了链条链轮带动后轮的驱动方式，还把以前使用的木制辐条改成钢丝辐条，以减轻车的重量。1879年，英国人劳森在梅耶尔发明的基础上制成了世界上第一台使用链轮和后轮链传动的自行车，从而提高了自行车的行驶速度和安全性能，使自行车进一步趋于现代化。

劳森发明的链条自行车

德国柏林展出有轨电车 有轨电车是由直流架空触线供电，由牵引电动机驱动在轨道上行驶的城市公共交通客车，它是在马拉轨道车基础上发展起来的，早在1860年英格兰的米德兰茨就出现了用马拉的有轨公共马车。1879年，德国柏林工业展览会展出了世界上第一辆以输电线供电的有轨电车。

德国建成电气化铁路 这种电气化铁路以电力机车作为列车牵引动力，机车上不安装原动机，所需电能由电气化铁路电力牵引供电系统提供。这种供电系统由牵引变电所和接触网组成。来自发电厂、高压输电线的电能，经过牵

引变电所降压后，向架设在铁路上空的接触网送电，电力机车从接触网取电，牵引列车前进。牵引供电制式按接触网的电流制有直流制和交流制两种。

德国西门子公司应用牵引变流器 牵引变流器是电力机车以及安装电传动装置的其他机车上设置在牵引主电路中的变流器。其功能是转换直流制和交流制间的电能量，并对各种牵引电动机起控制和调节作用，从而控制机车的运行。1879年，德国西门子公司在建造的直流125伏、3马力的电车上成功地应用了牵引变流器。

托尔［英］进行高速条件下摩擦实验 库仑对摩擦进行过最初的系统实验，然而他的摩擦系数定得太高，法国物理学家莫林在19世纪30年代提出过批评意见。托尔受机械工程师协会（Institution of Mechanical Engineers）的委托，在1879年进行了“研究高速条件下的摩擦，特别是与轴承和枢轴有关的高速摩擦以及制动器的摩擦等”的实验工作之后，人们才开始怀疑库伦的数据和他的一些理论。托尔在雷诺兹的帮助下撰写了4篇报告，这些研究成为近代润滑剂试验的基础。

1880年

欧洲大城市中出现公共汽车 这些汽车主要是蒸汽汽车和电动汽车。

俄国波罗的海造船厂建造世界上第一艘驱逐巡洋舰

1881年

德国研制出架空接触导线供电系统 这一系统使电力机车的供电线路由地面转向空中，机车的电压和功率都大为提高。

瑞士圣哥达铁路隧道建成 这座隧道位于瑞士境内，在施维茨经贝林佐纳至意大利米兰的铁路线上的格舍嫩和艾罗洛之间，是一条穿越阿尔卑斯山脉的双线隧道。隧道内线坡度自北向南为+5.82‰、+0.00‰、−1.00‰。隧道穿过片麻岩、石灰岩、片岩、花岗岩等地层，用上导坑先拱后墙法施工。隧道1872年开工，1881年完工，长约15公里。

莱塞普斯［法］主持开凿巴拿马运河 1513年，西班牙探险家巴尔沃亚发现巴拿马地峡。1524年，西班牙国王查理五世下令勘测通过巴拿马地峡的运河路线。1881年，总工程师莱塞普斯主持按海平面运河（即运河水位与两端海平面齐平，不设船闸）的方案施工。巴拿马运河起自加勒比海终至太平洋，1914年完工，1920年通航，全长81.3公里。运河基本上是双向航道，底宽152～305米，水深12.8～26.5米。通过运河的船舶最大为65 000吨级，船舶长为297米，宽为32.58米，最大吃水12.04米。巴拿马运河是沟通太平洋和大西洋的国际运河，是连接巴拿马城和科隆克利斯托巴尔港的一条国际贸易通道，运河通航后，不仅促进水上交通业的发展，而且还使得大西洋和太平洋沿岸之间的航程缩短5 000～10 000公里。

中国自建唐胥铁路建成通车 中国清朝1870年左右开办了轮船招商局、电报局之后，许多人主张修建铁路。1879年，开平煤矿公司请求清政府允许建造一条从唐山到北塘的铁路，遭到保守势力的反对。后该公司又申请缩短铁路里程，只建造从唐山至胥各庄（今唐山市丰南区）之间的铁路，得到批准。这条铁路长10公里，从1881年开始修建，同年6月9日开始铺轨，并用中国人自制的龙号机车拉运铺轨材料，11月8日举行通车典礼，命名为唐胥铁路，这是中国自行修建的第一条铁路。铁轨为每米15千克的轻钢轨，采用标准轨距即两轨间距离为1.435米。

中国装配第一台龙号蒸汽机车 1881年，在修建唐胥铁路过程中，中国工人凭借当时任工程师的英国人金达的几份设计图纸，利用矿场起重机锅炉和竖井架的槽铁等旧材料，试制成功了一台0–3–0型蒸汽机车。这台机车只有3对动轮，没有导轮和从轮，机车全长18英尺8英寸。当时英国人仿照史蒂芬森制造的火箭号蒸汽机车的名字，把这台机车叫作“中国火箭”号，然而中国工人却在机车两侧各刻上一条龙，并把它叫作“龙”号机车。该机车牵引力约100吨。

柏林铺设由西门子公司制造的第一条有轨电车轨道

雷诺德［瑞］获得套筒链的专利 雷诺德把套筒装在1864年斯莱特设计的传动链条上，以提供更大的承载表面。

约1881年

格林伍德–巴特利公司制造西姆斯蒸汽机 英国利兹的格林伍德–巴特利

公司（Greenwood & Batlay）制造了一台美国式的西姆斯蒸汽机。它是为直接驱动发电机而专门设计的，无须使用钢索或皮带来传动。由于采用了短的行程和连杆并且加固了底座，这台蒸汽机的转速达到了每分350转。该机的汽缸直径为6.5英寸，行程为8英寸，能产生18马力的指示功率。

1882年

西门子［德］发明无轨电车 德国人西门子发明的无轨电车是由直流架空触线供电的牵引电动机驱动的、非轨道运行的城市公共交通客运车辆。该车形似轮式马车，车厢为木结构，轮辋为木制，装有实心橡胶轮胎，运行控制采用直接控制方式，集电装置由8个小轮和电缆组成。这种无轨电车经过改进后，于1911年在英国布雷得福特市开始投入营运。20世纪30年代，英国制造了双层无轨电车，20世纪40年代意大利发展了铰接式无轨电车。1914年，中国在上海开始使用无轨电车。

艾尔顿［英］、佩里［英］制造电动车 1880年，法国人富尔进行了两次蓄电池改革，用电力驱动车。1882年，英国人艾尔顿和佩里（Perry，J.）制成了电动三轮车。该车的一个车轮用齿轮与电动机联结，还安装载电池的台板，但因车体过重而效果不明显。

1883年

戴姆勒［德］研制成功汽油内燃机 德国发明家戴姆勒认识到高转速能导致功率的提高，小而轻的高速发动机更适合人们的需要。他研制成功的热管点火式汽油内燃机，转速达800～1 000转/分。1885年戴姆勒获立式单缸发动机专利。这种发动机装有密闭的曲柄箱和飞轮，使用了空吸式进气阀和机械式排气阀，安装了节速器，用以在速度预定值前阻止排气阀的开启，借助一个封闭式的风扇使空气围绕汽缸环流，以对其进行冷却。与此同时，他还发明了表面汽化器，以便使发动机能使用在空气中易于蒸发的汽油来进行工作。他所发明的立式单缸汽油发动机的输出功率为0.5马力，转速为500～800转/分，汽缸高度不足30英寸，重110磅，成为后来制造的各种汽油内燃机的原型。由于汽油的燃烧值远大于煤气，其所产生的动力也高于煤气内燃机。

戴姆勒研制的汽油内燃机

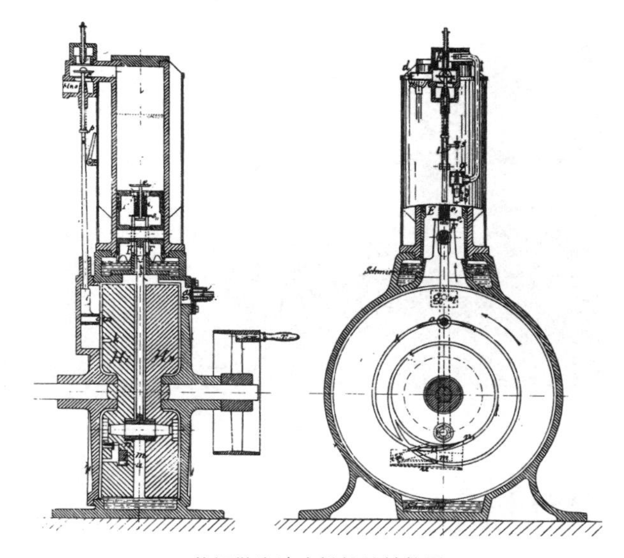

戴姆勒汽油内燃机的结构图

罗布林父子［美］设计建成布鲁克林桥　布鲁克林桥为横跨美国纽约市伊斯特河（东河）连接布鲁克林和曼哈顿的悬索桥，由工程师罗布林父子设计于1869年施工。它是最早使用钢索的吊桥，也是造桥时首次在气压沉箱中使用炸药的工程。施工开始不久约翰·罗布林就死于事故，后由其子华盛顿·罗布林继任，后者于1872年在建造桥墩时致残，但仍坚持指导作业。该桥为公路和人行交通兼用，其特点是设有比汽车路面高的宽阔的人行道，这个人行道在拥挤的商业区有着不可估量的价值。该桥台由4根直径为400毫米的平行钢索支承，采用空中编缆法就地施工。在构造上采用了钢加强桁架梁和多根斜拉索，能有效抵御风暴和周期性荷载的振荡。大桥主跨486.3米，开创了悬索桥向更大跨度发展的先河。该桥的设计和建造为索桥在美国的发展奠定了基础。

布鲁克林桥上缆绳的挤实和初步捆扎

布鲁克林桥

1884年

德国建成电气化铁路　西门子–哈尔斯克公司建造了从法兰克福到奥芬巴赫的电气铁路线，架空导线安装在车顶上方开槽的煤气管道内，通过能够移动的具有凸形部的梭形滑块向车厢供电。前面的车厢装有一根单一的驱动轴，电动机通过减速齿轮连接驱动轴带动车辆运行。

范德普尔［美］在多伦多农业展览会试用电车载客　美国人范德普尔在多伦多农业展览会上试用的电车，采用了由一根带触轮的集电杆和一条架空触线输电并以钢轨为另一回路的供电方法。

1885年

戴姆勒［德］制造出最早的摩托车　德国的戴姆勒于1885年获得安有高速汽油发动机的自行车专利，成为摩托车的发明者。该车在木制的同样大小的两个车轮之间，立式安装空冷单缸汽油发动机。后轮用圆皮带驱动，圆皮带由滑动滑轮张紧，必要时可以驱动此带松弛进行刹车。发动机安有热管点火和特别设计的表面汽化器，在驱动轮外侧还安装着两个小滚轮，以支撑车体。该车发动机功率为0.8马力，车速为12公里/时。随后，德国、法国等相继制造了不同型号的摩托自行车和三轮车。

戴姆勒

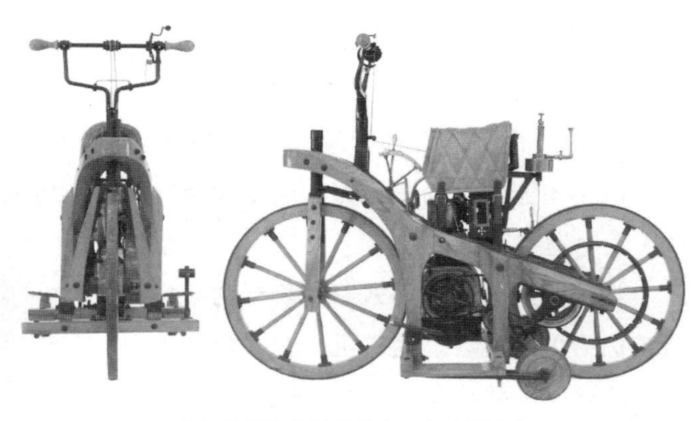

戴姆勒制成的最早的摩托车（模型）

斯塔利［英］、萨顿［英］发明徘徊者号自行车 以往的自行车没有刹车制动装置很不安全，斯塔利与萨顿合作制造了比较安全的徘徊者号自行车。为了克服当时流行的大前轮小后轮自行车难于掌控的不足，他们制造的自行车前后轮差不多一样大，这种车有钢制的前叉和较低的车梁，采用了链轮与后轮链式传动方式，并采用了滚动轴承，后轮上的小链轮上还装设了棘轮机构。在前轮上装设了车闸，从而大大提高了自行车行驶的安全性。以后他们又对该车进行改进，并设计生产了低梁的女式自行车。

本茨［德］制成三轮内燃机汽车 现代汽车工业的先驱者之一的本茨，采用汽油驱动的卧式单缸发动机，并运用了奥托循环方式，然而与煤气发动机一样，速度较慢。该车后部垂直安装曲轴，下端水平安装大型飞轮，能使车在转向时保持稳定。飞轮由一组伞齿轮从曲轴上端将动力传给短的水平

本茨的三轮内燃机汽车

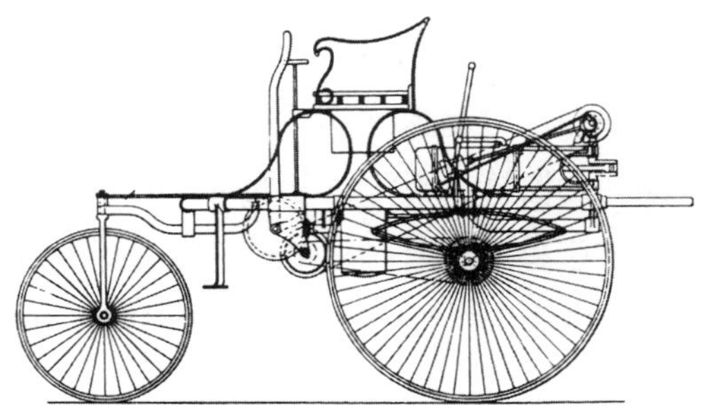

第一辆本茨三轮车的侧视图

轴，进而由传送带传给车中部下方的带差动齿轮的副轴。驱动副轴的皮带，可以从驱动滑轮向空转齿轮移动，由此使车停止但发动机照样运转。副轴带动链条驱动后轮，安有齿条和小齿轮的小转向杆将动作传向前轮可使车转向。该车还安装表面汽化器和电点火装置（由感应圈和蓄电池组成的高压系统），时速13千米。

托德［英］获得卧式蒸汽机专利　托德在1885年获得专利的卧式蒸汽机后被称为单向流动式蒸汽机。在这台机器中，蒸汽通过滑阀被引入到汽缸两端，并通过中部的一列排气口逸出。活塞起排气阀的作用，其长度等于行程减去汽缸的余隙部分。该机的优点是能使气缸两端保持高温，使公共的出口侧保持较低的排气温度，但制造起来很困难。在施通普夫于1908年获得了一项关于更为合适的阀动装置专利以后，该机才成为一种成功而又经济的蒸汽机。

1886年

戴姆勒［德］制成第一辆四轮内燃机汽车　德国的戴姆勒1885年11月研制成功摩托车后，翌年他将同类型发动机安装在四轮马车的后部，并安装转向装置，试运行获得成功，成为世界上最早的四轮内燃机汽车。该车采用的单缸发动机的功率为1.1千瓦，最高车速为16公里/时。

戴姆勒制成的第一辆四轮内燃机汽车（模型）

沃德［英］制造电动车　沃德制造出了最高时速为8英里的电动车，该车电动机由28个蓄电池供电，安有两级变速的摩擦轮，用传送带驱动车轮。

英国建成油船　早期的石油用桶装，由普通货船运输。英国建造好运号机帆船，该船将货舱分成若干长方格舱，可装石油2 307吨。这艘船用泵和管道系统装卸，是第一艘具有现代油船性质的散装油船。以后油船发展很快，到1914年，世界油船吨位已占世界商船总吨位的3%，到1930年达到10%。

哈梅尔［丹］和约翰森［丹］制造汽油汽车　19世纪末汽车制造在欧洲急速发展，哈梅尔和约翰森制造的汽油汽车的发动机是卧式双缸发动机，使用了表面汽化器和热管点火装置，动力由齿轮传递，经摩擦离合器用链条传向后轮。虽然没有使用差动齿轮，由于后轮是通过圆锥离合器驱动的，当车转向时车轮可以稍做滑动，必要时还可以退出凸轮轴使车后退，后退时车速会自动减半，但前进时速度不变。

1887年

齐奥尔科夫斯基［俄］提出全金属无骨架飞艇设计方案　19世纪的飞艇存在着相当多的缺点，飞艇所采用的胶布外壳既不结实耐久又很容易引起火灾，而且当飞艇升空后，由于高空空气稀薄压力较低，所以飞艇里的气体就会膨胀，甚至出现外壳撑裂艇毁人亡的悲剧。为此齐奥尔科夫斯基设计了全金属无骨架飞艇。根据对全金属飞艇的设计，齐奥尔科夫斯基写出了题为《气艇的理论与实践》的论文，并将它寄到莫斯科自然科学爱好者协会。他的这种全新的飞艇设计理论，在科学界引起了强烈反响与广泛的重视。

中国台湾修建铁路隧道　1887—1889年，中国在台北至基隆窄轨铁路上修建了狮球山铁路隧道，长为261米。这是中国第一座铁路隧道。以后，又在京汉、中东、正太等铁路修建了一些隧道。在京张铁路关沟段修建的4座隧道，是中国运用自己的技术力量修建的第一批铁路隧道，而最长的隧道则是八达岭铁路隧道，长为1 091米，于1908年建成。

德迪翁［英］制造的蒸汽三轮车使用空气轮胎　英国德迪翁的这一设计可能是最早在动力车上使用空气轮胎的例子。

邓洛普［法］制成充气自行车轮胎　英国贝尔法斯特的兽医邓洛普为他10岁的儿子改装自行车，设想利用压缩空气的气垫代替实心轮胎减少震动。他发明的充气轮胎是由一个全橡胶制的内胎，包上帆布套，外用加厚的橡胶条保护成为行驶面。从帆布套伸出的边将轮胎固定在车轮的轮辋上，橡胶溶液用作黏合剂。首次试验便取得良好效果，1888年12月7日获得专利。1892年韦尔奇提出了钢丝加固的轮胎，巴特莱特提出带卷边的嵌入式轮胎，几年时间，英国的所有自行车都安装了充气轮胎。充气汽车轮胎最早出现于1895年

波尔多—巴黎汽车赛上，1900年邓洛普公司生产出第一批汽车轮胎。

1888年

斯波拉格［美］在马拉轨道上运行有轨电车 美国人斯波拉格在马拉轨道上改用电力牵引车行驶，并对车辆的集电装置、控制系统、电动车的悬挂方法及驱动方式进行改进，现代有轨电车由此诞生，此后有轨电车遍布世界各大城市。

1889年

伯格［美］制成第一台内燃机拖拉机 美国人伯格首先把柴油发动机安装在蒸汽动力拖拉机的底盘上，制成了第一台内燃机拖拉机。

戴姆勒［德］取得关于V型双缸发动机专利 德国的戴姆勒将两个汽缸互相倾斜15度，两个连杆连在一个公共的曲柄上制成双杠汽油发动机。他采用功率为1.1千瓦的双缸V型发动机，制出的新型的四轮内燃机汽车，最高车速达18公里/时。随后，法国潘哈德公司买断了戴姆勒的专利，改进了变速机构和差动装置，开始批量生产汽车，1890年，其汽车销售量达350辆。

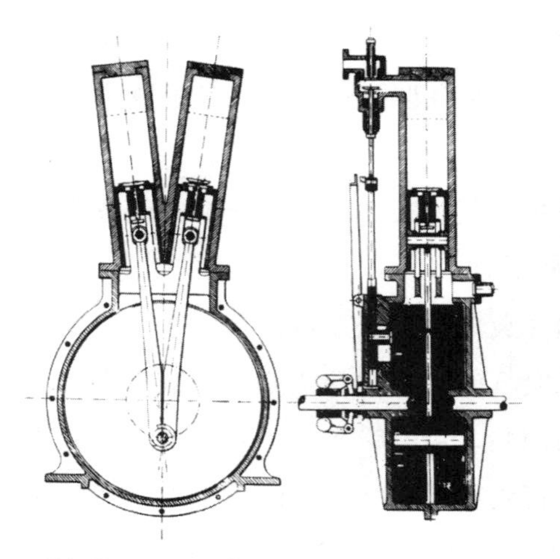

戴姆勒于1889年获得专利的V型双缸发动机

考文垂生产的戴姆勒汽车

塞波莱［法］发明了瞬间蒸汽发生器 法国工程师塞波莱将镍钢管盘绕起来，当将少量水注入钢管下端时，燃烧室中炽热钢管里瞬间产生大量蒸汽，蒸汽全部通过钢管到达发动机，使膨胀力增大，不仅可获得过热蒸汽，而且产生的蒸汽比水管锅炉所产生的蒸汽干燥。1894年，他将此项发明成功地运用到蒸汽汽车上，随后以石油代替煤炭作为燃料，并采用卧式的带有提升阀的单缸蒸汽机。

塞波莱的燃煤蒸汽机三轮车

珀若［法］制造法国最早的汽油汽车 法国人阿尔芒·珀若在巴黎潘哈德勒瓦素公司制造一台以V型双缸戴姆勒发动机为动力的轻型汽车，这是法国最早的汽油汽车。该车在车身后面装载发动机，使用粗辐条车轮，用棒型控制器使车转向。1891年，潘哈德勒瓦素公司又设计出新型汽车，该车前部垂直安装有双缸戴姆勒发动机，用摩擦离合器与可以进行三级调速的滑动齿轮箱联结，齿轮箱经伞齿轮驱动副轴，由此经车中部的链条将动力传给带有差动齿轮的后轴。这种结构方式几乎成为日后汽车设计的标准型式。该车转向装置用转向杆操作，在木制车轮上安橡胶或铁制轮箍，数年后，成功地用方向盘取代了转向杆。

1890年

美国出现电动玩具 美国制成电动小风扇玩具，1896年又制成电动小火车，它能在一圆周轨道上绕圈行驶。电动小火车制造成为西方玩具工业中的一个重要门类。

英国出现最早的通廊式火车

英国伦敦建成电力地铁线路 该铁路由南非工程师格雷特黑特设计并组织施工，它位于旧伦敦到南伦敦之间，于1887年动工，1890年通车，是第一条城市深层电力地铁线。在地铁建造中，隧道挖掘采用格雷特黑特防护屏，隧道用铁制弓形架支撑，当防护屏前进的时候，铁制弓形架就被一环一环地向前推进。用500伏直流电供给机车上的两台串激电动机，机车牵引3节车厢，机车上每台电动机的功率为25马力，总共50马力，转速为310转/分。电动机与机车轴采用直接连接方式，机车时速为25英里。地铁所挖掘的隧道直径为10英尺6英寸，其规模小于后来所修建的地下铁路的隧道，旅客进出站口采用液压升降机。1895年，位于美国巴尔的摩至俄亥俄铁路线上的卡姆登到韦弗利隧道的蒸汽铁路中，出现了长达4公里的电气化干线，采用高架电线的大功率电力机车牵引，以消除长隧道中因蒸汽机车所带来的烟尘，成为后来美国电气化铁路干线的前身。

1891年

兰伯特［法］设计世界上第一艘水翼船 出生于俄国的法国贵族兰伯特设计的水翼船，是一只利用水翼支持船体离开水面的动力支撑船，到20世纪初，意大利、加拿大、美国等均制造出水翼船，其航速达90公里/时。

兰伯特和他的水翼船

俄国修建西伯利亚铁路 这是一条横贯西伯利亚的铁路。它西起车里雅宾斯克，经鄂木斯克、新西伯利亚、克拉斯诺亚尔斯克、伊尔库茨克、赤塔、哈巴罗夫斯克，东至太平洋沿岸的港口城市符拉迪沃斯托克（即海参崴），全长7 400公里。该铁路采用轨距为1 524毫米的宽轨。1891年和1892年俄国分别从符拉迪沃斯托克和车里雅宾斯克开始对向修建，到1916年全线通车。在20世纪30年代完成全部复线工程，40年代改建电气化铁路，70年代中期全部实现电气化。1974—1984年，苏联又建成自贝加尔地区的勒拿至阿穆尔地区共青城的全长3 145公里的第二西伯利亚铁路。

俄国修建西伯利亚铁路

1892年

费罗利克［美］制造专用内燃机　美国艾奥瓦州的约翰·费罗利克为辛辛那提市的范杜兹煤气和汽油机械公司制造了一台专用内燃机，安装在农用牵引车上，使其成为第一台真正实用的内燃动力拖拉机。

狄塞尔［德］取得定压加热循环内燃机的专利　德国工程师狄塞尔设计的定压加热循环又称狄塞尔循环，其过程是将空气送入气缸进行压缩，当在压缩终了时，用一台喷油泵将精确定量的少量油喷入，由于空气受压缩产生

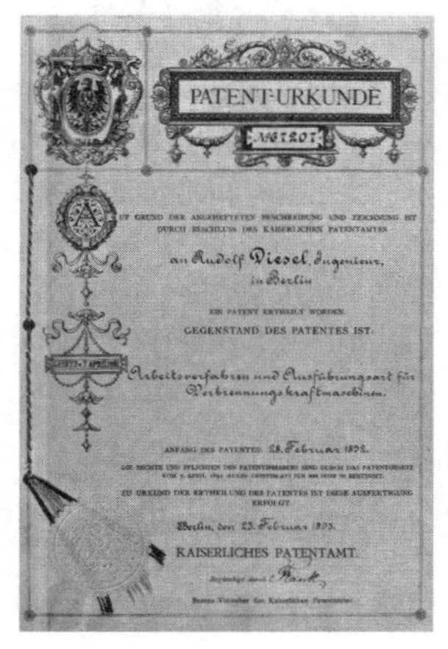

PATENT-URKUNDE

№ 67207

DURCH BESCHLUSS DES KAISERLICHEN PATENTAMTES

an Rudolf Diesel, Ingenieur,
in Berlin

EIN PATENT ERTHEILT WORDEN.

GEGENSTAND DES PATENTES IST:

Arbeitsverfahren und Ausführungsart für Verbrennungskraftmaschinen.

ANFANG DES PATENTES: 28. Februar 1892.

ZU URKUND DER ERTHEILUNG DES PATENTES IST DIESE AUSFERTIGUNG ERFOLGT.

Berlin, den 23. Februar 1893.

KAISERLICHES PATENTAMT.

狄塞尔获得的专利证书

狄塞尔内燃机

狄塞尔

高温，燃料立刻自动着火燃烧，反应时间极短，空气压力变化极小，近于定压。狄塞尔循环应用于柴油内燃机，由于被压缩的是空气，可采用较大的压缩比，因而热效率要比奥托循环（定容加热循环）的煤气或汽油内燃机热效率高得多。

秘鲁建成加莱拉铁路隧道 秘鲁建成的加莱拉铁路隧道海拔高达4 782米，是当时世界上海拔最高的标准轨距铁路隧道。这条隧道长约1.2公里，隧道内线路坡度自西向东为+30‰、±0.0‰、–15‰。

美国凯斯公司研制三轮拖拉机 美国凯斯公司研制出三轮拖拉机，前面一个小轮用来导向，后面两个大轮子承载锅炉。由于拖拉机对速度要求不高而需要一定重量，不适于汽车的蒸汽机却可以驱动农机。3年后美国西部的大农场已普遍使用这种机器。

1893年

本茨［德］制造四轮单缸内燃机汽车 德国的本茨在制造汽油内燃机三轮车的基础上，改装制造了四轮单缸内燃机汽车，采用两级变速的传送带驱动，最高车速达40公里/时。此后至1901年，他又制造了几台3.5马力的汽车。

本茨制造的四轮内燃机汽车

欧洲批量制造摩托车 1885年，德国工程师戴姆勒取得装有高速汽油发动机的自行车专利，制成世界上最早的摩托车。1893年，德国的希尔布兰德–沃尔夫米勒公司制造出了安有卧式双缸四冲程汽油发动机，经长连接棒用曲轴直接驱动后轮，采用空气轮胎的摩托车。1895年，法国也改制了这种摩托车。同年，迪翁制造出了用0.5马力驱动的自动三轮车，1900年，发动机功率达到2.75马力。法国人莱昂·埔尔发明了更接近于摩托车的自动三轮车并获得专利。

普尚［法］制造商业电动车 普尚制造的电动车取得商业上的成功。该车可乘6人，安有54个蓄电池，电动机输出功率为3.5千瓦，用齿轮链条传动机构驱动后轮，车速由变换接入的电池个数调节，这是最早用此法改变车速的例子。

普尚制造的商业电动车

霍兰站在他设计的潜艇里

霍兰［爱尔兰］制造安装汽油发动机的潜艇 1893年，爱尔兰工程师霍兰制造的潜艇安装了45马力的汽油发动机，用以推进潜艇在水面航行，水面航行时，航速达7节，续航力达1 000海里。蓄电池可驱动潜艇在水下以5节的速度前进，续航能力达到50海里，艇上装备了一具在气动加农炮的基础上改进的鱼雷发射管。

英国建造第一艘鱼雷艇驱逐舰 1892年，英国造船技师亚罗向海军部建议建造一种战斗力强、速度快，能对付鱼雷艇的军舰，以保护大型舰船免受鱼雷艇的攻击。第一艘这种型号的哈沃克号于1893年下水，它装备了速射炮和鱼雷，吨位和速度比鱼雷艇稍大一些，长54.8米，宽5.48米，排水量240吨，航速27节。

1894年

英国建成伦敦塔桥 伦敦塔桥为双翼、单耳轴开合式桥，可提供200英尺宽的水道。其一个翼的剖面图如下，每个扇形齿上啮合着两个小齿轮，由桥台上的两台双串列复合式表面冷凝蒸汽机中的一台提供液压动力，使桥翼转动，另一台蒸汽机备用。

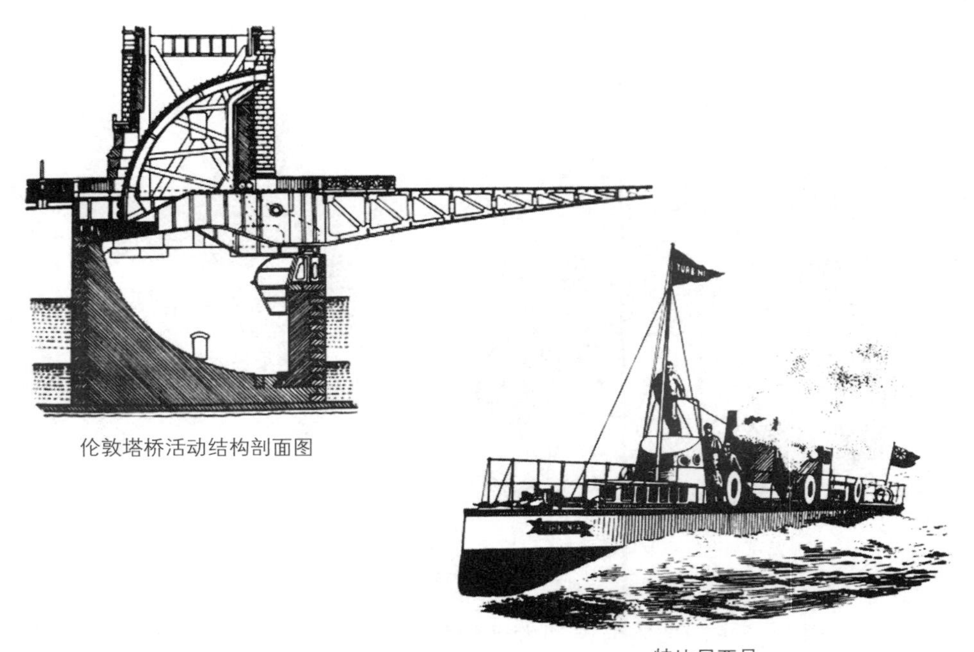
伦敦塔桥活动结构剖面图

特比尼亚号

帕森斯［英］试验用涡轮机驱动的轮船　英国工程师帕森斯在一艘名为“特比尼亚”的试验船上采用涡轮机，该船长100英尺，首航时速达到34.5海里，是世界上第一艘由蒸汽涡轮机提供动力的轮船。此后，涡轮发动机被英国皇家海军采用并扩展到商业航运领域。

美国采用沉管法铺设排水管道　沉管法即预制管段沉放法，是19世纪末出现的一种水底隧道建筑施工方法。它把预制的钢板或混凝土管段两端密封后滑移入水，在水中漂浮拖运至隧道设计位置，定位后加载，使其下沉至开挖好的平整沟槽中，连接各管段并拆除管端封墙，即连通为隧道。美国用此法成功地建成了第一条排水管道工程，即波士顿的雪莉排水管隧道，其直径26米，长96米，由6节钢壳加砖砌的管段连接而成。

美国建成升降式活动桥　活动桥是一种桥跨结构可移动或转动以便于通航的桥梁，亦称“开启桥”。按开启方式可分为立转桥、平转桥、升降桥三种。美国芝加哥市的南霍尔斯特德街桥，跨度40米，是世界最早的升降桥。其桥梁通航部分可以升降，当船舶需通过时，将桥跨升起，暂时中断桥上交通；船舶过后桥跨降回原位，恢复桥上交通。

迪迪奥–波顿公司［法］的蒸汽客车在汽车竞赛中获胜　法国迪迪奥–波顿公司的一辆15马力蒸汽客车，在第一次汽车竞赛中获胜。从巴黎到里昂127公里的路程中，汽车平均时速达到18.7公里。

意大利展出复线交互式索道　意大利的塞列迪·坦法尼公司在米兰博览会上安装并运行载运旅客的复线交互式索道。此后，复线交互式旅客索道在各地相继建成。

1895年

迪迪奥–波顿公司［法］研制摩托车　用一台3/4马力的单缸发动机非常成功地驱动了一辆三轮车的后轮。该发动机气缸容量为120毫升，装有外部散热片以利于空气冷却。

庞阿尔［法］、勒瓦索尔［法］制成第一辆轿车　法国工程师庞阿尔和勒瓦索尔制成的轿车装有一台前置的戴姆勒发动机，并被一种机器罩盖住，一根传送轴将动力传送到后轮，顶盖连同挡风玻璃一起，使驾驶员与乘客免遭风吹日晒。这辆汽车奠定了现代汽车设计的基础，具有实心橡胶轮胎，一个离合器和一个封闭的变速箱。

庞阿尔和勒瓦索尔制成的轿车

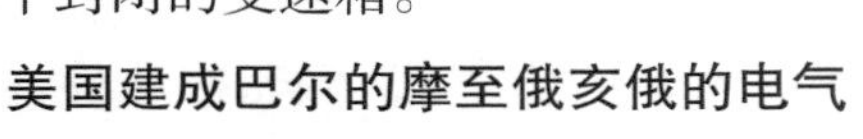

美国建成巴尔的摩至俄亥俄的电气化铁路　美国巴尔的摩至俄亥俄铁路线上的卡姆登到韦弗利隧道中的蒸汽铁路中建成长达4公里的第一条电气化干线。该铁路采用高架电线的大功率电力机车牵引，以消除长隧道中因蒸汽机车所带来的烟尘，成为后来电气化铁路干线的前身。

纳冈［英］制造英国最早的汽油汽车 纳冈在英国最先制造三轮汽油汽车，安有卧式单缸发动机，起初用热管点火，后改用电点火，使用双级变速传送带传递动力，安有滑轮用于选择所需要的传送带，不用的传送带则空转。1896年，改制为四轮车结构，同时用带实心胶轮缘的木轮取代了辐条式后轮。另外，还安装了大型气缸，时速高达16公里。1895年，英国的兰彻斯特制造了用空冷单缸5马力发动机驱动的汽车，并于1896年试运成功。

米其林兄弟［法］首次将邓洛普发明的用在自行车上的充气轮胎安装到“标致”车上

1896年

鲍顿［爱尔兰］取得鲍顿机构的专利 爱尔兰的鲍顿研制的鲍顿机构由钢线外套上一层弹性圆筒构成。外皮可固着在两端，通过安装在一端的把手拉动钢线可操作另一端的机械装置，用于安装在自行车上的制动闸。这一装置今天还在使用。

霍尔［英］设计液压机械传动装置 英国人霍尔设计的液压机械传动装置具有极好的差动性能。它是机械和液压驱动的结合。液压驱动利用一个密封的液压系统，包括一个泵和一个能以上限和下限之间的可变速度传递动力的马达。下限通常为零，工作液体只在泵中绕流，没有输出转矩。以后出现了许多自动传动装置，都是代替摩擦离合器的液体连接器，而另一些自动传动装置则完全是自动转矩变换器，具有离合器和齿轮箱的功能。

帕森斯［英］、拉瓦尔［典］发明用汽轮机驱动的轮船 英国人帕森斯用三轴装置取代原来的径向涡轮机，他将三台涡轮机串联，每一台涡轮机联结一根轴，而每一根轴带动三个螺旋桨推进器。来自锅炉的210磅/平方英寸高压蒸汽先通过右舷的高压涡轮机，然后流经左舷的中压涡轮机，最后流入位于船中央的低压涡轮机，三台涡轮机产生大约2 000马力的轴部功率。1897年，安装着上述装置的特比利亚号轮船试航成功，创下了时速34.5海里的航行记录。与此同时，瑞典工程师拉瓦尔发明的冲击式汽轮机也成功地应用在轮船上。

福特［美］研制美国第一台四轮汽车　福特汽车公司创始人福特研制的这种汽车采用了水冷双缸四冲程发动机、皮带传动、驾驶盘转向系统、实心橡胶轮胎和带辐条的车轮，时速为40～48公里。1903年福特汽车公司成立。

福特研制的美国第一台四轮汽车

1897年

狄塞尔［德］研制柴油内燃机　德国机械工程师狄塞尔设计的这台定压加热循环四冲程柴油内燃机功率为5.6匹马力，转速为每分钟180转，压缩比为16∶1，压力为35个大气压，热效率达24%～26%，成为当时热效率最高的内燃机。它结构简单，燃料便宜，重量功率比为30千克/马力，经济性比汽油机高1.5～2倍。狄赛尔柴油内燃机的问世，标志着往复活塞式内燃机的发明进入基本完成的阶段。到20世纪20年代研制成适用的燃油喷射系统后，柴油内燃机开始广泛应用于汽车、拖拉机、船舶与机车等，成为重型运输工具无可争议的原动机。

英国伦敦市区定期运行电动车　伦敦电动汽车公司开始市区定期运行电动车，这种汽车装有40个蓄电池，一次充电可运行约80公里。车后部安有带平齿轮的电动机，平齿轮驱动副轴，副轴上装有差动轮，其两端安有链轮，靠它带动后轮上的大链轮。但这种电动车由于车体太重、速度慢，起动、停车动作笨拙，经营两年后宣告停运。

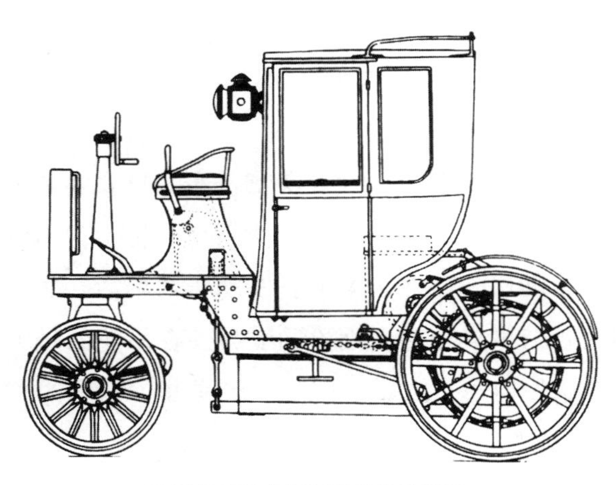

1897年伦敦市区运行的电动汽车

沃纳兄弟［法］研制摩托车 出生在俄国的沃纳兄弟在法国设计出安装小型高速发动机的自行车，1897年取得了在前轮上安装发动机、用皮带驱动前轮方式的专利，不久被英国公司购买此专利进行批量生产。1900年，又取得在两轮中间支架下部安装发动机的专利，这样就降低了车的重心，避免了产生横向滑动的弊病。摩托车得以大量发展。

中东铁路开始修建 俄罗斯西伯利亚铁路通过中国部分的路段称作中国东省铁路，又称东清铁路，后称为中东铁路，是中国境内当时修筑的最长的铁路。它以哈尔滨为中心，西至满洲里，东至绥芬河，南至大连。由满洲里经哈尔滨到绥芬河是中东铁路干线，全长1 480多公里；由哈尔滨经长春到大连是中东铁路支线，称“南满铁路”，全长940多公里。与俄国后贝加尔铁路及南乌苏里铁路首尾相接。号称“东方巴黎”的哈尔滨，就是由于其地处中东铁路的枢纽，而很快由一个小村镇发展成为一度拥有三十几国侨民的大城市。中东铁路是当时唯一一条连接欧亚大陆的铁路干线。

哈尔滨火车站

1898年

霍尔登［英］制造四缸发动机摩托车 1896年，英国的霍尔登发明新型四缸发动机，两年后安装该发动机的摩托车问世。该车使用空气轮胎，前轮直径24英寸，后轮直径20英寸，发动机安装在车架上。发动机两个活塞联结的活塞棒经由两个平行安装的钢管与钢栓相连，钢栓两端与安在后轮曲轴上的两条长联结棒中心相连。该车采用电点火，最大时速为20英里，行驶平稳舒适，数年后改用水冷式发动机。

朗根［德］设计独轨铁路 这条铁路建在德国伍珀塔尔市巴门和埃尔伯费尔德之间，于1901年建成并进行旅客运输。德国人朗根所设计的铁路由架空的单根轨道构成，其主要结构是轨道梁，由钢或钢筋混凝土制成。独轨铁路按车辆的行车状态分为悬吊式独轨铁路和跨座式独轨铁路两类。

瑞士辛普朗铁路隧道动工修建 辛普朗铁路隧道位于瑞士布里格和意大利伊塞尔之间，穿越阿尔卑斯山。它包括一号和二号两座单行隧道，其平均长度为19.8公里，中心相距17米。一号隧道海拔705米，最大埋深为2 135米，隧道内线路坡度自北向南为+2.0‰、±0.0‰、–7.0‰，并设有会让站。隧道穿过的地层为片麻岩、石灰岩、片岩、石膏等。一号隧道用下导坑法开挖，并采用平行坑导。坑道运输采用风动机车牵引。隧道内存在着巨大膨胀性地层压力，涌水达每分钟60吨，热泉和岩层温度高，为此，采用喷洒冷水降温，并利用平行导坑出碴、进料、通风、降温、排水和疏干地层等。一号隧道于1898年开工，1906年建成。二号隧道是利用一号隧道施工时的平行导坑扩建而成的，于1912年开工，1921年建成。隧道建成后，通过该隧道的列车改用电力机车牵引。

清政府顺布《振兴工艺给奖章程》 《振兴工艺给奖章程》规定，凡发明军用船械者，专利50年；发明日用新器者，给工部郎中实职，专利30年；仿创未传入中土西器之制法者，给工部主事职，专利10年。

维也纳建设实验性混凝土公路

1899年

英国为俄国建造破冰船 英国根据俄国人马卡罗夫的建议和设计，为俄国建造世界上第一艘用于北极航行的破冰船叶尔马克号。

洛伯夫［法］建造纳维尔号潜艇 法国科学家洛伯夫建造的该潜艇外形像一艘鱼雷艇，水面时速达到11节，续航力为500海里，水下航行时，短距离航速可达到8节。潜艇的艇体由内外两层壳体构成，内层叫固壳，具有很高的耐压性能，也称为耐压艇体，是一个圆柱形筒，主要靠它承受海水的压力，以保证艇员的正常工作和生活。外层叫外壳，也称非耐压艇体。外壳和固壳之间通常布置有主水柜和调节水柜，能够根据潜艇下潜或上浮的需要，注入或排出海水。双层壳体技术的出现，不仅扩大了潜艇的内部空间，而且使潜艇更易于操纵。

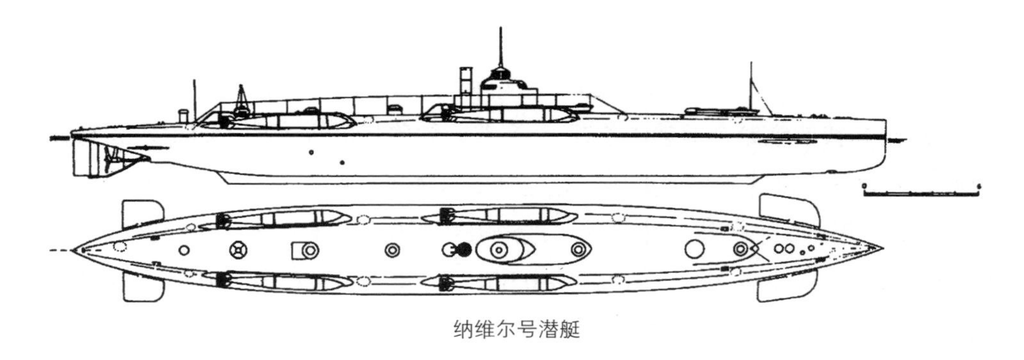

纳维尔号潜艇

1900年

巴黎修建地下铁道

曼哈顿高架铁路电气化

19世纪

英国发展钢板梁桥　19世纪中叶英国在实验验证箱管梁桥时，也证实了实腹梁的可靠性。由于小跨板梁比箱梁更便于制造和架设，随着钢材逐渐代替铁材，到19世纪后期，钢板梁桥已在小跨铁路桥中被普遍采用，直到20世纪50年代才逐渐被钢筋（预应力）混凝土梁所取代。

地铁在世界各城市中兴起　1892年，芝加哥修建了地铁。1896年，布达佩斯、格拉斯哥修建了地铁。1898年和1900年，维也纳、巴黎也先后修建了地铁。其中芝加哥修建的全部是高架线路，直到1943年才建成第一条地下线路。格拉斯哥的地铁列车原来在轨道上用缆索牵引，1936年改用电力牵引。至1963年止，世界上有地铁的城市共有26座。

马汉［美］创立海军制胜理论　19世纪末，美国海军战略家和历史学家马汉创立的海军制胜理论中心思想是：要拥有并运用优势的海军和其他海上力量去控制海洋，以实现自己国家的战略目标。夺取制海权的方法是舰队决战和海上封锁，而要完全获取制海权，需要经过舰队决战。马汉的海军制胜论是在美国资本主义进入垄断阶段时产生的，它适应了美国垄断将重新瓜分世界的政治需要，成为当时美国政府制定海洋政策和海军政策（包括海军科技发展政策）的理论依据，并对其他海军强国的海洋战略产生重大影响。

1901年

蒸汽动力轮船创新纪录 美国航运公司的德意志号蒸汽动力轮船，以5天11小时45分创下从纽约至英国普利茅斯横越大西洋的新纪录（8月13日）。

安休茨［德］提出陀螺罗盘原理 19世纪傅科［法］、玻斯［荷］、开尔文［英］和西门子［德］都研制过陀螺仪，傅科还用陀螺仪显示了地球的自转。早期陀螺仪不能实现持续旋转，因而没有达到实用化。1901年，安休茨为实现乘潜艇赴北极冰区水下探险的设想，发现常规的磁罗经在具有不稳定磁场和磁反射特性的区域中会有很大的误差，而在潜艇的封闭钢质壳体中也会失灵，于是他针对潜艇在水下航行的指向问题，提出利用电动陀螺仪加指示机构和修正机构，制成陀螺罗盘为潜艇指示方向。这一设想后来实用化。

1902年

山特维克公司发明煤矿矿井用的传送带 瑞典山特维克公司发明了煤矿矿井用的传送带，该传送带以电为动力，逐渐取代传统的运煤车，为采煤连续作业提供了条件。

雷诺［法］生产出鼓式制动器 这种制动器工作时，毂上的两块蹄片张开，紧贴在与轮子内壁相连的旋转鼓上，制止了轮子的转动。

1903年

英国伦敦最早使用出租汽车 之后迅速推广到法国等发达国家。二战以后，出租汽车普及。20世纪50年代以后，出租汽车开始革新以往有线电话通信技术，采用无线电通信技术和计算机应用技术，提高了服务水平。70年代后期，联邦德国和日本分别研制成一种在特定线路上行驶的无人驾驶电动轮式出租汽车。

1904年

西姆斯［英］发明汽车保险杠 这是汽车上的第一块保护板，该结构基

于火车机车上所用的缓冲块。

安休茨研制出陀螺罗经 安休茨在提出陀螺罗盘原理后，设计制造了一台单轴三自由度陀螺仪，由电动机驱动。这项设计获得了专利。它在船上或在陆上能在一定时间内指示方向。安休茨在巴利亚进行了装船试验，取得了成功。

福特［美］驾驶汽车创冰面行驶记录 亨利·福特驾驶999型车在美国密歇根州已冻结的圣克莱尔湖面上创下时速146公里的世界纪录（1月12日）。

世界最大的地铁系统在纽约通车（10月27日）。

英国制成第一部劳斯莱斯汽车（4月1日）。

1905年

伦敦地铁实现电气化 电力机车开始取代蒸汽机车成为地铁的主要动力机械。

德国建成超声速风洞 格丁根大学教授普朗特建成了世界第一座超声速风洞，实验马赫为1.5。

中国建成郑州黄河铁桥 它是京汉铁道线上的铁路钢桥，位于河南省郑州市以北，清末开始修建，1905年建成。原桥总长3 000余米，有跨度为31.5米的下承桁架梁50孔和跨度为21.5米的上承桁架梁52孔，共计102孔，是当时中国最长的钢桁架桥，也是在黄河上建造的第一座铁路桥。

1906年

瑞士建成辛普朗隧道 它是由瑞士穿越阿尔卑斯山通往意大利的两座单线铁路隧道。辛普朗一号隧道建于1898—1906年，辛普朗二号隧道建于1912—1922年，长度为19 323米。两隧道中线相距20米左右。辛普朗隧道是当时世界上最长的山岭单线铁路隧道。

美国最早出现动车 这是在铁路上运行、本身装载营业载荷的自推进车辆，是运送旅客和行李包裹的铁路运输工具。该车装用一台150千瓦汽油机，通过电力传动装置驱车前行，只用于支线区间，车内有91个座席，还有行李间。到20年代，美国已拥有700余辆汽油动车。以后各国相继制造使用了各种动车，还制造使用了各种动车组。

美国制成世界第一台汽油机车　1906年，美国通用电气公司制造成功世界上第一台汽油机车。该车用原动机带动发电机，发出的电牵引电动机推车前进。

安休茨［德］发明陀螺罗盘　安休茨的陀螺仪在水上女神号巡洋舰上试用时失败，原因是陀螺仪的功能难以由运动基座反映出来。在舒拉［德］的帮助下，1906年，安休茨解决了运动基座对陀螺仪的干扰问题，证明方位陀螺给出保持航向的稳定基准方向，制成了陀螺方位仪。他用浮子模型，使转速达到每秒20 000转。1907年，安休茨又在方向仪上增加摆性，制成了第一个实用罗经——指北陀螺仪。为减小摩擦力矩，他把陀螺转子及外壳挂在浮子上，而浮子则浮在万向支架上的水银容器里。1908年，安休茨陀螺罗盘在德意志号战列舰上进行了试验，取得很大成功，从而获得了皇家海军的订货。

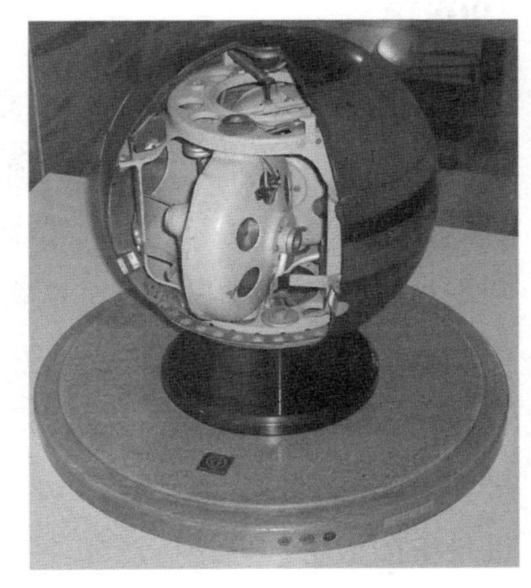
安休茨陀螺罗盘的剖面图

1907年

日本建立国营铁路铁道技术研究所　它是日本国营铁路的科学技术研究中心，于1907年4月1日成立，当时称为铁道厅铁道调查所，后于1942年3月14日改为现名。它包括本部、地方性实验所，试验线等部分。

中国开始使用铁路信号机　1907年，中东铁路在大连—长春线路间开始装设臂板信号机。

詹天佑［中］设计建造八达岭铁路隧道　该隧道位于中国北京市延庆区境内，是一条从长城下穿越燕山山脉八达岭的单线铁路隧道，全长1 091米。隧道外线路坡度为32.3%，内线路最大坡度为21.5%，隧道有通风楼，以供通车后排烟和通风用。隧道衬砌的拱券采用预制混凝土砖砌筑，边墙用混凝土就地灌筑，隧道底部用厚约10厘米的石灰三合土铺筑。该隧道由詹天佑规划督

造。自1907年开工后，用时18个月即竣工。隧道完成后，屡受战争破坏。1968年曾对它进行大修改造，解决净空不足、排水不畅等问题，从而使其运营条件有所改善。八达岭铁路隧道是中国自力修建的第一座越岭铁路隧道。

1908年

国际道路会议常设协会成立 1908年，由法国政府出面，在巴黎召开了第一届国际道路会议，成立了国际道路会议常设协会，会址永久性定为巴黎。

陈沛霖、陈拔廷［中］仿制成中国最早的煤气机 1905年左右，广州均和安机器厂的陈桃川从香港购得一台8马力煤气机。陈沛霖和陈拔廷两人依式仿制成功一台单缸卧式低速8马力煤气机，其中曲轴、磁电机等零件机附件购自香港。约相隔一年，上海求新制造机器轮船厂仿照从茂成洋行购得的煤气机，又制成一台8马力煤气机，其中曲轴、磁电机等为外购件。以上两台煤气机是中国最早的内燃机产品。

1909年

洪富里［英］设计成功内燃水泵 这是利用四冲程内燃机工作原理设计并试验成功的第一台内燃水泵，1919年投入生产和使用，输出水功率25.7千瓦。

斯佩里［美］研制成功第一台单转子陀螺罗盘 在安休茨陀螺罗盘的启发下，斯佩里开始研制陀螺罗盘。他的罗盘结构与安休茨罗盘稍有不同，不用液浮而用悬丝。1911年，他的陀螺罗盘在美国海军的特拉华号战舰上首次试验。由于取得了成功，这种陀螺罗盘被美国海军采用。以后他又致力于陀螺仪的应用研制。英国的布朗和佩里于1912年也研制出陀螺罗盘。

中国京张铁路建成通车 该铁路自北京丰台至张家口，全长201.2公里，现为北京至包头铁路线的首段。1905年9月动工，由詹天佑总工程师设计建造，至1909年8月建成通车。它是中国近代以自己的技术力量修筑的铁路。

齐伯林［德］组建世界第一家航空运输公司 齐伯林研制成功硬式飞艇后，为进一步发展飞艇筹资金，他在柏林于10月16日创办了世界上第一家民用航空运输公司——德莱格飞艇公司，首先投入航线的飞艇是LZ-5号。自1909年德莱格飞艇公司成立，直到第一次世界大战爆发停止营业，该公司在德国国内共运送旅客34 028人次，总航程173 682千米，总飞行时间3 175小时。在该公司运营期间，未发生一次伤亡事故。

1910年

美国建成底特律河铁路隧道 它是用沉管法施工的第一条铁路隧道，水下段由长80米的钢壳管段10节组成，是世界上著名的水下铁路隧道。其中美国至加拿大间的底特律隧道于1916年建成通车。

1912年

中国建成津浦铁路黄河桥 该桥主跨为3孔悬臂钢桁梁，最大跨度164.7米，是当时跨度最大的桥。

安休茨［德］、舒拉［德］研制出多陀螺罗盘 安休茨研制陀螺罗盘后，与舒拉合作研究多陀螺罗盘。他们将两个陀螺用框架机构耦合在一起，并将陀螺置于柱体浮子中，浮子由下方的销支承，其大部分重量由水银承受，以降低摩擦。1912年他们成功地制造出多陀螺罗盘。1913年，三陀螺仪罗盘首次在帝王号快艇上使用。这种罗盘改进了随动系统和显示方式，消除了不可控摩擦力矩，使精度得到提高。1920年舒拉设计出第一个自动舵，安休茨对其进行设计改进，先后研制出三种组合驾驶器。

英国建成大型高速豪华客船泰坦尼克号 该船总吨位为46 328吨，航速为22海里。1912年4月10日，首次从英国南安普敦启程驶往美国纽约，于14日途中与冰山相撞，并于15日2时20分沉没。它是迄今为止丧生最多的海难事件。

丹麦建造第一艘远洋柴油机船锡兰迪亚号 20世纪初，柴油机开始用于运输船舶，第一艘远洋柴油机船是丹麦于1912年建造的锡兰迪亚号。该船主机为两台四冲程八缸柴油机，共1 250马力，每分钟140转，直接驱动两个螺旋桨。以后柴油机船被大量制造使用，1914年，柴油机船占全世界船舶总吨位的0.5%，到1940年上升为20%以上。

齐伯林飞艇公司开始国际商业飞行 9月19日，齐伯林开辟的第一条空中商业航线汉堡—哥本哈根，投入使用的是LZ13汉莎号飞艇。这是远距离航

空运输的开始。当时飞机无论从承载能力还是在航程上都无法同飞艇相比。齐伯林飞艇对航空运输的发展做出了巨大贡献。

1913年

英国颁布第一个国际海上人命安全公约 1912年发生了泰坦尼克号海难事件，它暴露出了原有规定中在保障海上人命安全方面存在的缺陷。为此，1913年，在英国伦敦举行了第一次国际海上人命安全会议，并通过了第一个国际海上人命安全公约。该公约对船舶无线电通信设备、无线电通信人员以及值守时间等都做了强制性的规定。

第一条民用定期航线建立 第一次世界大战以前，欧洲已进行了多次民用航空飞行试验。1910—1911年，在英国、德国、意大利，许多私人开展了飞机航空邮运、货运以及客运的试验。这些都是试验性的，没有一个是定期航班。1913年12月28日，美国佛罗里达的贝内斯特公司开辟了第一条飞机航空客运定期航线，起止点是圣匹茨堡和坦帕，航线全长35千米，单程飞行时间23分钟，每次只载1人，收费5美元。采用的是贝诺斯特号单发水上飞机。1914年1月1日，由飞行员托尼·詹纳斯驾驶进行了首航。到当年3月底因亏损航线关闭，共运送了1 200名乘客。

1914年

巴拿马运河开通 1881年法国工程师莱塞帕斯按无闸运河设计施工，因工程艰巨而失败。1903年美国取得运河的开凿权和永久租借权，1904年采用跨岭运河方案重新施工，于1914年8月15日完工。由于利用查格雷斯河建通拦河坝抬高水位，减少了运河开挖量。运河水源由通湖和马登湖供给。巴拿马运河沟通了太平洋和大西洋的海运，使二洋沿岸各岸港之间的航程比绕道麦哲伦海峡缩短了5 000 ~ 10 000公里。

美国建成纽约鬼门拱桥 该桥主跨298米，桥面铺设4线重载铁路，是美国早期建造的铰桁架桥。

美国第一盏交通信号灯开始应用 这盏灯设在美国克利夫兰市的一个十字路口，为加强效果，红绿灯还配上了警铃。

海湾炼油公司开始免费分送高速公路地图 这种地图很快享有了“油站地图”的绰号。直到70年代，高速公路地图在汽车服务站一直都有免费派送，由于石油危机和其他经济问题才终止了这项活动。

中国上海开始使用无轨电车

1915年

兰格文［法］发明防止船只和潜水艇撞击冰山的保护器 这种装置利用声呐原理，通过发出超声波并接收从障碍物反射回来的反射波进行导航工作。

1916年

俄国建成西伯利亚铁路 它是横贯西伯利亚的铁路，起自车里雅宾斯克，止于太平洋沿岸的符拉迪沃斯托克（即海参崴），全长7 488公里。该铁路于1891、1892年分别从符拉迪沃斯托克和车里雅宾斯克开始对向修建，1916年全线通车。

1917年

美国建成梅特罗波利斯钢桥 该桥位于伊利诺伊州，单孔219米，是当时跨度最大的铁路桁梁桥。

美国建成赫尔盖特大桥 该桥位于纽约市，由林登塔尔［美］设计。主跨298米，是当时世界上跨度最大的钢拱桥。

美国建成交通控制系统 美国盐湖城建成了世界上第一个交通线控制系统。它是一种内联式线控制系统，把一条道路上6个连续的交叉口的信号灯用电缆连接，用手动开关进行控制。

日本夸新沙（Kwaishinsa）公司制造出DAT小汽车 该名由该公司的几名合伙人组成，因日本国徽是一轮升起的太阳，故于1932年又在DAT后加上“太阳（sun）”这个词，演变成著名的达特桑牌汽车。

1918年

加拿大建成魁北克桥 该桥跨越加拿大魁北克圣劳伦斯河。1904年动工，1918年建成。原为铁路桥，后改为公路、铁路两用桥。桥全长853.6米，分跨为152.4+548.6+152.4米，其中主跨达548.6米，为当时世界上跨度最大的钢悬臂桁架梁桥。

美国最早使用红、绿、黄三色交通灯 9年后英国也开始使用，伦敦在1921年曾试验过手控三色灯进行交通控制。

第一条民用航线开辟 第一次世界大战后最先发展民用航空事业的是德国。在停战以后不到两个月，德国就建立了第一条国内的商业航空线，即从汉堡到阿莫瑞卡。1919年2月5日又开通了从柏林到魏玛的航线。3月1日，柏林—汉堡间的航线开通。4月15日柏林—法兰克福航线开通。1919年德国共开辟9条商业航线，运送旅客1 574人次。1920—1921年间又增开许多新航线，运送了5 500人次旅客和500吨货物，总航程达100万千米。德国民用航空事业对航空技术的积累发挥了关键作用。

1919年

贝尔［美］发明制造水翼船 电话发明家贝尔制造了世界上第一艘水翼船。该船重5吨，航行时速为61.6海里。

郎之万［法］发明了回声测深仪 法国物理学家郎之万利用声波在水中传播的速度基本恒定的特性，发明了回声测深仪。该仪器测量速度快，准确度高，可在极短的时间内连续得到多测点的深度，达到连点成线的要求，可进行线测深。该仪器由发射器、发射换能器、接收换能器、接收器、显示器和电源装置组成，是测量水深使用最广的一种仪器。

美国最早使用电照明信号灯

法国开办了第一条国际航线 法国法尔芒公司开辟的这条国际航线起止点是法国巴黎和比利时布鲁塞尔，于3月22日开航，每周往返一次，使用的飞机是法尔芒F60双翼机。飞行员是吕西安·博绍罗，飞行时间2小时50分，票价365法郎。第一个每日定期航班是英国飞行运输和旅游公司开辟的伦敦至巴黎航班，使用的飞机是德·哈维兰DH16型飞机。飞行时间2小时30分，单程票价21英镑。航线于1919年8月25日首次开通。

1920年

斯佩里［美］获得船的自动驾驶仪专利 该自动驾驶仪的工作原理是用一台马达作位置控制器，控制转动舵轮的马达，再由舵轮机构调整船的航向。位置控制器是根据设定的方向角与船舶实际航向角的偏差进行控制，它通过圆筒测摆动角（正、负）来控制舵轮的马达开关，使舵轮偏转，其偏转扭矩正比于偏航角。为防止“过调”，他还设计了一个预测器引入补偿（反馈），补偿量与舱的位置密切相关，是根据偏转角振幅自动调整的。

登森堡［英］A型车首次安装液压制动器 这种制动系统使用刹车油把踏板与制动装置相连，逐渐被世界大部分汽车所采用。

德国最先采用安许茨自动操舵仪 自动操舵仪是实现船舶驾驶自动化的基础，1920年，德国最先采用安许茨自动操舵仪。到了20世纪50～60年代，比例、积分、微分控制技术的应用，大大提高了自动操舵仪的性能。到70年代，微处理机的引入，使其进入实用阶段，并成为综合导航系统实施船舶操纵的航向指令机构。

1921年

瑞士和意大利建成辛普朗铁路隧道 隧道位于瑞士伯尔尼至意大利米兰的铁路线上，在瑞士布里格和意大利伊塞尔间穿越阿尔卑斯山脉。该隧道包括了一号和二号两座平行单线隧道。一号隧道于1898年开工，1906年建成；二号隧道于1912年开工，1921年建成。施工中，一号隧道用下导坑法开挖，并在隧道修建史上首次采用平行导坑。二号隧道是利用一号隧道施工时的平行导坑扩建而成的。

国际航运商会成立 该商会会址设在伦敦，主要办理航运业务工作，与其他技术、工业或商业部门进行联合研究与开发。

美国制成电力传动柴油机 美国制成一辆220千瓦电力传动柴油机，并于1925年投入运用。1924年11月，苏联用一台735千瓦潜水艇柴油机制成一辆电力传动柴油机车，并交付铁路试用。同年，德国用一台735千瓦潜水艇柴油机和一台空气压缩机配接，装在卸掉锅炉的Z–3–Z型蒸汽机车上，并以柴油机

的排气余热加热压缩空气代替蒸汽推动蒸汽机，称空气传动柴油机车。但因该机车结构复杂、效率低而弃之。70年代，德国制造出DE2500型1 840千瓦交—直—交电力传动装置柴油机车。中国于1958年开始制造电力传动和液力传动柴油机车，以后又制造出东风4型货运机车、北京型客运机和东风2型调车机车。

1922年

米诺尔斯基［美］研制出船的驾驶伺服机构并提出PID控制方法

中国开始实行国有铁路运输规章 1908年，清政府开始收回路权，并着手拟定全国统一铁路规章，但未颁布施行。中华民国成立后，颁布了许多铁路规章，但不成体系。1922年，开始实行国有铁路《客车运输通则》、《货车运输通则》和《行车规则》。

国际铁路联盟成立 12月1日，由27个国家的46个铁路机构参加的国际铁路联盟成立，盟址设在巴黎。

1923年

舒拉［德］提出摆理论 在协助安休茨进行陀螺罗盘的研制和改进过程中，舒拉发现：如果陀螺的摆长等于地球半径，即摆的周期等于84.4分钟，那么利用摆来自动找北的陀螺罗盘将不受载体水平加速度的影响。1923年，舒拉发表了这一理论，后来这个周期被称为舒拉周期。这一发现对惯性导航技术十分重要。1945年，德国科学家莱希在研究平台的反馈回路时又独立地发现了这一周期。

1924年

钱德尔［德］发起成立星际交通协会 钱德尔受齐奥尔科夫斯基的影响，很早就致力于火箭研制。他发表了多篇关于火箭和飞船的论文。他的一个很重要的思想是：当火箭推进剂使用完后，燃烧金属壳体继续飞行，可大大提高质量比。为开展火箭研制，1924年4月他发起成立了星际交通协会，并邀请齐奥尔科夫斯基加入。该组织是世界最早的火箭和航天研究团体之一，但由于经费等问题，成立不久就解散了。

弗莱特纳［德］试验成功马格努斯效应船 马格努斯效应之谜解开后，人们认识到马格努斯效应产生的侧向力可以用作动力。弗莱特纳在一只小船上垂直安装了一根圆筒，用动力使之绕轴旋转，在风力作用下产生了一个垂直于圆筒和风向的力，这个力可代替帆的作用。这艘马格努斯效应船在试验时获得成功，但由于经济原因，这种船没有投入实用。

1926年

中国成立民生轮船公司 该公司原名为民生实业股份有限公司，由著名实业家卢作孚于1925年发起筹办，议定集资五万银圆，1926年6月10日在四川合川正式成立，后迁至重庆。卢作孚任总经理。该公司最初从上海定购一艘载重为70吨的民生号小轮船，高级船员均由中国人担任。

梅赛德斯（Mercedes）［德］与奔驰（Benz）合并 原梅赛德斯汽车上的星形徽箱嵌入到奔驰原有的桂冠环形车徽中，构成新的车徽。

劳里［奥］发明无线电测距仪 1922年，马可尼提出利用无线电波反射进行测距的思想。1926年，布希尼斯将具有方向性的环状天线和指示航向的仪表结合起来，研制成无线电罗盘。同年，劳里利用发射的无线电波测量目标的距离，研制出无线电反射测距仪，后取得第一个无线电反射测距技术专利。劳里的无线电测距仪可以说是现代雷达的雏形。

1927年

美国首次安装使用铁路调度集中控制设备 1925年，美国人怀特首先提出在一个规定地点控制列车按信号显示运行的行车方式。该行车方式被美国铁路协会采用，并被命名为调度集中控制。1927年7月25日，美国在纽约中央铁路斯坦利和贝里克间59.5公里单线和4.8公里复线上安装使用了世界上第一套调度集中控制设备。该设备在初期是用继电器等元件构成的随机启动的静态系统。

中国成立公路养护组织 1927年，在湖南省长潭公路设立了最早的养路道班。一般由20人组成，共住一个工棚，养护路段20公里左右。到了20世纪

30年代，华东、华南各省也相继建立了养路组织，并颁布了养护管理制度。

美国建成莫法特铁路隧道 该隧道位于美国丹佛至盐湖城的铁路线上，是在科罗拉多州温特帕克附近穿越落基山脉詹姆斯峰的单线隧道。由银行家莫法特发起修建的，故得此名。该隧道于1923年开工，1927年竣工，长约10公里。施工中采用中央导坑法，开挖时采用的方法是平行辅助导坑法，这对排除大量涌水起到很大作用。

波罗的海国际航运协会成立 1901年，波罗的海和白海的船运业竞争加剧。为了缓和竞争、稳定运价，从事该地航运业务的英国、丹麦、德国、瑞典等国于1905年11月建立了波罗的海和白海公会。1927年，公会正式改名为波罗的海国际航运协会，其总部设在丹麦哥本哈根。截至1984年9月，协会会员遍及100个国家和地区，计有船舶所有人会员935个，拥有船舶3.06亿载重吨，约为世界商船队总吨位的47%，船舶经纪人会员1786名，团体会员51个。

沃尔沃［典］汽车厂成立 两名瑞典企业家为了阻止外国汽车向瑞典倾销而成立了这家汽车公司，沃尔沃汽车以其安全性著称于世。

1928年

美国建成波西隧道 该隧道位于美国加利福尼亚州的奥克兰与阿拉梅达之间，是采用沉管法修建的第一条水底道路隧道。水下段长744米，采用62米长的管段12节，钢筋混凝土结构，外径11.3米。采用圆形的双车道断面是其重要特点，它成为美国采用沉管法施工的楷模。

美国建成新喀斯喀特铁路隧道 该隧道位于美国原大北铁路西段，是在华盛顿的伯恩和锡尼克之间穿越喀斯喀特山脉的单线铁路隧道。隧道于1925年开工，1928年建成。施工中主要采用中央导坑法，并设有平行导坑和一座竖井，施工运输主要采用电力机车牵引。

美国研制成功世界上第一辆钢铁探伤车 它是专门检测钢轨轨头内部横向疲劳裂纹伤损的列车。1923年，美国铁道工程协会钢轨委员会委托斯佩里公司研制检测设备。1928年10月2日，斯佩里公司研制成功世界上第一辆钢轨探伤车，并投入使用。

法利尔［德］研制成功火箭动力汽车　法利尔是德国星际航行会发起人之一。为给协会研制液体火箭筹集资金，他说服汽车制造商奥佩尔资助研制火箭动力汽车。他改装了一辆奥佩尔汽车，尾部装上火药火箭，命名为奥佩尔火箭号，速度达到每小时88千米。后来他又研制了几辆火箭汽车。1930年他在研制液体火箭动力汽车时，因发生事故逝世。

1929年

美国建成深潜器　1929年，美国海洋学家毕比和巴顿设计制造出了深潜器。它是一个圆形钢铸空心球，直径1.5米，周围开有透明窗，通过缆索与水面船只相连和供给电力，能够长时间在深海进行考察活动。

凯迪莱克公司［美］开始使用同步啮合器　这种装置可使汽车换挡平稳，后来，其他公司也开始安装这种装置。

别克［美］逝世　别克是美国汽车制造业的先驱，别克系列汽车就是以他命名的（3月6日）。

1930年

何乃民［中］出版《汽车学纲要》　何乃民是中国汽车工程界的启蒙者之一。他撰写的《汽车学纲要》是中国早期的汽车工程著作，1930年出版。他还编订了《（英法中）汽车名词》（1948年）等汽车工程著作。

卡明斯基［波］发明冰山测距仪　这种测距仪的发明使船只撞上冰上的危险性大大减小，将测距仪沿水平线瞄准冰山时，就可以从活动标尺上准确读出船只与冰山间的距离。

1931年

美国建成大跨径钢拱桥　该桥自培虹至斯塔腾岛，跨基尔万卡尔，跨径503.6米，是当时世界跨径最大的钢拱桥。

美国建成乔治·华盛顿大桥　该桥由桥梁工程师安曼设计，跨越纽约市哈德逊河上，沟通新泽西和上曼哈顿。它是主跨1 066.8米的长跨悬索桥，首次打破千米桥梁跨度纪录。该桥按双层车道设计。1931年建成单层桥面，有8条通车车道，以柔式悬索桥的形式承载各种力，包括抵抗风力的袭击。1962年按原计划加建了桁架式加紧梁及下层6条通车道桥。

日本建成清水铁路隧道 隧道位于日本东京经大宫至新清的铁路干线上，是在土合车站和土樽车站之间（上越上行线）穿越本州岛分水岭三国山脉的单线铁路隧道。该隧道于1922年开工，1931年完工，长9.7公里，施工中采用下导坑半断面法。

法国成立国际集装箱运输局 1801年，英国安德森提出了集装箱运输的设想。1853年，美国铁路开始采用集装箱，1886年、1928年和1930年，德、法、日也先后使用。为了加强对集装箱运输事业的跨国界管理，1931年，法国在巴黎成立了国际集装箱运输局。

1932年

澳大利亚建成悉尼港桥 这是跨越悉尼港的城市公路桥。桥长1 885米，结构采用两铰中承式桁架拱，跨度503米，拱顶处的垂直高度18.29米；桥面总宽48.8米，除设公路车行道及人行道外，还铺有有轨电车线。悉尼港桥的承载能力和跨度均居同类桥的前列，是世界最大的城市钢拱桥之一。

1933年

匈牙利建成一条工频单相交流制电气化铁路 电力牵引供电系统按照向电力机车提供的电流性质分为直流制和交流制。后者又分为工频单相交流制和低频单相交流制。20世纪初，相继出现工频三相交流制和低频单相交流制，但前者因其结构复杂而被淘汰，后者获得应用与发展。1933年，匈牙利建成了一条工频单相交流制电气化铁路。该线路接触网电压为16 000伏，电动机车采用旋转式变频机和三相异步电动机。

1934年

日本建成丹那铁路隧道 该隧道1918开工，1934年建成，位于日本东海道铁路干线上，在本州岛南部热海和函南之间，是一条双线铁路隧道，全长7.8公里，轨距为1 067毫米，海拔79米，最大埋深549米。该隧道施工采用上、下导坑法开挖，并采取了压注水玻璃、水泥浆，开挖大量排水导坑等措施。

意大利建成亚平宁铁路隧道 该隧道位于意大利佛罗伦萨经普拉托至博洛尼亚铁路线上，是在韦尔尼奥和卡斯蒂格廖内之间穿越亚平宁山脉的双线隧道。1920年开工，1934年建成通车，全长18.5公里。施工中采用上、下导坑先拱后墙法。

杜兰德［美］主编的《空气动力学理论》出版 这部著作由7个国家的20多位学者合编，综合反映了空气动力学的主要研究成果。随着人们对空气动力学、飞行力学研究的深入，飞行器的研制由经验摸索发展到了科学设计制造的新阶段。

1935年

雪铁龙［法］逝世 雪铁龙是工程师和工业家，他将福特生产法引进欧洲汽车工业。

1937年

美国建成金门大桥 该桥位于旧金山，将北加利福尼亚和旧金山半岛连接起来，是一座钢结构的悬索吊桥，主跨1 280.2米，全长2 825米。加劲梁采用桁架式，高度7.62米。桥面宽为27米。大桥的南北两侧耸立着两座门字形巨型桥塔，塔高342.6米，高出海面部分为227.4米。该桥是美国公路的代表性工程。

中国建成钱塘江大桥 该桥位于浙江省杭州市，1935年4月初动工，1937年9月26日完工通车，由中国桥梁专家茅以升和总工程师罗英主持设计和修建，是中国第一座自行建造的现代化公路、铁路两用双层桁架梁桥。上层公路桥面行车道宽6.1米，两侧人行道各宽为1.25米；下层为单线轨道铁路。桥全长1 453米，其中正桥长1 072米，由跨度为65.84米的简支铆接钢桁架梁16跨组成，桥内净高为6.71米，宽4.88米；南北引桥共长381米。该桥采用沉箱基础和浮运法架设进行施工。钱塘江潮涌水急，江底泥沙厚41米，该桥的建成反映了中国桥梁技术的高超水平。由于抗日战争，该桥于1937年12月23日被忍痛炸毁。抗战胜利后仍由茅以升组织修复，限速通车，1949年以后才彻底修复。

荷兰建成世界第一条自行车隧道 1890年，荷兰建成了世界上第一条自行车专用道路。1937年，又在鹿特丹建成了穿越马斯河底的世界上第一条自行车隧道。隧道两端各设5座自动升降梯，专供自行车出入。

皮卡德（Piccard，James）［瑞］制成深潜艇 它由乘人的耐压钢球和船形浮筒结合组成。1948年，该艘深潜艇进行了无人驾驶深潜试验，达到4 049米的深度。

1938年

中国建成首座公路悬链吊桥 该桥跨径80米，由周凤九在修建川汀公路期间建造。

1939年

法国建成老维勒纳沃—圣乔治梁桥 该桥主跨78米，是当时跨度最大的钢筋混凝土箱形梁桥。

1940年

美国密西西比河上游建成通航渠化工程 该工程自明尼阿波利斯至俄亥俄河汇合入口处，在约1 372公里的河段上，共建29座通航船闸，通航水深为2.74米。河道渠化可充分利用水利资源，除改善航行条件外，还可获得综合效益。

美国塔科马海峡桥毁坏 该桥于1940年建成，同年11月7日，在风速只有19米/秒的持久袭击下毁坏。桥主跨853.4米；加劲梁采用钢板梁，高度只有2.42米，高跨比为1∶350，宽跨比为1∶72。桥身是开口截面桥跨结构，由两道钢板梁和一层不透风桥面组成，抗扭能力很差，在风力持久袭击下，桥面的上下振幅接近9米，左右扭转45度角，加劲梁、桥面和吊桥均遭到破坏，造成“塔科马桥事故”。

苏联成立铁道运输科学研究院 1918年4月18日，苏联铁道试验所成立，在此基础上1940年发展为铁道运输科学研究院，院址设在莫斯科。该院设有22个研究所，以及设计事务所、试验设备加工厂、环行线试验基地等机构。其中，环行试验线建于1932年，外环线长6公里，是世界上最早建立的铁路环行试验线。1961年又增建了两条内环线，各长5.7公里，是铁路机车车辆和线路结构的试验基地。

1941年

瑞士制成世界上最早的燃气轮机车 该车使用柴油作燃料，但不是内燃机，它比内燃机的马力大，结构简单，运行性能和可靠性更好。

1942年

滇缅公路建成通车 它是一条由中国云南昆明至缅甸腊戌的国际公路，全长近1 200公里。其中，昆明至下关市段长411.6公里，于1924年始建，1935年12月建成通车。下关市至畹町镇段长547.8公里，缅甸境内木姐至腊戌段长近200公里，均于1938年1月开工，1942年完工。上述各路段皆由所在国分别修建。滇缅公路在抗日战争期间曾是一条重要的国际运输干线，也是中国西南边疆重要国道干线。

博世［德］逝世 德国企业家、工业时代的先驱者之一，罗伯特·博世去世，他曾主持发明了汽车火花塞和永磁发电机，加速了汽车的发展。

博世

1943年

美国建成中程无线电导航系统罗兰-A 该系统又称标准罗兰。它由3个岸台组成1个台链，其中一个主台，两个副台。主副台距离一般为200～400海里。主台分别与副台结成台对，3个台发射频率相同，但两台对的脉冲重复频率不同，副台在接收到主台脉冲后，经过一定的时间延迟，再发射副台脉冲。罗兰-A的工作频段为1.75～1.95兆赫，白天地波作用距离约700海里，夜间利用天波作用距离为1 400海里。罗兰-A在40年代发展较快，到70年代最多时有80多个发射台，用户接收机估计超过10万台，以后逐步被罗兰-C所替代。美国于1980年完成了用罗兰-C代替罗兰-A布台过程。

美国建成“大口径”输迪管道并投产使用 它于1942年初开始修建，到1943年8月建成即投产。该管道口径在当时是最大的口径，为600毫米（24英寸）故名为“大口径”管道。它起自得克萨斯州的朗维尤，终至宾夕法尼亚州的菲尼克斯维尔，长2 018公里，输油能力为30万桶/天。1944年3月，美国又建成一条“次大口径”输油管道并投产。其管径为500毫米，全长2 373公里，并与“大口径”管道平行铺设，两条管道间距为9米。“次大口径”管道输油力为23.5万桶/天。1947年，美国政府将这两条管道售给东得克萨斯有限公司，并将其改为输送天然气管道。到1948年，这两条管道输气能力达到396万立方米/天。1957年，“次大口径”管道又改输成品油，并建设了相应的分输支线。

1944年

美国田纳西河通航渠化工程完成 该通航渠化河段为1 046公里，共建船闸9座，航道最小水深为2.74米，可常年通航，大大提高了货运及航运量，并通过俄亥俄河和密西西比河同美国21个州的内陆航道与国际航道相通。

日本建成关门海峡隧道 其上、下行线采用了不同的施工方法：上行线采用盾构法，下行线采用钻爆法。它是世界著名海底铁路隧道之一。

1948年

国际道路联合会成立 该组织简称国际路联，是世界性的公路学术组织。1948年，国际路联在美国华盛顿成立。它下设国际路联华盛顿总部和国际路联日内瓦总部，各总部理事会下设执行委员会。国际路联主要研究道路发展和道路修建计划，提供道路技术援助，制订培训计划，开办培训学校，收集各国道路及交通资料，召开世界道路会议等，到1984年止，国际路联已召开过10届世界道路会议。

英国首次成功运用港口雷达结合无线电话导航 英国利物浦港首次用港口雷达结合无线电话引导船舶在雾中航行并获成功。此后，许多国家纷纷效法，并相继建成了港口雷达系统，且使雷达系统功能逐步扩大，即由雾天导航到昼夜导航，从航行咨询到交通管理以至泊位分配。这是第一代船舶交通管理系统。

德雷伯领导研制出全惯性导航系统 为适应远程飞行导航的需要，德雷伯领导研制了“斯佩尔”全惯性系统（意为空间惯性参照装置）。它采用液浮陀螺。1953年2月，该系统进行了首次横穿美国大陆的全惯性导航装机飞行，全程共4 000千米，误差仅16千米。这次飞行表明，惯导完全适用于飞机。1958年3月，性能好、尺寸小、重量轻的“斯佩尔”系统做了一次横贯美国大陆的成功飞行。1958年，美国魟鱼号潜艇依靠惯导系统在水下航行21天，成功穿越了北极，显示了惯导系统的巨大价值。后来惯性导航系统广泛用于各种飞机上。

1949年

中国推行顶推运输 顶推运输是指用推船或一至多艘驳船组成顶推船队运送货物。美国于19世纪在密西西比河上推行顶推运输，第二次世界大战后各国相继推行，使其成为内河航行的主要方式。1949年，中国开始推行用拖船（或货船）前部的缆绳绑固驳船侧推前进的顶推运输。

1950年

德国建杜伊斯堡–莱茵豪森桥 该桥为钢拱、梁组合体系桥，是铆接结构，跨度255.1米，当时居世界首位。但其结构由于柔性拉杆和桥道梁即纵横梁分设，桥道梁不受拱的推力，因此不够经济。

国际铁路联盟研究试验所成立 该所是国际铁路联盟下设的铁路科学技术试验研究机构，地址在荷兰的乌得勒支。该所主要成员是欧洲各国铁路机构，其远方成员为欧洲以外各国铁路机构。中国铁路于1981年4月正式参加该所，成为它的第44个成员。该所主要组织各成员的研究成果交流，促进成员间的合作。其研究内容主要包括电气工程、机车车辆、轮轨相互作用等方面。该所成立30年来共发表专门研究试验报告1 000余篇。

德国成立铁路明登试验研究所 该研究所是德国铁路明登中央局所属的

试验研究机构。其前身是柏林试验研究所，于1937年建成。1950年，该所移至明登后改名为明登试验研究所。该所下设制动、走行部分与振动、焊接、机械力学、热工5个室及一个测试技术和数据处理组。它与慕尼黑中央局所属慕尼黑试验研究所共同承担联邦铁路各部门委托的检测、试验任务和有关技术发展工作。

北美铁道协会技术中心成立 该技术中心是北美铁道协会（或美国铁路协会）研究试验部所属的研究试验机构，1950年建立，因其设在美国芝加哥伊利诺伊理工学院校园内，故又称“芝加哥技术中心”。当时，该中心有试验研究人员约100人，设有动力学研究室等约9个研究室和试验室。该中心主要承担同北美铁路有关的研究课题和提供试验服务，负责颁发铁路货车和轨道部件的合格证书等业务。

中国成立铁道部科学研究院 该院前身是铁道部铁道技术研究所，成立于1950年3月1日，设在河北省唐山市，同年10月2日改名为铁部道铁道研究所，并迁至北京。1952年8月1日，又成立铁道研究所大连分所。1953年2月，将分散在唐山、北京、大连等地人员及设备集中迁入北京西郊，并于1956年1月1日扩为铁道部铁道科学研究院。同年，又在北京东郊兴建了9公里的铁道环形试验线，可进行机车车辆、铁路轨道及轮轨相互作用等各种运行试验与测定。1975年1月29日改名铁道部科学研究院。

苏联成立中央运输工程科学研究院 该院是苏联铁路基建部门的综合性科学研究机构，也是苏联铁路工程建设的科研中心，院址设在莫斯科。1954年8月14日，由交通部划归运输工程部领导。该院下设13个研究所，主要解决铁路（包括地铁）新线建设和旧线改造的勘测、设计、施工等方面的理论和应用问题，此外，还担负着培养科学技术博士和副博士的任务。

1951年

《国际铁路货物联运协定》 苏联等8个国家签订了《国际铁路货物联运协定》，即关于铁路货物联运范围和运输条件的协定。1953年7月，中国、朝鲜和蒙古加入协定。1955年7月，越南也成为该协定的参加国。1951年在波兰华沙成立了事务局，以保证该协定的执行和处理日常事务。自1957年9月1日起，该协定有关事务改由铁路合作组织委员会处理。

中国颁发《公路工程设计准则（草案）》 1929年10月，铁道部颁发了《国道工程标准及规则》，但其内容甚简。1934年7月，全国经济委员会颁发了《公路工程标准》，对所划分的各等级公路都分别规定了设计速度和技术指标。1951年9月，交通部颁发了《公路工程设计准则（草案）》。1981年又在此基础上颁布了新的《公路工程技术标准》。

1953年

中国建成陇海铁路 它横贯江苏、安徽、河南、陕西、甘肃五省，全长1 759公里。1904年开始修建汴洛铁路段，到1953年7月全线建成通车，陇海铁路是中国东西向的主要铁路干线之一，它的建成通车为促进中国西部地区的经济发展有重大作用。

中国外轮代理公司成立 中华人民共和国成立前，中国船舶代理业务由外国航商控制，成立初期则由中国海运部门兼管。1953年1月1日，在北京成立了专营船舶代理机构——中国外轮代理公司，由交通部领导，并在对外开放的海港设立了分公司。公司建立初期，仅代理中外合营船舶，以及苏联、东欧国家船舶和国家租船以及华侨商船。自1953年8月起开始代理更多国家班轮，颁发了《中国外轮代理公司业务暂行办法》后经多次修订颁布了《中国外轮代理业务章程》。

1954年

美国、加拿大等国铁路最先使用电子计算机 计算机在铁路主要被用于数据处理、过程控制和科学计算等三个方面。

中国开始使用火车邮厢 1838年，英国第一次使用火车邮厢运输邮件。以后，许多国家相继采用。中国邮政自1954年开始使用邮政部门自备的火车邮厢，它有22型和21型两种，21型车身全长22米，载重18吨；22型车身全长23.6米，载重20吨，并有独立暖房设备。邮件间分设在车厢两端，以便于装载和分拣邮件，邮厢内标有装载高度的标准线，邮厢中间留有0.54米宽的走道。

中国建成川藏公路　它是成都至拉萨的干线公路，途经雅安、康定、马尼干戈、昌都、扎木、林芝、太昭等地，全长2 410公里。川藏公路中雅安至拉萨段原名为康藏公路，后以成都为起点，改称为川藏公路。其中，成都至雅安段为旧线，雅安至马尼干戈段于1950年利用旧线改建，马尼干戈至拉萨段于1951年动工，1954底完工，并使全线建成通车。1957年，又修建了川藏公路的南线。它是由原线的东俄洛起改线，经雅江、巴塘、宁静在芒康与滇藏公路接线，并经左贡至邦达，与原线路接线，南线共长769公里。川藏公路的建成促进了西藏乃至西北地区经济及国防事业的发展。

1955年

美国开始水路集装箱运输　4月，美国泛大西洋轮船公司在一艘T–2型油船的甲板上装载了58个集装箱，从新泽西州的纽瓦克驶往得克萨斯州的休斯敦。这被认为是水路集装箱运输的开端。

苏联成立国家计划委员会综合运输问题研究所　该所归苏联计划委员会领导，是一个科研咨询机构，设在莫斯科，受苏联科学院领导。60年代初，该所改由苏联国家计划委员会领导，下设若干个研究室，负责调查与研究苏联统一运输网的发展建设、运费预测以及各种运输方式的综合利用和协作等综合运输问题。

1956年

中国宝成铁路建成通车　该铁路北起陇海铁路的宝鸡，南至成都与成渝、成昆铁路相连，中接阳安铁路于阳平关，全长668.2公里。1913年以后，中国曾计划修建大同—成都铁路，但因工程艰巨而未能实现。1936—1948年又计划修建大水—成都铁路，但也未能动工兴建。中华人民共和国成立后，于1950—1953年对天水至略阳和宝鸡至略阳两段进行勘测，经全面研究决定修建宝鸡—成都铁路。并分别于1952年7月和1954年1月分别自成都、宝鸡两端对向兴建，于1956年7月通车。到1958年元旦全线采用蒸汽机车牵引并正式运营。1961年宝鸡至凤州段实现电气化，1975年凤州至成都段实现电气化。至此，宝成铁路成为中国第一条电气化铁路，也是沟通中国西北、西南的第一条铁路干线。

中国成立水运科学研究所 交通部在北京成立水运科学研究所。它是水运系统综合性科研单位，设有运输经济与组织管理、港口装卸机械化系统、港口电气设备及水域环境保护系统等研究室，全所共有科研人员200多人。

中国船舶检验局成立 原名为中国船舶登记局，成立于1956年8月1日，1958年6月1日改为现名，总局设在北京，并在长江及沿海地区的主要港口设有办事机构。该局主要制定有关船舶检验的规章制度和规范，对入港的外国船舶进行检验等。该局于1973年9月1日正式参加了政府间海事协商组织。

美国首先开展集装箱运输 1853年，美国铁路在不同轨距的铁路运输中采用了大容器装运件杂货，以快速换装，这是集装箱运输的雏形。第二次世界大战中，美国使用集装箱运输军需品，从而加速集装箱运输的实用化发展。1956年4月，美国首先在纽约—休斯敦航线上正式开展集装箱运输。

安德历亚·多里亚号客船在航海中遇难 该船由意大利于1954年建成，总吨位为29 100吨。1956年7月，该船共载旅客、船员1 706人从欧洲驶往纽约，7月25日23时11分在纽约港驻进港航道以东约180海里处和瑞典籍货船斯德哥尔摩号碰撞。约10小时后，安德历亚·多里亚号客船沉没。虽经抢救但仍有52人丧生。这是第二次世界大战后至1956年为止最严重的一次大型客船海难事件，它促使1960年在伦敦召开的第四次国际海上人命安全会议对1948年制定的《国际海上避碰规则》做了修订，并增加了《关于运用雷达观测资料协助海上避碰的建议》作为上述《规则》的附件。

中国制成第一批国产汽车 7月13日，中国长春第一汽车制造厂制造出第一批10辆国产解放牌汽车。该车是一种通用性的中级载重汽车，载重量为4吨，装有90马力六缸汽油发动机，最大时速为65公里。该车是以苏联吉斯150型汽车为模本改造而成的。7月17日开始行车试验，8月23日，该车被运到北京并首次在天安门广场上行驶，从而结束了中国不能生产汽车的历史。

1957年

中国建成武汉长江大桥 10月25日通车的武汉长江大桥是中国在长江干流上修建的第一座大桥。其正桥为铁路公路两用双层钢桁架桥，由三联九孔跨径各为128米的连续梁组成，共长1 155.5米，连同公路引桥总长1 670米，上层公路车道宽18米，两侧人行道各宽2.25米，下层为双线铁道。

美国制成第一艘集装箱船 美国用一艘货船改装成第一艘集装箱船。它的装卸效率比常规杂货船大10倍，停港时间也大为缩短，并减少了运输装卸中的货损。从此，集装箱船得到迅速发展。

中国京广铁路全线通车 它由原京汉铁路和粤汉铁路组成，全长2 313公里。原京汉铁路即北京至汉口铁路于1897年动工，原粤汉铁路即武昌至广州铁路于1900年7月动工，1936年4月全线建成通车，全长1 096公里。1955年12月又进行修建。1957年10月建成武汉长江大桥，使京汉、粤汉两铁路连通，11月被命名为京广铁路。

印度成立铁路研究设计和标准中心 1930年，印度成立了铁路中央标准所。1952年，又成立铁路试验研究中心。1957年，又在此基础上将上述机构合并为铁路研究设计和标准中心。它是印度铁路的研究和技术开发中心，有人员约3 600人，其中科技人员约1 800人。该中心出版《印度铁路技术通报》和《文献题录》等刊物以及研究报告等，主要承担特殊工程项目设计和铁路设备的标准化工作，并收集国内外有关铁路技术开发方面的情报资料。

中国自行设计并制造第一辆农用载货汽车 10月，中国长春汽车研究所与南京汽车制配厂合作，自行设计并试制出第一辆1.5吨农用载货汽车并通过鉴定。

中国汽车第一次出口 1959年10月17日，约旦海外贸易公司董事长比塔在第二届中国出口商品交易会上订购了3辆解放牌汽车。这是中国制造的解放牌汽车第一次出口。

国际航标协会成立 自1929年起各国灯塔管理机构定期举行会议，二战中期被迫中断，1950年在巴黎召开第4次会议，此后每5年召开一次。1957年7月1日正式成立国际航标协会，总部在巴黎。它是非政府间的国际组织，也是国际海事组织的咨询单位。该协会成员分为A类或B类会员、联系会员、工业会员、名誉会员。中国属于A类会员。该协会海上浮标系统自1977年4月15日在多佛尔海峡设置第一个浮标以后，逐渐在世界范围内统一浮标。

1958年

美国建成麦基诺吊桥　它是连接密歇根州上下两个半岛的麦基诺大桥的一部分。麦基诺桥全长为26 444英尺，吊桥部分长8 614英尺，是世界最长的吊桥。

美国通用汽车公司生产出铝制汽车发动机　这种发动机比铸铁发动机轻30%，使通用汽车公司能够制造质量更轻、经济性更好的汽车。通用汽车公司的研究还表明，用铝合金制作的发动机部件比铸铁件耐磨。

美国制造世界第一艘滚装船　滚装船最早起源于军用坦克或车辆登陆艇。1958年，美国建成了世界上第一艘滚装船彗星号。该船的两舷及船尾均有开口，共有5个跳板，供车辆上下船。滚装船上甲板平整全通，上甲板下有多层甲板，各层甲板之间用斜坡道或止降平台连通，便于车辆通行。使用该船可以提高装卸效率，加速船舶周转，并利于水陆直达联运。

北京长辛店机车车辆修理厂制成中国第一台内燃机车

中国自行设计试制出第一辆高级轿车　8月1日，中国长春第一汽车制造厂自行设计并试制出第一辆红旗牌高级轿车。该车于1966年5月1日批量生产，它是三排座高级轿车，在外观、内饰及性能方面，都达到先进水平。

中国开展成组运输　货物成组运输最先使用货板将货物成组，货板随同货物装船运送。二战期间，美军曾采用该种方法缩短舰艇停泊时间。到了20世纪60年代，货板成组运输被广泛应用于航运业中，以后又逐渐被集装箱运输取代。中国自1958年开展成组运输。

美国建成液化天然气船甲烷先锋号　该船由普通旧油船改建而成，容量为5 100立方米，专门用于运输液化天然气。

苏联研制成功地铁自动化系统　该系统是指应用电子计算机通过信息通道接收并处理各种行车信息，发出控制指令，显示行车实行情况，自动记录行车实迹。该系统于1962年在莫斯科地铁试用。

中国制成第一台电力机车　该机车被命名为韶山型。该机车以引燃管整流，1968年改用硅整流器成功，并改称韶山1型，持续功率为3 780千瓦，轴式为Co –Co，采用双侧斜齿轮传动，机车重量138吨，额定工作电压为单相25千

伏，小时持续制牵引力29.3千牛，起动牵引力500千牛，持续制速度45.8公里/时，最高速度89.6公里/时，电阻制功率3 500千瓦。

加拿大建成横贯加拿大输气管道主体工程　该管道于1951年开始筹划，1956年动工，1958年完成从艾伯塔省和萨斯喀彻温省的边界到魁北克省的蒙特利尔的主体工程，全长3 600公里。以后，经过不断扩建，到1975年，已形成西部系统、安大略系统、蒙特利尔系统、北美五大湖系统4个输气管网，从而形成一个横贯加拿大的输气管道系统。该管道全长8 500公里，管径500～1 000毫米，管道年输气量达到300亿立方米。

中国建成第一条原油管道　该管道位于新疆境内，自克拉玛依至独山子，全长147公里。到1982年，中国已建成原油管道7 108公里，成品油管道1 648公里。

1959年

国际间海事协商组织成立　1948年2月，联合国国际海运会议在日内瓦召开，并制定了《政府间海事协商组织合约》，自1958年3月17日生效。按公约规定，1959年1月13日，正式成立了政府间海事协商组织，总部设在伦敦。1975年11月，又举行了9届大会，并通过了公约修正案。根据修正案，上述组织自1982年5月22日改名为国际海事组织。截至1984年底，国际海事组织共有127个正式会员和1个联系会员（中国香港）。中国于1973年3月1日参加了该组织。该组织设有大会和理事会以及5个委员会和一个秘书处，主要负责制定和修改有关海事责任方面公约，交流海事报告，为会员国提供科技情报和报告，为发展中国家提供技术援助等方面工作。

库克雷尔［英］发明气垫船　19世纪初，有人发现把压缩空气打入船底下可以减省航行阻力，提高航速。1953年，英国人库克雷尔创立了气垫理论，经过大量实验后，于1959年制造了世界上第一艘气垫船，并成功横渡英吉利海峡。以后，气垫船被广泛使用。

中国成立国家经济委员会综合运输研究所　它是国家经济委员会领导下的运输问题研究和咨询机构。该所于1958年筹建，1959年3月正式在北京成立。1974年机构一度撤销，1978年经国务院批准恢复重建，改由国家经济委员会领导。该所主要调查研究与各种运输方式综合发展、综合利用的有关问题，并编辑出版《综合运输》杂志和其他刊物、资料。

美国召开首次国际交通流理论会议 交通流理论是运用数学、力学定律，研究道路交通运行规律的理论。它主要包括概率论的应用、排队论的应用、车流波动理论和跟车理论。该理论萌芽于20世纪30年代，起初是用概率论分析交通流量和车速的关系。从40年代起，开始运用流体力学、动力学、运筹学、计算技术等学科研究交通流。1959年12月，在美国底特律召开了第一次国际交通流理论会议，有美、澳、德等国参加。这次会议被认为是交通流理论形成的标志。

苏联研制成世界上第一艘核动力船列宁号破冰船 该船有3个核反应堆可提供44 000马力功率。在无冰海域，列宁号航行时速为33公里；在冰层厚度为2.5米的结冰海域，航行时速为3.6公里。列宁号的核反应堆和保护墙重3 000吨。

1960年

中国建成凉风垭铁路隧道 它位于中国贵州省桐梓县境内，是在川黔铁路新场车站和凉风垭车站间穿越娄山山系支脉凉风垭分水岭的单线铁路隧道。该隧道于1957年11月开工，1960年竣工，全长4 270米。施工中，采用上、下导坑先拱后墙方法，并在距线路上坡方向右侧20米处设置平行导坑，以解决施工中的通风、排水和运输等问题。该隧道是中国第一座采用平行导坑法施工的长隧道。

日本最早研制了旅客客票预约自动化系统 日本国营铁路最早研制了旅客客票预约自动化系统（简称MARS系统）。它使预约期限从一周逐步发展到两个月。

美国地铁试运行列车自动运行系统（ATO） 该系统具体由测速装置、信息传输装置、地点信息提取、输出控制电路、故障检测电路等部分组成，于1960年在美国纽约地铁试用。

世界上最大的气垫船在英国开始使用 这艘名为SRN4号的船长39米，载客609名，平均速度为55英里/时。

1961年

中国成立远洋运输总公司 该公司归中国交通部领导，地址设在北京。1961年4月28日，该公司所属光华轮首航印度尼西亚，标志着中国第一个专门进行国际海上运输的远洋船队诞生。

中国建成第一条电气化铁路 这条铁路干线为宝成线的宝鸡至凤州段，它采用单相工频（50赫）25千伏交流制，其牵引变电所高压侧电压一般采用110千伏。

1962年

委内瑞拉建成马拉开波桥 该桥主跨为275米，总长8.7公里，是最早修建的公路混凝土斜拉桥。

法、意两国建成勃朗峰隧道 它是连接法、意两国穿过阿尔卑斯山的主要汽车隧道，是第一条全断面掘进的岩石隧道，并以成功解决通风困难问题而著名。

美国建成纽约环球航空公司候机楼 该楼由沙里宁设计，位于纽约肯尼迪机场，建筑屋顶由四片巨大的现浇钢筋混凝土薄壳组成，壳体之间由带状采光玻璃连接，只有几个连接点。建筑内外到处是曲线和曲面，像一只展翅的大鹏。楼内空间穿插流动，富于变化，两侧全是玻璃窗户。候机楼利用现代技术，将建筑和雕塑相互结合，是现代建筑史上的一个杰作。

美国建成华盛顿杜勒斯机场候机楼 候机楼由沙里宁设计，为悬索屋顶，跨度45.6米，长182.5米，由两排柱子支承，正面柱高19.8米，靠机场一面的柱高12.2米。整个屋顶前面高，后面翘起，中间低矮，呈曲线形，如一张巨大的吊床，内部空间宽敞。沙里宁将建筑功能和结构形式巧妙地结合起来，轻巧的悬索屋顶象征飞翔，显得十分自然和谐，但在塔台顶上装了一个像佛教宝刹似的球状物，与建筑很不协调。

美国建成刘易斯顿–昆斯顿钢拱桥 该桥位于尼亚加拉瀑布上，拱高304.8米，是当时世界上跨度超过300米的钢拱桥中唯一的无铰箱形肋拱桥。

美国发明AASTHO刚性路面设计法 美国各州公路工作者协会根据在伊

利渚州北部渥太华附近修筑大型实验路的研究成果，提出了刚性路面设计法即所谓AASTHO法。它适用于路面寿命终了时服务性指数2.0和2.5时的板厚设计。

日本北陆铁路隧道建成 它位于日本北陆铁路干线上，长为13.9公里，海拔166米，是一条位于本州岛的今庄和敦贺之间的双线铁路隧道。该隧道于1957年开工，1962年建成。在施工初期，曾采用全断面法开挖，但其结果出现塌方和漏水，于是又改用先进的下导坑上部半断面法开挖，获得成功。

美国建成世界上第一艘核动力客货船萨瓦纳号

中国成立上海船舶运输科学研究所

1963年

联邦德国建成费恩海峡桥 该桥为钢梁柔拱组合体，系公路铁路两用桥，主跨度248米，采用箱形拱肋相向倾斜设置，既节省风撑材料，又简洁轻巧、美观大方。

美国建成科洛尼尔成品油管道 它起自美国得克萨斯州的休斯敦，终至新泽西州的林登，干线总长2 465公里。以后多次扩建，至1980年底管道干线总长4 613公里，支线总长3 800公里，输油能力约为3 500万吨/年。该输油管道从输油之前的编排输油计划，到中间各站进出油分输，直到最后分输交付油品，都是通过电子计算机进行管理的。它是目前世界上最长、管径最大和输送量最大的成品油管道系统。

中国建成第一条天然气管道——巴渝输气管道 该管道管径为426毫米，全长为54.7公里。

美国制成第一艘载驳船 美国按照战时登陆船的形式制成第一艘载驳船，又称子母船，是将货物或集装箱先装载在规格统一的驳船上，再把驳船装上载驳船运出港口。它具体分为门式起重机式载驳船、升降机式载驳船、浮船坞式载驳船。

1964年

美国建成维拉扎诺桥 该桥位于纽约港的入口处，由美国桥梁工程师安曼设计，1964年建成，是双层公路桥，每层有6个车道。其主跨1 298.45米，全长2 039米，桥面距水面210米。采用207米的钢塔架、直径0.9米的4根钢缆悬挂，钢缆总长22.93万公里，用钢14.4万吨，是世界早期修建的大跨度三跨悬索公路桥之一。

美国建成切萨皮克湾大桥隧道 大桥隧道位于弗吉尼亚州东北部的切萨皮克海湾，长28.4公里，平面为S形。隧道路面最低点离海面28.35米，坡度为4%。隧道洞内空气清新，灯光明亮，噪声微弱。整个工程技术先进，设备优良，是世界最长的大桥隧道。

联邦德国建成本多夫公路桥 该桥为预应力钢筋混凝土单铰连续T构桥，主桥208米。桥梁在中跨中央设永久性铰，并用一套配筋将合龙的梁端连成整体。

澳大利亚建成格莱兹维尔公路桥 该桥位于悉尼，跨帕瑞马塔河，为著名大跨公路钢筋混凝土拱桥，主跨304.8米。施工采用拱架法，全部用预制构件拼装而成。

加拿大建成曼港桥 该桥全长2 093米，主桥跨为366米，为无推力连续钢梁柔拱体系中承式钢桥。施工时采用正交异性板面箱形梁栓焊结构悬臂安装。

中国首创双曲拱桥 江苏无锡创建的一种新型拱桥，结构坚固、造价低、材料省、桥型美观、施工工艺容易。第一座双曲拱桥是建于无锡的东拱桥，跨径9米，采用三肋二波砖结构，可通行手扶拖拉机。这种桥型在中国迅速推广发展，短短10年间，全国共建4 000多座，总长约30万米，最大跨径达150米。

日本研制了铁路联络船 铁路联络船是载运列车和旅客渡过海峡的多用途渡船。该船最先是由日本于1964年在传统的列车渡船基础上研制出来的，有常规海船的首尾，船的下层铺有轨道，用于停放列车，列车由船尾上下船。船上有上层建筑，可供旅客和列车员在数小时的渡海航程中活动或休息。

日本建成东海道新干线 东海道新干线设于东京和大阪之间，建成于1964年10月1日，全长515.4公里采用标准轨距，行驶电动车组，行车时速210公里，是世界上第一条行车时速超过200公里的高速铁路。1964—1982年日本建成4条新干线，它们是高速铁路干线，主要有东海道新干线、山阳新干线、东北新干线和上越新干线。山阳新干线起自新大阪，止于博多，建成于1975年3月10日，全长553.7公里，行车最高时速为210公里。东北新干线起自大宫，止于盛冈，建成于1982年6月23日，全长470公里，行车最高时速为260公里。上越新干线起自大宫，止于新潟，建成于1982年11月25日，全长270公里，行车最高时速为260公里。上述新干线全部采用标准轨距，行驶电动车组。

苏联开始建设“友谊”输油管道 该管道长为5 327公里，在施工中第一次采用了1 020毫米管径的钢管。

1965年

苏联伏尔加河—波罗的海运河通航 该运河从阿斯特拉罕经伏尔加河到列宁格勒（圣彼得堡），全长2 977.2公里，是当代世界最长的运河。

日本迈克公司研制成单轨运输车 日本迈克公司首先研制单轨运输车（农田单轨铁道运输车）用于坡地果园运输。它与其他运输机械配合使用，可运输果品、肥料、农药，以及林业搬运木材等。

中国建成岩脚寨铁路隧道 它位于中国贵州省普定县境内，是在贵阳至昆明铁路的化处车站和大用车站间穿越普（定）郎（岱）煤田大煤山西南翼的单线铁路隧道。该隧道于1958年11月开工，1965年10月竣工，全长2 714米。施工中，采用上、下导坑先拱后墙法，并在距线路上坡方向右侧20米处设置平行导坑。后期在部分石质较好地段改用全断面开挖法施工。

中国开始修建地铁 该项工程两期，第一期工程于1969年9月建成通车，西起苹果园，东至北京站，线路全长24公里，设车站7个，全线为地下线路。隧道采用整体式钢筋混凝土矩形框架结构，以明挖法施工。第二期工程于1984年建成通车，全长16.1公里，设车站12个。它与一期地铁的复兴门至北京站段构成一条环线。

1966年

在波斯湾建成第一座海上油气储输系统 此法适合于海上低产的小油田。

中国建成沙木拉打隧道 它位于四川省普雄与喜德之间，穿越牛日河与孙水河之间的沙木拉打分水岭。1966年11月竣工，全长6 379米，海拔2 244米，是成昆铁路线上最长最高的隧道。隧道全部为直线，坡度为人字坡，运营通风采用有帘幕的洞口风道压入式纵向通风形式。

中国建成关村坝隧道 它位于四川省峨边县境内大渡河左岸，是成昆铁路长隧道之一。1966年5月竣工，全长6 107米，最大埋深1 650米。隧道除在成都端洞口有330米长的一段曲线外，其余均为直线，坡度为千分之四，是截弯取直的典型。

美国建成阿斯托里亚桥 该桥跨度376米，是世界上跨度最大的连续桁架桥。

法国建成奥莱龙桥 该桥是著名的预应力钢筋混凝土连续T构桥，正桥的跨度为79米，共有26孔，每4孔为一联，在反弯点处设置铰。

中国建成渡口市金沙江桥 该桥位于四川省渡口市（现攀枝花市）区，跨度180米，是中国跨度最大的钢箱形拱公路桥。

中国建成永定河7号桥 该桥位于丰台至沙城铁路线，是单线中承式，拱跨150米，拱肋截面箱形，施工时采用钢拱架拼装，是中国跨度最大的钢筋混凝土铁路拱桥。

《1966年国际船舶载重线公约》颁布 1930年7月5日，第一个关于船舶载重线的国际公约在伦敦签订，称为《1930年国际船舶载重线公约》。1966年3月3日至4月5日，政府间海事协商组织在伦敦召开了国际船舶载重线大会，对《1930年国际船舶载重线公约》进行了修改，并在此基础上制定了《1966年国际船舶载重线公约》。公约自1968年7月21日起生效。

1967年

国际上第一个分道通航制正式实行 1898年，欧、美航运公司为了减少船舶在雾中碰撞的危险，达成建立北大西洋协定航线的协议。这一航线是在不同季节往返北大西洋的单向分道。该航线实行以后效果较好，后来被收入《1948年国际海上人命安全公约》作为航行安全的内容。1960年的公约仍予保留。1961年，英、法、德航海学会对多佛尔海峡（加来海峡）分道通航问题做了调查研究。这些学会所提出的基本方案和基本原则于1965年被政府间海事协商组织采纳。1967年，在多佛尔海峡正式实行国际上第一个分道通航制。

中国采用数字保护电码 它是一种消除在电传打字电报通信中，产生收报印字错误的自动检错方法。具体指选用五单位电码中具有三个传号和两个空号的组合（共有10个）来代表10个数字，如果有一个传号变为空号或发生相反的变化，都会使三个传号两个空号的组合原则遭到破坏，于是，打印出来的就不是数字而是其他符号，从而检出了错误。中国于1967年1月1日起在国内公众电报电路上采用了这种数字保护电码。

中尼公路建成通车 它是由中国西藏自治区首府拉萨市至尼泊尔王国首都加德满都的公路，在中国境内长为829公里，在尼泊尔境内长为114公里。这条公路于1963年6月动工，1967年5月建成通车。

1968年

国际船级社协会成立 协会会址设在英国伦敦，第一批会员由意、美、法、挪威、英、德、日等7个船级社组成，以后又逐渐扩大。协会管理机构是理事会，下设集装箱等12个工作组和动力支承艇等3个通信组，从而加强了各国船级社之间的联系。

联邦德国建成世界上第一艘核动力矿砂船——奥托·汗号船

1969年

中国建成大跨径双曲拱桥 建于河南省的前河大桥为单孔，跨径150米，矢跨比1/10，主拱横断面各肋采用曲形布置，并设有双层拱波，是我国跨径最大的双曲拱桥之一。

法国研制成气垫车 这是一种250–80型气垫车，车长26米、宽3.2米、高4.35米、重20吨，在距地面5米高、3.4米宽的高架梁上运行，用一台720马力的燃气轮机压缩空气形成气垫，用两台1 300马力的燃气轮机作为驱动机械，最高运行时速达422公里。

《1969年国际船舶吨位丈量公约》颁布 1959年，政府间海事协商组织在成立大会上决定设立一个专门的船舶吨位丈量专家小组，起草国际船舶吨位丈量公约。1969年5月27日至6月23日，在伦敦召开了国际船舶吨位丈量会议，制定了《1969年国际船舶吨位丈量公约》，以便统一国际航行船舶的吨位丈量原则和规则。公约于1982年7月18日生效。截至1984年12月31日，公约共有65个缔约国。中国于1980年4月8日加入公约。

德国制成磁垫电气车 该车是一种实用型运载旅客的电气车，车体用铝合金制成，长26.24米、宽3.1米、自重30.8吨，可载客68人，车速为每小时75公里，运行时，浮离轨道10毫米。

《国际油污损害民事责任公约》 1967年3月18日在英吉利海峡发生了载重12万吨的油船托里坎荣号海难事件，致使英国南部和法国北部沿岸遭到严重油污损害。为使受害者得到赔偿，国际海事组织在1969年的特别会议上做出了召开法律会议的决定，并于1969年11月10日至29日，在布鲁塞尔召开了海上污染损害法律会议，制定了《国际油污损害民事责任公约》。该公约规定了使用范围、赔偿责任等内容。公约自1975年6月19日起生效，截至1984年8月31日，公约共有55个缔约国，中国于1980年4月29日加入了公约。

美国建成横贯大陆铁路 1862年，美国国会通过了《太平洋铁路法案》，授权联合太平洋铁路公司从密苏里河西岸的奥马哈城向西修建铁路；授权中央太平洋铁路公司从加利福尼亚州首府萨克拉门托城向东修建铁路。1969年5月10日，这两个公司对向修建的铁路在犹他州的普罗蒙特里接轨贯通。以后，萨克拉门托到旧金山段的铁路建成，从奥马哈城到太平洋沿岸铁路通车，长达2 880公里。在此期间，纽约中央铁路公司和宾夕法尼亚铁路公司整顿了奥马哈城到纽约的铁路，使该铁路全线通车。该铁路全长为4 850公里，它的建成促进了美国西部工业城市的发展。

美国发明疲劳理论刚性路面设计法 美国波特兰水泥协会根据麦纳疲劳理论制定了刚性路面设计法即所谓“疲劳理论法”。设计时，先设定一个混凝土板厚，再根据地基反力模量和路上行驶不同汽车的轴重等，计算所设定的板厚可否采用。

中国研制了中文电报译码机 中国汉字是方块字而非拼音文字，故不能直接用电码传送，需用人工按照《标准电码本》译成四位数字电码，使用不方便。为此，在1969年，中国研制成了中文电报译码机。该机中存储了《标准电码本》中的全部文字和符号，用五单位电码凿孔纸带将四个数字一组的信号输入译码机后，就能成行地印出汉字，平均译电速率为每分钟1 500个汉字。

中国开始水路集装箱运输 1969年10月，中国开始进行海上集装箱运输，1972年9月，上海—大连航线开展了水路集装箱运输。1973年9月，在中国—日本航线上开展了国际海上集装箱运输。以后在国内外许多航线上开展水路集装箱运输。1975年，中国在天津新港兴建集装箱码头，并于1981年投产使用。

1970年

中国上海凿成黄浦江打浦路隧道 该隧道位于上海市区西南部黄浦江上游江底，于1965年动工，采用盾构法开凿，1970年9月通车。隧道包含引道全长2 761米，最大坡度3.84%，双车道，宽7米，最大埋深为地面以下34米左右，水底最小覆盖土厚度为7米。它是中国第一条水底双车道公路隧道。

国际航道测量组织成立 该组织的前身是国际航道测量局，成立于1921年。当时该组织仅有19个成员国，总部设在摩纳哥。1967年，在摩纳哥召开了第9届国际航道测量大会，会议制定了《国际航道测量组织公约》。公约于1970年9月22日正式生效。按公约成立了国际航道测量组织，原国际航道测量局成为国际航道测量组织总部负责秘书处工作的机构，同时也是世界海洋测量资料中心。该组织主要编辑出版《航道测量评论》《航道测量简报》等刊物，用以进行技术交流。截至1985年3月31日，国际航道测量组织有50个成员国。中国于1979年参加了该组织。

美国建成弗拉特黑德铁路隧道 该隧道位于美国蒙大拿州，是一条单线铁路隧道，它在原大北铁路线上的斯特顿克车站附近穿越弗拉特黑德山脉，全长11.2公里。该隧道1966年开工，1970年竣工，在施工中，洞口段用明挖法施工，其余均用全断面法开挖。该隧道完成后，使铁路线路路程缩短了23公里。

美国建成黑梅萨煤浆管道 该管道起自美国亚利桑那州的卡因塔露天煤矿，终至内华达州的莫哈夫电厂，由457毫米和305毫米两种管径的管段组成，全长为439公里。该管道于1970年11月建成投产，设计最大输煤量为每年450万吨，是目前世界上运距最大、输煤量最大的煤浆管道。

美国创立运输系统中心 它是为美国运输部部长办公厅、研究与计划局和其他职能局服务的综合性研究机构。1970年，在美国马萨诸塞州坎布里奇市创立。该系统约有工作人员500人，下设计划处、信息情报处和5个研究室，主要负责指导技术经济问题和社会经济问题。

英国建立德比铁道技术中心 它是英国铁路科学技术研究机构，也曾译为英国达比铁道技术中心。该中心设在德比，占地约10万平方米。该中心包括设计与研究两部分，前者接受英国铁路交办的有关新技术的设计工作；后者主要进行与铁路科技有关的理论研究工作，为铁路重大的技术决策提供科学依据。该中心下设工程、车辆、应用科学研究及相关研究室，重视高速列车和先进旅客列车等方面的研制，以推动高速行车科技的发展。

法国成立运输研究所 它是有关运输问题的国家研究机构，由运输部长领导。该所设有7个研究室、部，共有工作人员200多人，主要从事计量与自动化、城市和跨城市运输、公路运输、程序处理、新技术试验、防污染和能源运输等方面的研究工作。

1971年

英国实现行车自动化 7月23日，英国在维克多利亚线上开通了全长22.4公里的地铁，并实现了行车自动化。

中国试用自己研制的行车自动化系统 在以往的地铁运行方面，中国北京地铁曾采用过调度集中控制、移频制自动闭塞和自动停车等基本信号设备。到了1975年，便开始试制自己研制的行车自动化系统。1976年，又开始采用国产电子计算机，初步实现了铁路行车指挥自动化以及行车速度监控自动化。

中国建成客车式电气轨检车 1953年，中国制成第一辆自己设计的客车式机械轨检车。1971年又制成客车式电气轨检车，型号为TSK22型。该车长约26米，自重约62吨。它采用旋转变压器作位移传感器，借助三个轮对所构成的18.5米不对称弦测量轨道高低，用三轴转向架的三个轮对构成的3.4米对称弦测量钢轨接头低陷。轨道水平状态由陀螺装置测量，三角坑由相距15.1米的两个轮对测得。测量结果用电磁笔记录在纸带上。

1972年

德国建成第二莱茵河桥 这是一座铁路、公路和管道三用预应力混凝土斜拉桥，全长300.31米，桥宽30.95米，主跨148.23米。主梁为铰接单悬臂连续梁，截面为高2.66米的双室箱形。采用独塔双柱式塔墩，塔高52.74米，13对密索体系的接索挂在两侧、缩短工期和方便维修等方面都有突破。

法国建成马蒂格公路桥 该桥是世界上著名的斜腿钢架桥之一，脚铰跨度210米。

中国建成湖南长沙湘江大桥 这是中国规模最大的公路双曲拱桥之一，主桥长1 250米、宽20米、17孔、最大跨径76米，采用8根等截面⊥形钢筋混凝土供肋，少筋混凝土波，腹供为钢筋混凝土板拱。支桥长282米、宽8米、10孔、最大跨径30米，为等截面双铰双曲拱。采用缆索吊装施工，用一年建成。

美国建立用电子计算机自动进行信息处理的旧金山实验船舶交通系统 此系统提高了交通管理效率，标志着第二代船舶交通管理系统的诞生。

《国际集装箱安全公约》颁布 12月1日，联合国和政府间海事协商组织在日内瓦联合召开的国际集装箱安全会议上通过了《国际集装箱安全公约》。该公约对集装箱结构做出统一要求，以保证集装箱的装卸、堆放和运输的安全。该公约于1977年9月6日生效。截至1984年8月31日，公约有38个缔约国。

美国建成铁路运营综合管理自动化系统 该系统全称为美国南太平洋铁路公司的运营综合管理系统，于1960年筹备，1966年施工，1972年建成。该系统主要处理内容包括：货车、机车的应用和管理，列车的运行和管理，财务核算和统计。该系统是世界上最早建立的铁路运营综合管理自动化系统，它使美国南太平洋铁路公司2.2万公里线上2 000多台机车和9万多辆货车实现了运营综合管理自动化。

美国建成核动力船 美国建成巴拿马型核动力集装箱船、核动力超级油轮和潜水油轮等核动力船。

法国实现地铁列车运行自动化 1972年，法国在巴黎地铁东西快车线上实行自动调度，利用列车自动操纵设备实现了自动驾驶，以及列车行车指挥

及运行自动化。

1973年

澳大利亚建成里普桥　该桥主跨182.9米，中部悬孔跨度为37米，是世界著名的预应力钢筋混凝土悬臂桁架梁公路桥。

美国建成弗里蒙特桥　该桥为有推力连续钢梁柔拱体系桥，有双层桥面，下层桥面为钢筋混凝土，上层桥面为正交异性板钢板面。

北京汽车制造厂计划建造自动化立体仓库试验库成套设备　这座高15米的中间试验库，由一机部北京起重运输机械研究所、北京工业自动化研究所、一机部汽车工厂设计处和北京汽车制造厂共同设计，以北京汽车制造厂为主制造。中间试验面积为980平方米，总计1 508个货格，货物单元采用1 000毫米×800毫米×650毫米的货箱，满载额定500公斤。整个仓库采用微型计算机控制，具有进货合理、库容利用充分、库存积压减少、加速资金周转等优点。

中国一机部和冶金工业部设计双线往复式客运索道　这条索道跨度740米，每小时运量905人，由四川矿山机械厂制造，1982年安装在重庆嘉陵江上作为过江交通工具。

美国运输自动化系统BART启用　它使电力火车及收费都完全实现了自动化：一扇自动门在旅客的磁性车票上记录下旅客的始点站，标记出应付的钱数；在旅客的终点，又一扇自动门减掉正确的车费数，并在车票上打出应退还的总钱数。

1974年

巴西建成瓜纳巴拉湾桥　该桥主跨长300米，是世界跨径最大的钢箱梁公路桥。桥全长13.6公里，其中8 776米在海上，中间三跨连续钢箱梁分跨为200米+300米+200米。由于桥在主航道上，故桥下净空为300米×60米。

美国建成宾州切斯特桥　该桥主跨227米，是当时世界上跨度最大的公路钢悬臂桁梁桥。

法国建成博诺姆桥　该桥主跨186.25米，是当时世界上跨度最大的预应力混凝土钢架桥，是钢筋混凝土套筒式结构建筑物。

日本建成滨名公路桥 采用预应力钢筋混凝土实腹梁，主跨240米，是最大跨度的单铰连续T构桥。

日本港大桥建成 该桥是双层8车道公路桥，主跨510米，是全焊钢桁架梁桥。

日本建成大阪府泉北川联络桥 该桥是单片箱拱和刚性箱梁组成的朗格尔梁组合体系桥，跨度172.6米。

中国建成洛阳黄河公路桥 该桥总长3 429米，桥面宽11米，共有67孔，跨径50米，是当时中国跨径最大的预应力混凝土简支桥梁。

中国建成第一艘海缆敷设船 中国制造的第一艘海缆敷设船邮电1号建成下水。该船排水量为1 327吨。

1975年

苏联建成中亚细亚—中亚区输气管道系统 该管道系统由四条管道组成。第一条管道于1966年建成，由乌兹别克气田到达莫斯科，长3 000公里，管径为1 020毫米；第二条管道于1968年兴建，1970年建成，由乌兹别克的昆格勒到达莫斯库，长300公里，管径为1 220毫米；第三条管道于1975年建成，从土库曼斯坦西部的奥卡列姆到奥斯特罗戈日斯克，长2 500公里，管径分别为1 020毫米、720毫米、529毫米；第四条管道于1975年建成，从土库曼斯坦本部的谢斯特里到奥斯特罗戈日斯克，长3 600公里，管径分别为1 420毫米、1 220毫米，整个管道系统长约1万公里，年输气量为650亿立方米。

法国建成圣约泽尔桥 该桥最大跨度404米，是当时世界上跨度最大的钢斜拉桥。施工时边孔带一段中孔的悬臂采用浮运顶升法安装到位，塔墩在顶升钢架过程时逐步升高，中孔中部则用分段拼装施工。

中国四川建成云阳桥 分跨为34.91米+75.84米+34.91米，是中国首次建成的斜拉桥。

1976年

中国创造钢筋混凝土刚架拱桥 1976年由交通科学研究院公路研究所、

江苏省交通局勘设队、无锡县交通局桥工队联合研制，是在双曲拱、桁架拱、肋拱和斜腿刚构的基础上发展而成。首座是建于无锡的跨径45米的单车道农用桥——鸭城桥。这种结构具有自重轻、工序少、吊装方便、整体性好、节省材料和人工等优点，有利于提高桥梁施工的机械化和装配化水平。

美国首次研制氢燃料汽车 1976年，美国比林斯公司在华盛顿首次研制气燃料汽车并进行表演。该车在80公里的标准时速下，每次用10分钟时间充氢，可运行121公里，具有洁净和无污染等特点。

1977年

林同炎［美］设计成克拉巧起大桥 该桥位于美国美洲河上的克拉巧起峡谷。峡谷跨度三四百米，谷深140米，桥跨400米，是一座弧形吊桥，用钢索直接锚固在两岸的岩壁上。克拉巧起大桥是世界上第一座半面弧形吊桥，曾获美国建筑设计比赛的第一名。

美国建成新河峡谷桥 该桥位于西弗吉尼亚州的高速公路上，全长921米，4车道桥面，拱跨518.2米，桥面距峡谷底267米，是世界上跨度最大的上承式双铰钢桁拱桥。它还采用了耐蚀钢A588，是桥梁钢的新进展。

阿根廷建成两用斜拉桥 该桥建于布宜诺斯艾利斯，同时建成两座，主跨皆为330米，采用梯形钢箱梁，是当时世界上跨度最大的公路铁路两用钢斜拉桥。

西班牙建成兰德公路桥 该桥主跨400米，是世界跨度最大的公路钢斜拉桥之一。

法国建成布罗托纳桥 该桥位于鲁昂附近塞纳河上，总长1278.4米，其中正桥长697.5米，主跨320米，采用独柱式塔、单面索和三向预应力混凝土箱形梁，混凝土箱形梁采用悬拼与悬浇混合施工，是著名的公路混凝土斜拉桥。

中国台湾建成圆山公路桥 该桥为预应力钢筋混凝土结构，主跨150米，是中国最早的单铰连续T构桥。

中国建成关角铁路隧道 该隧道位于中国青海省天峻县境内，是一条在青藏铁路西宁至格尔木段内的关角车站和南山车站穿越祁连山支脉中吾农山的单线铁路隧道，于1958年8月开工，1961年3月停工，完成主体工程63%，1974年9月复工，到1977年8月全部完工。隧道直线线路全长4 010米，最大埋深为525米，变坡点海拔高3 690米，是中国当时海拔最高的隧道。施工中，部分用平行导坑法，正洞施工以上下导坑先拱后墙法为主，衬砌采用混凝土就地灌筑，局部为浆砌片石边墙。隧道运营通风采用洞口风道吹入式。

巴西建成萨马科铁矿浆管道 管道位于巴西东部，起自乔曼诺的赤铁矿区，止于大西洋海岸的乌布港，全长400公里，于1977年5月建成投产。该管道由两种管径的管段组成：管径为509毫米的管道长为360公里，管径为460毫米的管道长为40公里。施工中采用铁矿浆和水顺序输送工艺，并采用批量输送和停输的方法调节管道输送量。

美国建成纵贯阿拉斯加管道 管道起自美国阿拉斯加最北部北坡的普拉德霍湾，止于南部阿拉斯加湾的不冻港瓦尔迪兹，纵贯整个阿拉斯加地区，全长1 277公里。1968年，美国发现了阿拉斯加北坡油田，1973年底开始准备修建管道，到1977年4月完工，管道年输油能力为5 600万吨，年最大输油能力为1亿吨，是世界上第一条伸入北极圈的原油管道。

1978年

菲律宾科罗–巴卜图瓦桥建成 该桥位于美国托管的加罗林群岛处，是座连接科罗和巴卜图瓦两岛的预应力混凝土T型刚构桥。主孔跨海峡，长241米，边孔各长72.3米。桥面宽9.6米，设双车道和人行道，采用矩形单室箱形截面，主孔下缘为抛物线型，边孔为直线。横隔梁设在墩和铰处，铰采用钢筋混凝土铰。下部结构为预制混凝土桩基础。

美国帕斯科—坎纳威克桥建成 该桥位于华盛顿州哥伦比亚河上，连接帕斯科和坎纳威克两城市，全长763.1米，其中正桥为123.9米+299米+123.9米，为三跨连续梁斜拉桥，桥面宽24.33米。门式双塔塔顶高出水面75.95米，塔柱截面为矩形。采用拉索为辐射式，在塔顶设置塔冠锚固拉索，重54.4吨。主梁高2.13米，高跨比为1：143。载面两边为斜三角形箱梁，中间用无底板的板面相连接。它是当时美国最大的公路预应力混凝土斜拉桥。

联邦德国建成杜塞尔多夫—弗莱赫桥 该桥主跨367.25米，采用边孔用预应力混凝土、主孔用钢的混合体结构，是世界上跨度最大的公路独塔钢斜拉桥。

阿根廷建成巴拉圭河公路桥 最大跨度270米，是当时世界上跨度最大的预应力混凝土空腹梁桥。

日本建成太田川桥 该桥采用箱型连续梁，跨径110米，是当时世界上跨度最大的铁路桥。

中国唐山建成滦河新桥 该桥总长979米，24孔，跨径40米，采用预应力混凝土梁、盆式橡胶支座，能抗10级强烈地震。

中国采用有限元法设计刚性路面 用该方法来分析弹性半空间体地基上有限尺寸板在双轮组荷作用下所产生的应力。设计时采用了两种临界荷载图式：1. 汽车后轴一侧双轮组作用于横缝边缘的中部；2. 后轴整个荷载作用于板的中部。通过计算制定了相应于单后轴和双后轴汽车以及矿山公路用特重汽车在两种临界荷载位置时混凝土板所产生的应力计算图。用这种方法也可分析计算弹性半空间地基上混凝土板在温度坡差作用下所产生的翘曲应力，并可绘制出翘曲应力系数曲线图，以便用于设计工作。

中国在天津港建成大沽灯塔 灯船是作为航标使用，有发光设备的专用船舶。1311年，中国在江苏太仓刘家港西暗沙嘴设置两艘标志船，竖立旗缨，引导粮船。这是灯船的前身。1855年，中国在长江设置第一艘灯船即长江口铜沙灯船，1880年又在天津设置了大沽灯船。1978年在天津港进口处设置大沽灯塔，以此取代1880年以来的大沽灯船。

1979年

日本建成赤谷川铁路桥 该桥采用上承式刚梁柔拱体系，桥跨126米，拱跨116米，刚梁截面为预应力混凝土箱形，柔性拱为折线形板，采用悬臂现浇法施工。

日本凿成大清水双线铁路隧道 隧道长22 000余米，是当时世界上最长的铁路隧道。

日本研制成功磁力悬浮式铁路 磁力悬浮式铁路具有包括常导电磁铁吸引方式和超导电磁铁相斥方式两种。日本国营铁路1962年开始研究常导电磁铁吸引式悬浮铁路，1968年研制成功感应线性电动机高速特性试验装置，1970年制成超导磁浮基础试验装置，1971年制成用同步线性电动机驱动的磁浮走行试验装置，1972年开始用2.2吨重的磁浮车试验。1979年，在宫崎县建成全长7公里的试验线，实验车辆长13.5米，宽3.8米，重为10吨，悬浮高度为100毫米，最高时速517公里。

国际海事卫星组织成立　1973年11月23日，政府间海事协商组织第八届全体大会通过决议，召开国际海事卫星系统筹建会议。以后先后于1975年4月23日—5月9日，1976年2月9日—27日和1976年9月1日—3日召开了3次会议。并在第三次会议上通过了《国际海事卫星组织公约》和《国际海事卫星组织业务协定》。此后又相继召开了5次筹备会议。先后共有57个国家、19个国际组织派代表或观察员出席了会议。1979年7月16日，《国际海事卫星组织公约》正式生效。同年10月24日—26日，在伦敦召开了国际海事卫星组织第一届全体大会，并宣告国际海事卫星组织成立，总部设在伦敦。截至1985年1月11日，国际海事卫星组织共有42个会员。中国于1979年7月13日参加了该组织。

中巴公路建成通车　该公路又称喀喇昆仑公路，是由中国新疆喀什至巴基斯坦塔科的国际公路，全长1 036公里。其中，在中国境内长420公里，在巴基斯坦境内长616公里。该公路于1968年动工，1979年建成通车，是世界闻名的高原公路。

1980年

中国建成重庆长江大桥　该桥位于重庆市中心的市中区与南岸区之间，是挂孔T构预应力混凝土桥。正桥长1 121米，加南北引道总长3 015米。桥面总宽21米。最大主孔径174米，其中挂孔为35米。该桥是中国第一座大型城市公路桥。

中国建成最大的公路、油管两用桥　建于江苏省盱眙、洪泽、泗洪三县交界处的淮河大桥，全长1 922.9米，桥面车道宽9米，两侧人行道各宽1.5米。在大桥一侧的桥面下，用轻型钢托架托起直径720毫米的油管，使鲁宁输油管跨过淮河。

英国建成亨伯桥 该桥位于赫斯尔和巴顿之间，横跨亨伯河。1973年3月开工，1980年底建成，1981年7月通车。该桥主跨1 410.8米，北岸边跨长280米，南岸边跨长530米，桥面宽28米，是世界上著名的大跨度公路悬索桥。该桥采用带翼箱型钢梁，倾斜吊杆和钢筋混凝土塔。吊桥的两座塔柱，均由以四根横梁连接起来的两根空心锥形柱构成，高155.5米。由塔柱支撑的两条巨型悬索，系由1.5万股镀锌钢丝拧结而成。悬索下以倾斜的吊杆挂着124节预制的箱型钢梁，每节钢梁宽22米，重140吨。

南斯拉夫建成圣·马克一号桥 该桥位于萨格勒布西南，是连接大陆和亚得里亚海上克尔克岛的公路和管道两用桥。全桥由两孔钢筋混凝土上承式拱桥组成，主跨由大陆至圣·马克岛，跨度390米；另一跨由圣·马克岛至克尔克岛，跨度244米。桥面为双车道，宽11.4米，并敷设油管、输水管道等共17条。该桥的特点是异常纤细，拱桥的宽度与跨度之比为1∶30，是世界著名的大跨度钢筋混凝土拱桥。

南斯拉夫建成萨瓦河桥 该桥位于贝尔格莱德，主跨254米，索距达50米，是著名的大跨铁路钢斜拉桥。由于钢梁太轻，为了避免疲劳破坏的危险，用增加道砟来加重压力。

瑞士建成圣哥达公路隧道 该隧道1970年5月动工，1980年9月建成，全长16.32公里，最大覆盖层高度1 000米，穿越瑞士苏黎世东南阿尔卑斯山脉圣哥达峰，是当时世界上最长的汽车专用隧道。

1981年

中国建成天津塘沽新火车站 该车站建筑面积4 100多平方米，首次采用了抗震性能好的圆锥体上弦起拱钢网架结构。1981年3月10日开始营业。

中国建成辽宁省长兴岛大桥 该桥全长355米，桥面宽10米，中孔最大跨径为167米。1977年9月动工，1981年10月3日建成通车，是中国当时最大跨径的斜拉式跨海公路桥。

中国广西建成来宾红水河桥 该桥分跨为48米+96米+48米，采用塔梁固结的预应力混凝土结构，塔高29米，主梁为三跨连续高度双室箱形梁，梁高3.2米。它是中国第一座预应力混凝土铁路斜拉桥，也是当时亚洲跨度最大的混凝土斜拉桥。1981年9月1日通车。

中国建成浊漳河桥 该桥建于河北邯郸到山西长治的铁路线上，全长171.12米，桥的脚铰跨度82米，是世界著名的预应力混凝土斜腿刚构桥之一。

世界铁路总长1 248 000千米 其中16万千米实现了电气化。

法国实验高速列车 法国选择了气体涡轮发动机驱动它的实验性高速列车。这列列车以每小时380千米的速度运行，打破了世界铁路运行速度的纪录。这台格兰德·维特斯号列车使用专门建造的直线轨道，可将巴黎和里昂之间的旅行时间缩短两个小时。

英国实验磁悬浮列车 利用磁力悬浮在轨道上并利用线性感应马达驱动场的两辆磁悬浮列车各载32名旅客，在英国伯明翰机场和伯明翰国家展览中心之间运行。这是世界上第一次商业性磁悬浮列车服务。

美国阿拉斯加天然气输送系统动工 该输送系统主干管线起点位于美国阿拉斯加北坡的普鲁拉德霍湾气田，终点位于加利福尼亚州圣弗兰西斯科附近的安蒂奥克，全长约7 800公里。该系统输送气量为每天5 663 ~ 9 060万立方米，1986年全部建成。它是西半球最长的一条大直径管道，也是当时私营企业承担的最大的一项管道建设工程。

中国正式生产半电子制电话交换机 该交换机通话接续网络由电磁式机械接点构成，控制部分采用布线逻辑电子电路。这种交换机的各级通话接续网络，可以用纵横接线器，也可以用剩簧继电器组成接线器。其控制部分有用户扫描器、记发器、标志器等。

中国开始浮标系统改革 浮标是一种标示航道、浅滩、导航物或表示专门用途的水面助航标志。浮标种类多样。1981年5月，中国正式通知国际航标协会，声明中国将按国际航标协会海上浮标系统A区域改革中国的浮标系统，预定在1986年完成改革任务。

世界上最长的单孔桥在英格兰亨伯河口上建筑 它长1 410米，跨度比前纪录保持者——纽约的维罗扎诺·纳罗斯大桥还要长112米。

1982年

中国建成宝鼎金沙江公路桥 该桥建于四川省渡口市（现攀枝花市），

拱跨170米，是当时中国跨度最大的钢筋混凝土箱形拱桥。

中国建成济南黄河斜拉桥 该桥1978年12月开工，1981年底建成。正桥为5孔预应力混凝土连续梁斜拉桥，跨长40米+94米+220米+90米+40米。引桥共51孔，由跨度均为30米的预应力组合箱梁组成。全桥长2 022.2米，是当时中国跨度最大的公路预应力混凝土斜拉桥。

中国建成新型铁路桥 该桥位于陕西省安康地区汉江上，是中国首座钢薄壁箱型斜腿刚构桥。桥身全长305.1米，跨度192米。1982年12月28日通车。

中国建成玻璃钢公路桥 玻璃钢又称玻璃纤维增强塑料。1982年9月底，中国交通部公路科学研究所、常州玻璃钢造厂和北京公路管理处联合研制，建成世界首座玻璃钢公路桥。该桥位于北京市密云区，单跨跨越京密引水渠，净跨径20.24米，桥面车道宽7米，两旁人行通道总宽9.6米，可并行2辆20吨卡车或一辆80吨平板拖车。玻璃钢桥用料少、重量轻，有较大的纵向挠曲刚度和扭曲刚度，较好的稳定性和荷载分部。由于玻璃钢材料抗腐蚀，易于成型，故可适用于任何结构造型。

苏联建成大型输气管道 该管道是由乌连戈伊至彼得罗夫斯克的大型输气管道，管径1 420毫米，全长2 713公里。

1983年

西班牙建成卢纳巴里奥斯桥 该桥位于西班牙西北部的卢纳湖上，共3跨，跨长107.7米+440.0米+106.9米。主跨440米，主梁高仅2.5米，跨高比为176，桥宽22.5米，宽高比为9。主梁断面为流线型单箱三室封闭式。它是当时世界上跨度最大的公路预应力混凝土斜张桥。

伊拉克建成摩尔4号桥 这是中国承建的工程，桥分跨为44米+10×56米+44米，共12孔1联，是著名的预应力混凝土V撑连续梁桥。

中国建成包头黄河公路大桥 该桥全长810米，主桥12孔，每孔跨径65米，是中国第一座跨径最大的用多点顶推法施工的预应力混凝土连续梁桥。

中国台湾建成关渡桥 该桥主跨165米，采用5孔连续中承式拱梁组合，施工用浮运法架设。

阿尔及利亚—意大利输气管道工程建成 这条管道起自非洲阿尔及利亚哈西鲁迈勒天然气田，终于欧洲意大利矿堡。因穿越地中海，故又名“穿越地中海输气管道”。该管道线路总长2 506公里，共分为5段：①由哈西鲁迈勒气田至突尼斯西部边界，长为560公里；②从突尼斯边界至该国东部的邦角，长为368公里；③由该国邦角穿越突尼斯海峡至意大利西西里岛的马札拉韦洛，长为160公里；④横穿西西里岛，长为352公里，之后再穿越墨西拿海峡至意大利的卡拉布里亚，长为15公里；⑤由卡拉布里亚经罗马到达矿堡，长为1 051公里。该管道沿线设了8座压气站，管道陆上部分管径为1 220毫米，共穿越100多处公路，130余处河流、小溪。该管道于1983年初建成投产，最大输气量为每年125亿立方米。

《中国海上交通安全法》颁发 1983年9月2日，中华人民共和国第六届全国人民代表大会常务委员会第二次会议颁布通过了《中华人民共和国海上交通安全法》，并经国家主席公布，于1984年1月1日起施行。

1984年

中国建成大跨度柔性重荷载索道桥 该桥建于河南省新安县境内，跨度320米，是当时中国国内跨度最大的重载荷柔性索道桥。

中国北京建成三元立交桥 该桥占地总面积达35万平方米，桥总长500多米，是当时中国规模最大的立交桥。

韩国建成世界第一艘大型集装箱船 1984年，韩国建成世界第一艘最大、最新式的巴贝尔坦帕号大型集装箱船，自重44 000吨，甲板上可容纳4个足球场。船上装有可降到船尾的大型坡道，汽车可直接开到船体内，可容纳1 500辆小汽车或730辆单层大轿车。该船可装2 400个集装箱，船上设有吊车。

中国成功发射试验通信卫星 4月8日中国发射试验通信卫星，于4月16日18时27分57秒定点于东经125度赤道上空。卫星上的仪器设备工作良好，随后进行通话、广播和彩色电视的传输试验，图像清晰、声音良好，这标志着中国通信技术有了新的发展。

1985年

日本凿通青函海底隧道 该隧道1964年5月动工，1985年3月10日正洞凿通。隧道穿越津津轻海峡，连接本州（青森）与北海道（函馆），全长53.85公里，是当时世界上最长的海底隧道。隧道横断面按双线设计，标准断面为马蹄形，高9米，宽11.9米。海底段长23.30公里，最大深度140米。

中国长东黄河大桥架通 该桥建于河南省长垣县赵堤与山东省东明县东堡城之间，全长10.282公里，是当时中国已建成的最长的铁路桥。

中国塘沽海门桥建成 该桥位于河北省，跨越海河河口，总长550.1米，主跨为活动孔，长64米，提升高度24米，是国内跨度最大的升降式公路开启桥。

1986年

中国建成玻璃钢斜拉桥 该桥位于重庆市，由武汉工业大学和成都科技大学合作设计，是当时世界规模最大的玻璃钢斜拉桥。

1987年

中国建成独塔单索面斜拉立交桥 该桥位于上海市，1987年9月30日通车。桥全长630米，宽24.3米。主桥采用独塔单索面竖琴式结构，塔高50米，基础深86米。它是中国第一座预应力钢筋混凝土独塔单索面斜拉立交桥。

中国建成首座公路板拉桥 该桥建于湖南省桃江县，全长134米，桥宽6米，行车负荷为10吨，3月建成投入使用。

中国建成天津永和大桥 这是当时中国最大的一座缆索桥，被列为世界博览桥。

1988年

日本建成濑户大桥 大桥跨越13公里的濑户海峡，连接本州和四国，由6组相互独立的桥梁组成，其中3组是悬索桥，2组是斜拉桥，1组是栅形钢结构桥，是20世纪世界最长的公路铁路两用桥。

日本青函海底隧道通车 该隧道是连接本州与北海道的青森至函馆铁路新线穿越津轻海峡的铁路隧道，长53.85公里，其中海底部分长23.30公里。海底段最大水深140米，最小覆盖层厚度100米。隧道标准横断面为马蹄形，按双线铁道设计。1988年3月13日全线正式通车，是当时世界上最长的隧道。

1989年

法国建成塞纳河悬索桥 桥长2 200米，跨度856米，承重主塔高240米，设计承受最大风速为每小时120千米。该桥在全世界的缆索悬挂式桥梁中创造了新纪录。

1990年

中国建成大跨度石拱桥 该桥位于湖南省凤凰县，全长241米，主跨长120米，桥宽8米，是迄今世界上跨度最大的石拱桥。

1991年

中国上海南浦大桥建成 该桥位于上海市区南码头轮渡口，跨越黄浦江，是一座双塔双索面斜拉桥，最大跨度423米，分跨为76.5米+94.5米+423米+94.5米+76.5米。主梁高2.1米，工字型截面，两主梁间距24.55米。沿主梁每9米有一斜拉索。桥面板为预制混凝土面板。

1992年

中国用地质雷达探测技术进行大断面隧道施工 该技术由中国煤炭科学研究院重庆分院开发。1992年7月，他们将用于煤矿坑道作业的地质雷达探测技术，应用于国内最长公路隧道——成渝高等级公路中梁山隧道施工过程中，成功地解决了在复杂地质条件下隧道施工的困难。其控测距离可达40米，每探测一次，仅需1小时左右，探测准确率84%，不仅节约了大量资金，而且缩短工期3个月以上。

中国安康汉江桥通车 该桥位于陕西省安康市，全长542.08米，主跨176米，梁长305.10米，是当时跨度最大的斜腿刚构铁路桥。

1994年

英法海底隧道建成 它是跨越英吉利海峡海底隧道，全长49.5公里，其中海底部分38公里，英国一侧的陆地隧道长8.5公里，法国一侧的陆地隧道长3公里。隧道最深处铺设在离海面100米，离海床40米的海底。隧道由3条平行的隧道组成，中央隧道直径4.3米，专供维修和紧急疏散时用，北隧道为货运铁轨隧道，南隧道为旅客列车通道，两隧道直径均为7.6米，中央相隔30米。3条隧道之间有130个人行通道相连接。1994年5月6日，第一辆欧洲之星高速列车从英国伦敦经海底隧道到法国科伦正式通车，列车全部单向行驶。该工程耗资100亿英镑。

中国建成地锚式钢筋混凝土斜拉桥 该桥位于湖北省郧县（今郧阳区）山区，飞跨汉江，全长600米，主跨414米，是地锚式钢筋混凝土斜拉桥。

中国建成灵武铁路黄河特大桥 该桥全长1576.3米，最大跨度48米。48米梁重700多吨，而当时架桥机只能架32米梁。承建的中国铁路十三工程局一处采用了87军自行组装成的简易架桥机，成功地拼架了48米简支架。这一架梁工艺、技术及跨度均为当时国内第一，并创造了月综合造桥140米的水平。

中国实验成功非开挖定向钻进铺设地下管线 10月4日，中国地质矿产部勘探技术研究所结合河北省廊坊市内燃气管道输配工程，完成了这项新技术的生产性实验。

中国孙口黄河大桥建成 该桥位于京九铁路线上，为下承式连续钢桁梁双线铁路桥，全长433.4米。主桁梁与节点板先在预制厂焊接成整体，是首次使用的整体节点构造。

德国计划修建世界上第一条长距离磁悬浮列车铁路 1994年3月，德国议会批准了柏林至汉堡间283公里的磁悬浮列车行驶线，两地间行驶时间为1个小时，发车间隔为10分钟，工程计划于2004年完工。因造价太高，该计划并没有投入实施。

1995年

中国黄石公路桥合龙 该桥位于湖北省黄石市，桥长2 580米，宽20米，预应力混凝土连续钢构梁长1 060米，当时居世界第一。

中国在喀斯特地形上建成特大桥 该桥建于江西省吉安市，跨越赣江，是京九铁路五大难点工程之一。大桥全长2 655.75米，墩台73个。大桥在地下大溶洞群上建成，在中国尚属首次，在世界建桥史上也属罕见，它解决了在大面积溶洞群上建造特大桥的世界性难题。

中国汕头海湾大桥建成 该桥位于福建省，为预应力混凝土悬索桥。全桥长2 420米，主跨长452米，桥宽23.8米，4车道，主塔为高95.1米的门式框架。该桥是当时世界跨度最大的预应力混凝土悬索桥。

中国武汉长江二桥建成通车 该桥为180米+400米+180米自锚式悬浮连续体钢筑混凝土斜拉桥，具有薄、轻、柔、美的特点。建筑面积2 2638平方米，在当时已建成的混凝土斜拉桥中居世界第二、亚洲第一。施工中采用平台复合型牵挂篮，使主梁施工速度大大加快，平均每个节段施工周期为9.8天，并创造了7天5小时45分的纪录。

1996年

中国建成大跨径钢筋混凝土拱桥 重庆万县长江公路桥是一座跨径达420米的钢筋混凝土拱桥，居于世界同类大桥的前列，受到国际桥梁界的瞩目。

中国九江长江大桥建成通车 该桥位于江西省九江市以东，白水湖旁，全长7 675.4米，正桥为四联，最大跨度216米，前两联3 × 162米，第三联180米+216米+180米，第四联2 × 162米，桁梁高16米。上层4车道，宽18米，下层为双线铁路。桥下通航高度24米。1993年公路部分开通，1996年铁路部分投入使用。该桥是当时国内跨度最大的双层公路铁路两用桥。

中国建成特高V型支撑桥 该桥位于广西、贵州交界处的高磐江上，全长530米，建筑高度105米，桥墩高73米，跨度90米，是当时世界铁路桥中最高的V型支撑桥。

中国南昆路花岭隧道建成 该隧道位于南昆铁路线中段，全长9 392米，是中国单线铁路最长的隧道。隧洞采用全断面开挖一次成型的方法。于1996年4月贯通。

1997年

山梨磁悬浮铁路试验线

日本山梨磁悬浮铁路试验线开通 1997年4月3日，日本山梨磁悬浮铁路试验线开通，在当年12月12日，火车创造了531千米/时的高速列车世界纪录。

中国建成虎门大桥 该桥横跨珠江主航道，位于广东东莞虎门与番禺南沙之间，1997年6月9日建成正式通车。大桥全长4 588米，为中国首座加劲钢箱梁悬索桥，箱高3米，宽35.6米，主桥跨径888米，是国内已建成的跨径最大的悬索桥。主航道和辅道可分别通航10万吨级和万吨级海轮。

虎门大桥

1998年

日本建成明石海峡大桥 该桥位于日本的本州岛与四国岛之间、濑户大桥以东约80公里的海面上。于1988年开工，1998年4月5日正式建成通车。大桥全长3 911米，两个主桥墩之间跨度1 991米，是世界上跨度最长的吊桥。两个主桥墩海拔297米，桥墩基础直径80米。两条主钢缆各长约4公里，重约5万吨，直径1.12米，由290根细钢缆组成，每根细钢缆又由127根直径约5毫米的镀锌高强度钢丝组成。大桥共用钢丝长度约30万公里。桥面为6条车道。桥身呈拱形，桥面中心比两端高40米，距海面约100米，桥身中央升降幅度为8米。

明石海峡大桥

1999年

中国江阴长江大桥建成 该桥位于江苏省江阴市西山和靖江市十圩港之间，是一座跨度1 385米的单跨钢悬索桥。桥面宽33.8米，双向6车道，桥下通航高50米。它是中国东部沿海公路国道主干线的跨江工程，是20世纪内跨度“全国第一，世界第四”的悬索桥。

2000年

中国润扬长江大桥开工 该桥位于中国江苏省，北起扬州市，跨江连接镇江市，全长35.66公里，于2000年10月20日上午开工。该桥是中国公路建桥史上工程规模最大，建设标准最高，技术最复杂的悬索、斜拉、预应力混凝土连续梁组合特大型桥。悬索桥主跨1 490米，为当时中国第一。2005年4月30日建成通车。

润扬长江大桥

中国建成特高立交桥 该桥建于内蒙古呼和浩特市繁华的新城区，是塞外第一座大型全互通式特高立交桥。桥体建筑面积26 000平方米，最高桥墩22.4米，相当于8层楼高。桥上采用国内最新研制的XF大变形组合式伸缩缝，全桥共7条缝，总长为2 740米。

李子沟特大桥主体工程竣工 该桥位于贵州省威宁县境内的乌蒙山区，横跨李子沟大峡谷，是内昆铁路头号难点工程，于2000年9月12日主体工程竣工。全桥长1 031.86米，共21个墩台。大桥集深基、群桩、高墩、大跨、

李子沟特大桥

长联为一体，主墩有50根40米深群桩，桥墩高度107米，建筑高度161.1米，一联五跨刚构连续组合梁，联长529.6米，最大单跨128米，在当时为中国第一、亚洲之最。

中国建成云集隧道 该隧道位于湖北省宜昌市，2000年8月10日贯通，是中国第一个穿越车站的隧道。隧道全长1 458米，成洞净宽10.5米，净高6.35米，隧道两端引道长579米，穿越宜昌火车站的台阶、站前广场、候车室、铁路轨道、体育馆路、运河等，埋深仅有14米，隧道跨度12.5米。

中国建成安徽芜湖长江大桥 2000年9月25日，芜湖长江大桥建成通车，该桥位于安徽省芜湖市，大桥采用低塔斜拉桥桥型，全长10 521米，主跨312米，是当时国内最大、世界第二的大跨度低塔公路铁路两用钢桁梁斜拉桥，是长江宜宾以下建成的第21座特大桥。

事项索引

D

E

F

G

H

J

K

L

M

T

W

X

Y

Z

人名索引

福克斯 Foix，L.d.［法］1614
富斯特 Fust，J.［德］1457

G

高蒂埃 Gautier，H.［法］1716
戈弗雷 Godfrey，T.［美］1730
哥伦布 Colombo，C.［意］1493
格洛肯东 Glockendon，J.［德］1492
关并［中］4

H

哈德利 Hadley，J.［英］1730
哈尔斯 Hulls，J.［英］1737
哈里森 Harrison，J.［英］1759
海登 Heyden，Jan van der［荷］1669
赫瑞鲍 Horrebow，P.N.［丹］1732
胡宗宪［中］1556
怀丙［中］1066
惠更斯 Huygens，C.［荷］1657，1673

J

贾鲁［中］1351
解飞［中］340
居尼奥 Cugnot，N.J.［法］1769

K

卡尔达诺 Cardano，G.［意］1550
克劳迪乌斯 Claudius，A.C.［罗马］B.C.350
克特 Quet，D.［法］1714
克特西比乌斯 Ctesibius［希］B.C.245，B.C.220

L

拉梅里 Ramelli，A.［意］1588
拉内坎 Rennequin，S.［法］1682
莱布尼茨 Leibniz，G.W.von［德］1707
勒鲁瓦 Le Roy，P.［法］1766
雷诺兹 Reynolds，R.［英］1767，1769
李冰［中］B.C.256
李春［中］605
李皋［中］780—805
李宏［中］1079
李筌［中］759
里奎特 Riquet，P.P.［法］1666
利帕希 Lippershey，H.［荷］1608
罗比森 Robison，J.［英］1759

M

马钧［中］186，235
马泰奥 Matteo，D.d.［意］1403
马援［中］32
麦哲伦 Magellan，F.［葡］1519
茅元仪［中］1621
梅西 Massey，E.［英］1820
米克尔 Meikle，A.［英］1750
莫里斯 Morris，P.［荷］1582
墨卡托 Mercator，G.［荷］1569
墨子［中］B.C.5 世纪

N

尼科诺夫 Nikonov，E.P.［俄］1620，1727
牛顿 Newton，I.［英］1663
纽可门 Newcomen，T.［英］1705，1712
诺顿 Thomas，N.［英］1875

O

欧拉 Euler，L.［瑞］1765

机　械

概 述

机械是伴随人类社会的不断进步逐渐发展与完善的。从原始社会早期人类使用的诸如石斧、石刀等最简单的工具，发展到杠杆、辘轳、人力脚踏水车、兽力汲水车等简单的工具，再到水力驱动、风力驱动的水碾和风车等较为复杂的机械。18世纪英国工业革命以后，以蒸汽机、内燃机、电动机作为动力源的机械促进了制造业、运输业的快速发展，人类开始进入现代化文明社会。20世纪电子计算机的发明，自动控制技术、信息技术、传感技术的有机结合，使机械进入完全现代化阶段。机器人、数控机床、高速运载工具、重型机械及大量先进机械设备加速了人类社会的繁荣和进步。人类可以遨游太空、登陆月球，可以探索辽阔的大洋深处，可以在地面以下居住和通行……所有这一切都离不开机械。目前，机械的发展已进入智能化阶段。机械已经成为现代社会生产和服务的五大要素（人、资金、能量、材料、机械）之一。

机械的英语词machine源自希腊语词mēchanē（Μηχανή）及拉丁语词machina，原指“巧妙的设计”，主要是为了与手工工具有所区别。

英国机械学家威利斯（Robert Willis）在其《机械学原理》中所给的定义是：“任何机械都是由用各种不同方式连接起来的一组构件组成，使其一个构件运动，其余构件将发生一定的运动，这些构件与最初运动之构件的相对运动关系取决于它们之间连接的性质。”德国机械学家勒洛（Franz Reuleaux）在其《理论运动学》中所给的定义是：“机械是多个具有抵抗力之物体的组合体，其配置方式使得能够借助它们强迫自然界的机械力做功，同时伴随着一定的确定运动。”

中文“机械”一词中的“机”在古汉语中原指某种、某类特定的装置。《韩非子·难二》中有类似的论述：“审于地形、舟车、机械之利，用力少，致功大，则入多。”故此，中国最迟到战国时期已形成了与现代机械工程学之“机械”含义较相近的概念。

不同的历史时期，人们对机械的定义也有所不同。从广义角度讲，凡是能完成一定机械运动的装置都是机械。如螺丝刀、锤子、钳子、剪子等简单工具是机械，汽车、坦克、飞机、各类加工机床、宇宙飞船、机械手、机器人、复印机、打印机等高级复杂的装备也是机械。无论其结构和材料如何，只要能实现一定的机械运动的装置就称之为机械。现代社会中，人们常把最简单的、没有动力源的机械称为工具或器械，如钳子、剪子、手推车、自行车等。

工程中，常把每一个具体的机械称为机器。机器的真正含义是执行机械运动的装置，用来变换或传递能量、物料与信息。汽车、飞机、轮船、机床、起重机、织布机、印刷机、包装机等大量具有不同外形、性能和用途的设备都是具体的机器。日常生活中的“桌子”是一个集合名词，是各种各样桌子的统称。办公桌、饭桌、课桌、写字台、计算机桌等各种各样的桌子才是具体的桌子。本卷中，凡谈到具体的机械时，常使用机器这个名词，泛指时则用机械来统称。

1. 世界各国古代的机械发展历程

由于古代交通不便，世界各国的文化交流很少；几个独立文明区域的机械发展很不平衡，各自独立发展，差异很大。在公元14世纪之前，中国的机械工程发展位于世界之首，但古巴比伦和古埃及等地区的发展也很早。B.C.3500年，古巴比伦出现了带轮子的车、钻孔用的弓形钻。B.C.2686年，古埃及开始在农业生产中使用木犁和金属镰刀。B.C.8世纪，古埃及出现了鼓风箱、活塞式唧筒。B.C.600—A.D.400年间，古希腊出现了一些著名的哲学家和科学家，他们对古代机械的发展做出了杰出的贡献。希罗说明了杠杆、滑轮、轮与轴、螺纹等简单机械的负重理论。脚踏车床的出现也为现代机床奠定了基础。A.D.400—1000年间，由于古希腊和罗马古典文化的消沉，欧洲的机械技术基本处于停顿状态。直到A.D.1000年以后，意大利、英国、法国等国相继开办大学，发展自然科学和人文科学，培养专门人才，同时吸取中国、波斯等地区的先进技术，促进了机械技术的快速发展。

2. 中国古代的机械技术发展历程

除了众所周知的造纸术、印刷术、指南针、火药这四大发明之外，中国古代在机械工程领域的发明与创造也是非常辉煌的。由于古代中国长期处于封建社会状态，科学技术的发展比较缓慢。秦汉以前，对各种发明创造比较重视，在这期间的成果较多。据《考工记》记载："知者创物，巧者述之守之，世谓之工。百工之事，皆圣人之作也。"但也有不同意见，老子说："民多利器，国家滋昏。人多技巧，奇物滋起。绝巧弃利，盗贼无有。"秦汉以后，除去对农业生产有利的发明创造之外，一般都受到轻视，甚至有人因发明创造而获罪。据《明史》卷二十五记载："明太祖平元，司天监进水晶刻漏，中设二木偶人，能按时自击钲鼓，太祖以其无益而碎之。"统治者的偏见，极大影响了古代劳动人民的创造能力的发展。

14世纪以前，中国的发明创造在数量、质量上以及发明时间上都是领先于世界的。中国也曾是世界强国。但在14世纪以后，中国仍然处于封建社会之中，而以英国、法国为代表的西方国家开始发展自然科学，兴办大学，培养人才。到15世纪，西方的机械科学已超过中国。17世纪英国工业革命后，中国的机械工业已远远落后于西方诸国，但中国古代劳动人民对世界科学技术的发展所做的贡献是我们引以为豪的。

3. 西方各国的机械工程发展

西方各国的古代机械工程一直发展缓慢，但是在14世纪以后，西方国家在机械工程领域的发明创造逐步超过中国。从中世纪沉睡中醒来的欧洲，约在16世纪进入了文艺复兴时代，机械工程领域中的发明创造如雨后春笋，机械制造业空前发展。文艺复兴时期的代表人物达·芬奇（Leonaldo da Vinci)设计了变速器、纺织机、飞机、车床、锉刀制作机、自动锯、螺纹加工机，并绘制出印刷机、钟表、压缩机、起重机、卷扬机、货币印刷机等大量机械的草图。一场大规模的工业革命在欧洲发生，大批的发明家涌现出来，各种专科学校、大学、工厂纷纷建立，机械代替了手工业，生产力迅速发展。

战争的爆发与持续，加速了枪炮等武器的研制与生产。包括欧洲的战争、英美战争、美墨战争及第一次世界大战等，对兵器的配件要求导致了互换性的发明。良好的互换性必须有高精度的测量工具和加工机床来保证。因此，19世纪的机床和测量工具的发明与革新进展很快。同时，钢铁工业也获得迅速发展，互换性的发明使机械工业进入大批量的生产阶段。

西方各国的机械发明史主要集中在文艺复兴以后的工业革命期间，历史较短，但发展迅速，奠定了现代工业的基础。总结其发展很快的原因之一就是对科学技术的重视，很多著名的大学就是在那一时期建立的。

4. 20世纪的机械工程发展

第二次世界大战以后，第一代电子计算机的诞生及其发展，促进了机械发展的智能化和自动化，机械工程和许多学科的有机结合，又促进了机械工程的高速发展。人类进入现代机械文明时代。

19世纪以后，科学技术由个体活动为主的时代开始进入全面发展的时代。机械科学开始和航空航天科学、核科学、电工电子科学等其他领域的科学技术相结合。这促使机械工程开始走向现代化。20世纪是机械工程发展最为迅速的时代。

第二次世界大战以前的40年，机械工程发展的特点主要表现为继承、改进和提高19世纪延续下来的传统机械工业，并致力于扩大应用范围。蒸汽机的效率逐步提高，功率不断加大。内燃机开始用于几乎所有的移动车辆和船舶之中。交通运输事业空前发展，国防力量迅速增长。机械生产自动化的规模开始形成。电动机的推广应用加速了机械制造业的发展。同时，机械工程领域的科学管理制度开始建立，机械设计理论不断完善，对该阶段的机械工程发展起了很大的推动作用。

第二次世界大战是人类现代史中的最大劫难。但是，战争对武器杀伤力的需求、对武器维修的需求、对运载工具的需求，极大地刺激了兵器制造业和设计业的发展。机械零件的互换性就产生于这一时期，以后诞生了互换性与技术测量学科。导弹也是诞生于这一时期。第二次世界大战促进了机械工业的高速发展。

第二次世界大战以后的40年，是机械工程发展最快的时期。这主要是因为战争期间积累的技术开始转为民用和战后和平年代的经济复苏。该阶段机械工程发展的特点主要表现为机械设计的新理论和新方法用于产品设计，可靠性设计、有限元设计、优化设计、反求设计、计算机辅助设计、空间机构理论和机械动力学理论等现代设计理论的应用，提高了产品质量。机械技术和电子技术、自动控制技术、传感技术等渗透结合，智能化的光机电一体化产品开始问世，数控机床、机械手、机器人的出现，提高了机械制造业的自动化程度。与机械有关的其他领域，如纺织、印刷、矿冶、交通运输、航空航天等也开始迅速发展。

20世纪70年代以后，机械工程与电工电子、物理化学、材料科学、计算机科学相结合，出现了激光、电解等许多新工艺、新材料和新产品。机械加工向精密化、高效化和制造过程的全自动化发展。制造业达到了前所未有的水平，集设计与制造一体化，产品质量空前提高。并行设计、绿色设计与制造、稳健设计、模糊设计、虚拟设计等现代设计理念使设计理论与方法趋于合理和完善。减少环境污染成为机械的发展方向，核反应堆作为蒸汽发生器也进入机械的行列，成为机械发展的一个重大突破。此外，利用风能、太阳能、地热能、海洋能和生物能的动力装置陆续问世，使动力机械的类型更加多样化。1978年以后，中国实行了改革开放政策，及时调整了机械工业的发展策略，机械工业获得长足的进步，与世界发达国家的差距正在逐步缩小，很多领域已达到世界领先水平。我们相信日益强大的中国在以后的时间里还会对世界的发展做出更大的贡献。

相对19世纪而言，20世纪的机械种类急剧增加，几乎覆盖了人类工作和生活的各个领域。其发展方向由单纯代替和减轻人类劳动强度向符合人机工程方向发展，而且出现了许多能够提高人类生存质量的机械。未来的机械在能源、材料、加工制作、操纵与控制等方面都会发生很大变革。未来的机械种类会更加繁多，性能会更加优良。未来的机械将使人类的生活更加美好。

B.C.10世纪

中国发明手工提花织机 这种手工提花织机的每根经线由一独立的综束控制，操作者可以同时将所有必须提起的纱线提起，以给线框或梭子提供一单通道。经线的运动由水平安装的滑轮绳索来控制。这些水平滑轮绳索连接有竖直绳索，一次应提起的竖直绳索都连接到一根粗重导索上，下一次应提起的竖直绳索连接到另一根导索上。操纵导索是相当费力的，因此这种手工提花织机进行过种种改良。

西欧出现带轮铁犁 英格兰出现的带轮铁犁易于操纵，提高了耕地效率。

约B.C.1000年

中国发明皮囊鼓风器 皮囊鼓风器是古代的一种强制送风工具，用于冶铸业。它是用牛皮或马皮制成的，外接风管，利用皮囊的胀缩实现鼓风。

约B.C.950年

北欧进入青铜器时代 北欧出现铜斧、雕镂手镯和同心圆纹饰别针、螺纹柄刮胡刀以及来自南方的打制青铜器。

B.C.850年

西亚出现夯槌和云梯 亚述浮雕表明，当时已使用夯槌和云梯等作为攻城武器。

云梯（浮雕）

B.C.841年

中国出现粮食加工工具 据《易经·系辞下》记载，中国已出现粮食加工工具杵和臼，“神农氏没，黄帝尧舜氏作……断木为杵，掘地为臼，杵臼之利，万民以济”。

B.C.8世纪

叙利亚出现手推磨　手推磨由曲柄操纵，用一木桩插入上部石头的洞中，人推着木桩做圆周运动使石磨不停地转动。

中国出现秋千　据《事物纪原》记载，春秋时期，妇女“以绿绳悬树立架，谓之秋千”。唐朝时，秋千作为一种儿童游戏器械传入宫廷。秋千由框架和摆座组成，多为铁木结构，框架上装铁链或绳索与摆座相连。儿童坐在摆座上由人推动，或站在摆座上用腿蹬来回摆动。

中国发明圭表　圭表是古代用来测量日影长度的仪器。春秋时期，已用圭表测量连续两次日影最长或最短之间所经历的时间，以确定回归年的长度。圭表由圭与表两部分组成，圭为按南北方向水平置放的尺，表是置于圭的一端与其垂直的标杆，正午时表影投落在圭面上，夏至日表影最短，冬至日表影最长。

中国出现家具五金件　春秋时期，出现用于柜的铜质铰链和用于漆案的边角、足部的鎏金铜件、铜案环等。家具五金在后来各朝代均有发展。在明式家具中，家具五金件使用广泛，有锁、提环、铰链、面叶、扭头、吊牌、足套、紧固件、装饰件等几十个品种。饰件工艺精致，有素面、錾花，还有鎏金、镀银等。

伊达拉里亚出现手摇曲柄

西亚出现装有滑轮的雪橇

北叙利亚出现赫梯战车　这种战车由上部开口的木桶构成。一边放箭筒，后壁是凸出的狮子头，辕上装有半月形的盾牌用于防御。

赫梯战车（浮雕）

B.C.732年

亚述使用夯槌式攻城器 亚述浮雕表明，当时已使用可以像车辆一样运动的夯槌式攻城器。

夯槌式攻城器（浮雕）

B.C.7世纪

中国使用青铜器作为采掘工具 春秋时期，采铜冶铜的规模宏大，早期采矿多为露天开采，后来则随着矿脉的走向进行地下挖掘。起初的采掘工具多为石器和小型铜器，随着开采深度的加深，采掘工具主要是青铜器。湖北大冶铜绿山出土的春秋时期掘井中使用的大铜斧高25厘米、重3.5千克，是相当有力的掘进工具。

亚述使用桔槔汲水 在辛那赫里布统治时期（B.C.705—B.C.681）的浮雕上，有亚述人使用桔槔汲水的场景。

中国出现杆秤 长沙楚墓出土的文物中，已有各种精制的砝码、秤杆、秤盘以及秤盘上的丝线和提绳等物品。汉墓出土的B.C.200年的文物中，已有各种规格的杆秤砣。古代杆秤由手工制作，长期停留在绳纽、非定量秤砣和木、竹、骨秤杆的形制上。

B.C.640年

哈尔斯塔特时代的器具 哈尔斯塔特时代，主要器具有各种刀、磨刀石、不同形制的长剑、头盔和部分甲胄。由于打制和锻造金属器的出现，铸造青铜器的数量有所减少。

亚述出现公共漏壶

B.C.604年

格劳卡斯［希］发明铁焊接法　开俄斯岛工匠格劳卡斯发明铁的热锻焊接法。

B.C.6世纪

中国发明桔槔　桔槔是古代汲水或灌溉用的简单机械，根据杠杆原理制成。在汲水的另一侧一般用坠石作平衡物，它能改变用力方向，使水桶上提时省力。汉朝画像石（砖）上多有表现。

桔槔图（山东嘉祥武氏祠画像石）

B.C.600年

古希腊出现灯具　这种灯具用陶器和金属制作。5—15世纪，欧洲出现用菜籽油作燃料，带有灯芯的油灯。18世纪，开始用平面灯芯代替过去的圆形灯芯，灯芯从金属细管中引出，棘轮控制灯芯升降，灯外加玻璃防风罩。石油被开采后，油灯逐渐用煤油作燃料，出现了煤油灯。19世纪初，煤气灯成为欧美等国城市道路主要照明灯具。

B.C.550年

提奥多鲁斯［希］发明浇铸工艺　萨摩斯岛的神庙设计师、工程师提奥多鲁斯被认为是浇铸工艺的发明者。

B.C.532年

提奥多鲁斯［希］发明水准仪等器具　萨摩斯岛的神庙设计师、工程师

提奥多鲁斯发明了水准仪、定规、车床、钥匙等并发现了研磨宝石平面的方法，还对埃菲索斯神庙的基础工程做出了贡献。

B.C.513年

波斯大流一世在博斯普鲁斯海峡修建浮桥

B.C.5世纪

《考工记》［中］成书　春秋战国之交的《考工记》是古代关于手工技术方面的百科全书。对《考工记》的成书年代有多种说法，考古学家郭沫若（1892—1978）认为《考工记》实系春秋末年齐国所记录的官书。该书将当时手工业的30个工种，归为攻木、攻金、攻皮、设色、刮摩、抟埴六大类。书中记述了木车制作、青铜冶炼铸造、兵器、弓矢、皮甲、钟鼓、礼玉、织物染色、建筑、农田水利、陶瓷、作物地理、动物分类乃至数学（角度、分数、度量衡、嘉量）、天文（二十八宿、四象）以及工程规则等，特别是对各类器物的设计规范、制造工艺，从材料的选取加工，到成品的检验都做了具体规定，并认为："知者创物，巧者述之，守之世，谓之工。""百工之事，皆圣人之作也。"对工匠的工作给予了充分的肯定。

中国出现生铁柔化技术　战国时期，出现了将白口铸铁进行退火处理的工艺，称之为柔化处理，所得产品为韧性铸铁，其基体相当于低碳钢或中碳钢，其机械性能得以提高。

鲁班［中］发明砻、磨和刨、钻等农具和木工工具　春秋时期鲁国工匠、发明家鲁班（约B.C.507—B.C.444年），本名公输般。《礼记·檀弓》记载，他设计出"机封"，用机械的方法下葬季康子之母；《墨子》记载，他将钩改制成舟战用的"钩强"，将梯改成攻城用的"云梯"，还削木竹为鹊，可飞行三日，这可能是风筝；《物原》记载，他制作了砻、磨、碾，以及刨、钻等木工工具。由于卓越的发明创造才能，鲁班被视为能工巧匠的化身，并被土木工匠尊为祖师。

中国出现铁质农具　春秋末期，已开始使用铁质工具。战国中期以后，铁器的使用已推广到社会生产和生活的各个方面。《管子·轻重乙》记载，一个农民“必有一耜、一铫、一镰、一耨、一椎、一铚”等农具。河南辉县发掘的战国墓中出土大量铁质农具表明，当时铁质农具已广泛使用。

中国使用青铜砭针　1978年，在内蒙古达拉特旗树林召公社发现一枚青铜砭针。该针长4.6厘米，一端有锋，呈圆锥形，很尖锐；另一端扁平有弧刃，刃部宽0.3厘米；中身有四棱，横断面呈菱形。经鉴定，是战国至西汉时期（B.C.475—A.D.24）的器物。这表明金属已逐渐取代石器来制作医疗器具。

约B.C.500年

中国利用斜面牵引物体　斜面主要被用来在其上向上牵引重物。根据斜面角度的变化可使所需要的力量变更大小。

波斯发明复合弓　复合弓由动物的腱和角制成，在炎热季节不会毁坏，而且长时间拉弦亦不会失去弹性。

中国发明簧锁　簧锁是把几个弹簧片的一头固定在一个金属（铜或铁）杆上，使另一头离开一定的距离。关闭时各弹簧片由一个小开口挤入锁内，弹力自行展开，自动锁紧。开启时用钥匙由下边一个开口伸入，把簧片向金属杆压紧，就可以将其由原口推出来。

约B.C.481年

中国淘汰战车　中国淘汰战车，开始学习北方游牧民族的骑射技术。

B.C.476年

中国发明镶嵌红铜工艺　此工艺是在青铜器上铸成或刻镂出沟槽，然后将绿松石或红铜丝（或片）嵌入，呈现立体感很强的纹饰。稍后，中国又发明嵌入金银丝（或片）的错金、错银工艺，在铸成的青铜器上刻画出所需纹饰，嵌以金银，用错石将表面磨光，即显出色彩鲜明、线条清晰的图案。

中国吴王夫差矛、越王勾践剑铸成　矛、剑均为春秋晚期兵器。夫差矛长29.5厘米、宽3厘米，矛狭，起牛脊，下端作鱼尾形，通体有朱字格暗纹。勾践剑长55.6厘米、宽4.6厘米，剑身有菱形暗纹。对勾践剑进行质子X荧光非真空分析，剑刃成分的配比为铜80.3%、锡18.8%、铅0.4%。

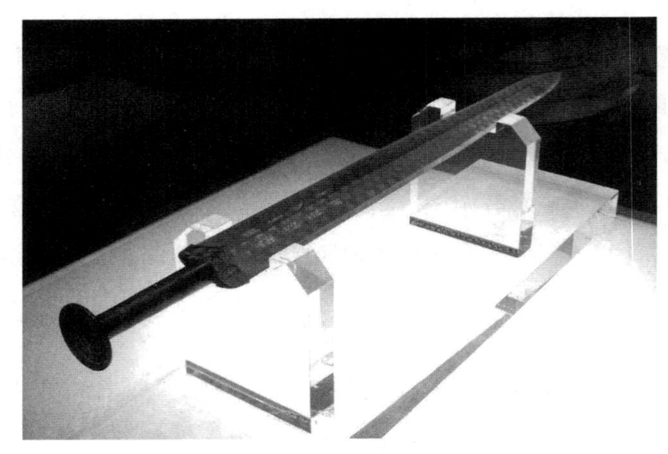

越王勾践剑

B.C.475年

中国出现成熟的失蜡铸造技术　湖北随州汉墓出土的文物显示了战国时期青铜冶铸技术。其中，曾侯乙墓（下葬时间约B.C.433年）出土的编钟，中层甬钟是使用12种模具，制造出136块泥范组成铸型，再一次铸造而成的。同时出土的尊盘则显示了失蜡铸造技术的成熟，尊盘沿口的透气附饰由细小铜梗组成，重重叠叠、玲珑剔透，如丝瓜络子，足见当时失蜡铸造工艺技术的出神入化、巧夺天工。尊盘的造型错落有致，纹饰纤细清晰，其视觉效果既复杂又精美，反映了青铜冶铸技术的高超水平。当时还能对青铜的合金成分、性能和用途之间的关系通过直观认识，人为地控制铜、锡、铅的配比，从而得到性格各异、用途有别的青铜制品。春秋末期成书的《考工记》就记述有青铜合金的配比规律，为世界上最早的合金配比的经验性总结。

B.C.450年

欧洲出现立式冶炼炉　拉登文化时期（北欧和西欧铁器时代早期），凯尔特人开始寻找含铁丰富又易于挖掘的铁矿进行开采，并在矿藏附近进行冶炼。他们通常以木炭为燃料，在立式炉内冶炼铁矿石，炼出的铁块呈长方形，两端较尖，这种条形铁锭每块重约6～7公斤。有的地区人们进行贸易时，以这种铁锭作为一般等价交换物使用。高卢各地都发现拉登文化时期的矿址和冶炼加工制造铁器的手工工场遗址。当时生产的铁器中，数量最多的是不同形制的武器，如短剑、匕首等；其次为不同形制的生产工具，如犁、镰、锉、钳、凿、锯、斧、钻头、剪刀、剃刀等。

希腊制成多用途水钟 这是一种装水或葡萄酒的容器（clepsydra），下部鼓起，上部有细长棒状或管状把手，底部开有数个小孔。水钟有两种用途：一是将容器放入水中，由于虹吸作用水从下面孔中被吸入容器中，然后用拇指堵住把手端的小孔用于提水；二是在底部只开一个小孔，水从小孔中逐滴滴出，测知当水全部漏尽的时间而用来确定时间间隔。水钟先是用来测量哨兵换岗时间。古希腊哲学家恩培多克勒最早把水钟安置在审判庭，用以计算时间。

水 钟

希腊已经使用锉刀 希腊人此前多用鲨鱼皮磨光木材或研磨大理石表面。在这一时期为使枪尖锐利而开始使用锉刀。

希腊已经使用钳子 最古老的剪和钳子均没有绞钉。

约B.C.444年

鲁班［中］改进锁钥 鲁国工匠鲁班改进了锁钥，内设机关，凭钥匙能开锁。

B.C.4世纪

中国使用辘轳 中国将辘轳（定滑轮装置）用作矿井提升工具。

尼日利亚建造大竖炉 大竖炉炉膛直径超过30厘米，通过短的风嘴进行强制通风。

希腊使用弹射武器 希腊在战船上使用弹射武器——弩和弹射器。

B.C.380年

柏拉图［希］发明报警水钟 古希腊哲学家、思想家柏拉图（Plato，约B.C.427—B.C.347）发明的报警水钟，使用了2个瓶子和1个虹吸管。夜间，一瓶中的水慢慢地流入虹吸管，同时水又很快由虹吸管输送到另一瓶中，水在瓶中上升时会使空气发出声响。

柏拉图的报警水钟（模型）

B.C.3世纪

中国出现用耐火砖砌筑的炼铁炉 汉朝已出现用耐火砖砌筑的炼铁炉。炉顶内径达14米。采用厚壁的黏土风嘴，长14米，插入炼炉一端的外径为28厘米，另一端的外径为60厘米。炉料为木炭和铁矿砂（经过粉碎的赤铁矿和磁铁矿的混合物），用以炼铁。

中国出现炒钢技术 西汉时期已出现炒钢技术。通过将生铁加热到熔化或基本熔化后，在熔池中加以搅拌，借助空气中的氧把生铁中所含的碳氧化掉。山东临沂苍山1974年出土的一把三十炼大刀，是以炒钢为原料的百炼钢类型制品，是迄今发掘的最早炒钢制品。这把环首钢刀，全长111.5厘米，刀背上有错金铭文“永初六年五月丙午造卅炼大刀吉羊宜子孙”，说明此刀制于112年5月。

中国发明水工构件杩槎 杩槎又称闭水三脚、水马，在B.C.3世纪的都江堰岁修工程中已用来截流。用3根长约6～7米的木杆，一头绑扎，另一头撑开，用横杆连接固定，形成锥形支架。架内铺板，压以卵石或石笼等重物。将其排列沉于河底，可筑成杩槎坝，用来截流、导流、分流等，至今四川一带仍有应用。

中国仿制铜马车 陕西临潼秦始皇陵封土西侧发掘出秦朝时所制两乘大型彩绘铜马车（立车和安车）。人、马、车全部用青铜仿制，并配有大量金银饰件，显示出高超的金属加工技术。立车和安车分别由3 000多个零件组装而成，采用了铸造、镶嵌、焊接、铆接、子母扣连接等十几种工艺，如马络头由金管和银管用子母扣榫卯连接，虽历时2 000多年，仍弯曲自如，柔软灵活；装饰的璎珞采用青铜拔丝法，直径仅0.3～0.5毫米；立车的伞柄可左右旋转45°，以遮挡日出和日落的阳光；安车的篷盖面积达2.3平方米，最薄处仅1毫米，最厚处也只4毫米，采用一次浇铸而成。

1号铜马车

克特西比乌斯［希］发明压力泵、水管风琴等　机械师、数学家克特西比乌斯（Ctesibius B.C.285—B.C.222）发明压力泵、水管风琴和由齿轮带动的滴漏计时器。计时器的垂直数码盘上有一个游泳者形象的指针。也有人认为这些机械在B.C.2世纪才出现。

克特西比乌斯［希］制成特殊的漏壶　这种特殊的漏壶可以使水少量而均匀地按固定的速度从上部流进圆筒形容器里。将浮标插入容器内，浮标上放一小偶人，随着水的增加浮标也上升，小偶人手持的指示棒就能指示出表示时间的线，这种线是刻在圆筒周围的分度线，随着月份的不同，表示这种时刻的分度间隔也不同。这种漏壶在以后的2 000多年里，一直是最准确的计时装置。

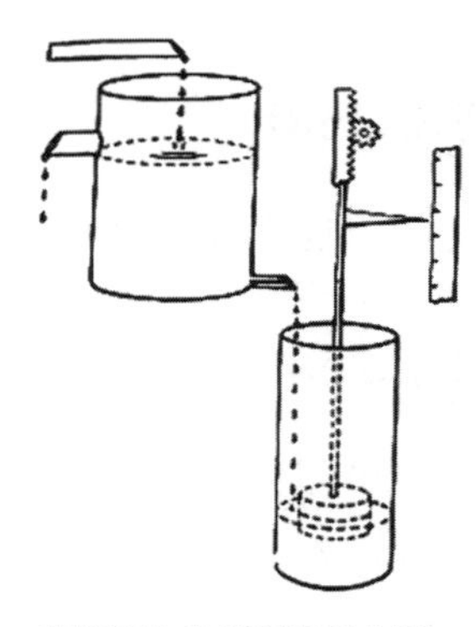

克特西比乌斯漏壶结构图

中国发明船用立帆式风轮 汉魏时期，在风轮的外缘竖装6张或8张船帆，其特点是每一张帆转到顺风一侧，能自动与风向垂直，以获得最大风力；转到逆风一侧，又能自动和风向平行，使所受阻力最小。

中国发明弩 弓和弩同属冷兵器时代中的远射程兵器。弓没有机关，而弩有机关。弓箭出现于旧石器时代晚期，弩出现在春秋时期，至战国时期弩已很精致。弓、弩、臂、弩机的复合体称弩，弩机由牙、望山、悬刀和键组成，牙用以勾弦，望山用以瞄准，悬刀即机关，键起固定各部件作用。秦俑坑出土的弩机为铜制，使用时，扳开悬刀即可将箭射出。

汉朝弩机（模型）

B.C.300年

东欧发明车轮铁配件 该配件安装在车轮上，在车前方底盘上装有摩擦钉可使车自由旋转。

约B.C.300年

罗马城使用铅管供水 管子工（plumber）一词来源于拉丁语的铅（plumbum）。罗马城供水除用木制的管子外，还使用了更为耐用的铅管。后来维特鲁威奥曾指出铅有毒。

B.C.260年

出现阿基米德滑轮组

B.C.256年

中国创造和运用竹络 竹络又称竹笼、竹篓，是一种用竹篾编织成笼，内盛卵石或石块的水工构件。竹络始见于都江堰工程，用以构筑鱼嘴、飞沙堰、内外金刚堤和人字堤等。西汉河平元年（B.C.28年），曾用竹络堵东郡（今河南濮阳）的黄河决口。古代竹络广泛应用于丁坝、堤防、护岸、海塘及分水坝、导流堤、溢流坝等水工建筑物。

李冰［中］发明水则　战国时期，李冰（B.C.3世纪）主持兴修都江堰工程时，立石人水则于江中，作为观测水位的标识。要求水位“竭不至足，盛不没肩”，以此控制和调节内江的流量。这是史籍记载的最早的水位观察设施。

B.C.250年

中国发明司南　战国时期，《韩非子·有度》中“先王立司南以端朝夕”，是有关司南的最早记载。东汉哲学家王充在《论衡·是应》中指出：“司南之杓，投之于地，其柢指南。”司南系用天然磁石制成，勺形，底部光滑呈球状，置于平整光洁刻有方位的“地盘”上，磁勺柄自动指南。

司南（邮票）

约B.C.245年

克特西比乌斯［希］发明多种机械装置　发明家、数学家克特西比乌斯发明的这些装置主要包括：利用空气或水的压力为动力的灭火泵、压力泵、水风琴、水钟等。这些都为罗马建筑师维特鲁威奥和罗马物理学家、机械师、气体力学家希罗的发明奠定了基础。

B.C.230年

菲隆［希］写成《应用力学百科辞典》　希腊工程师、物理学家菲隆（Philo of Byzantium 约B.C.300—？）写成应用力学百科辞典，现存4卷，书中记载有许多武器和利用空气的机械装置，还记载有现代用于自行车链上的锥形齿轮传动装置以及用人力脚踏车驱动吊桶提水的装置。

B.C.220年

阿基米德［希］创制螺旋提水器　螺旋提水器的创制，减轻了向高处提水的劳动负担。发明家、数学家阿基米德（Archimedes of Syracuse B.C.287—B.C.212）还改进了投石机和起重机。

克特西比乌斯［希］发明水泵 该水泵含一个活塞和两个阀，一个阀在进水口，一个阀在出水口。当活塞提升时，进水口的阀打开吸进水，这时出水口的阀关闭；当活塞降落时，进水口的阀关闭而出水口的阀打开。

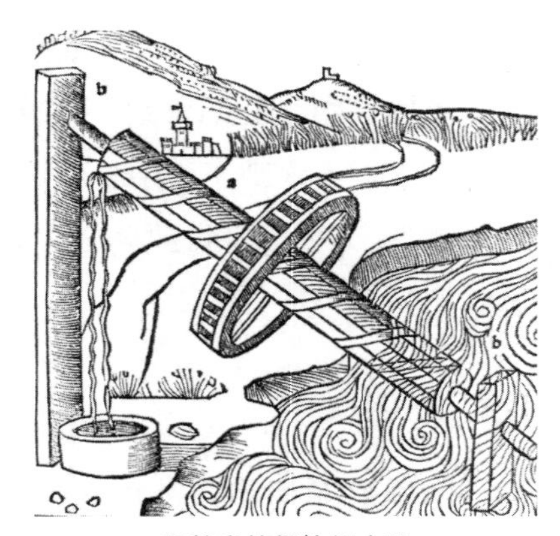

阿基米德螺旋提水器

B.C.212年

中国创造采冶方法 湖北大冶铜绿山曾发掘出古矿冶遗址。该遗址始于春秋时期，延续采冶了很长时间。春秋时期的矿井中遗留有石器和铜器；战国以后的矿井则遗留有不少铁器。井深有的达50余米，采出的矿石炼出总共约100 000吨的铜。四通八达的井巷工程解决了井下通风、井下积水问题。创造了“分层提升”和“分层填充”的方法，符合现代的采矿技术原理。

中国使用辘轳 古代辘轳常指三种器具：定滑轮装置、绞车、手摇曲柄辘轳。1974年，湖北铜绿山春秋战国古铜矿遗址发掘中，发现两根木制辘轳轴，其中一根全长2.5厘米、直径26厘米，经判定为用于提升铜矿石的起重绞车的残件。

B.C.206年

风扇车（模型）

中国出现风扇车 风扇车也叫风车、扇车、飏扇。至晚于西汉晚期（B.C.202—A.D.9）已经出现可以清除秕糠的农具——风扇车。其由车架、外壳、风轮、喂料斗及调节门等构成。西汉史游在《急救篇》中有用风扇车扬去稻菽中秕糠的记述，河南洛阳、济源等地出土的汉墓中有作为陪葬器物的陶风扇车。风扇车在中国一直应用了2 000余年。

B.C.2世纪

希帕恰斯［希］发明星盘 发明家希帕恰斯（Hipparchus 约B.C.190—B.C.120）将一转盘刻为360等份，在其中心安上了一根能转动的臂针。利用它可以通过观察北极星的角度，测出船只所在的纬度。

希腊使用多种机械零件 希腊当时使用的机械零件包括杠杆、曲柄、辊筒、轮、滚柱、滑轮组、螺旋、蜗杆和齿轮等。当时，工程师和工匠们已能将这些机械零件组合成更为复杂的机器。

波斯发明立轴式风车 波斯已使用立轴式风车产生的动力磨面粉。这是世界上出现最早的风动力机械。

中国使用滑车 滑车是简单的起重机械，将绳索绕在滑轮上，以提升或牵引重物。四川成都扬子山出土的汉画像砖（盐井图）、站东乡出土的陶井及铜井架上，都有滑车装置。后来，又发明了级差滑车。它是把一圆轴做成粗细两段，起重时，使悬挂重滑车的绳索一头向较粗的一段缠绕，另一头由较细的一段下放，两边上升和下降差数的一半大体上等于重物上升的距离。用这种机械，可以用较小的力提起较大的重物。

中国使用漏壶计时 漏壶又叫刻漏、漏刻，分为泄水型和受水型。这一时期，漏壶多数是泄水型的。水从漏壶底部侧面流出，使浮在漏壶水面上的漏箭随水面下降，由漏箭上的刻度指示时间。后来创造出受水型漏壶，水从漏壶以恒定的流量注入受水壶，浮在受水壶水面上的漏箭随水面上升指示时间，提高了计时精度。已出土的文物中，最古老的漏壶是西汉时的，共3件，均为泄水型，其中以1976年内蒙古伊克昭盟（今鄂尔多斯市）出土的青铜漏壶最为完整。

内蒙古伊克昭盟出土的青铜漏壶

中国发明避雷装置 关于避雷装置的最早记载见于西汉的《淮南子》。三国和南北朝时期，建筑物就设有“避雷室”。唐朝时，一些建筑物上设置的动物状瓦饰，也兼作避雷之用。古塔上的尖端往往涂上一层金属膜，采用容易导电的材料，直达地下的铁心柱，铁心柱下端有贮藏金属的“龙窑”，构成了避雷装置。宋朝及以后所建成的高大殿宇，常有“雷公柱”等设施，也起到了避雷作用。

丁缓［中］发明被中香炉 汉朝刘歆《西京杂记》记载：“长安巧工丁缓者……又作卧褥香炉，一名被中香炉。本出房风，其法后绝。至缓始更为之。”被中香炉用金、银或铜制作，外呈球形，由两镂空的半球组合而成，里面置2个或3个同心圆环，一环比一环稍小。在两半球壳结合处的一直径的两端，与其中的一圆环呈榫卯相接，使圆环在固定轴线上灵活转动。第二个圆环的固定则于第一个圆环固定轴线相垂直，过圆心与第一个圆环轴相接，也围绕轴线灵活转动。在最里面的圆环上，与其转动轴相垂直的方位上置半圆形容器，用于安放点燃的香料，使容器开口部处于水平位置，并可绕轴线转动。由于外壳、内环、容器的球心为同一点，其转动轴相互垂直，在容器自重的作用下，不管香炉如何转动，容器始终保持水平。这是最早的常平架装置，与近代力学中的回转器原理相同。

B.C.180年

小亚细亚的佩尔加蒙城修建水管 水管能将储存在海拔367米高的贮水池中的水输送到3.3公里以外、海拔332米高的佩尔加蒙城。该水管用石头做成圆形。

B.C.131年

西欧制造贵金属毛坯 西欧发现的供造币用的大量硬模表明，制造贵金属毛坯的方法是：先按贵金属的定量进行仔细的称量，然后把它们放入烤干的黏土板凹腔内；再在黏土板上覆盖木炭并加热到一定的温度，使金属熔化。由于表面张力的作用，熔化后的贵金属会形成球面体，弄平压花，或者直接用冲头压花而成贵金属货币。

B.C.113年

中国制造灰口铁 1968年，河北满城发掘的西汉中山靖王刘胜夫妇墓（B.C.113年入葬）中发现铁制品。其含硅量较高，断面呈灰色，铁中的碳形成小块石墨片。这是中国发现的最早灰口铁。同葬品中还有麻口铁器物。

中国使用铜制医工盆制药 1968年，河北满城发掘的西汉中山靖王刘胜夫妇墓中发现一件医工盆。该盆为铜质，口径26.7厘米，高8.2厘米。它可用来隔水蒸药和调和药粉制造药丸，是一件医工专用器具。

中国使用金银制医针 1968年，河北满城发掘的西汉中山靖王刘胜夫妇墓中发现医针9枚。其中4枚是金针，5枚是银针。针细长，长度不等，约6.5厘米，上端制成方形长柄，宽0.2厘米，比针身略粗，柄上有一小孔。

B.C.111年

落下闳［中］制成浑天仪 西汉时期，参加太初历实测的天文学家落下闳制成浑天仪。这是中国文献记载中最早提到的浑天仪。浑天仪的外表是一浑圆的球体，周长二丈五尺左右、直径八尺。圆球由赤道环和其他几个圆环重叠组成，环上刻有周天度数和二十八星宿座的距度。圆环有固定的，也有可以绕天轴自由转动的，球体中间位置有直径一寸的窥管。观测时，只要转动圆环，以窥管瞄准某个天体，就能在圆环的刻度上推定此时日、月、星辰的方位。落下闳制成的这台浑天仪对后人产生了很大的影响。东汉科学家、文学家、太史令张衡等人在天文仪器上取得的成就，都是以此为基础的。

浑天仪（模型）

B.C.104年

中国发明风向器 殷墟甲骨文中有“伣”字。伣是一种在长竿上系以帛条或羽毛而成的简单示风器。《淮南子·齐俗》记载，“辟若伣之见风也，

无须臾之间定矣”，可见它是很灵敏的。《三辅黄图》中有两处关于风向器的记载：一处是汉武帝太初元年（B.C.104年）修建章宫，“铸铜凤高五尺，饰黄金，栖屋上，下有转枢，向风若翔”；另一处是东汉时的灵台，“上有浑仪，张衡所制，又有相风铜鸟，遇风乃动”。晋太史令设木制相风鸟，并逐渐流行起来。

B.C.80年

西班牙矿山为排除矿井渗水使用阿基米德螺旋提水器

B.C.73年

耿寿昌［中］发明浑象 天文学家、大司农中丞耿寿昌发明浑象。浑象是一标示有日月星辰的铜质圆球，可用以演示天象。三国时期，葛衡创制的浑天象为一较大的空心球，球面布列星宿，各星穿成孔窍。人可钻进空心球内，观看从孔窍透过的光。空心球还可绕轴旋转，以更加逼真地演示星辰的视运动，为现代天文馆中天象仪的雏形。

B.C.63年

欧洲修建炼铅竖炉 莱茵兰霍拉恩和北威尔士弗林特郡彭特里弗伦堡发现罗马时期（B.C.63—A.D.27）的冶炼设备残片。经考证为高约1米竖炉残片。竖炉用以炼铅，因冶炼时有大部分炉料化作烟气和变成炉渣，故铅的采收率低，但矿石中大部分的银在炼铅时可以回收。

B.C.34年

召信臣［中］建引水闸门 南阳太守召信臣在今河南南阳邓州市西兴建了六门堨，设3个闸门引水灌溉。这是中国历史上最早的用于引水的水闸。

9年

中国制作铜卡尺 王莽变法改制时制作了一种铜卡尺，上刻有铭文“始建国元年（9年）正月癸酉朔日制”。卡尺均由固定尺（包括固定卡爪）、滑动尺（包括滑动卡爪）两部分组成，固定尺与滑动尺各自呈丁字状，通过组合套联结在一起合为卡尺。固定尺身上与滑动尺身上均刻有刻度。使用时，拉动滑动尺上的拉环，将被测物件置于两卡爪之间，移动滑动尺使之卡紧，以滑动尺外侧为基准线，在固定尺身上读出测量值，最小示数可到分（1/10寸），可估读到半分。该卡尺可用于测量物件的厚度、外径、深度等。特别是在测量外径上，改变了之前依赖测量物件圆周而求外径的办法。

31年

杜诗［中］发明水排 东汉发明家杜诗（？—38）任南阳太守时创制的水排（水力鼓风机）以江河之流水为动力，利用卧式水轮，通过传动机械，使皮制鼓风箱连续开闭，将空气输送进冶铁炉，铸造农具，“用力少，见功多，百姓便之”。三国时期，韩暨把这项发明创造推广到魏国官营冶铁作坊，用水排代替马排、人排。

58年

中国修建铁索桥 据明朝《南诏野史》记载，东汉明帝（58—75年在位）时，在云南景东地区的澜沧江上修建了兰津桥，该桥是“以铁索南北”而成。这是世界上最早的铁索桥记载。清代的《小方壶斋舆地丛钞·云南考略》亦有相同记述。

约59年

罗马用轮式犁耕作 罗马已经开始使用轮式犁，但早期的轮子是用来支撑犁的长辕，而且应用并不广泛。

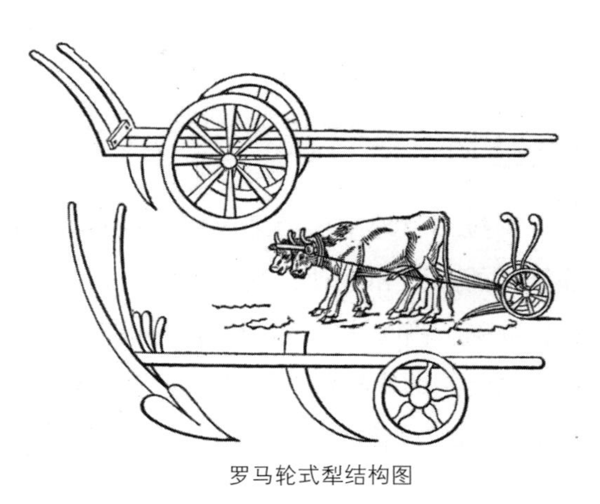

罗马轮式犁结构图

60年

希罗［希］发明空气压力装置，制作各种自动机械 在空气动力学方面，物理学家、机械师、气体力学家希罗（Hero of Alexandria 约10—70）演示了利用蒸汽反冲力回转的蒸汽球。此外，还制作了一些成为矿井测量术和划圆仪先驱的几何器械和测量道路的路程计，还发明了船舶用的测量器，并著有关于瞄准仪的测地学方面论文。

83年

苏格兰因什图锡尔发现窖藏铁钉 因什图锡尔的罗马军团堡垒中窖藏大量铁钉，重达5吨以上，约90万枚。此堡垒于83年建成，87年以后人员撤离。铁钉由不均质的块炼铁锻打制造，但规格尺寸精确，而且长钉比短钉的含碳量高得多。这些铁是用低磷铁矿冶炼的，而且含镍量也低，属于典型的罗马时期的铁。

92年

傅安［中］发明黄道浑仪 浑仪是古代测定天体位置的仪器，其雏形见于春秋战国时期。汉朝时不断得到改进。汉和帝永元四年（92年），傅安等人制成了装有黄道环的浑仪，比仅有赤道环的浑仪提高了精度。其基本构造为在支架上固定有两相互垂直的圆环，分别代表子午圈和地平，其内还有若干能绕一与地轴平行的轴转动的圈，分别代表赤道、黄道、时圈等，并附有可旋转的窥管，用以观测天体。

1世纪

阿拉伯及地中海地区应用齿轮机构 齿轮机构以齿轮的轮齿相互啮合传递轴间的动力和运动，其特点是结构紧凑，效率高，寿命长，工作可靠，传动比准确。当时这些地区已经在测路器和水钟中应用了简单的齿轮机构。

古希腊的螺杆传入罗马 起源于B.C.2世纪或B.C.1世纪古希腊的螺杆，约在B.C.1世纪末传入罗马。

希罗［希］著《力学》 《力学》是对机械工程重要贡献的集中反映：记述了5种简单机械——绞车、杠杆、滑轮组、尖劈（斜面）、螺旋的原理和应用，还研究了重心问题；记述了运输重物用的橇车、起重装置和切削螺纹用的工具。书中还记述着一条普遍的定律：任何一个省力的机械装置反而要相应加长该力作用的距离，即后来所谓的“机械装置并不节省劳动”。

希罗的蒸汽球结构图

希罗［希］进行蒸汽球试验 希罗在一可通入蒸汽的空心球上，安装方向相反的两喷管，当蒸汽从喷管口喷出时，由于反作用力的推动，使球旋转起来。这是反冲式蒸汽机的雏形。

德国建造细高型竖炉 德国萨克森建造的细高型竖炉，曾传播到北日德兰，后传到东英格兰。这种竖炉高约16米、直径0.3米，有4个风嘴，可以鼓风也可以抽风。炉的下方设有渣坑，承接冶炼过程到达一定时间而流出的炉渣。这种炼炉壁薄重量轻，每炼一炉，当渣坑装满时，可将炉身移放在新的空渣坑上方。

中国发明水碓 东汉哲学家、经学家桓谭著《新论》中记述：“伏羲之制杵臼，万民以济。及后世加巧，因延力借身。重以践碓，而利十倍。杵臼又复设机关，用驴、骡、牛、马役水而舂，其利乃且百倍。”其中，“役水而舂”就是指利用水能进行舂米的水碓。

水碓结构图

约117年

张衡［中］制成水运浑象 太史令张衡（78—139）在耿寿昌发明浑象的基础上，创制水运浑象。其浑象部分为一直径四尺六寸多的大圆球，上绘中外星官、二十八宿、黄道、赤道、北极常显圈、南极常隐圈等。圆球可绕南

北极轴转动，一半在地平环上，一半在地平环下。张衡将漏壶与浑象联系起来，以漏壶水为动力，通过齿轮系推动浑象每日均匀旋转一周，以模拟和演示天象的变化。

132年

张衡［中］发明地动仪 太史令张衡发明可测定地震发生时间和方位的地动仪。“地动仪以精铜制成，圆径八尺，合盖隆起，形似酒樽”，内有一上粗下细的铜柱“都柱”和8组机械装置，樽外相应设有8条口含铜珠的龙。一旦发生强烈地震，“都柱”就会因失去平衡而触动其中一组机械装置，使相应的龙口张开，铜珠即落入龙头下方与其相对的蟾蜍口中。观测者便可据以判断地震发生的时间和方位。张衡用它成功地报告了138年在甘肃发生的一次强地震。

地动仪（模型）

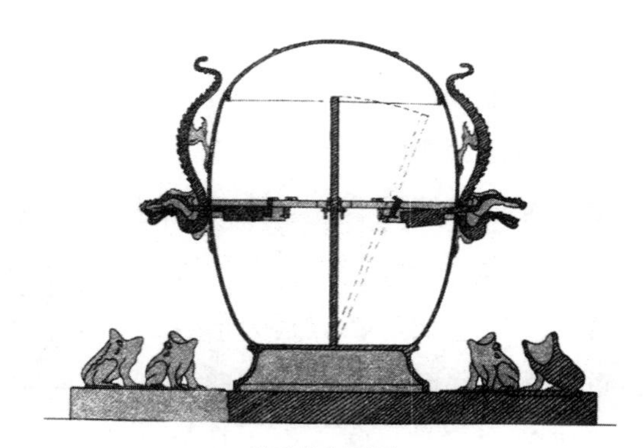

地动仪剖面图

186年

中国出现龙骨水车、虹吸管 《后汉书·张让传》记载，“中平三年，又使掖庭令毕岚铸铜人四……又作翻车、渴乌，施于桥西，洒南北郊路”，供洒路用的翻车即为后来龙骨水车之雏形。唐朝，李贤对“渴乌”做了注释：“渴乌，为曲筒，以气引水上也。”可见，渴乌就是利用大气压力抽水的虹吸管。三国时期，马钧所做的翻车“灌水自复，更入更出”，其结构精巧，运转轻便省力，而且可以连续不断地提水。马钧继毕岚之后对翻车进行改革，使之成为用于河渠上的重要提水工具——龙骨水车。

龙骨水车

2世纪

中国生产可锻铸铁 西汉以后，采用热处理法变白口铸铁为可锻铸铁，解决了铁器脆硬易折的问题。

中国出现二级漏壶 早期的漏壶都是单只的，但水流速度会随壶中水位的变化而变化，影响计时的稳定性和精确性。约在东汉时，出现了补给壶，用以为漏壶补充水，使水流保持稳定。东汉太史令张衡已使用这种二级漏壶。

锚开始在中国使用 锚抛入水中后能啮入底土产生抓力以使船停泊。古代的锚是将石头或是装满石头的篓筐系在绳的一端抛入水中，以其重量使船停泊，这种锚称作石锚。以后又创制了木锚——碇，是用较大且坚韧的硬木（如铁力木等）制成，有两个爪，当它抓入土中时，所产生的摩擦要比木锚自重大数倍。后又在石块两旁系上树枝或木棒，创造出了木爪石锚。中国南朝时期已有关于锚的文献记载。

220—265年

中国盛行独轮车 汉魏时期盛行用独轮车运输。该车货架设在车轮的两侧，用以装货，也可以乘人。独轮车只有一个车轮着地，可以灵活地转换方向，不受道路宽窄限制，便于在田埂、小道上行驶。三国时期，诸葛亮设计发明的“木牛流马”就是一种独轮车。“木牛”可能指的是有前辕的小车；“流马”可能指的是一种独轮手推车。

独轮车（模型）

220—280年

中国出现记里鼓车 记里鼓车是西汉初年发明的能自动报告行车里程的车辆，系利用汉朝鼓车改装而成。车中装设具有减速作用的传动齿轮和凸轮杠杆等机械，车行一里，车上木人受凸轮的牵动，由绳索拉起木人右臂击鼓。据考证，这种车仅用作帝王出行时的仪仗。中国记里鼓车的创制，是近代里程表、减速器发明的前奏。

记里鼓车（汉朝画像石）

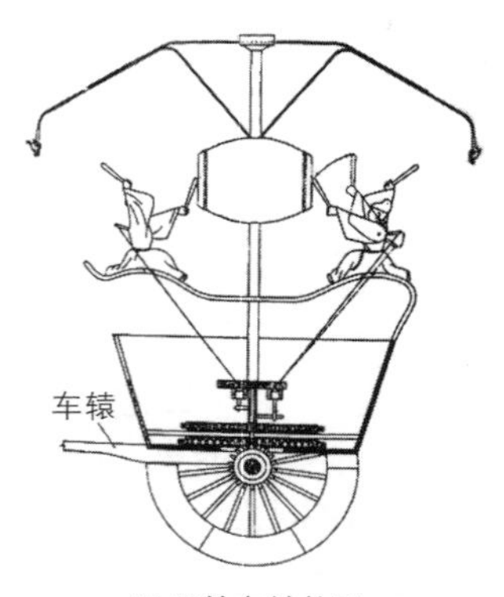

记里鼓车结构图

约230年

马钧［中］改革提花织机 三国时期，魏国给事中、机械发明家马钧看到提花织机非常复杂，生产效率很低，挽花工的劳动强度很高，就对提花织机进行改革："乃思绫机之变……旧绫机五十综者五十蹑，六十综者六十蹑，先生患其丧功费日，乃皆易以十二综十二蹑。”综蹑合并后，使操作简便易行，提高了工效。同时，由于在花纹图案的设计上进行改进，使得图案尽量对称而不呆板，花形有所变化而不紊乱，所织出的图案丰富多彩，对后世提花织机的定型产生很大的影响。

235年

马钧［中］发明指南车 《宋史·舆服志》记载：黄帝时代（约B.C.26世纪）已发明指南车，B.C.3世纪西汉时对其进行了改进。据古代科技史专家王振铎考证，指南车实为三国时期魏国给事中、机械发明家马钧制造。它采用一能自动离合的齿轮机构，当车向左转弯时，车辕前端向左移动，后端向右移动，即将右侧传动齿轮放落，使车轮的转动带动木人下的大齿轮向右转动，恰好抵消车轮向左转弯的影响，使木人手臂方向不变。当车轮向正南方向行驶时，车轮与木人下的大齿轮分离，不影响木人指向。这实际上是一种运用了扰动补偿原理的自动装置。

指南车（模型）

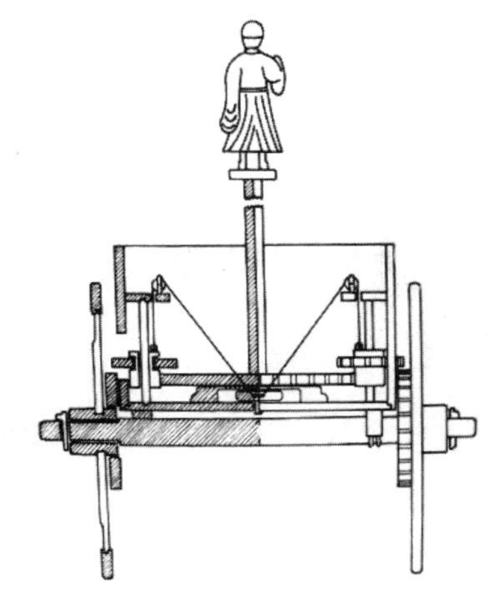

指南车结构图

265年

杜预（222—285）［中］发明连机碓 《通俗文》记载：“杜预作连机碓。”连机碓是古代用水轮驱动的多碓式舂米机械，其动力轮是一大型立式

水轮，轮轴上装有一排互相错开的拨板，用以拨动碓杆，使几个碓头间断地相继舂米。水碓在汉代即已出现。东汉哲学家桓谭《新论》亦有记载。连机碓，不仅用于粮食加工，还用于舂碎香料、陶土等。

290年

帕普斯［希］记述多种简单机械　帕普斯（Pappus of Alexandria 约290—约350）记述杠杆、滑轮、轮轴、斜面和螺纹5简单机械。

3世纪

中国出现水密隔舱　水密隔舱是用隔板将船舱分隔成各自独立的舱室，这样既可增加船体的横向稳定性，提高船体的结构强度，又可以分类运输物品，具有防止水进入舱中、阻止船体沉没的功能，是船舶结构的一项重大发明。

340年

解飞［中］制造指南车

4世纪

日耳曼人使用重型双轮犁

450年

李兰［中］发明秤漏　北魏道士李兰创制一种新型的计时工具——秤漏。其构造是一杆吊着的秤，受水壶挂在秤钩上，以受水壶里受水的重量计量时间，“漏水一升，秤重一斤，时经一刻”。唐宋时期，这种秤漏较流行。

475年

祖冲之［中］制造铜制指南车　南北朝时期数学家祖冲之（429—500）根据古法将指南车改造为铜制指南车，运转灵活，指向唯一。

约500年

西亚建成当时最精密的水钟 水钟由一些塑像鸣锣报时，白天结束时，一机械喇叭鸣示。该水钟建在埃及和巴勒斯坦交界处。

5世纪

中国发明宿铁法 南北朝时期，发明了宿铁法制钢术。它是灌钢法的早期形式，不是一次炼就成钢，而是需要数宿才能成钢。液态生铁中的碳与熟铁中的氧化物作用，有利于去除杂质。通过将熔化生铁和熟铁合炼，使碳扩散趋于均匀，成为含碳量较高的优质钢材。

中国发明灌钢炼制技术 南北朝时期的重要发明灌钢法，是一种效率较高的炼钢技术。将生铁熔液灌入未经锻打的熟铁，使碳较快地、均匀地渗入，只要生铁和熟铁配比适合，就能得到适合于钢的含碳量，然后反复锻打挤出杂质，可以得到质量较好的钢铁。

中国掌握镔铁炼制工艺 镔铁原产波斯（今伊朗）、罽宾（今克什米尔）、印度等地，南北朝时期传入中国，其炼制方法是将铁表面磨光后经腐蚀处理，形成金属表面花纹，又称“宾铁”。

中国发明磨车 磨车是中国古代一种行进式的粮食加工机械，车上安装石磨，车轮转动通过齿轮带动石磨旋转工作。磨车行十里能磨麦一斛。磨车主要用于行军，又名“行军磨”，在行军时加工军粮以节省时间。

530年

中国发明水力面粉筛 据《洛阳伽蓝记》记述，洛阳城南景明寺中的水力面粉筛，靠水流带动轮子驱动筛杆，将旋转运动转化成为需要过筛的前后运动。这是最早的能进行这种工作的机器。

537年

伯利塞鲁斯［拜占庭］发明浮动磨 拜占庭机械师伯利塞鲁斯（Belisarius 约505—565）将水磨安放在驳船上，利用江河流动的水使磨转

动。这种浮动磨在欧洲中世纪很普遍，几乎每一座大城镇的大桥拱下都有，有的沿用至今。

594年

中国发明日晷 这是由圭表演变而成的一种测时仪器。它由一根晷针和一块刻有时刻线的晷盘组成，晷针垂直于晷盘。日晷可按晷盘安置的方向分为不同的类型。隋朝天文学家袁充发明的短影平仪是一种地平日晷，是中国最早见于古籍记载的日晷。

日　晷

600年

波斯（今伊朗）建成风车 风车是将风能转换为机械能的动力机械，最早出现在波斯。波斯人用布做风帆，挂在一直柱上，柱的下端与脱谷和磨面粉的石臼相联结，由此发明了最早的风车。起初发明的是立轴翼板式风车，后又发明了水平轴风车。风车传入欧洲后，在15世纪得到广泛应用，荷兰、比利时等国为提水建造了功率达90马力以上的风车。18世纪末期以后，随着工业技术的发展，风车的结构更加完善，性能有了很大提高，后风车又被用来发电。

6世纪

中国发明珠算盘 珠算概念最早见于东汉徐岳的《数术记遗》（约2世

纪），但一般认为此书系北周甄鸾（约6世纪）所伪托。该书记述的算具中，用珠的就有太一算、两仪算、三才算、九宫算和珠算5种。其中，珠算据甄鸾注：每位有5颗可移动的算珠，上面一颗相当于5个单位，下面每一颗相当于一个单位。这已具备了近代算盘的雏形，也是世界上关于珠算盘的最早最明确的记述。

信都芳［中］著《器准图》 南北朝时期数学家、天文学家信都芳著《器准图》中有浑天仪、地动仪、刻漏等多种仪器图谱，为中国古代第一部科学仪器图谱。

633年

李淳风［中］制成浑天黄道铜仪 唐朝天文学家、数学家李淳风（602—670）制成浑天黄道铜仪。该铜仪吸收了北魏铁仪设有水准仪的优点，特别是在古代浑仪的六合仪和四游仪之间增制了三辰仪，使浑仪由二重变为三重。三辰仪由黄道环、白道环和赤道环三个圆环相交构成。其中，黄道环用以量度太阳的位置，白道环用以量度月球的位置，赤道环用以量度恒星的位置。三辰仪可以绕极轴在六合仪里旋转，作为观测用的四游仪可以在三辰仪中旋转，这样就可以直接用来观测日、月、星辰在各自轨道上的视运动。该仪被置于凝晖阁供观测之用，但不久即亡佚。

7世纪

中国出现建筑五金类制品 唐代已有制钉的作坊，手工打制钉、门闩、锁、门环等。这是中国早期的建筑五金类制品。

吕才［中］制成四级漏壶 唐代吕才（600—665）制成四只一套的漏壶，水从上面的漏壶依次漏下，减小了水位变化对水流速度的影响，提高了计时的稳定性和准确性。其最下面的受水壶叫水海，壶中立有一个铜人，手持有刻度的浮箭。

717年

拜占庭帝国使用喷火器 喷火器采用硫磺、石脑油、生石灰等混合而成

的材料，遇水便能燃起大火。

724年

梁令瓒［中］制成黄道游仪　唐代天文仪器制造家、画家梁令瓒设计制造出黄道游仪。黄道游仪简化了李淳风的浑天黄道仪，在赤道环和黄道环上都每隔一度打一孔，使黄道环可沿赤道环游动，白道环可沿黄道环游动，提高了仪器的观测精度。

梁令瓒［中］制成自动报时装置　梁令瓒设计制造出新的水运浑天仪。该浑天仪发展了汉代张衡的水运浑象，增加了自动报时装置，用水力推动轮轴机构，带动两个木人每一刻自动击鼓，每一辰自动撞钟。整个装置“各施轮轴，钩键交错，关锁相持”，为中国古代水力机械天文钟的始祖。

8世纪

中国出现原始金属切削车床　陕西西安南郊何家村出土的金银器物上，发现有明显的切削螺纹痕迹，螺纹细密，同心度较高，起刀落刀点显著。这表明，唐朝时已使用简单的金属切削车床。

欧洲出现青铜铸钟　9世纪，青铜铸钟在西欧教堂中已大量使用，出现了专门的铸钟作坊。

约851年

法国开始使用弩

880年

陆龟蒙［中］著《耒耜经》　唐代文学家、农学家陆龟蒙（？—881）著《耒耜经》记载，江东地区的耕地农具曲辕犁（也叫江东犁）由11个部件构成，较过去改进的地方主要是用曲辕代替直辕，使犁辕长度缩短，犁架变小，使用轻便省畜力，调转灵活利于精耕细作。曲辕犁的出现是古代耕地用的铁农具已经成熟定型的重要标志。

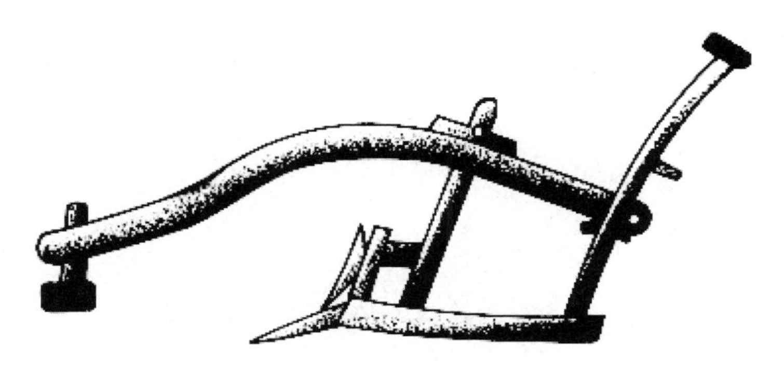

曲辕犁结构图

9世纪

斯特拉福发现战斧 据考证，在埃赛克斯的斯特拉福发现的这把战斧，为850—950年间的军用铁制品。该斧整体流线与斧刃相平行，斧銎由扁舌搭在斧身的一面焊接而成。铁素体斧銎的维氏硬度（HV）由于含磷量高而为165。斧刃经过局部渗碳和淬火，维氏硬度（HV）达350。

946年

中国发明喷水鱼洗 五代时期，后晋曾向辽太宗贡献一只能喷水的双鱼圆盆，这是古籍中有记述的最早的喷水鱼洗。北宋后期，铜质喷水鱼洗出现。铜洗底部由起初刻两条鱼发展到刻四条鱼。宣和年间（1119—1125），还出现了玛瑙质的喷水鱼洗。喷水鱼洗的外形是一上缘有直立双耳的圆盆，底部刻有鱼纹，盛水后，用手摩擦盆的双耳，盆内水面即可出现振动花纹，甚至喷溅尺余高的水花。

953年

中国铸沧州铁狮 五代时期，河北沧州铁狮是后周铸铁技术的产物，重10万斤。铁狮背部的化学成分为碳4.10%、硅0.04%、锰0.03%、硫0.019%、磷0.235%。表面金相检验，腿部是灰口铁，头部和莲花座上部是白口铁，其间有麻口铁。铁狮采用泥范明注式浇铸法整体铸成：外范多数为长方形，总计约600多块；内范布满圆头铁钉，头部和背部均有废铁片，以控制内外范间的距离。

河北沧州铁狮

969年

岳义方［中］发明以火药为动力的箭 北宋军官岳义方发明的火药动力箭由箭身、药筒组成。药筒由竹、厚纸制成，内充火药，前端封死，后端引出导火绳。点燃后，以火药产生的反作用力推箭前进。这是世界上第一支火药动力箭。

970年

冯继升［中］制造火箭 北宋军官冯继升用火箭法御敌。据《宋史·兵志》载：将竹篾或细苇编成篓子，形如飞鸦，外用绵纸封牢，内装火药，鸦身前后分别装有头、尾，用裱纸做成翅膀钉在鸦身两侧；鸦身下安装4支火箭，点燃引线，靠火箭推力，可飞行百余丈，故名“神火飞鸦”。到达目标时，鸦身内的火药点燃爆炸，借以焚烧陆地上的营寨或水面上的船只。其原理和火箭弹相同，此后出现各类火箭。“火龙出水”是在薄竹筒前后端装木制龙头和龙尾，筒内装火箭数支，引线全部扭结起来，从龙头下的小孔引出。龙身下前后各装两支火箭，引线也扭在一起，且前面两支火箭起火的药筒底部和从龙头引出的引线连通。使用时，点燃龙身下的火箭，龙身射出，用于水战时犹如水面上腾飞的火龙。龙身外的火箭的药筒烧尽后，龙身内的火箭即被点燃飞出，射向敌方，其原理已同现代两级火箭相似。“飞空砂筒”则是在火箭箭身前端两侧各绑一个药筒，一个筒口向前，一个筒口向后。筒口向后的药筒前放有爆竹，其引线与药筒底部相通。使用时，利用筒口向后的药筒将火箭射出，钉在敌方营寨的帐篷上，筒内火药烧尽后引燃爆竹，内装细砂喷出伤人双目，随后筒口向前的药筒点燃，将火箭返回，体现了火箭回收的设计思想。

古代火箭（模型）

979年

张思训［中］发明水银漏壶　宋代张思训制太平浑仪，对水运浑仪进行了改进。为克服由于水温对水的黏滞系数的影响而造成的漏壶在不同季节流量的变化，他发明以水银代替水的漏壶，使漏壶流量稳定，浑仪运转均匀，提高了观测精度。

10世纪

日本发明制刀焊接工艺　10世纪，日本制刀工匠采用稍不同于花纹焊接的工艺，即把含碳量不同的若干钢片焊在一起，制成复合的单刃刀身，然后进行热处理。刀身的低碳铁心被三片质地比较均匀的高碳钢包裹，在红热状态下用锻接法焊合在一起。然后用黏土包起来加热到约800℃，快速去除刃口附近的泥壳，使刃口淬火，或者在空气中冷却，黏土壳能降低单刃刀身的刀芯和刀背的冷却速度，以达到一个淬硬梯度，刃口的硬度最高，刀芯的硬度低但具有所需的韧性。

希拉克略［拜占庭］编写《罗马人的绘画和艺术》　后来流传的《罗马人的绘画和艺术》包括三部分，希拉克略（Heraclius 约575—641）完成前两部分，第三部分于12世纪由法兰西人补充。书中有关于提炼金和银，炼制汞齐、不同金属的焊接，金属和合金箔片的制作，合金的配方的记述。

英国开始使用风车 麦克唐纳著《人类改造自然》，书中记述英国在10世纪使用风车的情景。

中国发明走马灯 走马灯是利用热学原理制作的极具观赏性的灯饰。在一立轴的上部横装上一叶轮，在立轴下部的近旁，装一盏灯或一支烛。当灯或烛燃烧时，产生的燃气上腾，推动叶轮，使它发生回转。立轴的中部沿水平方向纵横装上几根细铁丝，每根铁丝的外部都粘上纸剪的人马等。当夜间把灯或烛点燃后，纸剪的人马就会随着叶轮和立轴转动。剪纸的影子映射在灯笼上，“车驰马骤，团团不休”，颇具情趣。

1031年

燕肃［中］发明莲花漏 燕肃在漏壶中首次使用了漫流系统。该系统在中间一级壶的上方开一小孔，让上面来的过量的水从孔中溢出，使水位保持稳定，从而基本消除了水位变化对漏壶流速的影响，提高了计时的精度。

1044年

曾公亮［中］记述人工磁体 曾公亮著《武经总要》记述一种原始指南针——指南鱼的制作方法，当时已采用人工磁化材料：“以薄铁叶剪裁，长二寸，阔五分，首尾锐如鱼形，置炭火中烧之，候通赤，以铁钤钤鱼首出火，以尾正对子位，蘸水盆中，没尾数分则止，以密器收之。用时置水碗于无风处，平放鱼在水面令浮，其首常南向午也。”这种采用人工磁化方法制成的磁体，比西方至少早700多年。

曾公亮［中］记述黑火药的配方 曾公亮著《武经总要》中收录的黑火药配方，是人类最早使用硝石、木炭和硫磺的混合物生产黑火药的记述。

曾公亮［中］记述“猛火油柜” “猛火油柜”是古代战争中的另一种喷火器，是世界上最早的火焰喷射器。曾公亮著《武经总要》记述，它以猛火油为燃料，用熟铜为柜，下有四脚，上有四铜管，管上横置唧筒，与油柜相通，每次注油三斤左右。唧筒前部装有“火楼”，内盛引火药。发射时，用烧红的烙锥点燃“火楼”中的引火药，然后用力抽拉唧筒，向油柜中压缩空气，使猛火油经过“火楼”喷出时，遇热点燃，成烈焰，用以烧伤敌人和焚毁战具，或在水战时焚烧浮桥、战舰。还有一种用于守城战和水战的小型喷火器，用铜葫芦代替油柜，以便于携带、移动。

1053年

中国出现卓筒井　“卓筒”是“立筒”的意思，是在继承宋代以前挖掘大口浅井的某些经验的基础上，抛弃了某些不利于向深部地层钻进的因素而试验的一项新的钻井技术。这种卓筒井的工艺技术特点是：井的口径很小（约20厘米），深度很深，使用冲击式顿钻法，采用竹管作套管，发明了扇泥和汲卤容器，采用机械提卤技术。卓筒井的出现，标志着古代钻井工艺技术的一次飞跃。

1074年

沈括［中］制成熙宁浑仪　沈括（1031—1095）制成浑仪、浮漏、景（影）表三仪。他研制白浑仪，取消了白道环，开简化浑仪之先河。

1075年

沈括［中］制成“玉壶浮漏”　沈括用改善漏壶结构尺寸的办法，消减了温度变化导致的水的黏滞性变化，提高了漏壶水流稳定性，制成了精密的漏水计时器，并用这种漏壶直接量度了太阳视行速度变化引起的每日时差。

1092年

中国铸成大铁镬　浙江雁荡山能仁寺整体铸造出灰口铁大镬。该镬上口直径2.2米，高1.5米，重13.5吨。

苏颂［中］等建成水运仪象台　苏颂（1020—1101）、韩公廉等设计建造集天文观测、天象演示、计时报时为一体的巨型装置——水运仪象台。仪象台整体为一上狭下广的三层木结构建筑，高约12米、宽约7米。由人力推动河车，带动升水上轮和下轮（筒车），将水提到天河（受水槽），注入天池（蓄水池）。上层安放浑仪，增设天运单环以带动浑仪随天球的运动而转动，可对天体进行跟踪观测；中层为演示天象的浑象；下层为报时装置。整

个系统由水力驱动，以齿轮系、杠杆等传动，顶部用一组杠杆组成控制枢轮定速转动的机构，相当于近代钟表中的擒纵器。水运仪象台集中反映了宋代天文仪器和机械制造的高超水平。

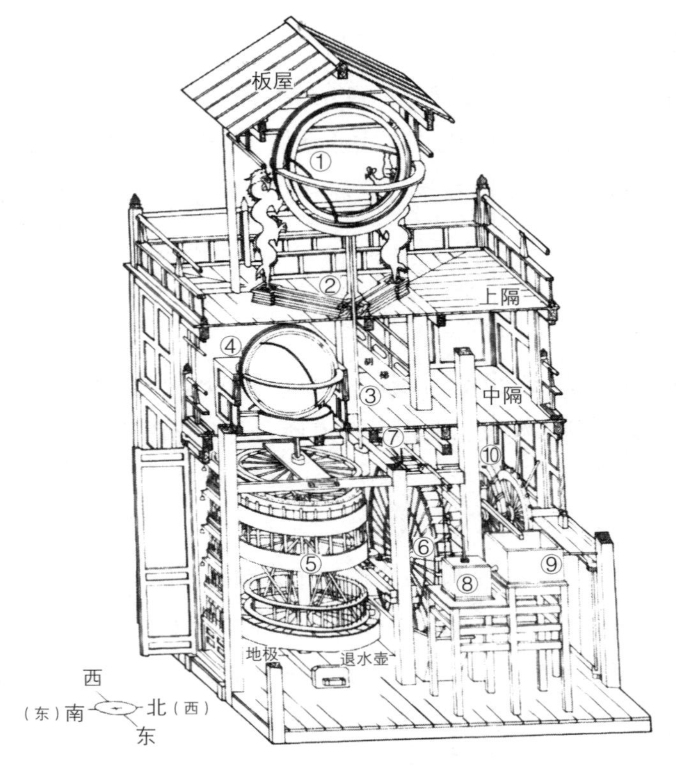

① 浑仪　② 鳌云　圭表　③ 天柱　④ 浑象　地柜　⑤ 昼夜机轮　⑥ 枢轮　⑦ 天衡　天锁　⑧ 平水壶　⑨ 天池　⑩ 河车　天河　升水上轮

水运仪象台结构图

1096年

苏颂［中］撰《新仪象法要》　苏颂的《新仪象法要》是关于水运仪象台的设计使用说明书。卷上介绍浑仪，有图17种；卷中介绍浑象，有结构图5种、星图2种5幅、四时昏晓图及中星图9种；卷下是水运仪象台总体、台内各原动机械和传动机械、报时机构等，有图23种，附作法图4种，还有一段介绍水力带动整个仪象台运转过程的文字说明。这是中国现存最早的一部天文仪器专著，其结构图采用透视和示意画法，也是现存最早的机械设计图。

11世纪

欧洲出现新型齿轮机械钟　这种机械钟能打点报时，不久后，许多建筑物顶楼上均安装了这种钟。1288年，伦敦威斯敏斯特教堂安装上了机械钟，这是装在教堂上的最早的机械钟，它由摆锤驱动，摆锤则由摆轮控制。

欧洲中部用羊皮制成皮袋式风箱　风箱的皮袋口部插入通向熔矿炉的管子，尾部固定有4根木棒，摇动木棒鼓风。

中国船舶普遍设置水密隔舱　水密隔舱是用隔板将船舱分成互不相通的一个个舱室。早在独木舟时代，人们就在舟的凹槽间加固有多道横梁，以增加船体的横向稳固性，提高船体的结构强度。此外，它还有运输分类物品防止水进舱中、不让船体因此沉没的功能。1100年，造船工匠普遍在船内设置水密隔舱。在制造水密隔舱过程中，还在水密隔舱的正中线的下端留有一圆形或方形小孔。当水涌向甲板时很可能流入舱室，导致舱底积水。这时，水就可通过上述小孔在整个舱底内自由流动，从而能够自由调节船体的平衡度。一旦需要，还可以堵塞小孔，不会影响水密隔舱的抗沉能力。

沈括［中］著《梦溪笔谈》　宋哲宗元祐年间（1086—1094），沈括完成《梦溪笔谈》。该书被誉为“中国古代科学史上的坐标”，书中记述了许多珍贵的技术资料，如毕昇发明活字印刷术，五代末北宋初有名建筑工匠喻皓的《木经》，淮南漕渠的复闸等。该书最早提出“石油”这一名称，书中对石油的开采、性能、用途也有具体记述。书中记述的胆矾炼铜、灌钢、百炼钢、舒曲剑、瘊子甲，涉及湿法冶铜、炼钢、弹簧钢、

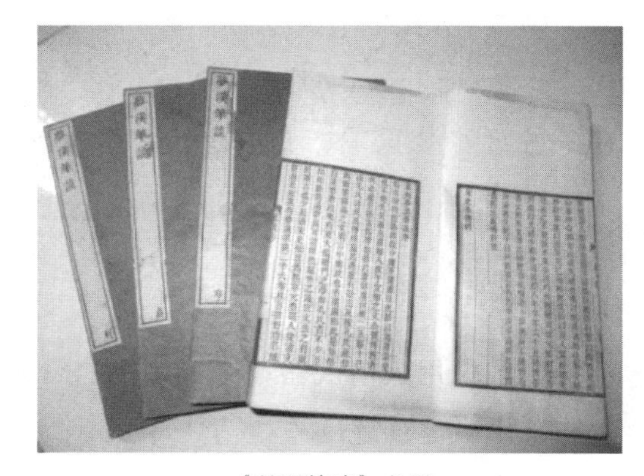

《梦溪笔谈》书影

冷锻等，都是研究古代冶金的宝贵史料。此外还记述了关于地磁偏角的发现，日月五星运动规律，化石与上古海岸线关系的解释等。

12世纪

特奥菲卢斯［希］著《诸艺之美文》 牧师特奥菲卢斯（Theophilus Presbyter 活跃于1070—1125）遍游欧洲，著有《诸艺之美文》，对书籍封面的镀金和手稿的用贵金属装饰、彩色玻璃窗的制造、乌银和其他金属手工业以及象牙雕刻等都有记述；对制作工艺的记述非常广泛，包括酒杯、香炉、铙钹乃至教堂的钟和风琴。书中还记述彩色玻璃窗上的铅条焊料，冶金工匠们的工具及其制作方法，银的精炼和铸造方法，熔析法、灰吹法所使用的炉子的建造以及金叶的着色方法。书中着重记述青铜铸钟的铸造方法，还讨论了精炼炉，铁的焊接和熔接技术，锡和黄铜器的浇铸以及锡的焊接。

中国发明水转大纺车 水转大纺车专供长纤维捻纱，主要用于加工麻纱和蚕丝，是当时先进的纺纱机械。麻纺车形制较大，估计全长约9米、高2.7米左右（丝纺车规格稍小）。外观上分为主机、主动轮、从动轮三部分，还可细分为机架、纱锭及相关部件、绕纱装置及相关部件、传动装置及相关部件。这种纺车在南宋、元代中原产麻地区非常普遍，尤其盛行于近水之乡，工效非常高，一昼夜可以完成上百斤麻条的加捻。

1206年

阿尔-贾扎里［阿拉伯］著《机械技术的理论和实践概要》 阿尔-贾扎里（al-Jazari Ismail 1136—1206）在书中记述了各种抽水机械和水钟，其中在一种汲水装置中，曲柄已经作为机械的一部分，这在阿拉伯世界还是第一次。

1232年

中国使用火箭武器 金人使用的飞火枪，在形制和构造原理上就是《武备志》中具体描述的飞枪箭，即火箭武器。其火药筒内除固体火药外，还有铁粉、磁末和砒霜，故能喷出有毒性和迷人眼目的火焰和气流。铁粉可增加其特殊光泽。这种火箭导杆较长，在形制上脱胎于火枪，士兵不便携带，也不利于集束发射，所以到元、明以后，都改用较短的火箭筒和导杆，以便携带。

中国制成“震天雷”金属炸弹 蒙古军攻打金人南京（今开封）时，金人守城时用到了“震天雷”。它是一种装有爆炸性火药的铁火炮，有罐子式、葫芦式、圆体式和合碗式，用时由抛石机发射，或由上向下投掷，遇到目标时爆炸。

1279年

郭守敬［中］创制高圭表 为克服因日光散射使圭表表端影子模糊不清的问题，宋代沈括和苏颂分别提出用副表和望筒来提高清晰度。元代天文学家郭守敬（1231—1316）创制高圭表，把圭表的表高增加到四十尺，为旧表的5倍，使影长相应增加了5倍，并发明了消除虚影的“景符”，与高圭表配合使用，从而大大提高了测量精度。明代邢云路把表高增至六丈，测得回归年长与理论值相比仅差2秒左右，为古代回归年长的最高测量精度。

郭守敬［中］发明仰仪 郭守敬研制用以测量太阳赤道坐标的仰仪。仰仪形如一半球形的仰放铜碗，内用十字杆架着一有小孔的板，孔的位置正对半球面的中心。利用小孔成像原理，太阳光穿过小孔，即在半球面上形成太阳的倒像。通过球面上刻的坐标网便可读出太阳的位置和当时当地的真太阳时分，还可用来观测日食的时分、各食象发生的时刻及日食时太阳的位置，对月球和月食也可做类似的观测。

郭守敬［中］创制简仪 郭守敬将传统浑仪简化，取消了黄道环，仅保留两组基本环圈系统。第一组环圈是原浑仪中的四游、赤道、百刻三环组成的赤道经纬仪，第二组是由一固定的地平环和一直立的可旋转的立运环组成的立运仪，两组装置设在上下两部位，可由两人独立操作，分别或同时测量天体的赤道坐标和地平坐标，避免了环圈过多层层遮掩、影响观测的弊病。简仪的环圈刻度比以往仪器更为细密，从而提高了测量精确度，并在窥管两端各装一细线，观测时起到如同现代望远镜中的十字丝作用。在百刻环和赤道环之间安装4个圆柱体以减少摩擦阻力，起到滚柱轴承的作用。

郭守敬［中］发明景符 郭守敬发明测影器具景符，这是安装在架子上，可以转动且中间开有小孔的长四寸、宽两寸的薄铜片，与郭守敬改进的高圭表配合使用。其表的上端有一直径三寸的横梁，把景符放在圭面上移动并转动铜片，使太阳光通过小孔，利用小孔成像原理，在圭面上可形成一很小且中间带有一条细而清晰的横梁影子的太阳像。当横梁影子平分太阳像时，梁影所在处即为四丈高表的影端。景符的采用使测影精度大大提高。

1296年

黄道婆［中］创制脚踏纺车 宋末元初，棉纺织家黄道婆（约1245—1320）将她在崖州学到的纺织技术加以改进，创制出去籽用的搅车、弹棉用的推弓、纺纱用的三锭脚踏纺车，将扞、弹、纺、织结合起来，可同时纺三根纱，提高了纺纱功效。在织造方面，她用一套错纱、配色、综线、絜花等工艺技术，织制出有名的乌泥泾被。一时，松江以此为生者千余家。她的棉纺织技术传遍江浙一带，松江一度成为棉纺织业中心。

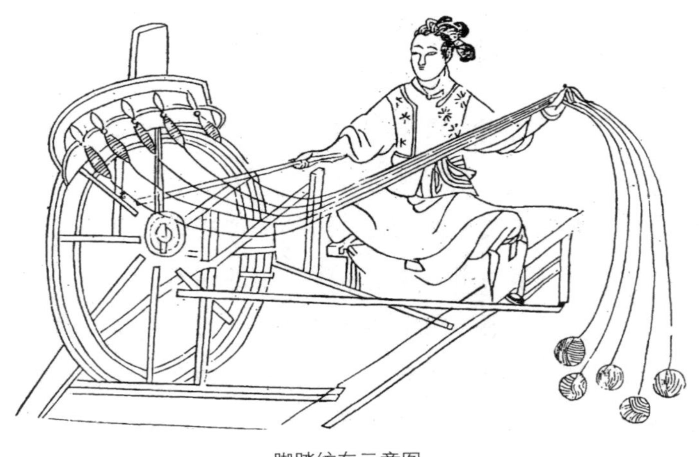

脚踏纺车示意图

13世纪

吾丘衍［中］提出制造透光镜的“补铸法” 元代吾衍，又名吾丘衍

（1272—1311），提出制造透光镜的“补铸法”，即在镜面刻上和背面铸花相同的花纹，然后在纹中补铸入“稍浊之铜”。磨平镜面后，在反射日光时，由于铜质的清浊不同而分明暗，仿佛镜背的花纹透射成像。现代实验研究已证实，用此法确能制成透光镜。

中国已普遍使用搅车 搅车的主要功能为剥去棉絮中的棉籽。固定的木架上部横装着一木轴、一铁轴；木轴在下，铁轴在上。操作时作，两人分别搅动两边的曲轴，一人喂棉絮（棉籽落入喂棉絮一端）。明代时搅车得到改进，有了脚踏板与飞轮机构，一人就可以胜任。

郭守敬［中］等创造多种天文仪器 郭守敬等创造了圭表、简仪、立运仪、仰仪、七宝灯漏、星晷定时仪、水运浑象、日月食仪、玲珑仪等10余种天文仪器。

欧洲已普遍使用风车 英国科技史专家李约瑟根据怀特搜集到的风车证据，比如在诺曼底和普罗旺斯等地的记载，判断至晚13世纪，风车在欧洲已经普遍使用。

阿拉伯地区使用手持式射击武器 该装置由固定在长木柄（便于双手握持）上的带底金属短炮身（管子）构成，通常依托在支架上用球形胡桃弹进行射击。由硝石、硫和炭的混合物构成的黑火药作为发射药。装填时，先将黑火药填入炮身管，然后再装入弹丸。发射时，利用烧红的铁条或引燃的火绳通过填有火药的导火孔点燃发射药。

1313年

中国使用双辘轳 双辘轳是在同一个辘轳上装上两条绳子，绳子在相反的方向缠绕着，下端各系一汲器。元末明初，王祯著《农书》首次记述了此器具。当向上提升满水的汲器时，空着的汲器就被放下去。这样既可以使辘轳向任何方向转动都可做功，从而减少单辘轳的空放时间，又可以减少一部分原动力和提水时间。

中国发明农具耥 耥又名耘荡，其作用是代替人手除草松土。据王祯著《农书》记载，耥“形如木屐，而实长尺余，阔约三寸，底列短钉二十余枚，簨其上，以贯竹柄，柄长五尺余”。耥的创造，使农民从弯腰屈背的耘

田劳作中解放出来，减轻了中耕除草的劳动强度，提高了工作效率。

1319年

欧洲出现前膛火炮 早期的前膛火炮在欧洲开始出现。

1332年

中国制造铜火铳 南宋咸淳七年（1271年）开始制造火炮并用于战争。最早铭刻有年代的铜火铳制造于1332年，该铳长一尺一寸、口径为三寸一分八，重约14千克。铜火铳的结构和原理与现代火炮相似，有炮管、药室、点火装置和炮架，靠火药爆燃后产生的气体发射炮弹。元末开始出现铁火炮，明代时铁火炮的炮管比铜火炮长，口径增大，管壁加厚，而且研制出直膛火炮，能更有效提高火炮的射程，增强火炮的威力。

元末铜火铳

1336年

意大利米兰建成公共时钟 1330年，维斯康蒂在意大利米兰修建一座罗马天主教教堂圣高达堂（San Gottardo in Corte）作为公爵小圣堂，1336年竣工。八角形的钟楼是最早的公共时钟，没有表盘，采用重锤驱动，属于重力驱动式时钟。这是第一个能够到点报时的时钟。在接下来的半个世纪里，时钟传至欧洲各国，法国、德国、英国、意大利的许多教堂建起钟塔。

1348年

英国多佛尔城安装有重锤驱动的屋顶钟　英国多佛尔城开始安装屋顶钟，至1872年一直在报时。钟的结构为：悬挂在绳索上的驱动锤转动嵌齿轮，而后者与相邻的嵌齿轮啮合并使之运动，这个嵌齿轮又同一水平摆的垂直轴啮合，水平摆由通过两块板传递到其轴的冲力驱动，而这两块板与第二个嵌齿轮相对点上的轮牙接合。钟摆动的频率用滑动锤控制。

多佛尔城的屋顶钟（模型）

1350年

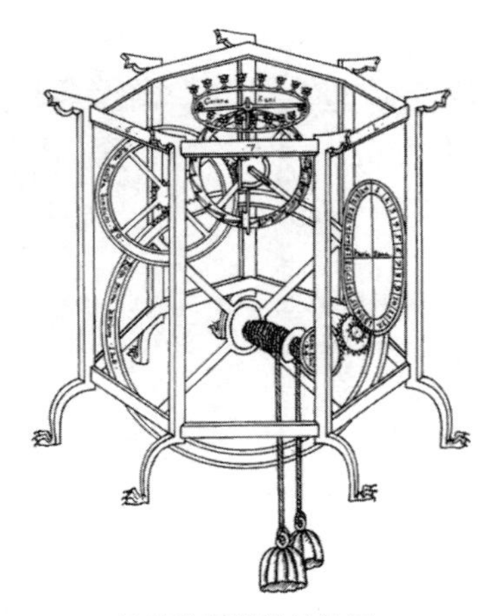

丹蒂的机械钟结构图

丹蒂［意］制成机械钟　钟表技师丹蒂制成机械钟表。这是第一台结构简单的机械打点塔钟，日误差为15～30分钟，指示机构只有时针。它以重锤下落为动力，用齿轮传动。

1351年

中国制造火枪　约在10世纪末中国已发明火枪。最初的火枪用长竹筒作枪管，内装火药，点燃后喷火焰伤人，但不能发射子弹，故只能称喷火器。1259年创制的突火枪，以巨竹为筒，内装火药，安有“子窠”。火药点燃后，起初发出火焰，火焰尽后，子窠射出，并伴声响，子窠即为原始的子弹。约13世纪末，发明金属管形火枪，目前发现最早的金属管形火枪为黑龙江出土的1288年制成的长30多厘米、重4千克的青铜火枪（现藏英国）。现存最早的金属管形火枪为印有“至正辛卯”（1351年）的铜火铳，现藏中国军事博物馆。

1360年

詹希元［中］创制五轮沙漏 元末科学家詹希元创制一台以流沙为动力的五轮沙漏计时钟。该沙漏用沙代水，避免了温度变化对水流量的影响，提高了漏壶计量时间的准确度。其结构为：沙从沙池漏斗口流到初轮边上的沙斗中，带动初轮转动，初轮带动下一级小齿轮，小齿轮带动水平面上旋转的中轮，中轮轴上装有一根指针，可在测景盘上（类似现代钟表面盘）旋转，以显示时刻。另外，中盘上还装有装置拨动二“人”，一人击鼓，一人鸣钲，以报告时辰。五轮沙漏装有复杂的齿轮系和时刻盘、指针等，它的结构已和近代的时钟相似。

1370年

德·维克［德］制出实用的齿轮时钟 钟表匠德·维克（De Vick, Henry 14世纪）花费8年时间制成。该钟将绳子绕在绕盘上，靠重锤的下降，通过齿轮装置使擒纵轮转动，擒纵轮与安装在立轴上下的耳相啮合，使安装在该轴上的转动横杆转动。横杆的两端下分别附有小砝码，当其缓慢旋转时，绕盘大体上按固定的速度缓慢转动。这种结构可以使表示时刻的针缓慢转动，准确度有所提高。

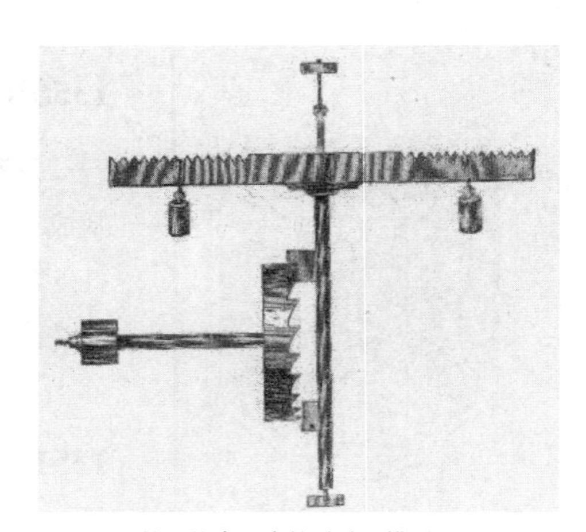

德·维克的齿轮时钟（模型）

1400年

欧洲使用铁制子弹 火器出现后，欧洲雇佣步兵队逐渐取代了向采邑封建主效忠的骑士。这一时期，欧洲开始使用铁制子弹，由于铸造技术尚不过关，在战争中使用还未普及。

14世纪

中国建成化铜炉 明代所建化铜炉采用活塞式鼓风器手动鼓风，铜水经4条流槽流入组合铸范内。熔炉分固定式和搬动式，高约130厘米、直径约60～100厘米。空气入口处在炉的背面相当于一半高度的地方，从炉前出铜，出铜口高度与空气入口相当。在正常情况下，铜块与燃料一起装炉，整个炉料一起熔化，类似现代化铁炉内熔化铸铁。

爱尔兰制成青铜铸釜 爱尔兰出土的铜釜多用一件型芯和一副对开范来浇铸。与早期的铸钟不一样，这些铸釜不是用失蜡法铸造，而是时间上最早、规格最大、用对开范另加一件型芯的工艺实例。

欧洲出现带翻土板的犁 这种犁是在犁铧两侧各安装一块挡泥板，以防止犁过的土落入垄沟中，可以提高犁地的速度和质量。

带翻土板的犁示意图

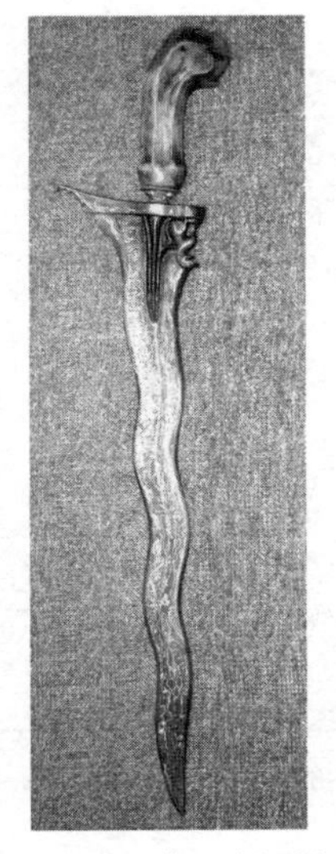

马来西亚克里士短剑

马来西亚制成克里士短剑 克里士短剑是用几种金属焊接成的，剑身夹有一层陨铁，使镍和碳的总含量分别达到5.5%和0.6%。此技术在该地区起始于14世纪。在印度北部也发现类似的短剑，是用许多层（100或150层）不同含碳量的熟铁制成的，含碳量从0.04%～0.3%不等，剑身最后经淬火硬化。这种材料可能用轻度渗透碳的熟铁片经锻接制成，也可能在熟铁片之间放上一层白口铸铁的细粉，然后加热到950～1 000℃，经过适当的锻接和最终的热处理而成。

中国出现多管火铳和火枪 明代时出现多管火铳。一种用熟铁打造，中间为实体，两头为枪管，依次分节充填火药；一种用铁将铳身铸成“品”字形，每个铳管各有一药室和火门，点火后可连射或齐

射。同时出现的还有多管火枪，分双管、五管和七管等多种，用铁打造。火枪装有准星、照门等瞄准装置。

1414年

荷兰始用风车提水　荷兰出现利用风车驱动阿基米德螺旋提水器和水车提升水。通常装备有水车的风车只能把水提到几英尺高，为了将水提到更高地方，就需要很多的风车。荷兰当时有7 500台风车用于湿地排水和工业生产。

1415年

欧洲出现长管炮　“长管炮”一词在拉丁语中是“蛇”的意思。这是因为这种火炮口径较小，炮身细长所致，又简称“长炮”。长管炮用青铜或铁铸造，应用于野战时，长管炮架设在木制轮式炮架上，开始用石弹，后来用铸铁弹进行射击。

1420年

丰塔纳［意］设计自动水雷　意大利工程师丰塔纳（Fontana，Giovanni da 1395—1455）著《战争器械之书》记载，自动水雷靠火箭推进，水雷可在陆上、水中、空中发射。书中附有这种火箭的设计草图。

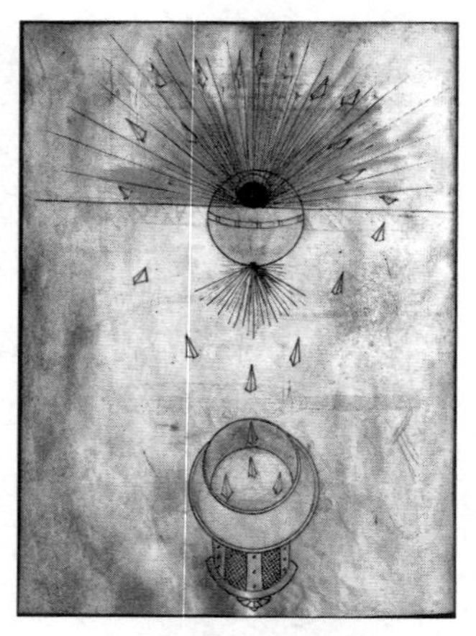
丰塔纳的自动水雷设计草图

1424年

中国颁发标准雨量器　明代开始颁发统一的标准雨量器，并传到朝鲜。至今朝鲜还保存有中国的雨量器，为黄铜制造，高一尺、广八寸，附有标尺，器上刻有“测雨台”“乾隆庚寅五月”等字样，为1770年所制。这是世界现存最早的雨量器。

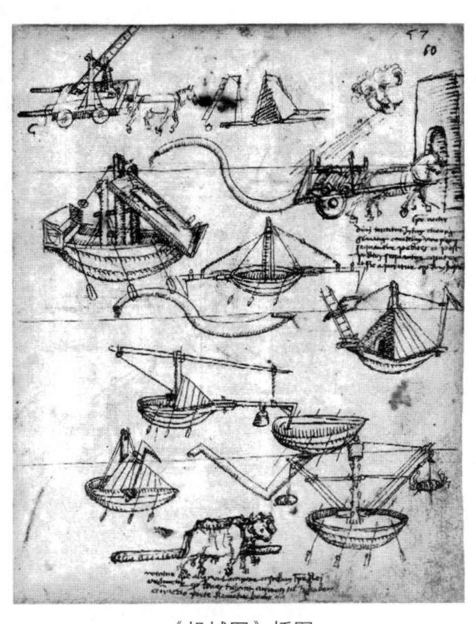

《机械图》插图

约1430年

欧洲出现气枪

1438年

马里亚诺［意］发明捣碎机 文艺复兴早期，艺术家、工程师马里亚诺（Mariano，di Jacopo detto il Taccola 1382—1453）发明捣碎机。这是一种利用手动曲柄旋转，轴上安有飞轮和圆形滑面抓手的机械装置。1438年，他担任锡耶纳（Siena）技师时，出版的《机械图》是15世纪附有插图的机械著作。

1450年

尼古拉斯［德］制成简便湿度计 发明家尼古拉斯（Nicholas of Cusa 1401—1464）在衡重工具的两端各悬重量相等的石块和一团羊毛球，利用干燥的羊毛能吸收空气中的湿气而变重这一现象，根据羊毛球重量变化测定空气湿度的变化。

尼古拉斯

阿尔贝蒂［意］发明机械风速计 艺术建筑师阿尔贝蒂（Alberti，Leon Battista 1404—1472）发明机械风速计。该仪器利用风力吹动木盘上的风向标，以摆动角度的大小表示风力的大小。

约1450年

欧洲大陆出现炼铁高炉　15世纪中叶，欧洲大陆出于军事上对铸铁的需求，德国西格兰（Siegerland）地区已有29座高炉在炼铁。到了16世纪，炼铁高炉已经普及整个欧洲。

炼铁高炉

1455年

古腾堡［德］发明活字印刷机　发明家古腾堡（Gutenberg，Johannes 约1398—1468）于1434年开始研究活字印刷术，先后发明适宜制作活字的铅锡锑合金、印刷油墨和木制螺丝加压双面印刷机，确定了近代活字印刷的完整生产过程。约于1455年，在美因茨成功印刷了《42行圣经》。从此，活字印刷术在欧洲得到迅速发展，到1500年，欧洲就有250个地方开设了大约1 000家印刷厂，极大地促进了欧洲文艺复兴的进展。古腾堡的印刷术约于16世纪传入日本、印度，17世纪传入美国，18世纪传入加拿大，19世纪传入中国、澳大利亚。

古腾堡的活字印刷机（复制品）

亨兹［德］设计捣粉机　发明家亨兹（Henze）为制造火药，设计了一种用于制造火药粉的捣粉机。

1480年

欧洲出版《家书》　中世纪出版的《家书》著者不明。这是一部用插图描绘中世纪技术的名著，内容包括炮的铸造、火药制法、矿山技术、货币铸造、起重机、水车、风车、风箱、滑轮、曲柄机构、连杆、平衡杆、纺车等。

1492年

贝海姆的地球仪

贝海姆[德]制成地球仪 为航海的需要，发明家贝海姆（Behaim，Martin 1459—1507）以黄铜代替木材制造星盘。1485年，他曾航行到非洲西海岸。1490年，回纽伦堡后，在画家格洛肯东（Glockendon，Jorge ？—1514）的协助下开始绘制自己设计的地球仪。该地球仪直径50.7厘米，根据马可·波罗的《东方见闻录》在其上绘制了想象中的中国和日本，于1492年完成。虽然所绘制的世界地形既不准确又已过时且有很多错误，但在发现美洲之前为人们提供了关于地理上的一些有益想法。这是最古老的地球仪，现藏于纽伦堡的德意志国家博物馆。

达·芬奇［意］设计飞行器 文艺复兴时期意大利工程师、发明家、画家达·芬奇（Leonardo da Vinci 1452—1519）在对鸟的飞翔研究的基础上，设计出扑翼机和直升机、降落伞，并设计出推动飞行器前进的螺旋桨。他的有关这类设计的著作是300年后出版的，因而对后来航空技术影响不大。

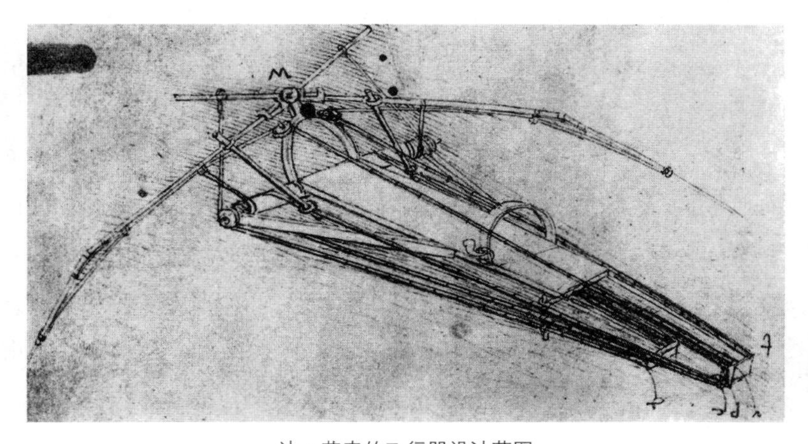
达·芬奇的飞行器设计草图

1496年

门克［德］著《枪炮书》 铁匠门克（Mnch，Phillip）所著《枪炮书》记述了扬水机、起重机、卷扬机、桥梁等设施；还记述了他发明的装有很大的铁制飞轮的卷扬机、用马驱动的大型炮筒镗床等。

15世纪

达·芬奇［意］提出蒸汽动力机、大型水车和链式水泵设计方案 文艺复兴时期发明家、画家达·芬奇曾对蒸汽炮进行过试验，在炮身之下安装金属箱，用炭火在底部加热，当置于其上的水箱中水流入被加热箱中时，水立刻转变成蒸汽，发出爆声的同时，把炮弹发射出去，射程可达180米。他曾设想使用大型水车把河中的水引到农田灌溉。他设计过深井汲水用的链式水泵，在链子上按一定间隔安装铁皮水桶，通过链子回转，水桶就把深井的水提升上来，当上升到顶端再下降时，汲上的水就被引流出来。

达·芬奇［意］设计带有脚踏装置的车床 车床是用车刀对旋转的工件进行切削加工回转表面的设备。最早的车床是用手拉的，达·芬奇设计出脚踏的车床，通过绳索使工件旋转，手持刀具进行切削。

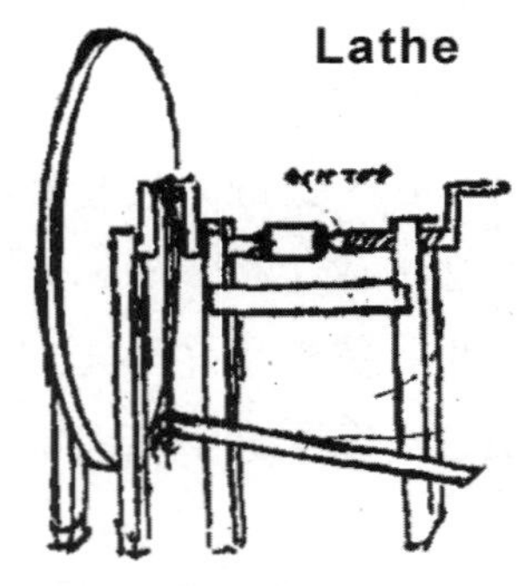

达·芬奇的车床设计草图

欧洲出现火绳枪 这是一种从枪口装填弹药，用火绳点火发射的火枪，是早期的一种轻火器。

欧洲出现卡宾枪 15世纪末，西班牙骑兵所使用的一种叫卡宾枪的短步枪。当时西班牙把骑兵叫作Carabinas（音为“卡宾”），卡宾枪由此而得名。开始是一种单发的直膛枪管的短轻型步枪，后来出现来复膛线卡宾枪和滑膛卡宾枪。

卡宾枪（模型）

1505年

亨莱恩［德］发明家庭用小型时钟　纽伦堡锁匠亨莱恩（Henlein，Peter 1485—1542）设计一种小型时钟，用发条代替砝码，将细长的带状金属发条团团地缠住放在箱中，固定其中心，再将另一端安装在箱子上。转动这个小箱，发条就卷紧，放开使小箱转动的把手，小箱就因发条松开的力而向与卷紧方向相反的方向转动，每上紧一次发条，可转动40小时。由于不使用较大的圆筒和砝码，就能将发条结构的钟制成小型的，由此制成怀表。最初的这种怀表是椭圆形的，人们又称它为“纽伦堡蛋”。当时的有钱人将美丽的怀表挂在脖子上，这种钟表又被称为“颈上表”。

1517年

德国纽伦堡制作轮式扳机枪

1530年

阿格里柯拉［德］著《铋》　阿格里柯拉（Agricola，Georg 1494—1555）关于矿物学和采矿业的导论性著作《铋》出版。

欧洲出现台钳

于尔根［德］发明脚踏传动机构的纺车　工匠于尔根（Jürgen，Johann）在达·芬奇构思的启发下发明了装有翼锭和筒管的脚踏传动机构的纺车。

1539年

德国开始在矿山采掘中使用罗盘

1540年

比林格其奥［意］著《火工术》　冶金家比林格其奥（Biringuccio，Vannoccio 1480—1539）所著《火工术》出版。这是一部插图精美的论述矿物、金属和冶金术的著作，也是第一部关于冶金术的综合性手册。书中用绘制插图的方法记述以水车为动力的风箱、踏轮、炮轮、炮筒钻孔机等许多独特的机械技术。

雷科德［英］著《技艺的基础》出版　数学家雷科德（Recorde，Robert 约1512—1558）所著《技艺的基础》。这是在英国出版的最早的技术书籍，该书对商业数学的兴起产生了很大的影响。

1542年

俄国制成高夫尼察炮　高夫尼察炮系俄国16世纪最早的榴弹炮，是一种短身管、发射石弹和石霰弹的滑膛炮，口径130毫米，炮身长1米左右。

1543年

葡萄牙将西洋枪炮输到日本　1543年，一艘中国帆船因遭暴风雨袭击漂流到日本萨南的种子岛。船上有3名葡萄牙人带有火枪，他们向日本介绍了枪炮及其制造技术。种子岛岛主时尧不惜重金引进枪炮，并命令手下工匠金卫尽快学习枪炮制造技术。这就是日本历史上所说的“铁炮传来”。以后，葡萄牙传教士将以天主教为中心的西方文化传入日本，日本史称“南蛮文化”，揭开了日本文化与西方文化接触的序幕。

1550年

卡尔达诺［意］论述阿基米德螺旋提水法　数学家、物理学家、占星术士卡尔达诺（Cardano，Gerolamo 1501—1576）在《论精巧》一书中，以奥格斯堡使用的一种机器为例，论述用阿基米德螺旋提升水的原理。这个提水机的一竖轴由提供动力的水轮轴上的一金属正齿轮驱动，竖轴上还带有一些小齿轮，其数目和竖轴上螺旋的数目相同，它们依次将水从一系列水平水槽提升到位置更高的水槽。通过旋转螺旋和固定水槽的交替提升，最后水便升流到达塔的顶端。

卡尔达诺［意］发明悬吊　卡尔达诺悬吊又叫“卡尔达诺平浮环”，它由3个具有相互垂直旋转轴的圆环构成。当船横向摇晃时，可使放于其上的指南针、时钟、蜡台等保持平衡。

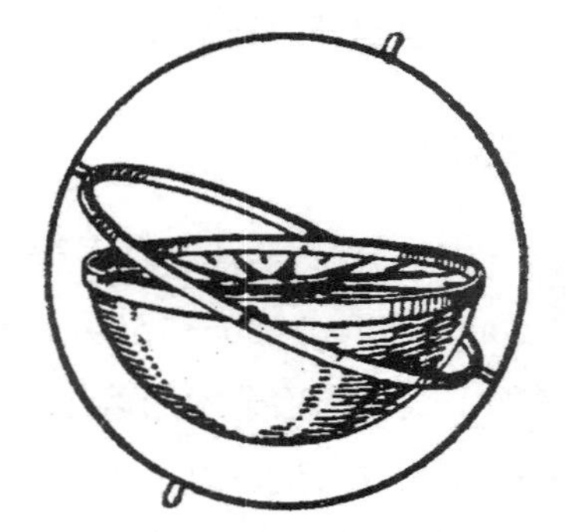

卡尔达诺悬吊结构图

约1550年

欧洲使用沙漏计时器作旅行钟

1556年

阿格里柯拉［德］著《矿山学》出版 文艺复兴时期，矿物学家阿格里柯拉所著《矿山学》（又译《论金属》）出版。全书12卷。第1卷对矿业做了一般的介绍，指出成功经营矿业所必须具备的知识；第2卷描述矿业主应具有的性格和品质，论述矿物勘探、矿业所有权、矿业公司及股份等；第3卷矿脉分析；第4卷矿山管理；第5卷矿脉挖掘；第6卷矿用工具与机械；第7卷矿石试验法；第8卷选矿技术；第9卷冶金技术；第10卷论述分离贵金属；第11卷论述分离金银；第12卷论述盐、碱、明矾、硫磺、玻璃等制法。该书第一次对采矿冶金技术做了系统论述，配有大量的图解。1640年，德国耶稣会士汤若望等人将其译成中文，书名为《坤舆格致》。

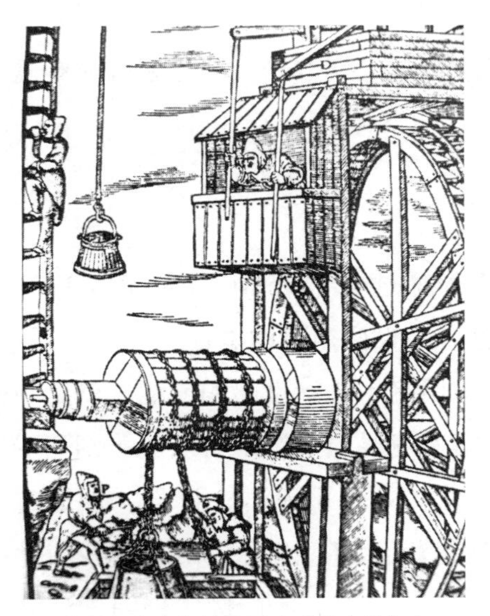

矿山用的水车结构图（《矿山学》）

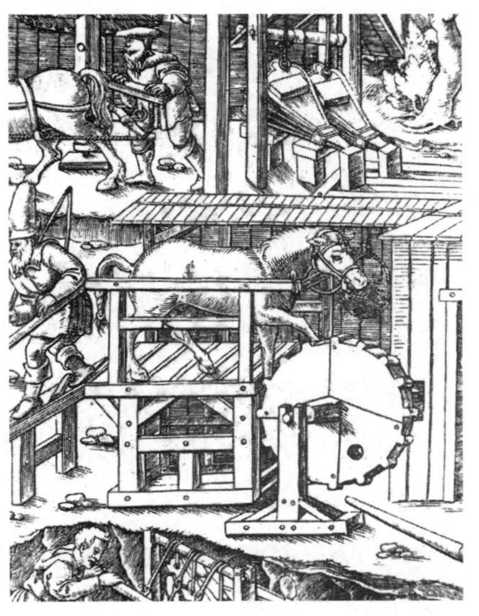

《矿山学》插图

1568年

朔佩尔［德］著《大众全书》出版 技师朔佩尔（Schopper，Hartmann 1542—1595）所著《大众全书》在法兰克福出版。该书图文并茂地描述印刷工在螺杆印刷机上用活字进行印刷；造纸工已经装备由水轮轴上的随动杆驱动的纸浆机；车工在一个车床上车削金属单柄大酒杯，其动力由套在一大皮带轮上的环形皮带供给，一位助手摇动皮带轮的曲柄；车工在用车床加工一个球，车床的心轴显然是由绳子或皮带带动，后者的两端分别附着于一踏板和一弹性跨杆等。从该书可以看出，这些工作都是个体劳动，使用手工工具，只是最低限度地借助人力之外的动力源。

1569年

贝松［法］著《工具与机械论》出版 宫廷机械师、数学教师贝松（Besson，Jacques 1540—1576）所著《工具与机械论》出版。书中含有起重机、水力机械、泵的装置等新技术，同时还有他发明的加工螺丝的车床和加工椭圆体的车床。贝松最早在螺纹车床上加装凸轮和模板（用以控制加工工件的形状）以加强对工具和工件的机械控制，使之能生产出更精确更复杂的制品。

约1570年

丹蒂［意］发明摆动式风力计 工程师丹蒂（Danti，Egnatio 1536—1586）发明了摆动式风力计，这是测风速从定性到定量的里程碑。

荷兰使用流木法推定航海速度 古代用流木法计量船舶航程，就是在船头把木块投入海中，然后向船尾跑去，其速度要与木块同时从船头到达船尾相同，以测算航速和航程。16世纪初，荷兰人也用流木法计程，即通过计量流木通过一个船体长的时间来计算航速和航程。以后又创造出沙漏计程法，利用一个14秒或28秒的沙漏计时，另以一块木板连接一根绳索，在绳索上按等距离打结，两结之间称为一节，以节数来计算船的航速。至今航速单位仍称之为节。

1571年

日本制造大炮　日本国友铁炮制造所生产出两门炮身长3米的火炮。

1574年

埃克尔［奥］著《论矿石和冶金》出版　冶金学家埃克尔（Ercker, Lazarus 约1530—1594）所著《论矿石和冶金》出版。该书系统总结了金、银、铜、锑、铋、汞、铅矿物和这些金属的检验、制取和精炼技术；论述了酸、碱、盐的制造工艺流程，实验室的设备和作用，灰吹皿和冶炼炉的建造及试金天平的制作。

1578年

贝松［法］的《数学仪器和机械器具图册》印行　数学家、机械师贝松逝世后，《数学仪器和机械器具图册》于里昂出版，该书附有贝罗阿尔德的注释，是一部包罗了仪器、机床、泵唧装置以及武器等内容的巨著。这些设计中广泛采用了螺杆和蜗轮。该著作对在法国传播达·芬奇的思想传统起到了很大作用。

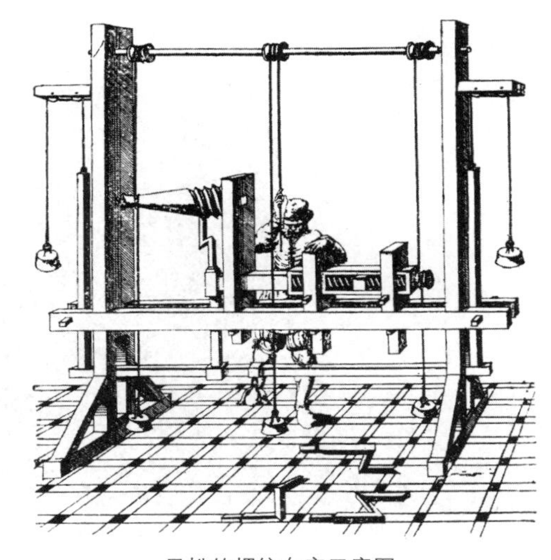

贝松的螺纹车床示意图

1580年

欧洲机械时钟传入中国　意大利传教士罗明坚把欧洲机械时钟（自鸣钟）带到广州，作为礼品献给两广总督陈文峰。1583年1月4日，罗明坚在中国把欧洲机械时钟上的24小时刻度改为中国的12时辰，把阿拉伯数字改写成中文，每天又分成100刻。此后机械时钟逐渐输入中国，并出现了中国民间制钟作坊。

1582年

莫里斯［荷］在伦敦泰晤士河装设提水机器 工程师彼得·莫里斯向伦敦市长和参议员建议，在泰晤士河装设一台提水机器。这种机器利用水泵和阀门可以将水抽吸和压送到城里地势最高地区中那些最高建筑物的最高处房间。

1586年

乔霍夫［俄］铸轰天炮式铜制滑膛炮 铸炮匠乔霍夫（Chokhov，Andrey 约1545—1629）所铸克里姆林宫内的“炮王”重40吨，口径890毫米，长5.34米。炮身表面有装饰浮雕，其装饰性炮架于1835年铸造。该炮是为保卫莫斯科克里姆林宫而铸造的，是16世纪俄国工匠铸炮技术之精品，一直保存于克里姆林宫内。

克里姆林宫内的“炮王”

1588年

拉梅里［意］著《各种精巧的机械装置》出版 机械师拉梅里（Ramelli，Agostino 1530—1590）所著《各种精巧的机械装置》出版，书中有193幅精美的铜版插图，艺术性强，并附有法文和意大利文的解说。其中绘制了许多当时由拉梅里本人发明的机械，尤以详细记述风车、水泵及齿轮装置而著名，同时也有关于滚碾制粉机、采石机、制材机、起重机等16世纪重要机械方面的文献。

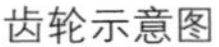

齿轮示意图

碾磨示意图

拉梅里［意］记述的风车内部结构 机械师拉梅里著《各种精巧的机械装置》记述的风车内部工作部件和结构，展示了用于碾磨谷物的单柱风车和塔式风车，还展示了一台带动链泵的塔式风车。

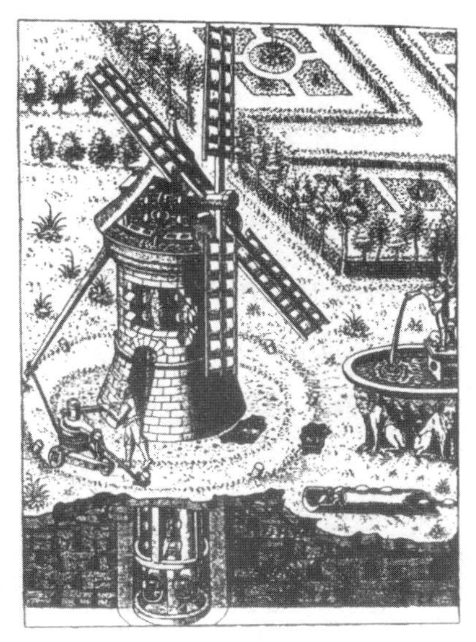

塔式风车示意图

1589年

李［英］发明手工针织机 剑桥圣约翰学院神学硕士李（Lee，William ？—1610）受妻子手工编织的启发，发明世界上第一台手工针织机，用以编制粗毛袜。他用手工磨制的钩针排列成行，每推动机器一次可织16个线圈，生产速度比手工针织匠人高得多。李去世后，他发明的针织机在欧洲被广泛应用。后虽经过改良，但是机上所用的钩针一直沿用了200余年，机器运用的线圈串套基本原理沿用至今。

1592年

伽利略［意］发明空气温度计 物理学家、天文学家伽利略（Galilei，Galileo 1564—1642）发明一种空气温度计。它是一根下端开口、上端呈封闭玻璃泡状的玻璃管。玻璃泡里有空气，当温度上升或降低时，泡中的空气就膨胀或收缩，而玻璃管中的水便会随着下降或上升。玻璃管上可能还附有刻度。

1597年

萨克托留斯［意］制成体温计、脉搏计 帕多瓦大学医学教授萨克托留斯（Sanctorius of Padua 1561—1636）自制了一种体温计。受伽利略的温度计的启发，他将直形细管改成螺旋状细管，测量时令病人口含螺旋状管末端玻璃球，医生通过观察管内水柱的高度来估计人体的温度。他所设计的脉搏计也是模仿伽利略的单摆，单摆振动的周期与摆长有关，摆长越短则周期也越短。使用时，先行调节摆长，使摆动周期与脉搏一致，在摆长边上附有尺度，医生根据摆长的长度来评定脉搏的速度。

16世纪

中国出现空钟 据《帝京景物略》记述，明代空钟为木制，圆形，直径最大为30厘米，中空，四周开口，中有竹轴，是民间玩具。人们以绒缠竹轴，并穿过一带孔的竹板，用力拽转，空钟即旋转落地。

1606年

乔霍夫［俄］、费奥多罗夫［俄］铸造轰天炮 铸炮工匠乔霍夫、费奥多罗夫（Feodorov ，Pronin）铸造的轰天炮口径542毫米、身管长1.3米。后来在熔化旧炮时，由于它是当时俄国一门独一无二的火炮，1703年，根据沙皇彼得一世的命令被保存下来，现存放在圣彼得堡的炮兵历史博物馆。

1608年

林特拉埃［法］制成由“升液泵”构成的抽水机械 工匠林特拉埃（Lintlaer，Jean）制成的该机械依靠塞纳河九号桥下面的水流来工作，供给卢浮宫和蒂勒里宫的用水。在活塞的下行程，水通过活塞上的阀门升高，而在活塞的上行程，水则被推过泵缸盖上的阀门而直接进入排水管，水从那里垂直向上涌出。活塞杆直立于一横杆之上，在水下由一对竖直连杆悬挂在上面一摇动梁上。这种水泵浸没在水中，所以不用为了启动而注水。这种抽水机械很快作为手压式抽水机在民间普及开来。

安装在巴黎圣母桥上的从塞纳河取水的抽水机结构图

1612年

熊三拔［意］、徐光启［中］编纂《泰西水法》 耶稣会传教士熊三拔（Sabatino de Ursis 1575—1620）口授，明朝科学家徐光启（1562—1633）记编的《泰西水法》成书。此书最早介绍西方技术到中国。《泰西水法》是一部介绍西方水利科学的著作，《四库全书总目》对此做了较为详细的介绍，称“是书皆记取水蓄水之法”。第1卷为龙尾车，用挈江河之水；第2卷为玉衡车，用挈井泉之水；第3卷为水库记，用蓄雨雪之水；第4卷为水法附余，讲寻泉作井之法，并附以疗病之水；第5卷为水法或问，备言水性；第6卷为诸器之图式。

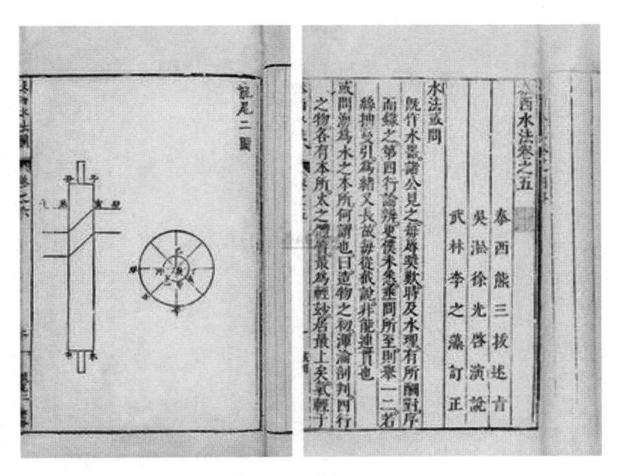

《泰西水法》书影

总目又对传入中国的西方科学进行比较，对水利科学做了较高的评价，指出："西洋之学，以测量步算为第一，而奇器次之，奇器之中，水法尤切于民用，视他器之徒矜工巧，为耳目之玩者又殊。固讲水利者所必资也。"

1615年

德·科［法］发明利用蒸汽动力的喷水装置 工匠德·科（De Caus, Salomon 1576—1630）将盛了少许水的密闭容器与一管连通，管的另一端伸进井内水面之下，用火焰加热容器，里面的水沸腾起来，产生的蒸汽充满了整个容器和管子。随即将火移开，容器内部的蒸汽冷却凝结，井水就被吸到容器中。这种办法效率太低，没有实用价值，但对后人却是启发。

1617年

维兰梯乌斯［意］著《新机器》 维兰梯乌斯（Verantius, Faustus 1551—1617）在书中描述了一些风车的内部结构、拱桥的拱架、吊桥以及疏浚设备，还描写了抓斗掘土机。

纳皮尔［英］发明"纳皮尔算筹" 数学家纳皮尔（Napier, John 1550—1617）发明一种计算工具。它由1个底座及9根算筹组成，可以把乘法运算转为加法，也可以把除法运算转为减法。由于这些算筹通常是用骨头制作的，故被称为"纳皮尔骨棒"。

1620年

德雷贝尔［荷］发明孵化器恒温调控系统 物理学家德雷贝尔（Drebbel, Cornelis 1572—1633）利用火加热孵化器内外夹层中的水获得热量，火焰大小通过孵化器顶部的通风口挡板的开度来控制，而挡板的开度则根据温度计的测量结果来调节。这是一个开环反馈系统。

冈特［英］发明对数尺 天文学家、数学家冈特（Gunter, Edmund 1581—1626）发明一种使用单个对数刻度的计算尺，它标有1～10之间的对数标度，从一端开始与1～10之间各个数的对数成比例地截取线段，每一线段的端点标上该线段等于其对数的那个数。这样，标尺两端所标的数字就是1和

10，线段在尺上的加和减等于相对应的数的乘和除。该尺无滑动部分，须借另一分规进行计算。这是最早的实用计算尺，被称为冈特尺。后来，该尺的原理及使用方法记载于1623年出版的《函数尺》中，冈特尺在英国通用近2个世纪。

德雷贝尔［荷］建造第一艘潜水艇 早在1578年，英国数学家伯恩就对潜水艇做了记述，但最早制作出潜水艇的是荷兰物理学家、发明家德雷贝尔（Drebbel，Cornelis 1572—1633）。在詹姆斯一世资助下他制成木制的潜水艇，载12个人下潜5米。潜水艇用木材和牛皮制造，用木桨推进，为防止渗水，用油皮罩密封，用浮在水面的管子换气。1620年，该潜水艇在泰晤士河约4米深处从威斯敏斯特航行到格林尼治。航行中由两根管子供应空气，管口用浮体浮在水面上。1724年，俄国木匠尼科诺夫制成第一艘用于军事目的的潜艇。

德雷贝尔建造的潜水艇（复制品）

1621年

意大利介绍缩绒机图书出版 工程技术著作家宗卡（Zonca，Vittorio 1568—1603）的《机器新舞台和启发》一书，在其逝世多年后出版。书中用相当粗糙的简图记述从动力机械的应用扩展到缩绒、缩呢、复式锭子绢纺以及许多其他工业用途，书中附有现存最早的一幅缩绒机图画。按照此书的描绘，这种缩绒机是相当简单的机器，由水车驱动一根轴，轴上装有凸轮，以提起两个沉重的木棰，凸轮的运动带动木棰打击槽里的布。这种缩绒机节省了大量劳动力，因而也促进了机织布缩绒后处理工序的改良。

奥特雷德［英］设计计算尺 剑桥技师奥特雷德（Oughtred，William 1574—1660）利用两根“冈特尺”制作一直形对角计算尺。他舍弃了两脚规而采用在一标尺上滑动另一标尺的方法，即把两个等同的直线的对数刻度的尺合在一起，并用手来滑动调整。1632年，他还发明一圆形计算尺。1654年，比赛克尔进一步改良了这种早期的滑尺，使之既有固定的又有滑动的对数刻度。后来有了滑动指针，更多种刻度被安装在滑尺上，使滑尺能应用于不同的计算中。后经过改进，于1654年形成现代计算尺的雏形。

茅元仪［中］记述火箭雏形 明代军事家茅元仪（1594—1640）所著《武备志》记述一种叫作“火龙出水”的火箭。它是用一个五尺长的大竹筒，里面打通磨光，两头装上龙头与龙尾，龙身的前后部各斜装着两支大火箭，作为第一级火箭。龙腹内部也装有几支火箭，把它们的药捻连接在龙身外火药筒的尾部，作为第二级火箭。使用时，先发射第一级火箭，延迟一定的时间，引火线又引燃装在龙腹内的第二级火箭，火药包就从龙口中照直飞出去，焚烧和杀伤敌人，而龙体便自由落地。这种火箭的设计符合现代多级火箭的原理。

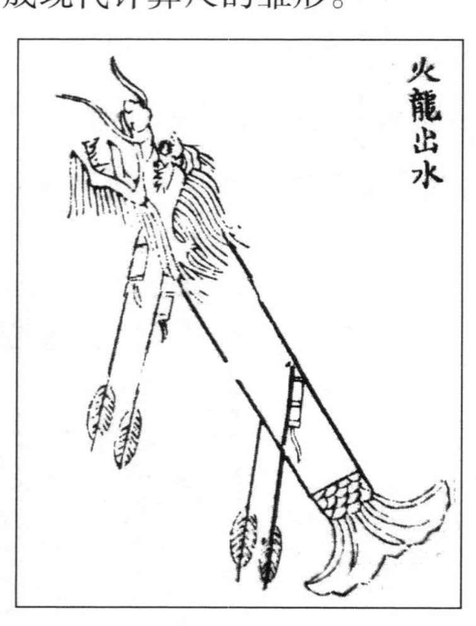

《武备志》中的插图“火龙出水”

1623—1624年

席卡特［德］设计机械计算机 图宾根大学教授席卡特（Schickard，Wilhelm 1592—1635）设计出带有进位机构、可进行四则运算的机械计算机。实际上这是个木制计算器，能完成简单的加法和减法运算，在操作者的帮助下，也能进行乘法和除法运算。这个计算器借助“纳皮尔乘除器”来进行工作。但席卡特的工作长期不为人知，直到1957年人们才发现他在1623—1624年写给德国天文学家开普勒的信件，并在信中见到他绘制的计算机草图和说明。

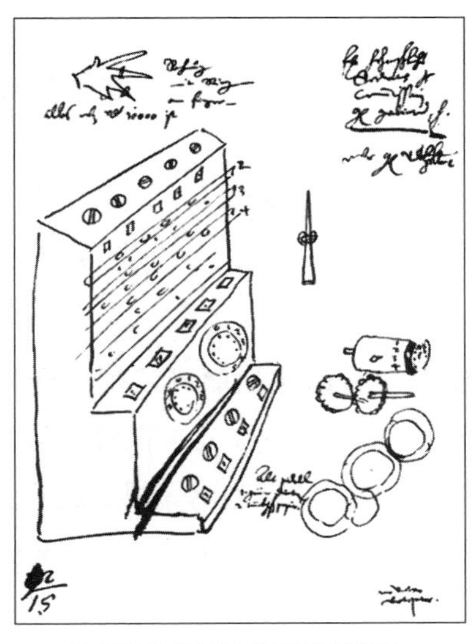
席卡特的机械计算机设计草图

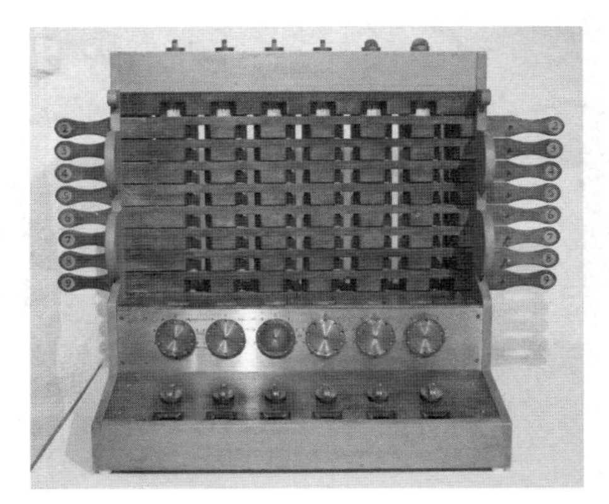
席卡特的机械计算机（复制品）

1626年

布兰卡［意］著《机械》　工程师、建筑师布兰卡（Branca，Giovanni 1571—1645）在罗马以拉丁文出版的《机械》中，有最早的蒸汽机插图。这台蒸汽机用作粉碎药剂设备的动力源，由于当时技术水平所限，并未制成实物，仅是简单的图示而已。

《机械》中的蒸汽机插图

1627年

邓玉函［德］、王徵［中］编译《奇器图说》　德国耶稣会传教士邓玉函（Johann Schreck 1576—1630）口授，明末科学家王徵笔译并绘图，编译而成《奇器图说》于1927年刊行。该书共三卷，第一卷记述重力、比重、重心、浮力等力学知识；第二卷记述简单机械的原理、构造和应用；第三卷记述各种机械的构造和应用，如起重机械、汲水机械、粮食加工机械、锯木机等。书中还记述曲柄连杆、行轮、星轮、齿轮系、蜗轮

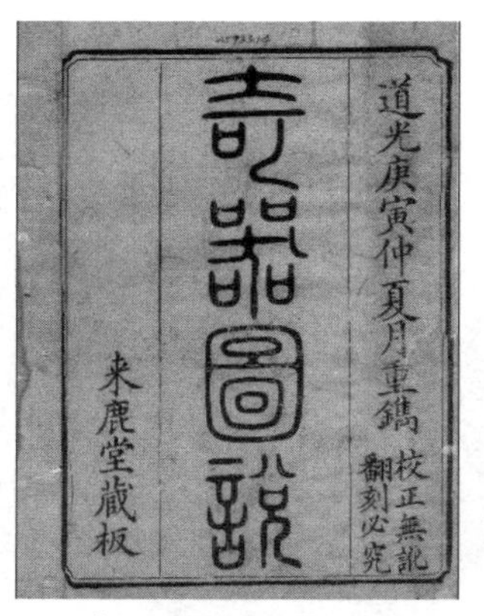

《远西奇器图说》书影

蜗杆、棘轮、飞轮等机构，以及人力、畜力、风力、水力、重力的应用方法。该书是最早编译的西方工程机械图书。

欧洲矿山开始使用黑火药

1628年

孙云球［中］用天然水晶磨制镜片　光学仪器发明家孙云球（约1628—1662）在没有验光的条件下，随目配镜，用水晶磨制出老视、远视、近视等多种光度镜片，并著有《镜史》。1700年后，中国开始用光学玻璃制作镜片。

1629年

布兰卡［意］设计冲击式汽轮机　工程师、建筑师布兰卡设计在汽轮机叶轮上安装有从喷嘴喷出蒸汽的装置，通过轴的旋转产生动力。但未制作使用。

1630年

钱伯伦［英］发明产钳　助产士钱伯伦（Chamberlen，Peter 1560—1631）创制有孔且与头形相吻合的弯曲状产钳。由于仅限于在家族内秘密使用，所以这种工具很少为人所知。直到18世纪，法国医师帕尔法恩对产钳进行了改进，确立了产钳的应用原则后才得以推广。

1631年

薄珏［中］利用望远镜增加火炮射击精度　明末机械制造家薄珏创造性地将望远镜放置在自制的火炮上，增加了火炮射击的准确度。

1636年

洛卡提里［希］创制播种机　科林斯城机械师洛卡提里（Locatelli，

Joseph）创制出欧洲第一台播种机。

1637年

宋应星［中］著《天工开物》 科学家宋应星（1587—约1666）著《天工开物》由友人资助刊印。《天工开物》记述了直到明朝中叶为止的中国古代的各项技术，被认为是世界上第一部有关农业和手工业生产技术的百科全书。全书分上、中、下3卷，其下又分为18卷。上卷为乃粒、乃服、彰施、粹精、作咸、甘嗜6卷，中卷为陶埏、冶铸、舟车、锤锻、燔石、膏液、杀青7卷，下卷为五金、佳兵、丹青、曲蘖、珠玉5卷。《天工开物》从专门技术的角度，把农业、手工业等生产领域中几千年积累的经验加以全面概括，填补了以往技术著作中的很多空白，构成一个完整的科学技术体系，在世界科学技术史上也占有重要地位。

《天工开物》记述油料加工法 《天工开物》记述油料加工法分水代法和压榨法。水代法是用石磨把油料磨碎成浆，然后兑水振荡，把油代出。压榨法用杠杆或撞击方法把油压出。二者设备均为木制。这是关于油料加工的最早记载。

1640年

加斯科因［英］发明十字丝 加斯科因（Gascoigne，William 1612—1644）在望远镜的两片透镜之间设置十字丝，使望远镜能用于精确瞄准，从而为光学测量仪器的改进和发展创造了条件。

法国出现性能优良的火石枪 16世纪末到17世纪初，火石枪在西班牙和荷兰各地使用。火石枪是当地雇佣兵针对齿轮枪容易被敌方发现，以及结构复杂、价格昂贵的缺点，做了种种改进而出现的。火石装置并没能使装子弹和发射时间缩得很短，但能减少由于烟雾而造成的瞄准偏差和火药产生的气体烧伤射手的事故，同时射手不必留意保护火种和担心火绳被雨淋湿或受潮等问题。

1642年

帕斯卡［法］发明加减运算器 数学家、哲学家帕斯卡（Pascal，Blaise 1623—1662）发明能以数字方式进行加减运算的机械式计算装置。该装置由许多齿轮和平行的水平轴构成，外壳用铜制成，是一个长20英寸、宽4英寸、高 3 英寸的长方形盒子，面板上有一系列显示数字的小窗口。有8个可动的刻度盘，最多可把8位长的数字加起来，通过机壳上的窗孔可以看到数轮的位置并读出相加数的和。利用一些类似于电话拨号盘的水平齿轮把数字输入到机内，而齿轮则通过枢轮传动同数轮耦合。大多数数轮都是按十进制计数法传动，但最右边的两个数轮，一个有20档，另一个有12档，分别用以计算当时法国的钱币单位“苏”和“第涅尔”。

帕斯卡的加减运算器

1643年

汤若望［德］、焦勋［中］著《火攻挈要》 耶稣会传教士汤若望（Bell，Johann Adam Schall von 1592—1666）口授，焦勋笔录编纂的《火攻挈要》全书4万余字，图27幅，内容包括各种火炮铸造法、安置方法，炮弹、地雷的制造，鸟枪等火器的制造技术。

托里拆利［意］发明水银气压计 物理学家、数学家托里拆利（Torricelli，Evanglista 1608—1647）进行了以他的名字命名的著名实验。他将约长1米的一端封闭的玻璃管充以水银，倒立在水银槽中，管中水银下降到76厘米时即止，在管的封闭端出现了一段真空。如果在装水银的玻璃管旁固定一个刻度尺，就可以直接读出大气压的值，这是最早的水银气压计。实验的结论与托里折利预想的结果完全一致，也证明了大气压力的存在和真空的产生。托里拆利在1644年6月11日写给意大利数学家里奇的信中首次披露了这个发明。

1644年

胡克［英］创制风速表 胡克（Hooke，Robert 1635—1703）制成测定风速的叶片式风速表。

1646年

基歇尔［德］描述幻灯装置 耶稣会神父、学者基歇尔（Kircher，Athanasius 1601/1602—1680）描述了幻灯装置。该装置有一转盘和一观看系统。转盘上有许多小图像，通过一透镜系统可以使观看者看到被放大的图像。

1650年

格里凯［德］发明真空泵 马德堡市长、工程师格里凯（Guericke，Otto von 1602—1686）得知伽利略证明空气有质量的消息后，通过改进抽水唧筒，如增加活门、改用铜球、加固密封等措施，终于发明了真空泵。开始，可获得1个或1个以上托（torr，真空度单位，相当于1毫米水银柱的压力）的真空度，后达到10.2～10.3托。随后，格里凯使用自己发明的空气泵做了一系列的真空实验，如真空不能传声，火焰在真空中会熄灭等。格里凯把铜球中的空气抽空发现大气的压力非常大，可以把铜制的球形容器压瘪。格里凯还把水注入到抽空的玻璃管中，发明了水柱气压计，用管中水面高低的变化来预测天气。

列文虎克［荷］改进显微镜 博物学家列文虎克（Leeuwenhoek，Antoni Philips van 1632—1723）自制的透镜质量极好，由于缺少光学知识，未能制出复式显微镜，但所制透镜的放大倍率高，可达到270倍左右。他曾用单片透镜的

显微镜通过观察发现了单细胞有机体即原生动物。

惠更斯［荷］发明望远镜 物理学家、天文学家惠更斯（Huygens，Christiaan 1629—1695）同弟弟一起采用新的方法研磨球面透镜，制造出质地优良的望远镜，并用于天文观测，发现了土星光环、土卫六、猎户座星云等。1659年，惠更斯在天文望远镜上加装了测微器，提高了天文观测的精度。在1681年以后的几年中，惠更斯研究制作出几种焦距为几十米长的物镜，其中最长的达到63米，并将它悬在高杆之上与目镜装配成色差很小的无管“空中望远镜”。这种设备在天文观测中几乎使用了1个世纪。惠更斯发明的目镜后被称为“惠更斯目镜”，至今通用。

赫维留斯［波］创制望远镜 赫维留斯（Hevelius，Johannes 1611—1687）制造焦距几十米长的开放结构的望远镜。

1654年

格里凯［德］进行马德堡半球实验 马德堡市长、工程师格里凯进行了著名的马德堡半球实验，他将两个直径40厘米的铜制的半球对接在一起，用经过松节油蜡浸过的皮环密封，再利用空气泵把球内抽成真空，然后将半球分别套上马向两边拉动，结果用16匹马也未能把半球拉开。这一实验显示了人造真空的可能和大气压的巨大机械力。

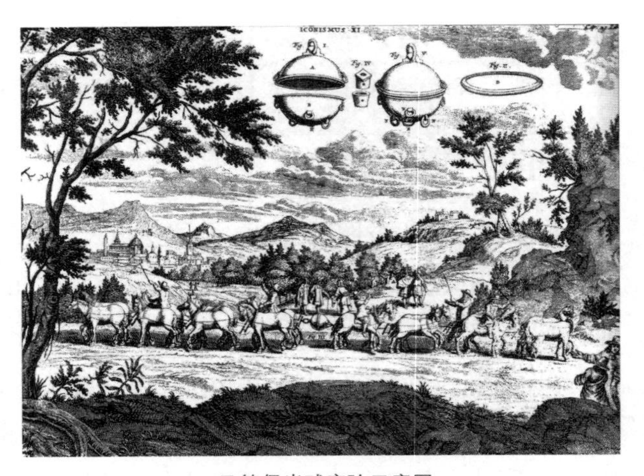

马德堡半球实验示意图

1655年

豪施［德］发明灭火器 制造商豪施（Hautsch，Hans 1595—1670）发明的灭火器带有空气室，可以连续喷水灭火。

1657年

惠更斯［荷］发明摆钟和钟表自动调节器 意大利物理学家、天文学家伽利略发现单摆等时性后，1656年，物理学家惠更斯在研究单摆等时性的基础上发明摆钟。1657年，他设计出摆钟的自动调节器并取得摆钟专利。1658年，他在《钟表论》中对其原理做出说明：重锤通过一水平节摆轮向摆施以周期的、瞬时的冲力而使摆运动，摆则以其等时性调节着重锤的下落和指针的运动。摆钟的核心部件是水平节摆轮，其齿轮交替作用于一个与摆相连的水平轴上的两个棘爪，以实现反馈控制。1673年，惠更斯又用螺线形的平衡摆簧（即游丝）代替了摆，设计出便携式钟表。

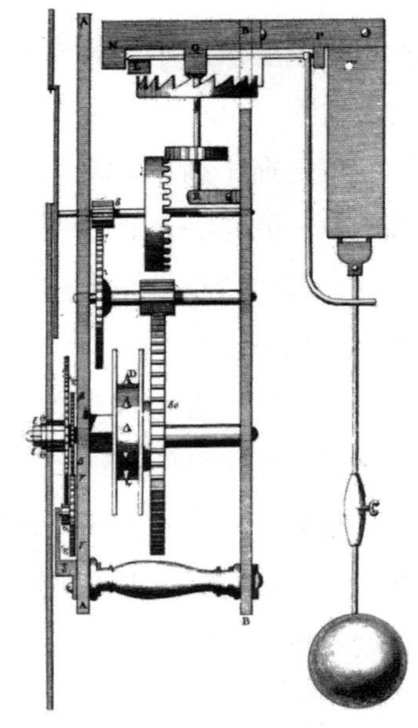

惠更斯摆钟结构图

1659年

惠更斯［荷］设计船用钟 惠更斯的船用钟由一个每拍半秒的短摆调节，仪器基座上方的摆锤由V形双线悬置方式支撑，以便在一个平面上摆动。摆锤和一条悬置绳索上的可移动重锤相组合，后者可上下移动，以调准时钟的走速。该钟还可确定经度，以保证船只在海上准确、安全地航行。

1660年

格里凯［德］发明静电起电机 马德堡市长、工程师格里凯发明的这种起电机是在棒轴上旋转的硫磺球，在转动时用手接触它，产生摩擦，就能积蓄大量电荷。硫磺球的制作过程是用一球状玻璃瓶盛满粉末状硫磺，用火烧热玻璃瓶使硫磺熔化，待冷却后打破玻璃瓶，硫磺就成球状，其上钻一小孔，支在一根棒轴上就可自由转动。格里凯静电起电机的发明，是静电实验的开端。

波义耳［英］、胡克［英］改革格里凯真空泵 1658年，化学家、物理学家波义耳（Boyle，Robert 1627—1691）让其助手胡克制造格里凯真空泵。胡克将格里凯用水作为密封剂改为从牛的肝脏中提取的油作为密封剂，性能大为改善。当时将由这种泵获得的真空称为“波义耳真空”。

惠更斯［荷］试制航海时钟 新大陆发现以来，远洋航海的重要性日益增加。1598年，西班牙国王腓力三世出赏金1 000克朗（Crown），几乎在此同时，霍兰特州总督出10 000弗罗林（Florin）赏金。1657年，惠更斯把重锤和摆用擒纵器组装在一起，制造最早的摆锤时钟。惠更斯在海上进行摆锤时钟试验表明，在有风浪时当然不行，就是在风平浪静的时候由于纬度不同引起的重力变化也使时钟产生误差，因此不能真正用于航海。

胡克［英］发明用于摆轮的游丝 胡克发明的游丝虽然可以成为航海用时钟的基础，但由于以应用此项发明为目的而设立同业行会的失败，他失去了对这项发明的关心。

1663年

武斯特［英］介绍蒸汽机 侯爵武斯特（Worcester，Edward Somerset 1601—1667）所著的《发明的世纪》于1663年印刷。书中介绍了100多项发明，其中有一项是蒸汽机。

牛顿［英］设计喷气蒸汽机车 物理学家、数学家牛顿（Newton，Isaac 1642—1727）设计喷气蒸汽机车。他将一大的球形蒸汽锅安装在一辆四轮车上，在汽锅下面安装一火炉，蒸汽锅后端有一喷嘴。牛顿设想在驾驶这种车辆时，驾驶员通过手中的长杆将汽锅后面的喷嘴打开，蒸汽就会从蒸汽锅上的喷嘴向后喷去，从而推动车辆向前移动，然而牛顿并未试验成功。

萨默塞特［英］发明抽水机械 发明家萨默塞特（Somerset，Edward 1601—1667）是英国早期蒸汽机研究者之一。他所发明的抽水机械，根据英国议会条令取得99年的专利权，所著《百科发明》论述了火力抽水机、永动机等有关知识。

1665年

胡克的显微镜

胡克［英］发明复式显微镜 物理学家胡克的显微镜用一个半球形单片透镜作为物镜，一个平凸透镜作为目镜。镜筒长6英寸，但可用一附加的拉筒来加长。镜筒用螺丝装在一可活动的环上，后者装在一立架上。待察物体固定在一从底座伸出的针状物上，并用一只灯照明，灯上附装有一球形聚光器。胡克第一次用显微镜观察到植物组织的细胞结构——软木细胞结构。

1666年

莫兰德［英］制作加法、乘法计算器 发明家、爵士莫兰德（Morland，Samuel 1625—1695）制作的加法器是金属的，面板上有8个刻度盘分别表示英国的8种铜币，在各刻度盘中，有一些同样分度的圆盘围绕各自的圆心转动，借助将一根铁尖插进各分度对面的孔中，可使这些圆盘转过任何数目分度。一个圆盘每转完一周，该圆盘上的一个齿便将一个十等分刻度的小的计数圆盘转过一个分度，由此将这一周转动记录下来。他的乘法机器的工作方式，在一定程度上是根据“纳皮尔算筹”的原理，此外它还可以进行开方运算。1673年，莫兰德出版《两种算术仪器的说明和用法》，对计算器进行详细说明。

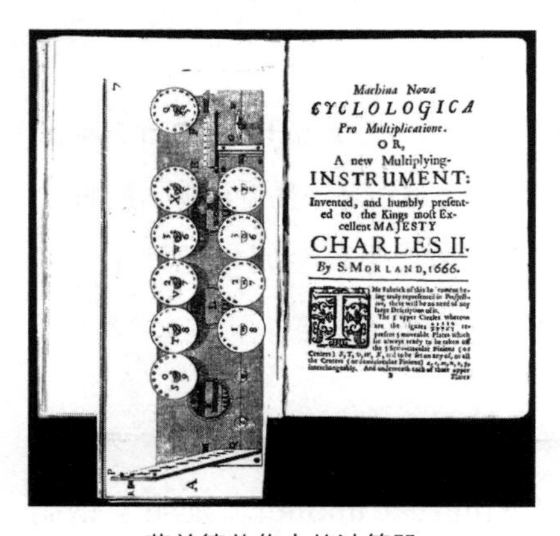
Machina Nova
CYCLOLOGICA
Pro Multiplicatione.
OR,
A new Multiplying-
INSTRUMENT:
Invented, and humbly presented to the Kings most Excellent MAJESTY
CHARLES II.
By S. MORLAND, 1666.

莫兰德著作中的计算器

1668年

牛顿［英］发明反射式望远镜 物理学家、数学家牛顿通过分光实验，发现太阳光并非单色光，而是由多种色光组成。光谱的发现使他相信折射式望远镜必定会出现色差，即在透镜周围出现杂乱的彩色光轮。为此，牛顿设计制造了反射式望远镜，它由主镜和一块平面反射镜组成，聚焦成像在镜头一侧，其焦点称牛顿焦点。该镜筒长6英寸，可放大38倍，由于终端设备不在光路中，不会挡光而避免了色差。1671年，牛顿将改进后的反射式望远镜献给英国皇家学会。这种望远镜后被称为牛顿望远镜。

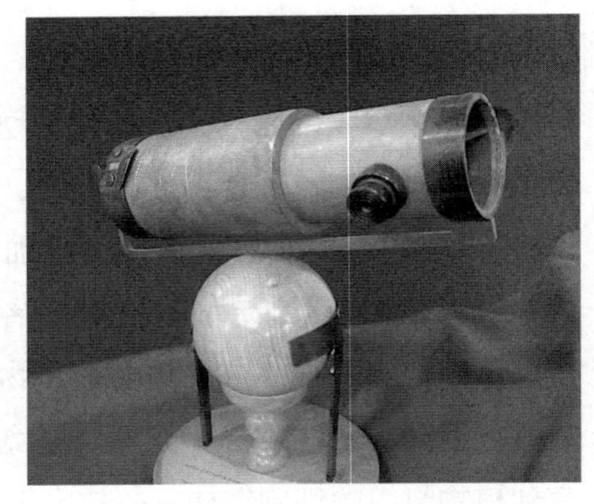
牛顿发明的反射式望远镜（复制品）

波义耳［英］改进空气泵 化学家、物理学家波义耳在听到马德堡半球实验后，便着手设计抽气机，由于成功地改进了格里凯的空气泵而获得比较好的真空。他在自己创制的抽去了空气的透明圆筒里，通过实验发现铅块和羽毛同时下落，首先证明了伽利略关于落体运动的观点——一切物体不论轻重均同时下落，同时还证实空气对于燃烧、呼吸和声音的传播是必要的，而电吸引力却可穿过真空。

1669年

卢卡泰罗［西］发明勺状播种机 骑士卢卡泰罗（Lucatello，Don Joseph de）发明安装在犁后面使用的勺状播种机，以解决下种不匀的问题。这种播种机在木轴上安有4排金属勺，当轮子转动时，轮轴将驱动金属勺把种子从箱底盛出后滑落到漏斗中，并顺斗管撒到土壤里。

1670年

西欧在马车上使用钢制弹簧 布伦特（Blunt，Cobonel）发明了钢制弹簧并安装在马车上，以提高车辆的舒适性，但是直到埃利奥特（Elliot，Obadiah）发明椭圆形钢弹簧之后，钢制弹簧才得以在各种车辆上广泛使用。

1671年

法国建成巴黎天文台 巴黎天文台是世界著名天文台之一。该天文台拥有当时世界第一流的望远镜和摆钟，具有高大窗户和平坦屋顶的建筑物，不仅用于观测天文还可用来进行各种物理实验。法国天文学家卡西尼曾用这里的先进设备发现了土星的4颗新卫星和土星光环中的一条被称为“卡西尼环缝”的暗缝。

1672年

莱布尼茨［德］发明四则运算计算机 哲学家、数学家莱布尼茨（Leibniz，Gottfried Wilhelm von 1646—1716）制成能做加、减、乘、除四则运算的步进式机械计算机。这种计算机采用了一种叫作“莱布尼茨轮”的阶梯轴，可以较容易实现齿轮齿数的变化，从而能进行乘除运算。莱布尼茨开始完成的是木制模型，因制作粗糙仅能进行加减计算，且不灵敏。1674年，他参考帕斯卡计算器的说明，重新制作。该机由两部分组成：第一部分是固定的，用于加减计算，其装置与帕斯卡加法机基本相同；第二部分是乘法器和除法器，由两排齿轮构成。

莱布尼茨的计算机

卡塞格兰［法］研制望远镜 天主教神父卡塞格兰研制一种由两块反射镜组成的望远镜。这两块反射镜大的为主镜，小的称副镜。主镜中央开孔，成像在主镜后面。它的焦点称为卡塞格兰焦点。这种反射式望远镜亦被称为卡塞格兰望远镜，它的主副镜面可以有各种不同的形式，其光学性能也随之不同。在卡塞格兰望远镜的焦点处可安置较大的终端设备，不会挡光，操作也较方便。

1673年

惠更斯［荷］提出内燃机设计方案 物理学家惠更斯提出用火药作燃料的真空活塞式火药内燃机。这种发动机利用火药燃烧的高温燃气在汽缸内冷却，形成真空，使大气压力推动活塞做功。

惠更斯［荷］设计便携式钟表 物理学家惠更斯采用螺线形的平衡摆簧

（游丝）代替单摆，设计出便携式钟表，并著有《钟表的摆动》。

1674年

莫兰德［英］发明实心活塞泵　发明家爵士莫兰德发明的实心活塞泵，是直径为10英寸的实心柱塞水泵，它装有由两块“皮帽”构成的垫料盖，以防在吸啜和排水两个过程中漏水，而不用再将泵缸淹没在水中，避免了启动时注水。

1675年

克莱门特［英］发明锚式擒纵机构　克莱门特（Clement，William）发明的用叉瓦装置制成这种擒纵机构用在简便摆锤式挂钟中。

1677年

汤利［英］设计雨量计　汤利（Towneley，Richard 1629—1707）设计这种雨量计来收集落在屋顶上的雨水，并开始做精确的气象记录。

1678年

胡克［英］制成气候钟　物理学家胡克研制的气候钟是用来测量和记录风向、风强、大气温度、压力和湿度以及降雨量的机械装置。它由两部分组成：一部分是一台强固的摆钟，它除了指示时间外，还转动一个上面卷有纸的圆筒，并操纵一机构每一刻钟在圆筒上打一次孔；另一部分是测量上述现象的各种仪器，这些仪器（气压计、温度计、验湿器、雨量斗、风向标和转数可以计算的风车）操纵打孔器，使其周期性地在由圆筒缓慢放出的纸带上打下标记。

1679年

巴本［法］发明蒸汽高压锅　物理学家巴本（Papin，Denis 1647—1712）发明的蒸汽高压锅中的水在一严密封盖的容器中煮沸，积聚蒸汽产生的压力提高了水的沸点。锅内装有安全阀，以防蒸汽压力过高。这种高压锅是动力高压锅炉及民用高压锅的前身。

巴本［法］发明高压锅安全阀 物理学家巴本在高压锅顶部插入一根管子，管子顶部由阀门封闭，借助悬吊于杠杆端部的重物来保持阀门的封闭状态。杠杆可绕其支座转动，当锅内压力过大，阀门顶起杠杆放气，可避免高压锅爆炸。

巴本的蒸汽高压锅

1680年

惠更斯［荷］、巴本［法］设计带有活塞的火药发动机 惠更斯是巴本的老师，最初二人合作，制作在汽缸中使火药爆发的机构，致力于使之成为原动机，但未成功。巴本试验用蒸汽为做功介质取代火药推动活塞，再利用大气压力使活塞下降，由此导致了后来蒸汽机的发明。

巴本［法］、波义耳［英］合作发明冷凝泵 巴本和波义耳的合作发明在《新实验续篇》公布。

胡克［英］、克莱门特［英］发明锚式退却型擒纵器 胡克和克莱门特发明的擒纵器中，用一齿轮代替冠状擒纵器和作为铰链的轮。该齿轮的齿与旋转轴相连接。这项发明使摆锤形状发生变化，用细弹簧吊着重锤的一直杆代替了用绳吊着的重锤。

1682年

拉内坎［法］建成抽水装置 工程师拉内坎（Rennequin Sualem 1645—1708）所建抽水装置为凡尔赛花园供水之用，所铺设的管线分为三段，在距离河岸600英尺和2 000英尺处设置2个中转蓄水池，其高度分别比河面高160英尺和325英尺。该抽水装置是当时最精巧、最宏伟的供水系统。

1684年

罗默［丹］发明中星仪 天文学家罗默（Romer，Ole Christensen 1644—1710）按照法国天文学家皮卡尔（Picard，Jean 1620—1682）生前设计的方案制成一台能精确测量恒星过中天时刻的天体测量装置，称为中星仪。它是用来观测恒星过子午圈的时刻，以确定钟差的仪器。

1685年

赞恩［英］制成暗箱 赞恩（Zahn，Johann 1641—1707）的暗箱用磨砂玻璃代替油纸制成，其方法沿用至今。1685年，他曾在《人工之眼》一书中描绘过这种小暗箱，大小为22.5厘米×22.5厘米×60厘米，内有一远距离组合透镜，包括较厚的凸面镜和较薄的凹透镜，能显示出放大的图像。

赞恩的暗箱

1686年

康帕尼的螺旋式显微镜

康帕尼［意］发明螺旋式显微镜 康帕尼（Campani，Giuseppe 1635—1715）的螺旋式显微镜采用了双螺杆结构，这使得能够在标本和目标之间，以及目标和目镜之间进行调整。该显微镜采用弹簧系统固定标本。1700年，英国人威尔逊也曾发明螺旋式显微镜。

1690年

巴本［法］发明原始活塞式蒸汽机 物理学家巴本设计的这种活塞式蒸汽机由直径约2.5英寸、装有活塞和连杆的竖管构成。管下部盛水加热变成蒸汽，推动活塞向上运动到顶部时被插销固定。移去热源后蒸汽冷凝，汽缸内形成真空，拔去插销，上部大气压使活塞向下运动，通过杠杆提升重物。竖式管子完成了锅炉、汽缸和凝汽器三种功能。巴本只是实验未能制成实用的蒸汽机。但他最早应用蒸

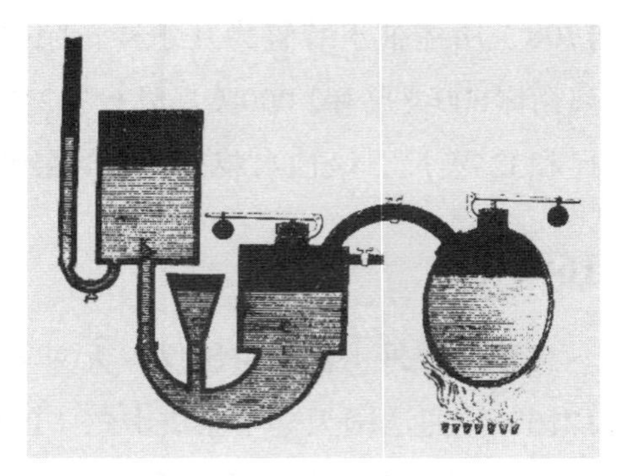

巴本的蒸汽机设计草图

汽在汽缸中推动活塞，首先指出了蒸汽的工作循环，为实用的活塞式蒸汽机的制造奠定了基础。

1694年

莱布尼茨［德］完成阶梯式计数器和针轮 哲学家、数学家莱布尼茨于1672年设计了阶梯式计数器，在1694年最终完成。该计数器主要是一个带有9个嵌齿或齿的滚筒，每个齿均与滚筒的轴平行，长度以等增量递增。当滚筒转满一周时，某些齿便与连接着一个计数器的一个嵌齿轮上的某些齿相啮合，这个嵌齿轮可平行于滚筒轴移动并借助标尺进行指示。针轮也是可随意改变与嵌齿轮啮合的齿数的装置，它是一个齿轮，其圆周上有9个可活动的齿，每当针轮转一周，9个齿中可以有任何所希望的个数从中突出，与一个外部计数器啮合。这样，计数器便可以向前移动任何所希望的位数。阶梯式计数器和针轮仍为现代计算机中的两个组元。

1695年

阿蒙顿［法］发明温度计 阿蒙顿（Amontons，Guillaume 1663—1705）为了消除大气压改变引起的示数改变，发明一种温度计。该温度计使用了3种不同的液体。

1698年

萨维里［英］发明蒸汽抽水机 工程师萨维里（Savery，Thomas 1650—1715）发明的蒸汽抽水机，又称蒸汽泵，功率为1马力。将蒸汽注入容器（凝汽器），关上阀门，使蒸汽冷凝形成真空，矿井中的水被抽入容器，关上水管阀门后再注入蒸汽，利用蒸汽压力将水

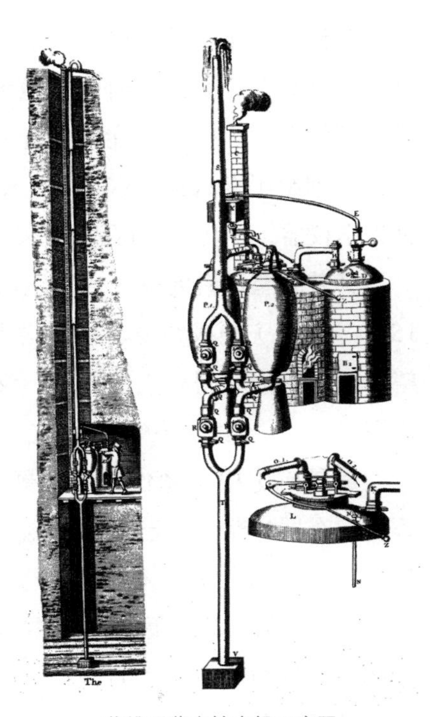

萨维里蒸汽抽水机示意图

从另一水管排出。该机的特点是把蒸汽压力和大气压力的作用结合起来。1698年7月25日取得专利。翌年，在英国皇家学会展出了包括锅炉在内的模型。萨维里机在一些矿井上得到应用，被称为“矿山之友”。由于当时的锅炉材料和焊接技术问题，蒸汽压力只能产生3个大气压，限制了抽水高度，最多提水至80英尺高。燃料消耗也很大，约为现代蒸汽机的20倍。

1700年

戴梓［中］发明“连珠铳”“冲天炮” 清代初期，军械制造家戴梓（1649—1726）发明“连珠铳”“冲天炮”等新式武器。连珠铳形似琵琶，火药和弹丸均贮于铳背，共28发，以二机轮开闭，扳第一机时，火药及铅弹丸自动落入枪筒中，第二机随机转动，摩擦燧石点燃火药发射铅弹丸。这种连珠铳实际上与近代的机械式机枪的原理已非常相似。

17世纪

孙云球［中］创制光学仪器 明末清初，光学仪器发明家孙云球设计创制“自然晷”用来测定时刻。他用手工磨制远视眼镜和近视眼镜，并采用随目配镜的办法，使患者能配上合适的眼镜。他还是中国最早制造出望远镜的人，还创制了存目镜、多面镜、幻容镜、察微镜、放光镜和夜明镜等约70余种光学仪器，“巧妙不可思议”，著有《镜史》一卷，已佚。

开普勒望远镜问世 17世纪初，德国天文学家开普勒（Kepler，Johannes 1571—1630）制成物镜、目镜均为凸透镜的折射式望远镜，后被称为开普勒望远镜。它能获得较大的视场，又可安放瞄准叉丝，从17世纪中叶起被广泛应用。

黄履庄［中］制作六类奇器 清代初期，发明家黄履庄（1656—？）著有《奇器目略》，已散失。据《虞初新志》记述，他制作的奇器有六类：验器，即测量仪表，有温度计、湿度计等；诸镜，包括瑞光镜（类似探照灯）、千里镜（即望远镜）、取火镜、临画镜、显微镜、多师镜等；诸画；玩器，有自动戏、自动驱暑扇、木人掌扇和灯衢等；水法，有龙尾车、柳枝泉（喷泉）等；造器之器，即工具，如方圆规矩、缩小及放大规矩、造诸镜规矩等。还说他曾创制“双轮小车”，“长三尺余，可坐一人，不烦推挽，能自行。行住以手挽轴旁曲拐，则复行如初”。

1701年

塔尔［英］发明条播机 农业家塔尔（Tull，Jethro 1674—1741）发明采用一匹马牵引同时播三行种子的条播机。其主体为木质结构，前面由两个大轮支撑车体和中心的播种机构，后面两个小轮支撑两侧箱体，种子沿犁沟滑落到土壤里。播种机构是一带凹穴的圆筒，从车身上部贮种箱中接收种子，再将其投入输种管，并靠一弹簧装置调节种子的流量。塔尔发明条播机的目的是使播种由点播变为条播，这一发明只在他的农场中使用，并未推广。

塔尔的条播机

俄国出现燧发枪 燧发枪是一种枪口装弹的滑膛燧发式武器，用于更换俄军的穆什克特火枪。与穆什克特火枪相比，燧发枪射速快、口径小、枪身短、重量轻、后坐力小。其主要样式有步兵燧发枪和龙骑兵燧发枪。这两种样式的枪构造相同，都有完善的燧石撞击式枪机（火镰同时又是火门的盖）、大弯曲托架（便于瞄准和提高瞄准精度）、带套管的刺刀。刺刀安上后仍可进行射击，并能迅速转入白刃战。“燧发枪”这一术语一直沿用到18世纪60年代。

1702年

阿蒙顿［法］发明温度计 物理学家、发明家阿蒙顿对伽利略温度计进行改进，将一个U形管与玻璃球相连，使用水银作为测温物质，由水银柱的高度来表示温度，取水的沸点作为固定点温度。由于阿蒙顿当时尚不知道水的沸点与大气压强有关系，所以这个温度计在测量使用时其精确度仍不高。

1704年

勒默尔［丹］建造子午仪 天文学家勒默尔（Romer，Ole 1644—1710）建造的子午仪，其上附加一带分度环的中星仪，圆环与转动轴成直角，并与望远镜一起转动。中天星的中天高度可通过两个固定显微镜从分度环读出，这样就可得出它的赤纬。

欧洲钟表中使用金刚石和蓝宝石轴承 这类轴承的使用极大地提高了计时精度和钟表的使用寿命。

1705年

纽可门［英］发明蒸汽抽水机 发明家纽可门（Newcomen，Thomas 1663—1729）发明蒸汽抽水机（当时称大气机），其蒸汽汽缸和抽水汽缸分置，蒸汽通入汽缸后，内部喷水使之冷凝，造成汽缸部分真空，汽缸外的大气压力推动活塞动作。与活塞相连的平衡梁另一端和抽水机相连，活塞在汽缸内上下运动，平衡梁就带动水泵抽水。纽可门蒸汽抽水机是综合了巴本的汽缸活塞和萨维里形成真空的凝汽器的优点而研制成的。汽缸内安装冷水喷射器，大大提高了热效率。由于蒸汽汽缸的直径大于提水泵的缸径，故可提取数十米深处的水。但该机器的耗煤量很大，效率低，而且只能做往复直线运动。

欧洲发现升汞有杀菌防腐作用 法国首先发现升汞有杀菌防腐作用。1832年，英国将升汞用于木材防腐加工。

1707年

巴本［法］著《利用蒸汽抽水新技术》 1705年，德国哲学家、数学家莱布尼茨把英国发明家萨维里制造的蒸汽抽水机设计草图寄给法国物理学家巴本，促使他进一步研究蒸汽机的原理和结构并撰写《利用蒸汽抽水新技术》一书。该书对尔后蒸汽抽水机的重大革新做出贡献。

1708年

英国采用反射炉炼铅 英国伦敦铅公司在加德利斯弗特郡工厂采用反射炉炼铅，矿石不经过煅烧而直接装入熔矿炉中氧化，用煤还原而得到铅。

达比［英］取得用砂型铸造专利 达比（Darby Ⅱ，Abraham 1711—1763）取得用砂型制造铸件的专利。

1709年

华伦海特［德］发明酒精温度计 1641—1645年，意大利西门图学院制成了以带色酒精作为胀缩材料的温度计。1709年，德籍荷兰物理学家、工程师、玻璃工匠华伦海特（Fahrenheit，Gabriel Daniel 1686—1736）在荷兰成功制造出了第一支有实用意义的温度计。他通过一系列实验发现，每一种液体都像水一样有一个固定的沸点。他还发现，液体的沸点是随着大气压变化而发生改变的。

克里斯托弗里［意］发表钢琴图解和说明 羽管键琴制作家克里斯托弗里（Cristofori，Bartolomeo 1665—1731）的钢琴机械装置有一擒纵机构，在音锤打击钢琴的琴弦并使其振动后，擒纵器立即使其停止振动，恢复到原来的位置，准备再次受击振动，而演奏者的手指仍然按在键上。

1710年

阿仑［英］在英国使用带铁箍车轮 阿伦（Allen，R.）在英国巴特使用有铁轮箍的矿车，以减小车轮损耗。

1712年

实用纽可门蒸汽机投入运行　英国达德利城堡煤矿安装的纽可门蒸汽机，功率为55马力，每分钟12冲程，每冲程能将10加仑水提升153英尺。纽可门蒸汽机比萨维里抽水蒸汽机有明显的优点，可以安放在地面上，不需要萨维里机那样高的蒸汽压力，排水效率高，操作简便。纽可门蒸汽机是蒸汽机发展过程中的一次突破，标志着从蒸汽冷凝造成真空直接抽水，过渡到利用蒸汽压力使活塞做机械运动抽水，实质上是人类把热能转换成动力使用的开端。到18世纪末，英国煤矿基本上都用上了这种蒸汽抽水机。

纽沙姆［英］研制手动灭火泵　纽沙姆（Newsham，Richard ？—1743）研制出完善的手动灭火泵。

1713年

马利兹［典］发明镗床　马利兹（Maritz，Jean 1680—1743）发明用于加工炮身的镗床。

1714年

克特［法］设计差动齿轮装置　克特（Quet，Du）设计一种允许内轮和外轮的转向半径不一样的差动齿轮装置，这种装置使转向装置有了重大的改进。

华伦海特［德］发明水银温度计　德籍荷兰物理学家、工程师、玻璃工匠华伦海特在荷兰制成水银温度计，首次提出在温度计中普遍使用水银。他以1709年的酒精温度计设计为基础，并认识到水银随温度的膨胀率更均匀。华伦海特温度计具有很高的精确度，成为第一种对科学家有用的温度计。华伦海特的工作为以后制作精密的温度测量仪器研究做出了贡献。

米尔［英］取得打字机专利　米尔（Mill，Henry 1683—1771）所研制的这台打字机虽然取得专利但因没有实用价值，未能正式生产。1867年，在美国出现实用的打字机，具备适用的卷纸筒、卷筒架、键盘字符排列方式和色带等。1874年，美国报界人士、发明家肖尔斯等试制成功第一架雷明打字机，并正式进入市场。1872年，美国发明家爱迪生发明电动字轮式打字机，稍后又制成自动收报带式打字机。

塔尔［英］制成马拉锄　1701年前后，农业家塔尔在牛津郡沃林弗德附近农场发明了条播机。1714年，他独创性地发展了植物营养理论，并制作一个马拉锄。

塔尔的马拉锄示意图

1715年

格雷厄姆［英］发明静止式擒纵机构　钟表匠格雷厄姆（Graham，George 约1674—1751）发明的静止式擒纵机构，弥补了后退式擒纵机构的不足，它使时钟的精确性提高到每天几秒的误差范围。这一发明为发展精密机械钟表奠定了基础。

1718年

帕克尔［英］获得连发枪的专利　帕克尔（Puckle，James 1667—1724）发明一种连发枪，有两个可以互换的弹槽，每个弹槽可装6发子弹。

1720年

利奥波德［德］设计高压蒸汽机　工程师利奥波德（Leupold，Jacob 1674—1727）在《舞台机械》一书中，首次对机械工程进行系统分析，其中设计了一台高压无冷凝器的蒸汽机。

纳尔托夫［俄］制作新型车床　工程师纳尔托夫（Nartov，Andrey

1693—1756）制作的车床有一支撑台，用以固定刀具，解决了手握刀具加工工件不精确的问题。但这一新方案没有被社会所重视。

纳尔托夫的车床

格斯滕［德］发明算数机器 格斯滕（Gersten，Christian Ludwig 1701—1762）发明的算数机器通过一把刻度尺在一条槽内滑移过一个固定指标进行计算。刻度尺移动一根同一个固定小齿轮相啮合的齿条，使之转过相应分度。需计算的数有多少位，就应用多少组小齿轮和刻度尺。它们放置在一起，每当其中一个齿轮旋转一整圈，从它伸出的一个捕捉器就推进紧挨在它上面的小齿轮转过一个齿，以便完成进位。

霍布拉克［德］制造带脚踏键的竖琴 音乐家霍布拉克（Hochbrucker，Jacob 1673—1783）制造出一种有7个脚踏键的竖琴。演奏者将脚踏键连在琴弦上，用踩脚踏键的办法可以提高一个半音。1792年，法国琴师厄拉德改进了这种琴，把现代竖琴的形式固定下来。

1721年

哈雷［英］装配中星仪 中星仪是可自由地仅在子午圈中绕一根水平轴转动的望远镜，主要用来测定星的赤经。天文学家哈雷（Halley，Edmund 1656—1742）的中星仪装置在格林尼治天文台，供自己使用。其特点是望远镜离一个支枢较近，离另一个较远，借助一气泡水准器来调整望远镜的转动轴，使之处于水平位置。

1725年

利奥波德［德］设计高压双动式发动机　利奥波德设计的发动机是一种不靠大气压力，由蒸汽直接推动具有两个活塞和两个汽缸的发动机，被称为“火力机械”，用于矿山抽水。

格雷厄姆［英］建造墙象限仪　墙象限仪是一种固装于墙壁并使其处于子午面的带刻度的象限弧，其边缘半径分别处于水平和竖直位置。钟表匠格雷厄姆的墙象限仪装置在格林尼治天文台，是18世纪最著名的墙象限仪之一。除象限仪外，格雷厄姆曾还制作天顶仪。

布乔［法］制造花纹织机　布乔（Bouchon，Basile）用一排编织针控制所有的经线运动，然后使用一卷纸带，根据图案打出一排排小孔，并把它压在编织针上。启动机器后，正对着小孔的编织针能穿过去勾起经线，其他的则被纸带挡住不动。于是，将编织图案的程序储存在穿孔纸带的小孔中，编织针自动地按照预先设计的图案去勾起经线，操作者的意图就传达给了编织机。

1726年

哈里森［英］发明时钟的温度补偿振子　钟表匠哈里森为解决时钟受温度影响计时不准的问题，研制成一种温度补偿振子（钟摆），以提高计时精度。

1727年

黑尔斯［英］发明排水集气法和气体收集装置　以前所使用的气体发生器与收集装置是一整体，牧师、生理学家黑尔斯（Hales，Stephen 1677—1761）将两部分独立开来，彼此用管连接。这样便可以将被加热物与产生的气体隔离开来，便

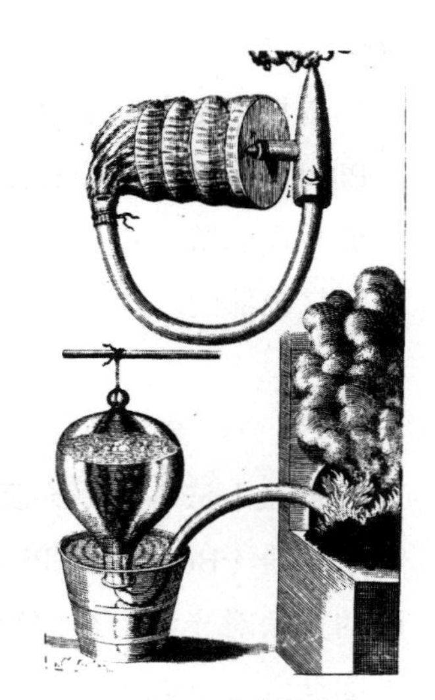

黑尔斯的气体收集装置

于专门研究，为后来许多重要气体的发现提供了方便。黑尔斯还发明水槽和集气槽，使排水集气法成为可能。

尼科诺夫［俄］试验用于军事目的的潜艇　在1718年的沙俄时代，发明家叶菲姆·尼科诺夫（Никонов, Ефим Прокопьевич）提出建造“绝密舰船”的想法，这种船可以“在平静的海面下潜行，甚至发射弹丸击沉敌舰”。按照尼科诺夫的想法，这种船全身用橡木制成，外观呈雪茄形。1720年1月31日，彼得一世命令尼科诺夫在圣彼得堡建造一艘这样的原型艇。1720年6月，尼科诺夫的这艘潜艇建造完成，彼得一世出席试航仪式，但试航失败。1727年春，尼科诺夫再次进行潜艇试航，但由于一系列技术问题没能得到解决，试航再次以失败告终。

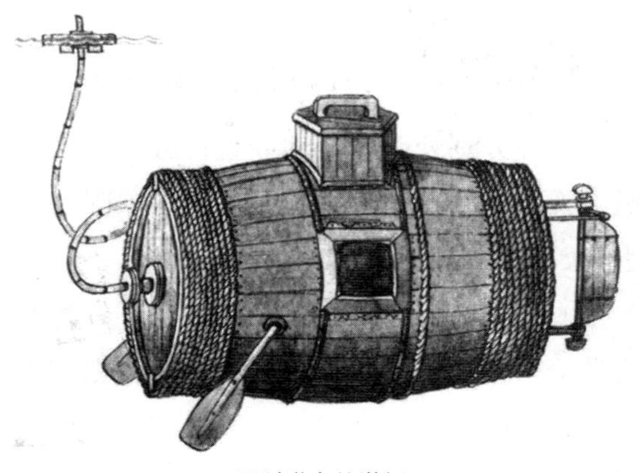

尼科诺夫的潜艇

1728年

英国发明钢铁压延方法　英国工程师佩恩、汉贝利（Hanbury，John 1664—1734）发明压延铁板的工艺方法。

皮托［法］发明皮托管　皮托（Pitot，Henri 1695—1771）发明的皮托管（Pitot tube）也称空速管、风速管，用一端开口的玻璃管制成，是通过测量气流总压和静压以确定气流速度的一种管状装置，又名总压管，广泛用于工业及气象部门。

1729年

布盖［法］发明光度计　为对光源与照明进行定量测试，数学家、天文学家布盖（Bouguer，Pierre 1698—1758）用两列可在屏幕上达到同样明亮程度的方法对光源进行比较。在此实验的基础上，研制成一种光度计。布盖的光度计以一支烛光作比较光源，调节烛光的位置，使烛光的像同满月的像亮度相等，再根据烛光光源发出的光的强度与距离平方成反比的规律，计算出满月的视亮度。这种目视光度计可以用来比较天体的亮度，它标志着光度学的诞生。

霍尔（Hall，Chester Moore 1703—1771）［英］发明消色差透镜

1730年

哈德利［英］、戈弗雷［美］分别设计出普通光学六分仪 英国数学家、天文学家哈德利，美国工程师戈弗雷分别设计的普通光学双反射六分仪最初只能测圆周的八分之一，也称为八分仪，用以测量太阳或一颗恒星在地平线上的高度和确定海上的经纬度。经改进后所测弧长增大到圆周的六分之一（其刻度盘为周围的六分之一），故名六分仪。现代六分仪的弧长可达圆周的五分之一。

西森［英］发明经纬仪 科学家西森（Sisson，Jonathan 1690—1747）发明的经纬仪是一种测角仪器，后经改进定型，用于英国的大地测量。它主要由望远镜、度盘、水准器、读数设备和基座等组成。用以测定水平角。另一竖直度盘的一个方向是特定方向（水平或天顶方向），只需在度盘上读取视线指向欲测目标的示数，即可获得竖直角值。

1731年

牛顿［英］等分别发明六分仪 这种用来测定远方两个目标间的夹角的轻便光学仪器，为英国物理学家、天文学家、数学家牛顿，英国数学家、天文学家哈德利，美国工程师戈弗雷各自独立发明。

1732年

意大利罗马兴建特雷维喷泉 该喷泉于1732年设计，30年后落成，是罗马著名的喷泉之一。喷泉旁筑有一立面背景，立面分两层，柱子通贯上下，壁龛和檐顶上都立有雕像，中间的壁龛特别宽高而且深，内置海神雕像，雕像前是大片高低错落的粗石，泉水从中潺潺流出，形成一片美丽的瀑布。特雷维喷泉的设计实现了建筑要素与雕刻的完美结合，是意大利巴洛克艺术的典型。

英国设置灯船 英国在泰晤士河口诺雷浅滩设置第一艘灯船。1311年，中国江苏太仓刘家港西暗沙嘴设置两艘标志船，竖立旗缨，引导粮船，是灯船的前身。

孟席斯［英］发明脱粒机 苏格兰机械师孟席斯（Menzies，Michael ？—1766）发明最原始的脱粒机。这种脱粒机由水力驱动的一系列机构组成，其能力相当于30个人的手工劳动，但很容易损坏。

1733年

霍尔［英］发明消色差望远镜 物理学家霍尔用低色散的冕牌玻璃做凸透镜，用高色散的火石玻璃做凹透镜，将两块透镜粘接，组成双凸复合透镜。复合透镜能使光会聚而没有色差，成为第一个消色差透镜。继而用它作为物镜制成第一台消色差折射式望远镜，其口径为6.5厘米，焦距为50厘米。

凯伊［英］发明飞梭 织布工凯伊（Kay，John 1704—1764）发明的飞梭是继脚踏提综后的又一重大发明。织工可用绳子控制装在筘座上的传动附件，拉动绳子就能使梭子来回飞越梭道。筘座的两端各装有一梭箱。与用手抛接梭子的传统方法相比，飞梭的使用提高了织布的速度和效率，方便阔幅织物的生产。发明飞梭是迈向织机自动化的起点，其后升降梭箱也创造出来。这一发明成为英国工业革命的起点。

凯伊的飞梭

1734年

俄国制成大钟　该钟重190吨，安放在莫斯科克里姆林宫钟塔内，是世界上最大的铸钟。

1735年

哈里森［英］制成天文钟　钟表匠哈里森（Harrison，John 1693—1776）所制机械天文钟为铜木结构，重65磅。该钟使用了他于1726年发明的温度补偿振子，从而消除了因温度变化所带来的影响，使钟的走时更加精确。1762年，哈里森所制的第4台航海天文钟在从英国开往牙买加的航行中误差仅5秒（经度1.25分）。其钟内安装发条使钟持续走动的装置为后来钟表制造业所采用。

哈里森的天文钟

1736年

埃利科特［英］发明膨胀仪　钟表匠埃利科特（Ellicott，John 1706—1772）以一根金属杆的膨胀相对一根同样热度的标准铁杆的膨胀进行测量，将被测杆放在标准铁杆上，借助适当连接的杠杆和滑轮，通过两根杆的膨胀差操纵一根指针在刻度盘上移动，记录被测金属受热膨胀情况。

1738年

沃康松［法］发明自动鸭　机械师沃康松（Vaucanson，Jacques de 1709—1782）发明的自动鸭是用弹簧和齿轮系统制成的程序控制自动装置。它能喝水和啄食谷粒，能嘎

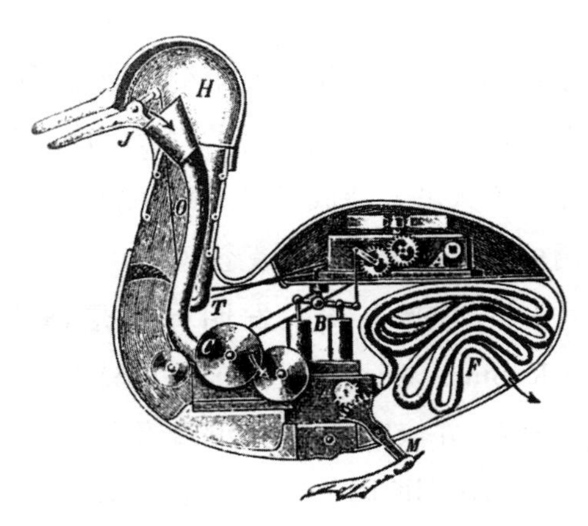

沃康松的自动鸭结构图

嘎鸣叫和在水中游动，还能“消化”食物，排泄粪便等。沃肯森曾制作两个机器人，其中一个能一只手击鼓报时，而另一只手演奏三个孔的笛子。

怀亚特［英］、保罗［英］发明动力纺纱机 工程师保罗（Paul，Lewis ？—1759）设计、怀亚特（Wyatt，John 1700—1766）制造的纺纱机由若干对旋转的辊子组成。被梳理的棉花或羊毛由一对辊子引入机器，再传送到下面一对辊子，后面辊子比前面辊子的旋转快，这样棉花或羊毛在从前面辊子到后面辊子的传送过程中被拉伸逐渐变成纱，纱最后被传送到锭子上。该发明取得专利，英国在18世纪中叶曾广泛流行这种纺纱机。

保罗［英］应用罗拉牵引 工程师保罗应用罗拉牵引的方法，使罗拉牵引机构成为纺纱机上广泛应用的部件。由于将牵伸与加捻卷绕分开进行，提高了纺纱的质量。

欧洲出现双管猎枪 这种双管猎枪有两只平行的枪管，可以依次发射。19世纪以前这种枪用装弹杆从枪口装弹，因此被称为枪口装弹枪。19世纪30年代，后装弹枪首次取得了专利后经过不断改进，20世纪初，后装弹枪逐步取代了枪口装弹枪。

1740年

亨茨曼［英］发明坩埚法炼钢 工程师亨茨曼（Huntsman，Benjamin 1704—1776）用焦炭加热放在炉子中的坩埚，在坩埚中熔化生铁炼钢。这一发明的关键是制造出可耐1 600℃高温的耐火材料，以制作坩埚。当初，谢菲尔德的锻坊工匠拒绝使用钢，因而坩埚钢只能销售法国，当地工匠使用这种钢制作的刀的质量超过了谢菲尔德。谢菲尔德的工匠们放弃了当初对钢的偏见，不久就发展成世界上最大的钢铁基地。亨茨曼发明的坩埚法炼钢在欧洲历史上第一次炼得了液态钢水。

罗宾斯［英］发明弹道悬锤进行圆弹实验 枪炮工程师罗宾斯（Robins，Benjamin 1707—1751）以实验为基础，测到火药爆炸后气体膨胀236倍，并依据圆弹实验的结果指出：由爆发产生的永久性气体是火药对子弹的全部作用原因；这永久气体的体积是火药未爆发时体积的236倍；膛内火药爆发时最大压力可达1 000个大气压。他还主张在枪、炮膛内开膛线使弹丸旋转运动，从而使之在飞行中保持稳定，以利于提高命中率。

1741年

勒莫尼埃［法］制作中星仪　天文学家勒莫尼埃（Le Monnier，Louis Guillaume 1717—1799）所著《天体史》中记述的中星仪，不仅可在子午圈上转动，还可绕垂直轴转动。该中星仪主要用来观测子午圈东西方相同地平纬度的星，由此来测定时钟时间。尽管后来证明这种仪器工作不稳定，没有成为基本仪器的标准设计，但仍被公认为是经纬仪的一种早期形式。

1742年

罗蒙诺索夫［俄］著《冶金技术基础》　罗蒙诺索夫（Ломоносов，Михаил Васильевич 1711—1765）所著的《冶金技术基础》出版。

富尼埃［法］设计全套活字字体　印刷技师富尼埃的《活字规范》发表，书中列出了他所设计的全套活字字体。

罗宾斯［英］著《枪炮术原理》　科学家、军事工程师罗宾斯所著《枪炮术原理》论述弹道问题，并介绍他所发明的弹道摆锤。该书成为后来研究枪炮术理论和实践的基础。

1745年

里奇曼［俄］发明静电指示器　该静电指示器是第一台应用于电学实验的测量仪器。物理学家里奇曼（Рихман, Георг Вильгельм 1711—1753）和罗蒙诺索夫进行大气放电实验，将一根两米长的铁杆树立在屋顶上，用金属导线将铁杆与屋内的检测仪器连接起来，制成静电指示器。1753年夏天，里奇曼在实验中不幸被雷电击中，成为第一个为研究雷电而献身的科学家。

沃康松［法］制造织布机　机械师沃康松，于1745年制成织布机模型，接着在同年制造出不用辅助工的织布机械装置的雏形。虽然用开孔的圆筒选择纬线的做法并没有改变历来不完备的织布装置，但是经针通过与丝端相连的皮绳而上下运动的机构，则完全是他所发明。其后的提花织布机原封不动地使用了这种机构。

沃康松的织布机

1748年

保罗［英］取得梳棉用圆筒形刷毛机专利

鲍内（Bourn，Daniel）［英］制造梳棉机（平型）

1750年

米克尔［英］发明风车用风翼方向自动调节装置 工程师米克尔（Meikle，Andrew 1719—1811）采用与主翼轴、风磨主轴相互垂直的辅助风翼来控制主翼的方向。当风向改变时，辅助风翼受到风力转动，借助蜗轮蜗杆和齿轮齿条机构，带动转塔转动，改变主翼方向，直到辅翼不受风力为止，此时主翼方向的风力最大。1772年，他又把主翼板分成若干不均等开合的部分，其开裂也受到控制，过量的风便自动漏掉，保护机翼不受狂风的危害，作用相当于安全阀。

希思［英］发明轮椅 希思（Heath，James）发明的轮椅由两个轮子支撑，轮子与靠座位下的车轴连接，前面装一转动用的小轮，上装脚踏板。椅子可从后面推，用装在前轮上的一根弯曲的金属长杆调整方向，由坐者掌握。

荷兰发明荷兰式打浆机 这种打浆机是分解碎布进而打浆的机器。它是造纸工业迈进机械化的开端。

塔尔［英］发明条播机和马拉锄 农业家塔尔的条播机和马拉锄这两项发明开始改变英国过去的粗放经营方式，农田开始了精耕细作。

1751年

沙姆舒连科夫［俄］、库利宾［俄］制成用人工踏板驱动的车 沙姆舒连科夫（Шамшуренков，Леонтий Лукьянович 1687—1758）和库利宾（Кулибин，Иван Петрович 1735—1818）制成的这种车，驾车人站在车座的后面，踏动踏板，使重大的飞轮转动，飞轮经过一系列的机构与车的驱动车轮连接，使车前进。同时，该车在驾车人停止踏动踏板时，还可以依靠惯性继续前进，以使驾驶人休息，从而能够完成长距离的行驶。

1753年

富兰克林［美］发明避雷针 1747年，富兰克林（Franklin，Benjamin 1706—1790）曾利用莱顿瓶实验发现可以进行远距离放电。1749—1753年，富兰克林提出闪电与电是同一类现象的假设，由此发明了避雷针。当时，他发明的避雷针称作"富兰克林棒"，但在实施时受到习俗与宗教习惯的抵制，以致出现过1780年英国皇家学会会长普林格尔因反对英王乔治三世禁止给王宫安装避雷针而辞职的事件。

1754年

欧拉［瑞］提出叶轮式水力机械的基本原理 数学家欧拉（Euler，Leonhard 1707—1783）指出，离心泵依靠叶轮旋转时产生的离心力可以输送液体。叶轮内的液体受到叶片的推动而与叶片共同旋转，由旋转而产生的离心力使液体由中心向外运动，并获得动量增量。在叶轮外周，液体被甩出至蜗卷形流道中。由于液体速度的减小，部分动能被转换成压力能，从而克服排出管道的阻力不断外流。叶轮吸入口处的液体因向外甩出而使吸入口处形成低压，因而吸入池中的液体在液面压力作用下源源不断地压入叶轮的吸入

口，形成连续的抽送作用。此基本原理奠定了离心泵设计的理论基础。

斯米顿［英］发明高温计　土木工程师斯米顿（Smeaton，John 1724—1792）所发明的高温计基于把任意给定的金属杆的膨胀与一根标准黄铜杆或"基准"相比较，这根标准杆在某一给定温度范围里的膨胀又通过同一根标准木杆（松木或杉木）加以一次性检定。斯米顿通过实验测量出铁、钢等很多金属及合金的膨胀系数值。

1755年

维森塔尔［英］取得双尖缝纫针的专利　18世纪中叶，机械师维森塔尔（Wiesenthal，Charles Fredrick）发明一种双尖缝纫针，这种针的针眼在中间。维森塔尔于1755年取得这种针的专利权。

1757年

马奇［英］发明杠杆式擒纵机构　机械师马奇（Mudge，Thomas 1715—1794）所发明的杠杆式擒纵机构，进一步提高了怀表计时的精确度。1769年，马奇为乔治三世的妻子制作出带有此种机构的怀表。

俄国研制成数种型号的滑膛榴弹炮　1757—1759年，在舒瓦洛夫将军的领导下，炮兵军官丹尼洛夫、朱科夫、马丁诺夫等研制出数种型号可以平射和曲射的滑膛榴弹炮，这种炮因在炮身上刻有独角兽标志，均称作"独角兽炮"。这些火炮的炮身长约为口径的7.5～12.5倍，介于榴弹炮和加农炮之间，锥形药室装填快，发射时火药气体密闭好，射速为每分钟3～4发。

1758年

威尔金森［英］制作浇注铸件用的砂型　机械师威尔金森（Wilkinson，John 1728—1808）将管状铸件用的铸型（由砂子制成）放在用隔板组成的铁制砂箱中浇注铸件。

多隆德［英］发明消色差望远镜　光学家多隆德（Dollond，John 1706—1761）受瑞士数学家、物理学家欧拉认为不同材质的玻璃复合有可能消除透镜色差的启发，进行了一系列的消色差实验。根据实验结果，他提出消色差透镜是可以制造的。1756年，多隆德用火石玻璃和冕牌玻璃成功地制作出消色差透镜。利用这种新研制的透镜，他在1758年制造出消色差望远镜。当时，这种新型的折射式望远镜在欧洲引起了轰动。利用自己制作的这种望远镜，多隆德测量太阳的直径和天体之间的角度。1758年，多隆德取得消色差透镜的专利，并将用这种透镜制成的望远镜赠送给皇家学会。

1759年

罗比森［英］提出用蒸汽机驱动车轮的设想　在纽可门蒸汽机问世33年之后，格拉斯哥大学的学生罗比森（Robison，John 1739—1805）首次把蒸汽机与铁轨联系起来，提出用蒸汽机驱动车轮在铁轨上运行的最初设想。

哈里森［英］完成航海时钟（chronometer）的研制

1760年

斯米顿［英］发明压缩空气鼓风法　土木工程师斯米顿利用水车驱动经改进的鼓风机，使进入炉内前的空气压缩，以增加炉温并进一步去除焦炭中的硫及其他杂质。后来，罗布克在卡隆炼铁时采用这种鼓风方法炼铁也获得成功。

布莱克［英］发明量热器　化学家布莱克（Black，Joseph 1728—1799）的量热器由3个彼此隔开的同轴圆筒组成，内筒盛装待测物；中间圆筒盛满冰水混合物，其上插有一带刻度的毛细管，用来指示冰水混合物的体积变化；外筒塞满碎冰块，以防止待测物同外界的热交换。当待测物放入内筒后，引起中间圆筒冰水混合物的体积发生变化，根据毛细管中的水柱变化可计算出中间圆筒内所融化的冰的体积，进而计算出待测物所放出的热量。此法后经法国数学家、天文学家拉普拉斯等人的改进而趋完善。

挪威使用圆盘锯　当时有一批废旧大炮要熔化，必须先把炮切割以便装入小型的熔炉。挪威工匠用圆盘锯切割炮身，铁锯片的直径为30厘米，其上嵌装有钢齿。锯由水轮机驱动，竖立的炮身则逐渐地对着切割的圆锯片下降。

1762年

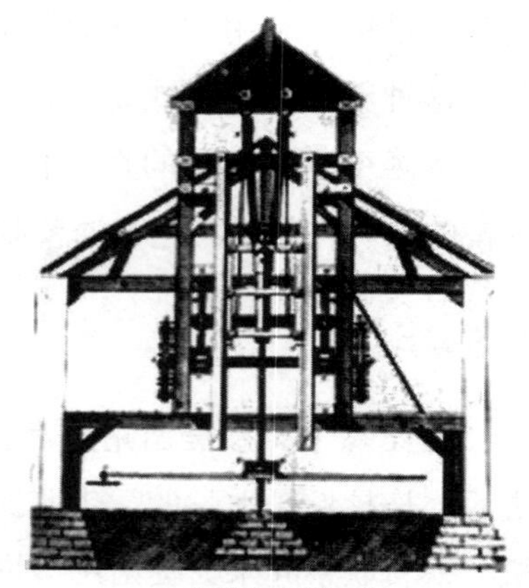
立式镗孔机剖面图

英国出现用立式镗孔机镗制炮膛的方法 加炮膛最早是用立式镗孔机进行粗镗的。把炮架在镗杆的上方，用马拉镗杆转动，镗杆上装有许多经过淬硬的钢刀片，对炮膛进行镗削加工。

1763年

英国发明蜂窝式炼焦炉 蜂窝式炼焦炉由耐火砖砌成圆拱形的空室，顶部及侧壁分别开有煤料和空气进口。点火后，煤料分解放出的挥发性组分与由侧门进入的空气在圆拱形室内燃烧，产生的热量由拱顶辐射到煤层提供干馏所需的热源，一般经48～72小时，即可得到合格的焦炭。

蜂窝式炼焦炉剖面图

罗蒙诺索夫［俄］著《冶金技术基础》 科学家罗蒙诺索夫所著《冶金技术基础》出版。该书奠定了现代冶金技术的发展基础。

波尔祖诺夫［俄］设计双缸蒸汽机　机械师波尔祖诺夫（Polzunov，Ivan Ivanovich 1728—1766）于1763年绘制出世界上第一台双缸蒸汽机设计图，但未能实现。1765年，根据另一个设计图制造类似俄国工厂用的第一台蒸汽动力装置，该装置运转了43天。

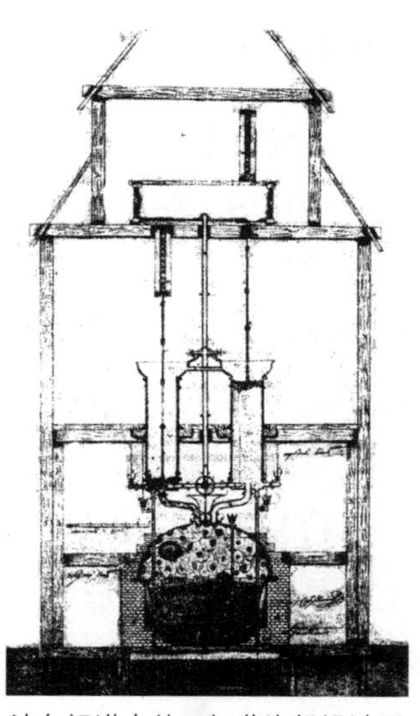
波尔祖诺夫的双缸蒸汽机设计图

1764年

哈格里夫斯［英］发明纺纱机　哈格里夫斯（Hargreaves，James 1720—1778）是一名纺纱工同时又是一名木工，一次纺纱时不慎将纺车弄翻，发现翻倒的纺车的纱锭依然转动。受此启发他发明将纱锭垂直放置的多锭纺纱机。开始时安装8个纱锭，后来逐步发展到80个，并使引纱、加捻机械化。哈格里夫斯以其女儿（亦说其妻子）的名字命名为珍妮纺纱机。1770年，这项发明取得专利。

珍妮纺纱机

1765年

瓦特［英］发明凝汽器与汽缸分离的蒸汽机 发明家瓦特（Watt，James 1736—1819）在研究纽可门蒸汽机模型时，发现其运转不灵、效率低的原因是每一冲程都要用冷水把汽缸冷却一次，热量损失巨大。于是他把蒸汽的冷凝过程设计在汽缸以外进行，这样就可保持汽缸的恒热，从而发明了凝汽器与汽缸分离的蒸汽机。这是对纽可门蒸汽机的关键性改革。瓦特蒸汽机的热效率为3%，每小时每马力耗煤量为4.3千克；而纽可门蒸汽机的热效率不到1%，每小时每马力耗煤量高达25千克。1775年，瓦特与企业家博尔顿合作创办世界上最早的蒸汽机制造厂。

瓦特蒸汽机所用的分离凝汽器示意图

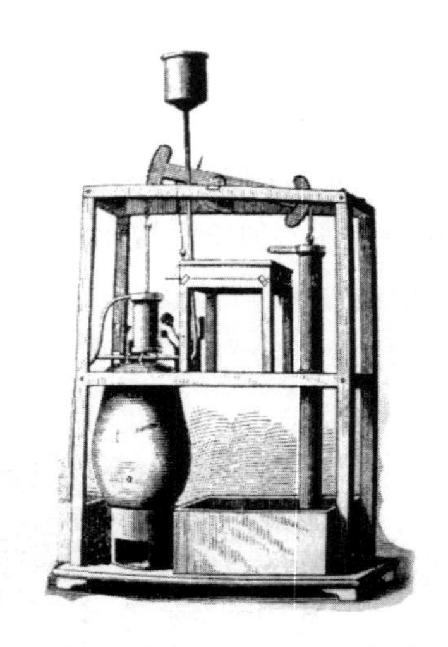

瓦特改造的纽卡门蒸汽机（模型）

欧拉［瑞］建议采用渐开线作齿廓曲线 平面上一动直线沿固定圆做纯滚动时，此直线上任意点的轨迹为该圆的渐开线。齿廓是指齿面被一指定的曲面所截的截线。数学家欧拉建议采用的渐开线齿轮较易制造，设计合理，现代使用的齿轮中渐开线齿轮占绝对多数。

波尔祖诺夫［俄］发明蒸汽机锅炉的水位自动调节器 机械师波尔祖诺夫发明自动保持水位的浮子形锅炉供水控制器。

瓦特［英］发明千分尺 发明家瓦特发明的千分尺是利用螺纹测量长度

的，其测量精度比起普通尺精确得多。但该千分尺仍不尽人意，后经惠特沃斯改进，不仅可以测量工件的长度，还能测量厚度。

马奇［英］发明分离杠杆式擒纵器　钟表匠马奇发明分离杠杆式擒纵器。到19世纪中叶，几乎所有小型钟或表都采用了这种擒纵器。

1766年

珀内尔［法］取得带槽轧辊的专利　机械师珀内尔（Purnell，John）发明带槽轧辊，可供轧制船用螺栓的棒材。轧辊有3个孔型，下辊由水轮机通过梅花头驱动，上辊则通过齿轮由下辊带动。摆脱了上、下辊各自由单独的水轮机驱动的模式。珀内尔的这一设计思想后为柯特所采纳，用来加工搅炼棒。

拉姆斯登［英］发明圆板型起电机　天文仪器制造商拉姆斯登（Ramsden，Jesse 1735—1800）发明的这种起电机，是用玻璃圆板和毛垫作为摩擦物体，安装有集电装置和测量电火花长度的装置，成为摩擦起电机的主要形式。1771年，经改进后可以任意获取正、负电荷，得到广泛应用。

拉姆斯登的圆板型起电机（复制品）

勒鲁瓦［法］制成航海时钟　钟表匠勒鲁瓦（Le Roy，Pierre 1717—1785）制成的航海时钟，配备了他自己发明的补偿摆（水银式和双金属式两种补偿摆）和独立式航海时钟节摆件。运动由一圆形摆轮调节，水银式补偿摆是在摆轮系中配备两个部分充水银、部分充酒精的温度计。水银的任何热膨胀都会使其重心移向摆轮轴，从而引起转动惯量增加，以及摆簧随温度上升而变弱的效应。双金属式补偿摆的摆轮的轮缘由两种具有不同热膨胀的金属条片制成，轮周分割成若干片段，每个片段的一端固定在摆轮上，另一端加载，当温度上升时，在差膨胀作用下朝向摆轮中心卷曲，这样可以补偿摆簧的变弱，以及因辐条膨胀而引起的转动惯量增大。这种时钟逐渐取代了哈里森的时钟，被认为是现代仪器原型的一种航海时钟。

勒鲁瓦的航海时钟

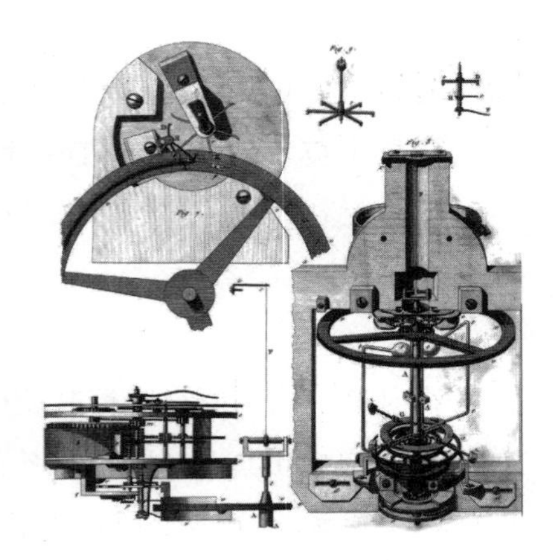

勒鲁瓦的航海时钟设计图

1768年

斯米顿［英］创制压缩空气鼓风机 工程师斯米顿利用水车驱动经改进的鼓风机，设计制造出压缩空气鼓风机，用以增加炉温并进一步去除焦炭中的硫及其他杂质。

1769年

阿克莱特［英］取得水力纺纱机专利 发明家、企业家阿克莱特（Arkwright，Sir Richard 1732—1792）发明水力纺纱机，并对这种机器在细节上进一步改进，使其生产的线很结实，从而能够第一次制造全棉织物，但只能纺较粗的纱线。这种纺纱机最初的动力是畜力，而后是水车，最后在1790年则是蒸汽机。阿克莱特早先是一名理发师，对机械制造并不在行，但他用心钻研。1771年，他在克隆普顿创建世界上最早的靠水力运转的机械纺纱厂。

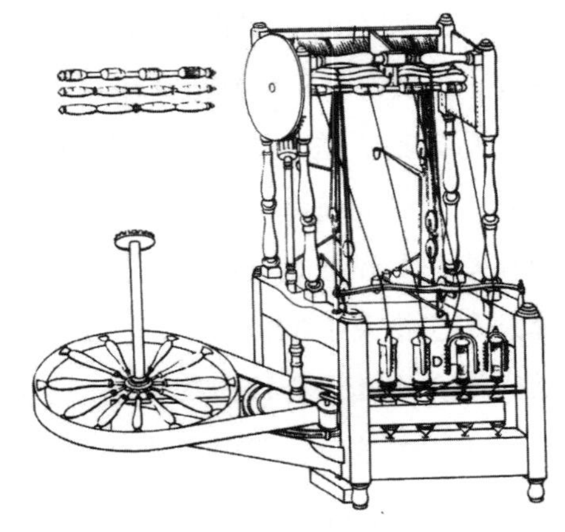

阿克莱特的水力纺纱机示意图

英国出现滑阀　滑阀是利用阀芯在密封面上滑动，改变流体进出口通道位置以控制流体流向的分流阀。瓦特蒸汽机出现以前，旋塞阀和止回阀一直是主要的阀门。蒸汽机的发明使阀门进入了机械工业领域，在瓦特的蒸汽机上除了使用旋塞阀、安全阀和止回阀外，还使用了蝶阀，用以调节流量。随着蒸汽流量和压力的增大，使用旋塞阀控制蒸汽机的进汽和排汽已不能满足需要，于是出现了滑阀。

1770年

卡尼韦［法］制作出活动望远象限仪　卡尼韦（Canivet，Jacques ？—1774）制作的铁制象限仪半径为3英尺，带铜质分度弧，整个结构可以在一个垂直平面上绕一根水平轴自由转动。

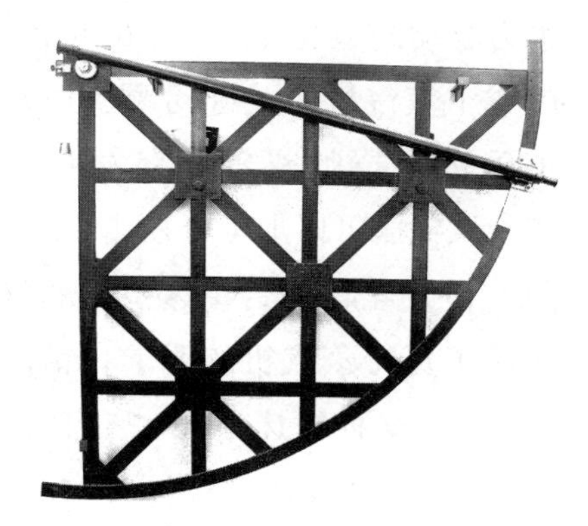

卡尼韦的活动望远象限仪

埃奇沃思［英］发明履带拖拉机　发明家埃奇沃思（Edgeworth，Richard Lovell 1744—1817）的履带拖拉机被认为是履带行走机构的最早构想。1867年，美国工程师米尼斯研制成功第一台农用履带拖拉机。1888年，俄国工程师布里诺夫研制出具有两条履带装置的拖拉机。

1772年

斯米顿［英］发表梁式蒸汽机的实验结果　工程师斯米顿发表的梁式蒸汽机实验结果，对于蒸汽机的详细设计，包括数据公式、锅炉尺寸、供水水质等都提出最佳推荐值。

瓦罗［英］制作球轴承　机械师瓦罗（Varlo，Charles 1725—1795）制造出用于驿站马车后车轮中的球轴承。这是近代滚动轴承的最早实例。1794年，英国机械师沃恩发明了深沟球轴承。

1773年

奈恩［英］进行熔断器试验　发明家奈恩（Nairne，Edward 1726—1806）将一根细导线（熔丝）与充电电容器相连接，发现导线瞬间就被熔断。这是熔断器发明的最早尝试。

1774年

威尔金森［英］发明炮筒镗床　由于制造武器的需要，15世纪就出现了水力驱动的炮筒镗床。1769年，瓦特取得蒸汽机的专利后，汽缸的加工精度就成了蒸汽机的关键问题。1774年，英国机械技师威尔金森发明炮筒镗床。该镗床可以加工直径达1.83米的内圆。1775年，这台镗床镗出的汽缸，满足了瓦特蒸汽机的要求，精度达到1毫米。这种镗床是第一台真正的机床——加工机器的机器。1776年，威尔金森又制成较为精确的汽缸镗床。

威尔金森的炮筒镗床

雅夸特-德罗兹父子［瑞］制成书写、绘画、演奏的机器人　瑞士雅夸特-德罗兹父子（Jaquet-Droz，Pierre 1721—1790； Henri-Louis 1752—1791； Jean-Frederic Leschot 1746—1824）制成一台带有3个自动人偶的装置。一个自动人偶能写出约40个字母的一段话；一个能绘路易十五的肖像、一只狗及其他两幅画；一个能弹奏5首不同的短曲。该机器人现存在瑞士纳沙泰尔的历史艺术博物馆。

雅夸特-德罗兹父子制成的机器人

1775年

伏特［意］发明起电盘　物理学家伏特发明的起电盘，由一块用绝缘物质（石蜡、硬橡胶、树脂等）制成的平板和一块带绝缘柄的导电平板组成。通过摩擦使绝缘板带正电荷（或负电荷），然后将导电板放在绝缘板上，由于静电感应，导电极靠近绝缘板一侧出现负电荷，另一侧出现正电荷。将导电极接地，大地中的负电荷即与导电板上的正电荷中和，使导电板带上负电荷。断开导电板与大地的连接，手握绝缘柄将导电板从绝缘板上移开，导电板上即获得负电荷。移去导电板上的负电荷再重复上述过程，就可不断得到负电荷。

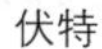
伏特

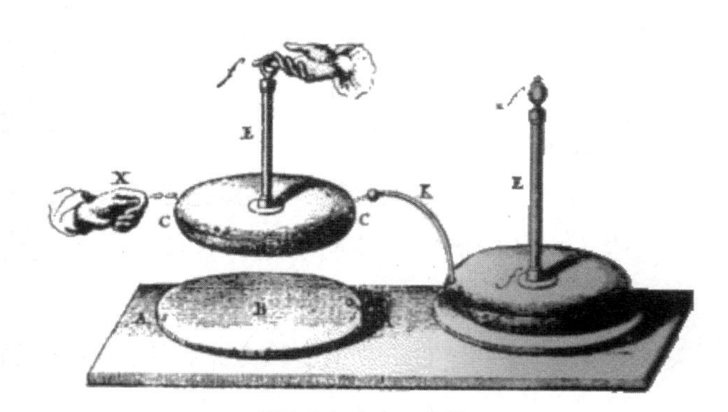
伏特的起电盘示意图

瓦特［英］、博尔顿（Boulton，Matthew 1728—1809）［英］合作创办蒸汽机制造厂　这是最早的蒸汽机制造厂，从1775年到1800年的25年间，共生产了318台蒸汽机。蒸汽机的发明和应用，促使人类开始进入以大机器生产为主要标志的工业化社会。

威尔金森［英］研制成铸铁汽缸　机械技师威尔金森利用他自己发明的镗床研制出铸铁汽缸。有了优质的铸铁汽缸后，1769年开始制造的铸锡汽缸被淘汰，瓦特发明的带有分离凝汽器的蒸汽机才真正获得推广。

斯坦厄普［英］发明用于乘法和除法的机器　政治家、发明家斯坦厄普（Stanhope，Charles 1753—1816）发明的这一机器可以重复地用机械方法累加同一个数，其结果用一行度盘显示。它们是一些数字齿轮，每个齿轮都刻上10个分度，每个齿轮分别相应于个位、十位、百位等，计算结果的各数字由适当度盘指示。若使机器动作逆转便可进行除法。

克兰［英］发明单梳栉钩针经编机 克兰（Crane）发明的这种经编机，可以把平行排列的经纱编织成经编针织物。

布什内尔［美］发明手动式潜水艇和水雷 耶鲁大学毕业生布什内尔（Bushnell, David 1742—1824）建造了以手摇螺旋桨为动力的海龟号木壳潜艇，艇上装有水雷，可潜入水下30分钟。这艘潜艇上装有水雷，发明者的意图是想把水雷固定到敌舰舷上，但都未成功。

布什内尔发明的手动式潜水艇

富兰克林［美］用喷射水为动力推进船只 物理学家富兰克林用一台水泵把水从船头吸入，从船尾喷出使船前进。这种船于1782年在波托马克河试航后， 直到1865年，英国皇家海军才造出一艘用这种方式推进的装甲炮舰。

1777年

夏普［英］制造风车型脱谷扬场机

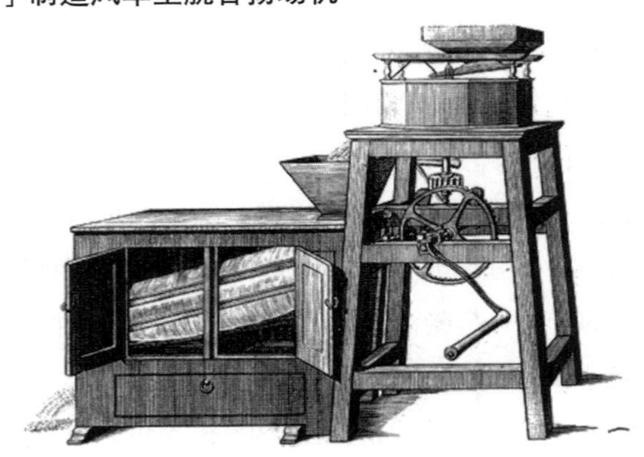
夏普制造的风车型脱谷扬场机示意图

1778年

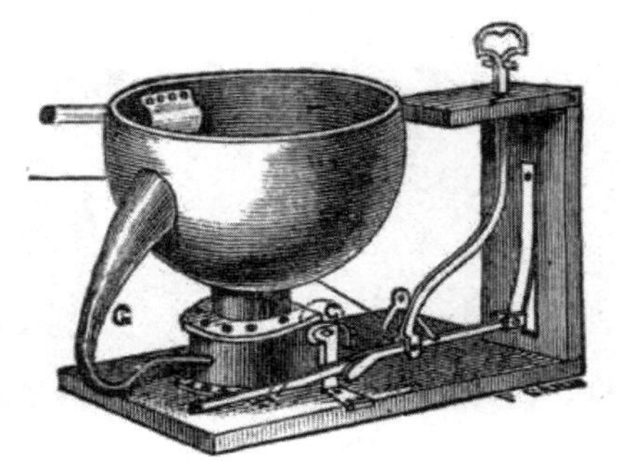
布拉默发明的水洗便器示意图

布拉默［英］获得水洗便器专利 水洗便器最早是1596年英国人哈林顿在自己家里安装成功的。木匠出身的发明家布拉默（Bramah，Joseph 1748—1814）对此进行了改革，设计了一个水位自动调节器。该调节器用两个阀门适当配合，形成反馈控制。拉开水箱放水，上阀门进水关闭，下阀门打开；放完水后，下阀门关闭，上阀门打开，水位达到一定高度时，浮球再将上阀关闭。这就是俗称的抽水马桶。

1779年

皮卡德［英］用蒸汽机驱动轧机 英国铁器制造商科特曾首创水力驱动的二辊轧机，发明家皮卡德（Piccard，James）发明用蒸汽机驱动轧机后，轧机得到广泛的应用。1783年，英国出现轧辊带孔型的轧机；1848年，德国发明万能式轧机；1861年，英国制成棒材和线材的连轧机组；1897年，德国成功地应用电动机驱动轧机。

瓦特发明的拷贝机

瓦特［英］发明拷贝机 瓦特发明混合阿拉伯树胶或糖的特制墨，把未上浆的薄纸压在一份手写信稿上，用墨湿润该纸，于是就得到了印像，只要把薄纸翻过来，就可以阅读。后来他设计了一种便于应用这项新发明的滚压机，之后改为螺旋压机，成为拷贝机的标准形式。

克朗普顿［英］研制成功走锭纺纱机 克朗普顿（Crompton，Samuel 1753—1827）研制的这种机器为铁木结构，兼具珍妮纺纱机和阿克莱特纺纱

克朗普顿研制的走锭纺纱机

机的特点，被称作“骡机”。使用这种机器一个工人可以同时看管1 000个纱锭。1812年，已经至少有360家工厂的460万个纱锭采用走锭纺纱机。

1780年

西克斯［英］发明最高最低温度计 西克斯（Six，James 1731—1793）发明的这种温度计能同时记录一段时间内的最高和最低温度。温度计U形细管底部装有水银，右边的细管在水银上充满酒精，而左边的细管只装一部分酒精。这种温度计通过外磁场移动酒精内的铁磁性指示物，使其停留在水银柱的上端。当温度升高时，左边的指示物向上移动，右边的指示物向下移动，只是指示物不能随意下移，所以它们的最低位置分别代表最高（在左边）和最低（在右边）温度。

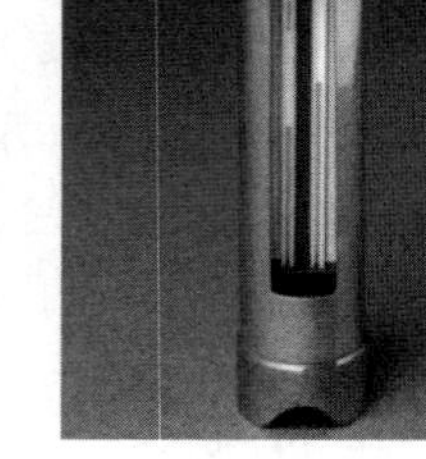

西克斯发明的最高最低温度计

安装太阳-行星齿轮机构的蒸汽机

1781年

瓦特［英］发明太阳-行星齿轮机构 瓦特发明的这种蒸汽机附加装置，即太阳-行星齿轮机构，可使蒸汽机的活塞往返运动转变为转轮的旋转运动，由此使蒸汽机开始成为万能的动力机。

1782年

西格尔［英］设计出洗衣机 家具商西格尔（Sidgier，Henry）设计的洗衣机是在木桶内装入洗衣笼，用手柄转动洗衣笼进行洗涤。

西格尔设计的洗衣机

1783年

勒内［法］研制出齿轮切削机床 机械师勒内（Rehe，Samuel 1735—1799）研制的这种机床，除了可以切削加工一般外齿轮，还配有切削齿条和内齿轮的附件。

拉瓦锡［法］、拉普拉斯［法］改进量热器 化学家拉瓦锡（Lavoisier，Antoine Laurent 1743—1794）和数学家拉普拉斯（Laplace，Pierre-Simon 1749—1827）改进的这种量热器，是通过融化了多少冰而来测量热的设备。为测定一固体的比热，首先将它升温到已知温度，然后迅速放进量热器内直到温度降到零度，最后把所产生的水收集起来加以称量，再进行一系列计算。

索热尔［瑞］发明毛发湿度计 瑞士科学家索热尔利用脱脂的人发等物质在潮湿时伸长在干燥时缩短的性质，以水蒸气饱和时的状态为100，以在干燥剂作用下的状态为0，发明并制成毛发湿度计。

拉瓦锡和拉普拉斯的量热器

索热尔的毛发湿度计

1784年

瓦特［英］取得安有平行四边形机构的复动蒸汽机专利 把活塞的上下运动借助平行四边形机构转变为旋转运动的方法，仅是机构学上的进步，然而它对社会产生的影响却是极大的。因为用这种机构首次使蒸汽机可以作为一切工作机的动力而使用。为驱动威尔金森的铸铁锤而安设这种蒸汽机以来，产业革命进入了真正的发展阶段。

库仑［法］发明带小球的扭秤 工程师、物理学家库仑（Coulomb，Charles-Augustin de 1736—1806）在一细金属丝下悬挂一根秤杆，杆的一端有一小球，另一端为平衡体，在小球端旁放置一同样大小的小球。当二小球都带一定电荷时，秤杆会因受力而偏转，平衡悬丝的扭力矩等于电力施在小球上的力矩。如悬丝的扭转力矩与扭角之间的关系为已知，并测得秤杆的长度，就可以求出二小球电荷之间的作用力。1785年，库仑对扭秤进行改进，通过实验推导出与牛顿万有引力有相似法则的库仑定律，为近代电磁学理论奠定了基础。

富兰克林［美］制成双聚焦眼镜 发明家富兰克林将两透镜各取一半放在同一个框架内制成双聚焦眼镜，但单片双聚焦眼镜50年后才被制造出来。

1785年

卡特赖特［英］发明动力织布机 牧师卡特赖特（Cartwright，Edmund 1743—1823）参观德比郡的一家棉纺厂后受到启发，在一位木工和一位铁匠的帮助下，发明用水车带动的自动织布机并取得专利。纺纱机的发展促进了织布机的发展，卡特赖特就是迎合了这一需求而发明织布机的。他的这种织布机，当经纱或纬纱断开或线框中纬纱不足时会自动停车。但他成功的关键是在织布作业中应用了蒸汽机（1789年）。1791年，他开始动手建设配备400台织布机的大工厂，由于织布工对机器的反感，他的工厂还没安装完蒸汽机就被烧毁。1804年，经英国发明家拉德克利夫和赫拉克斯改进后，用钢结构取代了原来的木结构，动力织布机得以迅速发展。

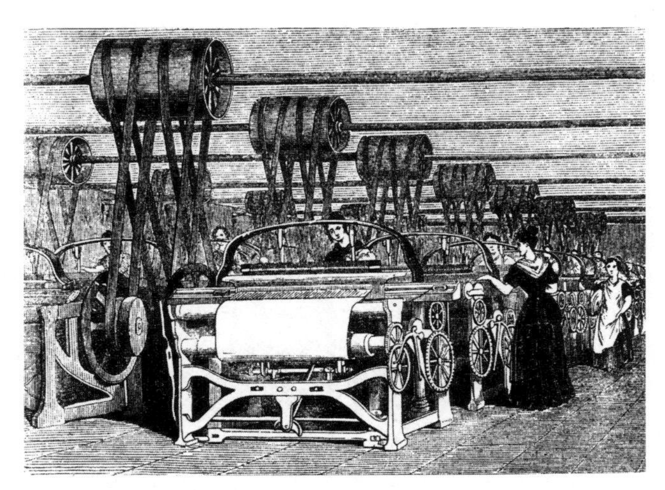

动力织布机示意图

埃文斯［美］自动化面粉加工厂问世　埃文斯采用皮带运输机、斗式提升机、装料秤、螺旋运输机等5种机械，建造了一座自动化面粉加工厂。运送机把小麦送到建筑物的顶层，然后下落到转动着的石磨中磨成粉，经过筛后落到底层，再提升到楼层的最高处晾晒，并用螺旋运输机翻动。

贝尔［英］发明滚筒印花法　发明家贝尔（Bell，Thomas）使用的印花设备中主要部件是一大直径的铸铁空心承压滚筒，其表面包有10余层麻经毛纬的毛绒织物或包裹一层橡胶，是花筒压印织物时增强弹性的背衬。背衬外套有一层环形无接缝橡胶衬布作保护，橡胶衬布外又有一层棉或合成纤维织成的印花衬布，用以防止印花色浆对橡胶衬布的沾污。印花时，织物和印花衬布相叠，相继经过各只花筒和承压滚筒之间的轧点印上花纹并烘干。然后根据色浆中染料的性质进行固色或显色。最后将织物洗净烘干，完成印花过程。该法沿用至今，仍属主要印花方法之一。

1786年

贝内特［英］发明金箔验电器　电学家贝内特在一金属匣顶部装以橡皮塞，塞中插入一铜棒，铜棒上端有一金属盘，下端有一对细长的金箔条。当带电体与金属盘接触时，箔片便会张开一定角度，移去带电体，金箔将仍保持张开状态。贝内特发明的这种验电器还可用来鉴别带电体所带电荷的正负。

埃文斯［美］取得用一台从事几项作业的蒸汽制粉机专利

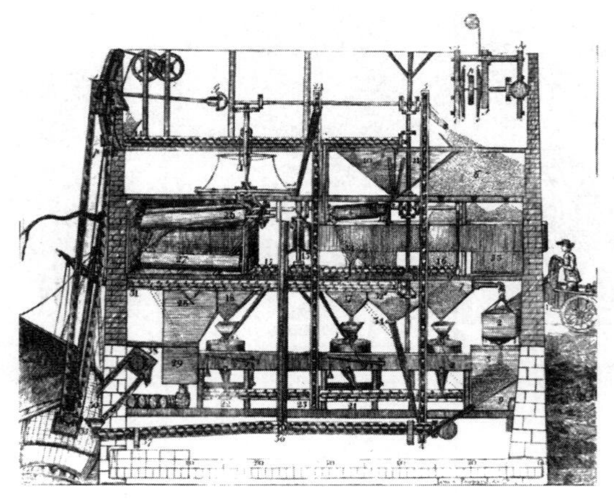

埃文斯的蒸汽制粉机设计图

1787年

塞扎尔［法］发明蒸汽压路机 道路工程师塞扎尔（Cessart，Louis-Alexandre de 1719—1806）发明实用的压路机，由马拉作为行驶的动力。这个压路机由铸铁制成。

菲奇［美］制造桨轮式汽船 发明家菲奇（Fitch，John 1743—1798）从1785年开始对造船发生兴趣，将瓦特刚推出的双向式蒸汽机安装在帆船上，代替人划桨，这种船于1781年试航行。1787年，建造一艘长45英尺（约13.7米）小船在特拉华河上试航成功。后来又建造一艘较大的船，采用桨轮（明轮）推进，在费城和新泽西州的伯灵顿之间进行定期航行，取得美国、法国的汽船专利。

威尔金森［英］用铁制造船 发明镗床的铁匠威尔金森用铁制造船，证明了传统的认为铁比木料重做成船会沉的观念是错误的。

1788年

瓦特［英］在蒸汽机上使用离心摆球调节器 瓦特发明的调节器能自动

控制蒸汽的输出，输出的蒸汽使靠近垂直连杆的调节器旋转。调节器旋转越快，两个金属球向外飞离得越远，蒸汽出口越小；调节器旋转变慢，球体回落，蒸汽出口即开大。这样，就保证了蒸汽机转速的稳定和蒸汽能量的有效利用。

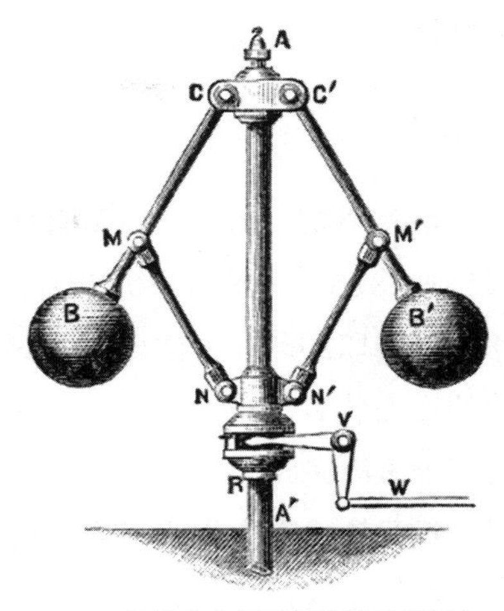

瓦特的离心摆球调节器示意图

米克尔［英］取得脱粒机专利　1784年，机械工程师米克尔设计出木制回转滚筒式脱粒机，它带有一将谷壳和其他杂质吹走的装置，并带有将小的种子同大的谷粒分开的细筛，1788年获得脱粒机专利。1785年，温劳设计了锥形滚筒轴流脱粒机。1796年，英国出现脱粒机与扬场机联用。1802—1805年，莱斯特又取得了几项脱粒机专利。

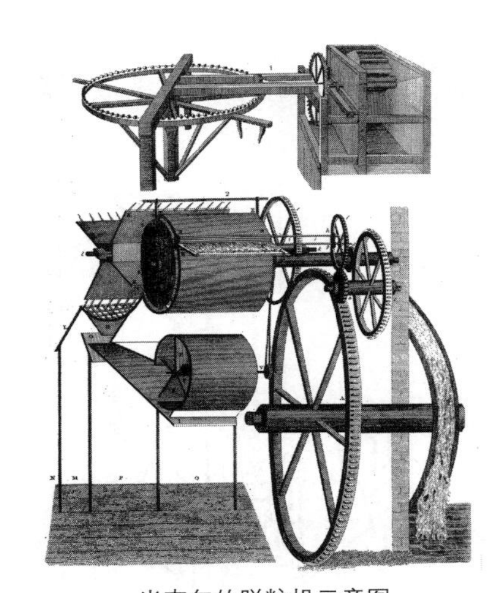
米克尔的脱粒机示意图

1789年

卡特赖特［英］用蒸汽机带动织布机　牧师卡特赖特将瓦特蒸汽机应用于织布机，提高了织布效率。此前织布机是用人力、畜力或水利驱动的。

英国使用带凸缘车轮　雷诺兹（Reynolds，Richard 1735—1816）、斯米

顿制造出与轨道相配合的带凸缘的机车车轮。

1790年

尼科尔森［英］取得印刷机专利 工程师尼科尔森（Nicholson，William 1753—1815）获得印刷机专利。他发明用墨辊上墨、由圆筒卷带纸张在卷墨印版上转印的印刷方法。印刷时，让纸张从两个滚筒之间通过，其中一个滚筒的表面装有印版，而另一个滚筒则将纸张对着印版施压。印版的上墨则由第三个滚筒完成。

托马斯［英］发明手摇缝纫机 鞋匠托马斯（Thomas）发明缝制靴鞋用的单线链式线迹手摇缝纫机，用木材做机体，部分零件用金属材料制造。这为世界上首次出现的单线链式线迹缝纫机。但这项发明长期不为人所知，直到1873年才被发现。

1791年

巴伯（Barber，John 1734—1801）［英］取得煤气发动机专利

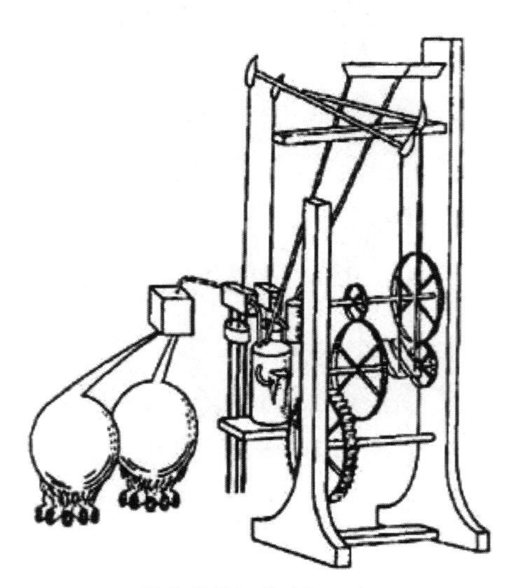

巴伯的煤气发动机示意图

里德［美］发明垂直型水管锅炉 造船工程师里德（Read，Nathan 1759—1849）发明的锅炉中，垂直型水管直接安置在火室内，由此因提高了受热面积而使锅炉效率大为提高。此类锅炉后来被史蒂芬森研制的火箭号机车使用。

文丘里［意］制成流量测量装置 物理学家文丘里（Venturi，Giovanni Battista 1746—1822）制成的流量测量装置为一段截面不同的管子，两端向中部逐渐缩小，中部为一段等直径的喉部，在入口和喉部产生压差，由压差可计算出流量。该装置也称为文丘里管。

夏普［法］发明悬臂通讯机 工程师夏普（Chappe，Claude 1763—1805）在一竖立的木杆顶端安装一个可以绕中轴旋转的横杆，横杆两端各有一个可旋转的悬杆。由横杆和悬杆的不同角度组合表达一定的字母或数字，由此可以较为完整地传递信息。这种悬臂通讯机也称为信号杆系统，安装在较高建筑物上或塔楼上。在望远镜可达的距离（10公里左右）设立安有悬臂通讯机的塔楼，就可以实现信息的接力传送。

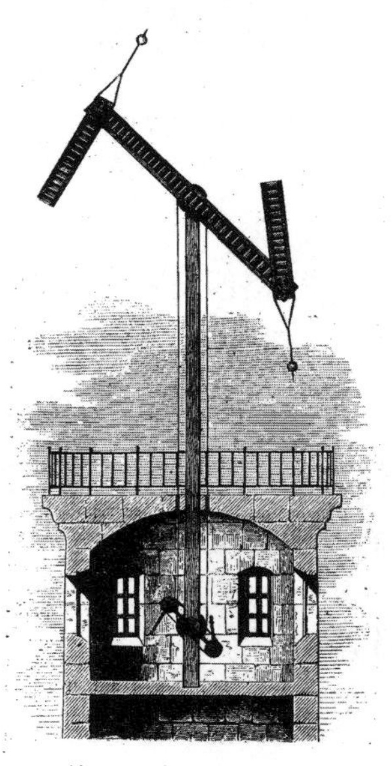

夏普的悬臂通讯机示意图

1792年

孔泰［法］发明现代铅笔 发明家孔泰（Conté，Nicolas-Jacques 1755—1805）发明的铅笔是用一木杆包着一石墨与泥土混合而成的小细棒。铅笔芯有时仍被称为“铅”因为它最初是由金属铅制成的。现代铅笔芯是由石墨、泥土和水的混合物通过一个小孔挤压并烘干制成。石墨越多，铅笔越软。

1793年

惠特尼［美］发明钉齿滚筒轧花机 发明家惠特尼（Whitney，Eli 1765—1825）发明的轧花机由四部分组成：加料棉箱、回转针筒、固定挡板（能让针钩上的棉纤维通过而留下棉籽）、反向转动的毛刷滚筒（把棉纤维从针钩上刷下）。美国工程师霍姆斯加以改造后制成锯齿轧花机，后于1796年取得专利。这种机器结构简单而工作效率高，它的基本原理一直沿用至今。

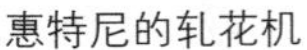

惠特尼的轧花机

惠特尼

拉格朗日［法］提出枪膛内气流速度按线性分布的假设 数学家拉格朗日（Lagrange，Joseph Louis Conte 1736—1813）对枪膛内气流提出其速度按线性分布的假设后，内弹道能量方程、密闭爆发器内火药燃气的状态方程、几何燃烧定律等相继提出和建立。到19世纪末，形成了以几何燃烧定律和拉格朗日假设为基础的内弹道学理论。

1794年

威尔金森［英］制造冲天炉 机械技师威尔金森制造的冲天炉，是一种竖式圆筒形熔炼铸铁的设备，配备了用蒸汽机驱动的鼓风机，是一座近似现代的冲天炉。

瓦特［英］发明示功汽缸 瓦特发明的示功汽缸是一小汽缸，有一精密适配的活塞借助一根螺旋弹簧装在顶部，活塞同作用于它的压力成正比例地上升，活塞杆上固定的一根针在所附标尺上示出每平方英寸的压力。示功汽缸同汽缸相连，使得蒸汽能从后者通到前者，并使二者中有相同压力。瓦特的助手萨瑟恩给示功汽缸添加一块滑动板，用以支承铅笔和纸，铅笔在纸上描绘的曲线相应于汽缸中压力的变化，这就是“示功图”。示功图是在活塞式机器的一个循环中，汽缸内气体压力随活塞位移而变化的循环曲线。循环曲线所包围的面积可表示为机器所做的功。

斯特里特［英］发明燃用松节油或柏油的内燃机 斯特里特（Street，Robert）首次提出根据燃料与空气混合的原理可以制成内燃式动力机。这一发明虽然取得专利但未实际应用。

沃恩［英］取得球轴承专利 1772年，英国工程师瓦罗设计制造球轴承，装在邮车上试用。1794年，沃恩（Vaughan，Philip）取得球轴承的专利。1881年，德国物理学家赫兹发表关于球轴承接触应力的论文。在赫兹成就的基础上，德国的施特里贝克、瑞典的帕姆格伦等人又进行了大量实验，对发展滚动轴承的设计理论和疲劳寿命计算做出了贡献。

1795年

布拉默［英］制成实用水压机 发明家布拉默制成水压机。他采用皮质杯状密封垫圈解决了柱塞和缸体之间的漏泄问题。

阿佩尔［法］发明食品罐头 应法国军队长期保存食品的需要，蜜饯食品经营商阿佩尔（Appert，Nicolas 1749—1841）发明通过加热用软木塞密封装有食品的玻璃罐的方法。其后证明，用这种方法保存的食物3个月不变质。

本瑟姆［英］建造水密隔舱船 机械工程师本瑟姆在考察中国水密隔舱结构的基础上，设计并改进了6艘船，修造成带有水密隔舱的新型船。他认为水密隔舱技术“是今天的中国，也是古代的中国所实行的”。

1796年

奥斯汀［英］发明动力织机 英国发明家奥斯汀（Orstin，John）发明设有断经自停装置和继纬自停装置的动力织机，能在1小时内织出2码900线织物。并且因要求的织物细度不同，一名织工辅以一名童工就能照管3～5台织机。

1797年

莫兹利［英］创制全金属车床 布拉默制锁厂机械师莫兹利（Maudslay，Henry 1771—1831）创制出全金属车床。他在车床上安装丝杠、光杠和滑动刀架，能加工精密平面和精密螺丝，使机械制造技术的精度大为提高。1800年，又采用交换齿轮，可以改变进给速度和被加工螺纹螺距，由此奠定车削螺纹的基本方法。

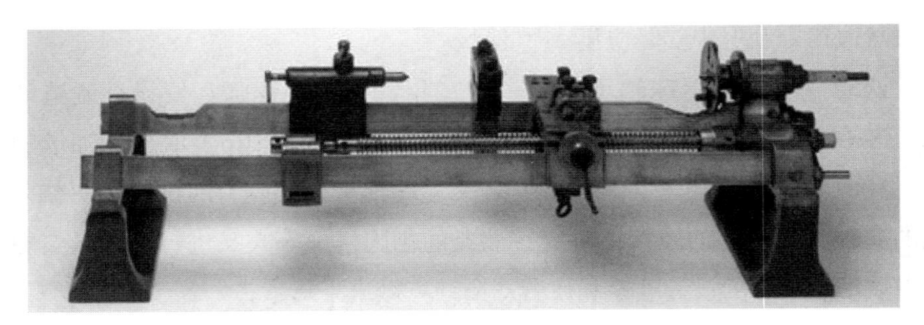

莫兹利的全金属车床

1798年

惠特尼［美］提出组装标准部件生产法 发明家惠特尼提出用模具提高机械零件互换性，即每个工人只加工一种部件，但必须制造得十分精确，以便进行统一组装。正是这种用标准部件进行组装的生产方法，为流水生产线和批量生产创造了条件。

罗伯特［法］取得长网造纸机专利 发明家罗伯特（Robert，Nicolas-Louis 1760—1820）提出造纸机的构想，并取得专利，但并未制成机器。英国福德里尼兄弟购得这项专利后，交由唐金修改设计并试制，1803年，制出第一台长网造纸机，又称福德里尼造纸机。1804年，在英国正式投入生产。1812年，英国科布发明长网造纸机伏辊。1820年，英国克朗普顿发明造纸机蒸汽烘缸。

造纸机

1799年

法国科学院制成基准米尺 1792—1798年间，法国科学院在西班牙巴塞罗那和法国敦刻尔克间进行三角测量，得出通过巴黎天文台的地球子午线从赤道到地极点的距离，并以它的千万分之一（相当于地球子午线的四千万分之一）作为1米的长度。1799年，用铂金制成横截面为25.3毫米×4.05毫米的矩形端面基准米尺，现保存在法国档案局，所以称为“档案米尺”，又称“阿希夫米尺”。

凯利［英］指出滑翔机飞行的可能性　物理学家、发明家凯利（Cayley，George 1773—1857）最早研究采用固定翼飞行的可能性，而当时许多人潜心研究的是一种模仿鸟翼的“扑翼机”。1804年，制成一台像风筝那样的单翼滑翔机，后又制成多种模型，并进行大量改进。1852年，终于制成一台乘人的大型滑翔机，第一次载成人，第二次载少年在短距离飞行成功。但凯利未能留下完整的记录和实验材料。

凯利的滑翔机设计草图

凯利的载人滑翔机设计草图

斯普纳［美］取得播种机专利　农业技师斯普纳（Spooner，Eliakin）发明播种机后，1825年和1828年，分别在美国取得第一个棉花播种机和玉米播种机专利。1841年，美国机械师平涅克制成完善的谷物播种机。直到19世纪60年代，英、美等国才开始大量生产和使用谷物条播机。

1800年

特里维西克［英］发明横梁连接杆型复式发动机　矿业工程师特里维西克（Trevithick，Richard 1771—1833）发明的横梁连接杆型复式发动机，压力为每平方英寸65磅，汽缸直径25英寸，冲程10英尺，应用于矿山起重作

业。1802年，他又发明高压蒸汽机，工作压力达每平方英寸145磅。1804年，配合1800年发明的复式发动机，研制成“特里维西克型锅炉”，该锅炉有一个铸铁圆筒形外壳和一个碟形封头。

埃文斯［美］制作10个大气压的高压蒸汽机

斯坦厄普［英］发明铁制印刷机 发明家斯坦厄普将杠杆和螺旋运动结合起来，以便在印刷时产生巨大的压力。该印刷机的最大特点是，除了版台下面的粗壮木制T形架外，其他零件均为铁制的。由于其该机具有大的动力和稳定性，能够将整个铅字版面同时印到纸上，当时《泰晤士报》立即安装了多台斯坦厄普印刷机。

博伊斯［英］取得收割机专利 农业技师博伊斯（Boyce，Joseph）发明收割机并取得专利。在收割机一圆盘上安装几只大型镰刀，由蒸汽机带动旋转，是圆盘型割麦机的雏形。

18世纪

博尔顿［英］研制造币设备 企业家博尔顿研制的造币设备由一台改良的蒸汽机驱动，用以滚轧半便士的铜币。通过操纵切断器式螺旋压力机压出圆形铜件，钱币的两面和边缘同时铸造。该机器还能准确无误地计算出所压出的钱币数目。

中国制造人力挖泥船 名为“清河龙”的船上设有绞盘柱，柱下端围以铁齿能插入泥沙中，用人力转动绞盘柱带动铁齿挖泥。

1801年

勒邦［法］取得一种内燃机专利 机械师勒邦（Lebon，Philippe 1767—1804）将爆燃室放在汽缸外面，让在爆燃室中产生的气体通过阀门进入汽缸做功。

戴维（Davy，Humphry 1778—1829）［英］制作电弧灯

雅卡尔［法］发明自动提花编织机 纺织技师雅卡尔（Jacqard，Joseph Marie 1752—1834）发明的自动提花编织机在织布过程中，可同时操纵1 200个编织针，执行步骤通过纸卡片上穿孔的方式进行控制，从而可实现不同的提花设计，使不论多么复杂的式样也能由一个人较容易地织出来。1820年，这种机器被引进英国后即得到推广。提花编织机就是织纹机的代名词，在针织工之间出现了利用这种编织机追求新花样的竞争。

赛明顿［英］建造蒸汽机拖船 技师赛明顿（Symington，William 1764—1831）建造的第一艘蒸汽机拖船夏洛特·邓达斯号，船长17米，功率为10马力。1837年，制造出拖船奥格登号，首次采用螺旋桨，在泰晤士河上航行。

富尔顿［美］制作诺其拉斯号潜水艇 发明家富尔顿（Fulton，Robert 1765—1815）制作的诺其拉斯号潜水艇，装有两枚水雷，铁骨架铜壳。潜艇在水下靠手摇螺旋桨，在水上靠桨帆行驶。

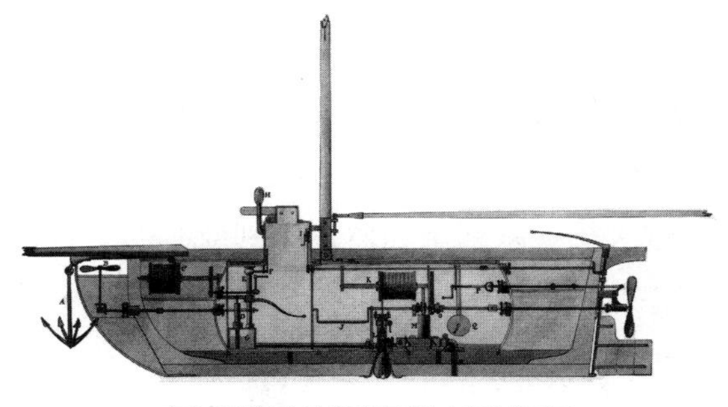

富尔顿的诺其拉斯号潜水艇剖面图

艾特魏因［德］著《力学和水力学手册》 水力学家艾特魏因（Eytelwein，Johann Albert 1764—1848）所著的《力学和水力学手册》一书，分析论述了复式管道中的水流、喷射流的运动及其对表面的冲击，水轮的圆周速度达到水流速度的一半时水轮具有最大效能等问题。

1802年

布拉默［英］发明木工龙门刨床 发明家布拉默发明的木工龙门刨床工作时，将待加工的木料固定在工作台上，刨刀轴在上面旋转，当工作台做往复运动时，刨刀轴对木料进行刨削加工。

布鲁内尔［英］、莫兹利［英］设计大量生产方式 英籍法裔工程师布鲁内尔（Brunel，Isambard Kingdom 1806—1859）和英国发明家莫兹利设计大量生产方式。大量生产，是指将复杂的操作分解，用各种专用机械加工的生产方式。布鲁内尔为了给帆船制作滑轮，设计了一种大量生产方式。莫兹利按照这一设计，布置了45台进行单一加工的设备进行顺序加工，工效提高10倍。

布鲁内尔［英］研制木滑轮组自动生产线　布鲁内尔设计出制造木滑轮组的自动生产线。他采用了32马力蒸汽机驱动44种不同的机械，将木材沿长度横向切割、剥（树）皮、钻孔、打榫、开槽等。使用这组设备只需10个非熟练工人即可代替110个熟练工人的劳动，每年可生产13万个滑轮组。

特里维西克［英］取得高压蒸汽机专利并制成实验蒸汽机车　发明家、矿业工程师特里维西克采用内壁呈U形的筒式锅炉，并把汽筒置入锅炉内，使蒸汽压力从瓦特蒸汽机的0.8个大气压提高到35个大气压。取得该项发明专利。他制成的首台实验蒸汽机车，在默瑟尔和加尔第夫间的铁路上行驶，时速9英里。1815年，他又制成7个大气压、热效率超过7%的蒸汽机车，功率超过100马力。虽然特里维西克面临着机车动力不足，车轴、铁轨断裂，运输振动过大等一系列难题而得不到应有的支持，使其发明难以为继，但为尔后史蒂芬森发明蒸汽机车奠定了基础。

特里维西克的高压蒸汽机

1803年

唐金［英］设计长网造纸机　技师唐金（Donkin，Bryan 1768—1855）设计长网造纸机。其造纸过程是：将木浆及适量的添加剂送到一可动的带网眼的传送带上；在传送带上大部分水分被吸掉，这层薄脆且湿的纸经过一系列辊子的滚压而去掉更多的水分；此后经过一热圆辊烘干，最后再经过一更热的辊子（压光机）滚压以得到所需的纸。

埃文斯［美］制造蒸汽挖泥船 15世纪，荷兰采用搅动泥沙的疏浚方法，把犁系于航行的船尾，耙松河底泥沙，使其悬浮于水中，利用水流将泥沙带到深水处沉淀。16世纪，荷兰又创造出一种“泥磨”。施工时，用人力或畜力转动平底木船上的大鼓轮，通过循环链条带动木刮板，将水底泥沙刮起，经溜泥槽卸入泥驳。17世纪初，木刮板被铜制斗勺代替。埃文斯采用蒸汽机为动力驱动带有挖泥铲斗的链条传动，将挖进铲斗中的泥沙传到船舱中。

富尔顿［美］制造蒸汽船 画家富尔顿建造38马力、时速达4海里的蒸汽轮船，并首次试航成功。1807年，他又建造了一艘更大的蒸汽轮船，用蒸汽机驱动装在两边的明轮，取名为克莱蒙特号，并于同年8月17日在哈得逊河试航成功。该船长150英尺、宽13英尺，吃水量为2英尺，往返于纽约和奥尔巴尼城之间，时速为16海里。这标志着蒸汽动力船取代帆船的开始。1811年，美国制造的奥尔良号蒸汽船在俄亥俄河试航成功。

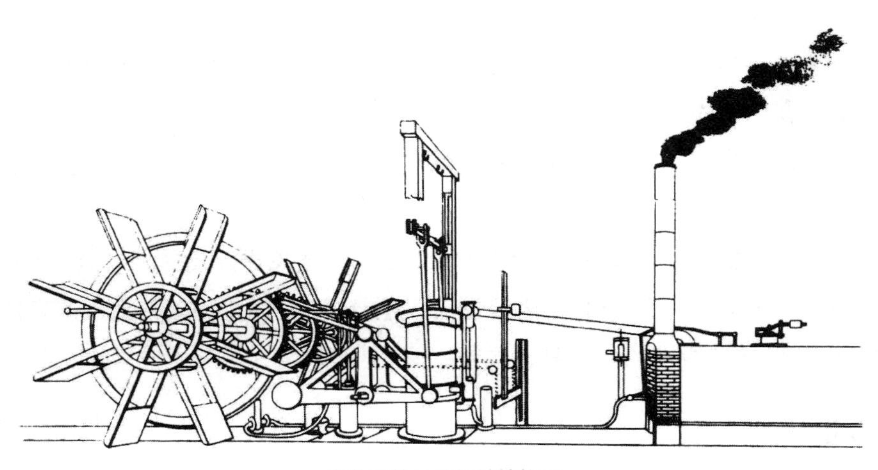

克莱蒙特号的机械结构图

1804年

沃尔夫［英］制成复式（二级膨胀）发动机 沃尔夫（Wolff，Arthur 1766—1837）制成的复式发动机与瓦特的发动机相比，结构较复杂，成本稍高，但大约可节约50%的燃料，由此使其在燃料费用很高的欧洲大陆得以普及。二级膨胀发动机又称作“沃尔夫发动机”。

沃尔夫的复式发动机

1805年

默里［英］制作萨伊多列维发动机 当时的蒸汽机的横梁在上方，重心过高，技师默里（Murray，Matthew 1765—1826）制作的萨伊多列维发动机将横梁设在汽缸两侧。这种发动机本来是应船舶或蒸汽机车需要低重心的小型发动机而出现的，但在陆地上使用的蒸汽机中亦开始设计不受安装场所限制的发动机。

博福特［爱尔兰］发明风速记录仪 爱尔兰气象学家博福特（Beaufort，Francis 1774—1857）发明的风速记录仪，记录风速的范围从0级到风速高达每小时118公里的12级飓风。这种记录仪一直沿用至今。

1807年

莫兹利［英］制作台式蒸汽机 莫兹利制作的台式蒸汽机没有摇杆，活塞和曲轴直接相连，并装有大型惰性轮。由于比带摇杆的蒸汽机所占的空间小，因此非常普及。

托马斯·杨［英］著《自然哲学和机械工艺讲义》 物理学家托马斯·杨（Thomas，Young 1773—1829）所著《自然哲学和机械工艺讲义》中提出材料的弹性模量定义，现称杨氏弹性模量。此概念的引入对材料科学的发展有重要作用。

哈腾堡［德］制造附有切断装置的制砖机

博西尼（Bossini，P.）［德］发明内窥镜（耳镜）

1809年

沃拉斯顿［英］发明反射测角计　物理学家沃拉斯顿（Wollaston，William Hyde 1766—1828）发明的反射测角计可以用来精确测量极小标本上晶体面间的夹角。

徐朝俊［中］著《自鸣钟表图说》　清代晚期，钟表技师徐朝俊写成《自鸣钟表图说》。全书共分钟表图说、钟表名目等10个方面，并附有50余幅机械零件图，是中国第一部钟表技术专著。

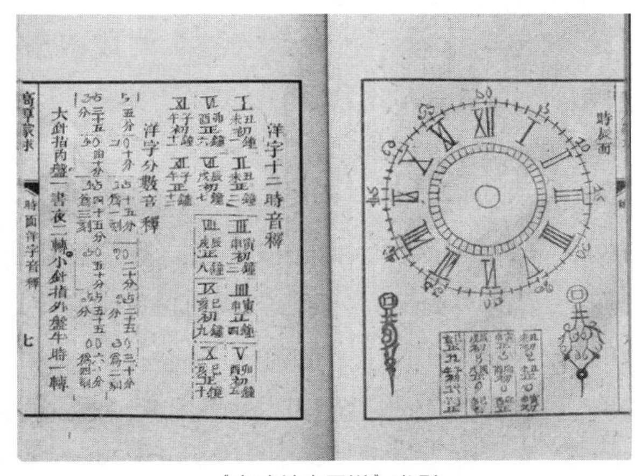
洋字十二時音釋

洋字分數音釋

大針指內盤一晝夜二轉。小針指外盤

時面洋字音釋　七

《自鸣钟表图说》书影

索默林［德］组装电报机　索默林（Sommerring，Samuel Thomas von 1755—1830）应用电流对水的分解组装成电报机，是将和字母字数一样多的线头做电极，各自浸入同等数量的注入水的玻璃管中组成的。各电极通以电流时，根据在玻璃管中产生的水泡可以看出字母顺序来，由此而读出电报文字。

波施曼［俄］制成撒肥机　施肥机械化始于19世纪。1809年，波施曼（Пошман，Антон）研制成用于撒施石灰和化肥的撒肥机。1830年，美国公布第一个撒肥机专利。1881—1890年，俄国开始生产用于甜菜的施肥播种机。

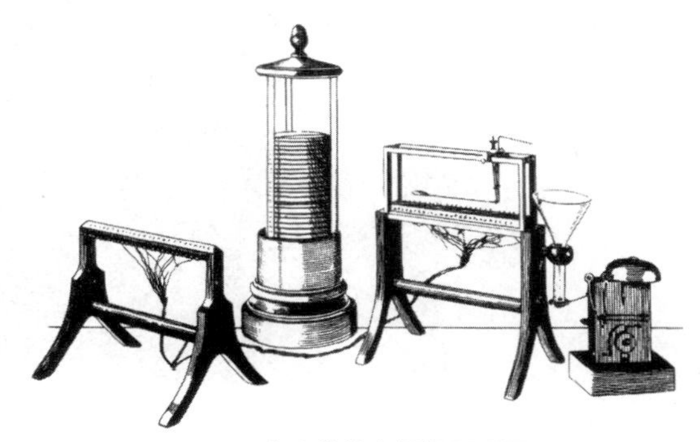
索默林的电报机原理图

1810年

杜兰德［英］取得镀锡薄板专利 工程师杜兰德（Durand，Peter）设计出镀锡槽，发明镀锡薄板（俗称马口铁），后来，他用镀锡薄板封装罐头，并申请了专利。

福丁（Fortin，Jean 1750—1831）［法］设计并制作气压计

博南贝格尔（Bohnenberger，Johann Gottlieb Friedrich von 1765—1831）［德］发明陀螺仪

柯尼希［德］、鲍尔［德］制成圆压平版印刷机 发明家柯尼希（Koenig，Friedrich 1774—1833）、鲍尔（Bauer，Andreas Friedrich）研制的印刷机，装有一大滚筒，其下是前后驱动的版台，大滚筒有3个互相分开的印刷表面，每转动一整圈印出3个印张。当滚筒处于静止时，纸从滚筒顶部放入，印纸随即被一夹纸框夹住；然后滚筒旋转1/3圈，将第二印刷面带到顶端，待第2张印纸放入后，滚筒再旋转1/3圈，印出第1印张；随后将第3张印纸放在第三印面上，滚筒转完一周，又将第一印面转到顶部，如此往复循环。该机首次使墨辊上墨、滚筒带纸在上过墨的印版上滚过的方法完成印刷工序。其原理奠定了后来圆压平版印刷机的基础。

柯尼希和鲍尔的印刷机

1811年

布伦金索普［英］取得与齿轨啮合的带齿车轮的蒸汽机车专利 早在1803年，特里维西克就已经证明蒸汽机车的平滑车轮与平滑轨道间的摩擦，能充分地保证列车的运动。1811年，工程师布伦金索普（Blenkinsop，John 1783—1831）制成带有特殊齿的轨道及能与其啮合的带齿车轮的机车，认为这样车轮就不会空转了。车轮虽然不会空转但由此引起低速度（每小时6公里以内）、价格昂贵、噪声以及易损坏等问题。此类机车虽然有一台曾在矿山上实际应用，但未能普及。

史密斯［英］发明圆盘式收割机 机械师史密斯（Smith，James）发明的圆盘式收割机靠一个贴着地面旋转的大圆盘来收割小麦，提供动力的两匹马位于收割机的后面推着收割机前进收割。

史密斯的圆盘式收割机示意图

1812年

霍华德（Howard，Edward Charles 1774—1816）［英］设计制糖用真空蒸发装置

1813年

特里维西克［英］发明机械凿岩机

克莱格（Clegg，Samuel 1781—1861）［英］制成湿式煤气计量计

克莱默［美］制成铁制印刷机 印刷技师克莱默（Clymer，George E. 1754—1834）制成了一台名为“哥伦比亚”的印刷机，在其顶端安有一只铁鹰，拉动横杆铁鹰可以飞向空中。这是第一架不用螺旋的手动印刷机，它通过平衡良好的杠杆和配重系统将动力传递到一竖放的柱塞上，而将压印版压下。运动平稳，不需要费很大气力就可以获得良好的印刷效果。

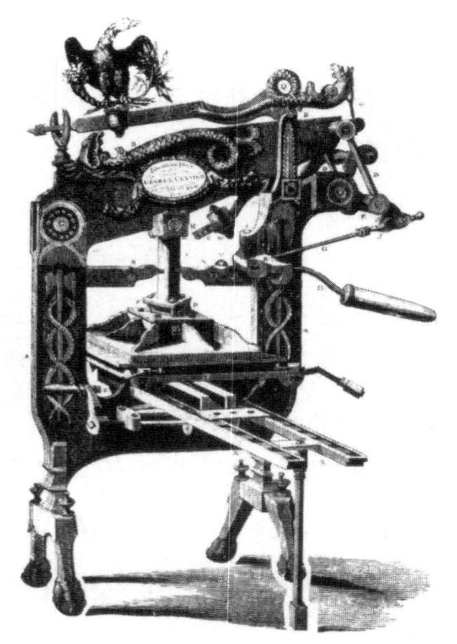
克莱默的印刷机

培根［英］、唐金［英］取得轮转印刷机专利 作家培根（Bacon，Richard Mackenzie 1755—1844）和技师唐金发明的轮转印刷机，采用在主轴4面装4只浅盘，每只浅盘装有一页印版，四面棱柱体在墨辊和压印筒之间转动，墨辊上下运动与4块平面印版相配合。压印滚筒四面呈四叶形，墨辊由胶和糖浆制成。印刷虽然失败了，但胶墨辊很快得到普遍应用。

曼比［英］发明便携式灭火器 船长曼比（Manby，George William 1765—1854）发明的这种灭火器，由一容积为4加仑的坚固铜容器组成，容器上有活栓和喷射管。喷射管从容器的颈部伸出，下端接近容器的底部。在容器里装3加仑水，用一个泵把空气压入水上面的空间，然后将活栓关紧。在打开活栓时，压缩空气就把水压出，形成喷射。因为这种装置很笨重，所以用一皮套子套起来，皮套上连着皮带可挂在肩上。他还设计有6个分隔间的手推车，使消防队员们能够把灭火器很快地运送到发生火灾的现场。

1814年

史蒂芬森［英］制成可以实际运行的蒸汽机车 1812年，铁路技师斯蒂芬森（Stephenson，George 1781—1848）从博览会上参观特里维西克的蒸汽机车后，受到很大启发。1814年，他对所制造的布留赫尔号蒸汽机车进行改进，首次用凸边轮作为火车的车轮，以减少车轮和路轨间的摩擦。采用蒸汽鼓风法，将废气导引向上喷出烟囱，带动后面的空气，从而加强通风。该蒸汽机车在达林顿的矿区铁路上牵引8节共30顿的货车进行试运行，速度约每小时4英里。这次试验虽然取得一定效果，但该车运行时，浓烟滚滚，火星四溅，噪音过大，震动过猛，对铁轨损坏严重，蒸汽机车本身也存在着爆炸的危险。

史蒂芬森的蒸汽机车示意图

1815年

克莱格［英］制作煤气压力调节装置，实现城市煤气照明 1808年，克莱格发明用石灰水对灯用煤气进行化学洗涤的方法，设计开办新的煤气工厂。1810年发明用相互垂直的上下活动的链子组成的不完备的煤气计量器之后，1813年又发明旋转鼓形的湿式煤气计量器。威斯特敏斯坦桥开始煤气照明后的第二年，他制作出煤气压力调节装置，并在伦敦第一区实现了煤气照明。煤气照明中克莱格的地位可以与电灯照明中爱迪生的地位相媲美。

1816年

巴顿［英］发明活塞环 技师巴顿（Barton，John 1771—1834）发明的这种活塞环由弹簧钢制造，具有矩形截面，它在某一点可被剪断以便微张开，从而适应活塞顶端外围的槽，使弹簧开启或关闭。

雷奈克［法］发明听诊器 医生雷奈克（Laennec，René 1781—1826）在诊治一位主诉心痛的青年肥胖女患者时，感到不便且听不到心音。忆及儿童游戏的情景，遂用厚纸卷成圆筒，一端置病人心区，一端贴耳听诊，结果听到了清晰心音。据此原理，他设计并制成中空，长30厘米、口径5毫米，中部有螺旋可合可分的木质听诊器。1819年著《论听诊法》一书。

1817年

罗伯茨［英］创制龙门刨床 刨床出现之前，加工平面是靠车床完成的。工匠罗伯茨（Roberts，Richard 1789—1864）最早认识到直线加工的优越性，从而创制龙门刨床。1836年，美国制造出第一台龙门刨床，床身用花岗岩制造，其上开槽安放铸铁导轨，工作台借助平链条和链轮沿床身来回运动。19世纪中期，英国制造的刨床可以用来刨削长20英尺、宽6英尺的工件，工作台靠齿条和齿轮来回运动，刨床安有自动进给装置和快速回动装置，刀箱鞍架可转动360度，故也可刨削垂直平面。

罗伯茨的刨床

1818年

惠特尼的卧式铣床

惠特尼［美］制成卧式铣床 发明家惠特尼在为美国海岸警备队生产来复枪时，研制成功卧式铣床。他采用刀具（铣刀）转动方式，将工作台前后、左右移动的工件铣削出极平的平面，所加工的每件产品大体上都和以前加工的同一产品相同，不用逐一测量其尺寸，且加工出的产品表面平滑，不再需要手工精修。但由于制造铣刀太费钱、加工又太困难的缘故，这种铣床仅限于加工不适于单刃刀具的工件。

布鲁内尔［法］取得盾构发明专利 工程师布鲁内尔（Brunel，Marc Isambard 1769—1849）由观察船蛆在木材上钻洞，并从体内排出一种黏液加固洞穴的现象得到启发，发明用来挖掘隧道和大型管道的施工机具，被命名为布鲁内尔盾构。施工时，在盾构前端切口环的掩护下开挖主体，在盾尾的掩护下拼装衬砌。1825年，他在修建英国伦敦泰晤士河第一条水底隧道时，首次使用了一个矩形盾构掘进。

托马斯［法］制成台式机械计算器 发明家托马斯（Thomas，Charles Xavier 1785—1870）制成的这种台式机械计算器，是一种比较实用的计算器。他采用莱布尼茨计算器的梯形轴，其上安有长度按比例布置的齿，通过齿轮传动可以将由表面按钮输入的数字进行计算。1819年，他建厂进行生产，由此开创计算器制造业。

1819年

罗杰斯［美］建造蒸汽机帆船 船舶工程师罗杰斯（Rogers，Moses）设计监制的萨凡纳号蒸汽机帆船，从美国输送棉花到英国利物浦，首开27天横渡大西洋的纪录（途中用蒸汽机航行80小时）。

萨凡纳号蒸汽机帆船（油画）

普兰加德的仿形车床

1820年

普兰加德［美］取得仿形车床专利 普兰加德（Blanchard，Thomas 1788—1864）取得专利的车床是车削加工枪身用的，由此开创了仿形加工的先例。

塞歇尔［英］提出以煤气为燃料的内燃机报告 塞歇尔（Cecil, Reverend W.）提出，这种内燃机的工作原理是利用爆发后的真空构成动力，曾在实验室里试运转成功，并获得每分钟60转的转速。1833年，出现“爆燃”发动机，它是直接利用燃气压力推动活塞动作，从此结束了真空机的历史。在内燃机的技术发展过程中，从燃料的化学能转化为机械功的方式上追踪，可分为自真空机到爆发机、压缩机、二冲程及四冲程点燃机、二冲程及四冲程压燃机等阶段。

施韦格尔［德］发明电流计 科学家施韦格尔（Schwigger, Johann Salomo 1779—1857）用导线环绕磁铁许多圈，使旋转磁针的电流效应增加许多倍，创制成电流计，当时称电流倍增器。

伯特［英］发明海洋测深器 海洋学家伯特（Bert, Peter）发明的测深器有一根测深索，索上用绳环穿过一救生圈形的浮标，如果很快松开绳索，即使船在行驶时浮标在水里仍会保持不动，测深锤将从浮标处垂直进入海底。当测深锤触碰到海底时，一个钳子状弹簧制动器会卡住绳索，由此可读出海水的深度。

梅西［英］发明海洋测深绳 海洋学家梅西（Massey, Edward 约1768—1852）发明的测深绳包括一个装有螺旋桨的管状重物和一台以海水深度值为刻度的记录仪，记录值反映的是测深绳自海面降到海底时所转过的转数。测深绳上装有一巧妙的装置，使它能在浮出水面时放开螺旋桨，在触碰到海底时又锁住螺旋桨。测深绳很快取代了测深锤。

德科尔马［法］发明一种四则计算器 德科尔马（De Colmar, Charles Xavier Thomas 1785—1870）发明的计算器是最早的批量生产的计算器。

汉考克［英］制成塑炼机 橡胶的使用可追溯到16世纪初，当时南美洲原住民用橡胶树的乳状胶液制成家用物品。据说，西班牙移民早在1615年就已用橡胶来制作士兵的防雨斗篷。发明家汉考克（Hancock, Thomas 1786—1865）设想将橡胶切成碎屑用压力使其固结，由此而设计制造了塑炼机。该机器可将橡胶加工成圆柱形，通过在压铁制模子中挤压这种圆柱形橡胶，从而得到不同大小的橡胶块，再按照需要切开，用于制造多种物品。塑炼机的出现标志着橡胶生产的开端。

布朗［英］发明牵引式收割机 布朗（Brown，Robert 1773—1858）发明的牵引式收割机，用装在机架右侧上带刃齿的水平臂进行收割，臂上的刃齿往返运动切断麦秆，割下的麦秆通过旋转翼送到收割机后面的平台上。

1821年

法拉第［英］制成电动机模型 法拉第（Faraday，Michael 1791—1867）受丹麦物理学家奥斯特揭示电和磁的关系启发，设计出使磁铁围绕导线和使导线围绕磁铁转动的装置。他在《电学的实验研究》中记述：在一个长约6英寸、宽约3英寸的水平台上，装有6英寸高的铜支架，其中安装有导线轨道，左端的导线固定，右端则装有可自由移动的导体。在固定导线一方，有一装有水银的玻璃杯，杯中装有可自由移动的磁极，杯底的铜柱连接电源；在自由移动导体的一方则有一稍浅的水银杯，中间固定一只磁极，杯底亦有导线与水银连通。通过10组伽伐尼电池，便能使左端可自由移动的磁极和右端可自由移动的导体获得足够的力量，产生快速旋转。这是一种用化学电源驱动的近代电动机的雏形。

1822年

巴贝奇［英］制成差分机 数学家巴贝奇（Babbage，Charles 1791—1871）制成的这台具有3个存储器的计算机，可以按照由多项式的数值差分规律而得出的固定格式进行运算，具有程序设计的萌芽。巴贝奇差分机使用的是十进位制系统，采用齿轮结构。十进位制系统的每一组数字都刻在对应的齿轮上，每项计算数值由互相啮合的一组数字齿轮的旋转方位显示。巴贝奇用这台机器计算了平方表、函数的数值表等。

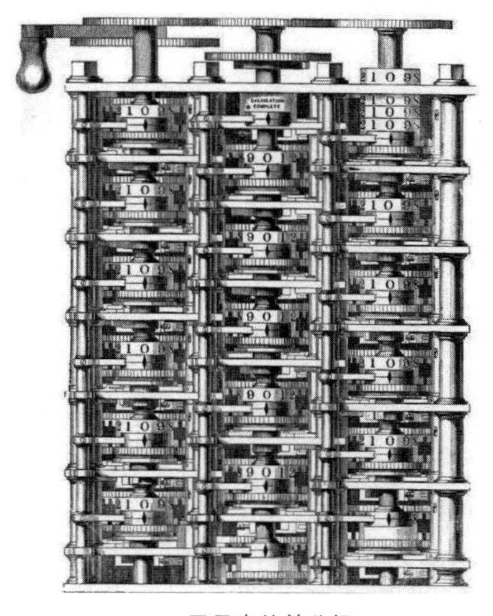

巴贝奇的差分机

丘奇［美］发明自动排字方法 住在英国的纽约人丘奇（Church, William 1778—1863）宣布，他发明一种自动排字的方法，但是，只有一木制机器模型。

1823年

德贝莱纳［德］发明打火机 化学家德贝莱纳在实验中发现，氢气冲到铂棉上就会起火。它应用这个原理，经过多次试验，终于试制出由玻璃壳体和顶盖结构（喷头、铂棉、开关、内管和锌片）组成的打火机。

1824年

卡诺［法］著《关于火动力和适于发展这种动力的机器之思考》出版 军官卡诺（Carnot, Nicolas Léonard Sadi 1796—1832）的热力学研究著作《关于火动力和适于发展这种动力的机器之思考》阐释了蒸汽机动力来源于锅炉与冷凝器之间的温度差，提出了著名的“卡诺循环”，用来描述热和机械运动的相互转换。

卡 诺

1825年

丰德尔［法］制成全金属犁 机械师丰德尔（Fondeur）发明完全用金属制成的犁。该犁安装有前架、两个轮子和三角形犁桦及螺旋曲面状犁壁，用马牵引。

1826年

泰勒–马蒂诺公司制造卧式蒸汽机 英国伦敦泰勒–马蒂诺公司（Taylor&Martineau）制造出最早的一种卧式蒸汽机，在1826年出版的一幅版画中展示了这台蒸汽机。该机的汽缸水平地安装在两个铸铁侧架之间，这两个侧架还支承着曲轴轴承以及为十字头上的滚轴而设置的导槽，水平的活塞阀和凝汽器均位于汽缸下方。

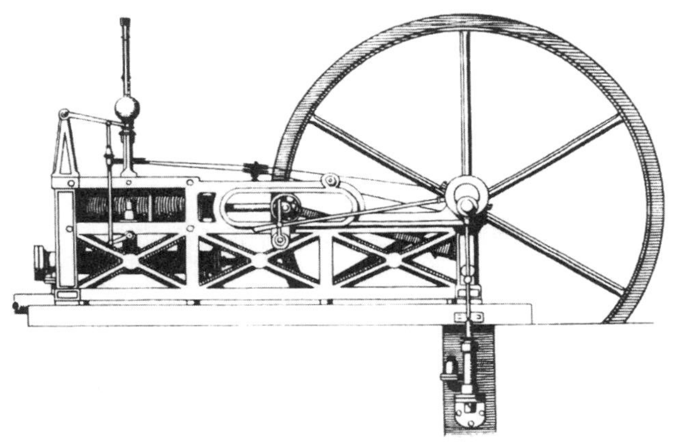

泰勒–马蒂诺公司制造的卧式蒸汽机结构图

古尔丁［美］改进环形集棉滚筒凝结器　技师古尔丁（Goulding，John）将最后一台梳毛机传递过来的毛网切割成30～40个窄条带，然后把这些窄带制成毡并加以揉搓。经过这种工艺处理的凝结纺条较之原来的条带更牢固更坚实（强化）。纺条被缠绕到长形卷线轴上后，再被送到纺毛机上并纺成毛纱。这样不用并条架就能制成毛纱。这一工艺过程，最初从19世纪30年代起是在两个橡皮包裹的皮辊花之间完成，而后自19世纪70年代起是在两个旋转并做侧向运动的宽皮带之间完成。

贝尔［英］制造收割机　发明家贝尔（Baer，Karl Ernst von 1792—1876）制造的收割机采用木翻轮，其上的横板叶片可以把小麦向后拨倒，同时用一对带齿的交错移动的刀片将麦秆齐根割断，割下的麦秆由翼轮抛到倾斜的帆布上并打成捆。但是，他的收割机在英国并未引起人们的重视，在美国却得到了推广。

贝尔制造的收割机

1827年

富尔内隆［法］制造反冲式水力涡轮机 工程师富尔内隆（Fourneyron，Benoit 1802—1867）制成的涡轮机，可以在落差5米的情况下运转，依靠水的流速变化而导致水流量变化为动力源，功率达200马力以上，在世界各地得到推广作用。富尔内隆的老师布尔丹给这种利用水流动能和压力能的新式水车命名为涡轮机，以区别已普遍应用的水车。

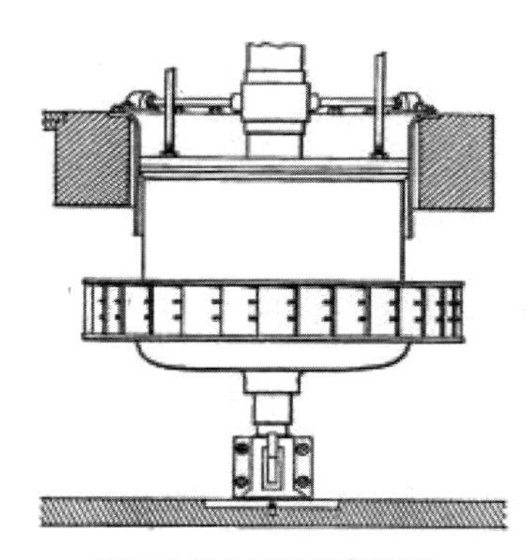

富尔内隆的涡轮机剖面图

蓬斯莱［法］著论文《论曲面轮叶式水轮机》 力学家、工程师蓬斯莱（Poncelet，Jean Victor 1788—1867）在论文中描述了他对具有曲面轮叶的新型下击式水轮机所做的实验。他发现曲面轮叶能够不受冲击地接受水流，并且以很低的速度把水排出去，使水轮机的效率从原来的25%提高到60%以上。1838年，他建立了精确的水轮机理论。

1828年

诺比利［意］研制无定向电流计 诺比利（Nobili，Leopoldo 1784—1835）对德国物理学家施韦格尔1820年发明的电流计（当时称“倍增器”）做了改进，采用无定向磁针系统来减弱地磁阻尼效应。这种无定向电流计的灵敏度极高。

莱恩［美］取得联合收割机专利 机械师莱恩（Lane，John）将收割机和脱谷机组合为一个机械，称为联合收割机并取得专利。

1829年

伯特［美］取得打字机专利 伯特发明并取得专利的打字机的字头装在一小型的半圆金属带上，移动这个半圆金属带，可以将所需要的任何字母送到打印位置。

1830年

尤尔［英］发明恒温开关 电工学家尤尔（Ure，Andrew 1778—1857）发明的恒温开关，是在预定温度下或开或关的设施，用于控制集中供暖系统及厨具。他将黄铜和镍钢做成薄板，并使其互相粘合，黄铜放在外侧，镍钢放在内侧。当双金属薄板被加热时，黄铜延伸得多而镍钢延伸得少，薄板会弯曲。固定双金属薄板的一端，反复加热或冷却另一端，就会因温度升或降而动作。利用这一原理可以使开关通断。若将双金属接到电路之中，装置就可以自动地将温度控制在适当的情况下。至今这种方法应用仍很普遍，另外也可用液体、固体或气体的热胀冷缩来制造这种开关。

蒂莫尼埃［法］取得缝纫机专利 裁缝蒂莫尼埃（Thimonnier，Barthélemy 1793—1857）设计的缝纫机，使用一根连续的线和做上下往复运动的针进行加工。虽然这种机械距离实用阶段尚远，且后来美国也制造出这种机械，但是蒂莫尼埃发明的缝纫机仍是一项极其重要的发明并取得专利。

詹克斯［美］制作环锭精纺机 纺纱技师詹克斯（Jenks，Alvin 1798—1856）将以前连续式精纺作业的锭翼变小，把绕线管安在包着金属的环锭上而成为导线架。运动部分结构简单重量轻，适合以每分钟1万转的高速旋转的要求，用于棉纱、绢纱、梳毛等精纺。用走锭及环锭的精纺伴随各种准备工作的机械化，成为创造自动纺纱机体系的核心。

俄国人创制犁播机 俄国工匠在畜力多铧犁的犁架上加装排种装置，制成犁播机，使犁地与播种可以同步进行。

美国出现犁播机 这种犁播机是在畜力多铧犁上加装播种装置而成，从这时起美国开始用蒸汽机牵引犁进行耕地试验。

巴丁［英］发明滚筒式割草机 工匠巴丁（Budding，Edwin Beard

1795—1846）发明的滚筒式割草机，采用一旋转式刀片滚筒与固定的水平刀做相切运动，以完成割草工作。1832年，滚筒式割草机由兰赛姆斯公司制造成功。

内史密斯［英］改进牙钻 发明家内史密斯（Nasmyth，James Hall 1808—1890）提出利用装在套筒中的钢螺旋将转动力量拐弯的方法，使牙钻得到了很大的改进。

1831年

杰维斯［美］发明机车转向架 工程师杰维斯（Jervis，John Bloomfield 1795—1885）首次在机车前部试装引导转向架，使机车能够在弯道上安全行驶。

美国铁路客车使用二轴转向架 这种转向架是由机车车辆走行部的零部件和装置组装而成的独立部件，起支承车体、转向和制动的作用，并保证机车车辆在轨道上安全平稳地运行。在美国，这种转向架广为使用。

1832年

富尔内隆［法］制成实用外流型水轮机 富尔内隆制成的这种外流型水轮机取得专利。1855年，经过改进后又制成800马力的外向流动的扩散式水轮机，再次取得专利。

美国开始使用球形固定铁路信号装置 1825年，世界上第一列机车在英国运行，当时为保证安全需一人手持信号骑马引导机车前进。1832年，美国在纽卡斯尔至法兰西堂铁路线上开始使用球形固定信号装置，以传达列车运行信息。如果列车能准时到达悬挂白球，晚点则悬挂黑球。这种信号每隔5公里安装1架。铁路员工用望远镜瞭望，沿线互传消息。1839年，英国铁路开始用电报传递列车运行信息。1841年，英国铁路出现臂板信号机。1851年，英国铁路用电报机实行闭塞制度。1856年，萨克斯比发明了机械联锁机。1866年，美国利用轨道接触器检查闭塞区间有无机车。1867年，出现点式自动停车装置。1872年，美国鲁宾逊博士发明了闭路式轨道电路从而加快了列车信息传递。

1833年

赖特［英］设计爆燃式内燃机 物理学家赖特（Wright，Lemuel Wellman）提出爆燃式内燃机设计方案，即通过煤气和空气混合使其爆燃，直接利用燃烧气体的压力推动活塞做功。

奥蒂斯［美］设计制造单斗挖掘机 费城铁路工程承包商奥蒂斯（Otis，Elisha Graves 1811—1861）设计并制成用蒸汽机驱动的铁木混合结构、半回转、轨行式的单斗挖掘机，其生产效率为每小时35立方米。但因经济性差而没有广泛应用。

英国建成饼干自动输送生产线 该生产线采用机器和面，用滚筒将面团碾开铺在面板上切割成形，然后由蒸汽机驱动的滚筒运输机送入炉内烘烤。同时，另一部分空板被滚筒送回到和面桌上，继续进行上述过程。但炉温仍需有经验的师傅控制。

巴贝奇［英］提出分析机的设计构想 科学家巴贝奇设计的分析机，已具备现代通用数字计算机的所有基本部分，即存储器、运算器、控制器和输入/输出装置。它的数轮存储器能存储1 000个字长50位的十进位制数字。计算在穿孔卡片的控制下进行，并能根据中间计算结果改变运算过程，即执行现代所谓条件转移指令。

1834年

珀金斯［美］、哈里森［英］制成以乙醚为工质的制冷机 美国发明家珀金斯（Perkins，Jacob 1766—1849）取得依靠挥发性流体的蒸发进行制冷的专利，所生产的制冷机以乙醚为工质，依靠人

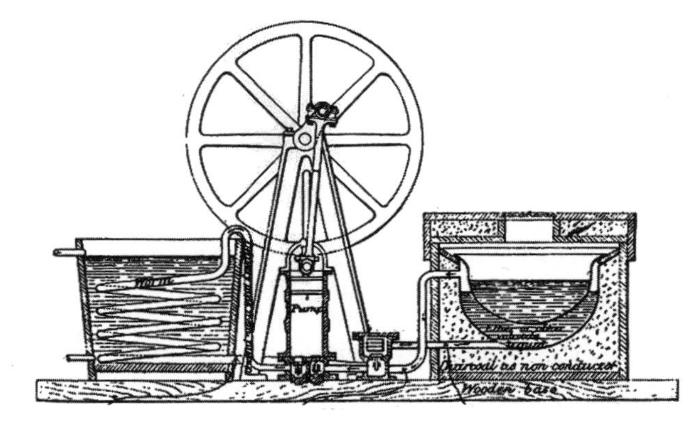

珀金斯的制冷机剖面图

力转动，可连续进行工作。显然，这种制冷机只能在非常有限的温度范围内获取低温。英国发明家哈里森（Harrison，James 1816—1893）改进了珀金斯的制冷机，1851年曾为一家酿酒厂安装了一台制冷机。

惠特沃斯［英］制成准确测量长度的测长机 机械工程师惠特沃斯（Whitworth，Joseph 1803—1887）的这种测长机误差为万分之一英寸，其原理和千分尺相同。使用时，转动分度板，用出入螺钉夹住工件，游尺读出分度板上的示数。这种方法作为准确测量长度的方法应用至今。

亨特［美］发明缝纫机针 此前人们普遍认为，穿线的针孔在针体的后部是最合适的，但发明家亨特发明的针是将穿线的针孔放在针尖的前端。正是这小小的发明，才有可能制造出今天的缝纫机，它在缝纫机的发展史上有划时代意义。

佩罗特［法］发明多花色印染机 工匠佩罗特（Perrot of Rouen）发明同时可以印染3～4种颜色印花布的印染机。

史密斯［英］发明旋转式针板梳棉机 史密斯发明的这种旋转式针板梳棉机，上方有一中央旋转式圆筒，与该筒同心的是一金属丝覆盖的针板链，该链以低速与滚筒同向旋转。针板和大滚筒两者都覆有富有弹性和坚固的淬火钢和回火钢的金属丝齿，经过精确调准，在齿间就能产生非常细的棉针。旋转式针板梳棉机大大提高了产品的质量，并使产量提高了近一倍。19世纪80年代，基本取代了皮辊花和清理式梳毛机，还取代了静止针板式自动毛条剥除梳毛机。

麦考密克［美］发明自动收割机 1831年，弗吉尼亚州农民麦考密克（McCormick，Cyrus Hall 1809—1883）的父亲曾采用机械收割小麦，但割下的麦秆相当零乱不易收集。麦考密克在此基础上制成马拉谷物收割机。该收割机由水平割刀、指、拨禾轮、平台、主轮、侧回牵引、分禾器等部件组成，畜力牵引，能自动整理割下来的麦秆，并投入后面的工作台上。其收割的速度比人工快6倍。1834年，该

马拉谷物收割机

项发明并取得专利。1847年，在辛辛那提建立收割机械制造厂，后迁至芝加哥，为后来的美国农机具公司——国际收割机公司奠定了基础。1851年，该厂制造的收割机不到1 000台，1880年猛增到60 000台。

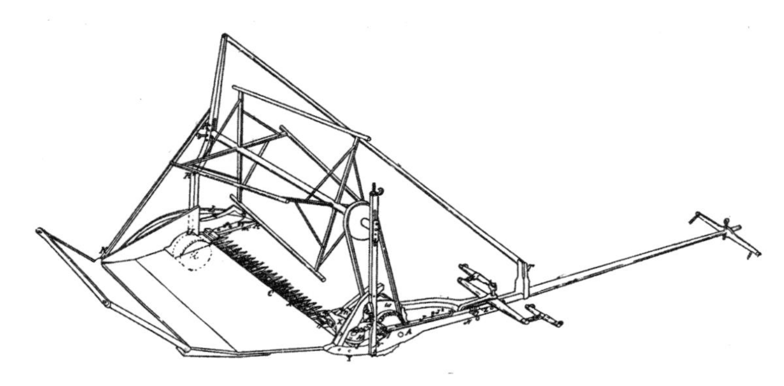

麦考密克的收割机结构图

希尔德［俄］设计建造新型潜艇 工程师希尔德（Шильдер, Карл Андреевич 1785—1854）设计建造成装有潜望镜、撑杆水雷、燃烧火箭和爆破火箭的潜艇。

1836年

内史密斯［英］发明牛头刨床 牛头刨床是在做往复运动的滑枕上装上刀具，刨削工作台上的工件并将其加工成平面。这项发明的关键是如何使滑枕运动，技师内史密斯为此安装一个较大的飞轮，该飞轮可以手动。这种牛头刨床后来由惠特沃斯进行了改进，在滑枕上安装了快退机构。这种形式的牛头刨床应用至今。

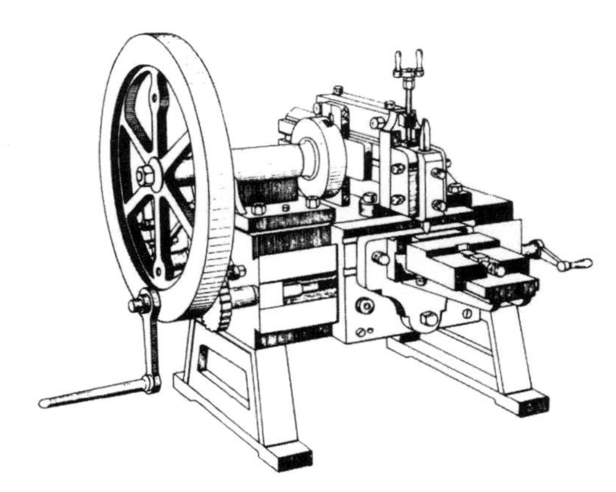

内史密斯的牛头刨床结构图

埃里克森［美］设计能自动测量水深的测深锤 瑞典裔美国发明家埃里

克森（Ericsson，John 1803—1889）设计的这种仪器是一根一头封闭另一头有单向阀的玻璃管。当测深锤向海底坠入时，随海水深度而增加的压力会将不同的水量压入管中，单向阀会阻止管上提时水向外泄，根据管中的水量按一定修正值折算后可得出海的深度。

史密斯［英］、埃里克森［美］发明船用螺旋桨 英国发明家史密斯（Smith，Francis Pettit 1808—1874）和美国发明家埃里克森共同发明船用螺旋桨。他们分别制成用螺旋桨推进的蒸汽船。19世纪中叶后，螺旋桨船开始逐渐为人们所认识，并用于新船的设计中。

1837年

韦伯［德］发明地磁感应仪 物理学家韦伯（Weber，Wilhelm Eduard 1804—1891）发明的地磁感应仪的主要部分，是一可绕平行于线圈平面的轴旋转的多匝线圈。线圈装在水平架上，架上有垂直度盘和水平度盘。当线圈的旋转轴与地磁场方向平行时，转动线圈的电压输出为零，此时测出线圈旋转轴的倾角即地磁倾角。

西贝［英］发明密封潜水服 西贝（Siebe，Augustus 1788—1872）发明的密封潜水服，有用螺丝钉拧在胸板上的金属潜水帽、橡胶领子、水密袖口、铅底靴子和铅制的腰部配重。空气通过从水面伸下的软管泵进入潜水服内，潜水服裹着除手脚以外的整个身体，呼出的气体通过潜水帽中的一个特殊活门排出。

西贝发明的密封潜水服（模型）

英国建造格雷特·威斯坦号蒸汽船 该船重1 350吨，功率为750马力，用16天横渡大西洋，这是最早的蒸汽与风帆混合动力船横渡大西洋。1854年，英国又制造一艘排水量达24 000吨的巨轮古雷特·伊斯坦号。

维格里斯［英］设计工字形路轨 铁路工程师维格里斯（Vignoles，C.B.）设计的平底工字形路轨，很快成为铁路的标准轨型。

莫尔斯［美］发明电报机 画家、发明家莫尔斯（Morse，Samuel 1791—1872）发明的电报机由亨利的电磁铁、韦尔的记录器以及复写记录的钢笔组成。发报端是由经韦尔改革的莫尔斯的打字机以及经盖勒改革过的亨利电池装置构成。它把以长短电流脉冲形式出现的电码馈入导线，在接收端电流脉冲冲击电报装置中的电磁铁，使笔尖断续地压在不断移动的纸带上，将电码记录下来。1838年，莫尔斯又发明一种用点画代表字母和数字的一套符号——莫尔斯电码，用以代替26个字母符号，简化了电报系统。电报机制成后，莫尔斯在纽约进行了非公开试验，然后向国会提出由政府出钱架设电报的意愿，国会未予确认。莫尔斯继续努力，于1843年3月得到国会的承认，并于1844年5月在华盛顿进行了公开试验并获得成功。

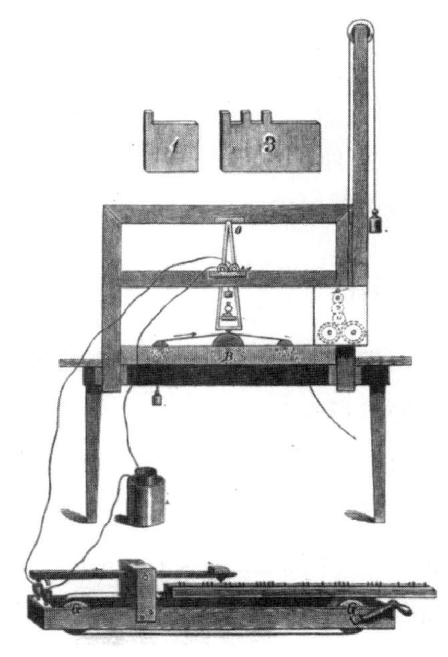

莫尔斯的电报机（模型）

1838年

雅可比［俄］研制回转式直流电动机 德裔俄国物理学家雅可比（Jacobi，Carl Gustav Jacob 1804—1851）研制成实用回转式直流电动机。他将这种电动机用作船舶动力，安装在可乘坐14人的小船上，驱动小船行驶在圣彼得堡的涅瓦河上。

鲍德马［美］取得铣床专利 鲍德马发明并取得专利的铣床，所用圆形刀具类似于带齿的圆锯，但磨削刀刃只能手工操作。由于可以用来制作铣刀，这种铣床在美国得以实用。

布鲁斯［美］取得机械铸字机专利 实业家布鲁斯（Bruce，David）发明实用机械铸字机，并在美国取得专利。该机在工作时，回转架以摇动的方式，使铸模朝着熔化锅的喷嘴来回移动。同这个摇动相配合，铸字机适时开启和关闭铸模，并使字模倾斜着脱离新铸铅字的表面，使新铸铅字能完全出坯。这种机器既可以用人力、畜力驱动，也可以用蒸汽机作动力。

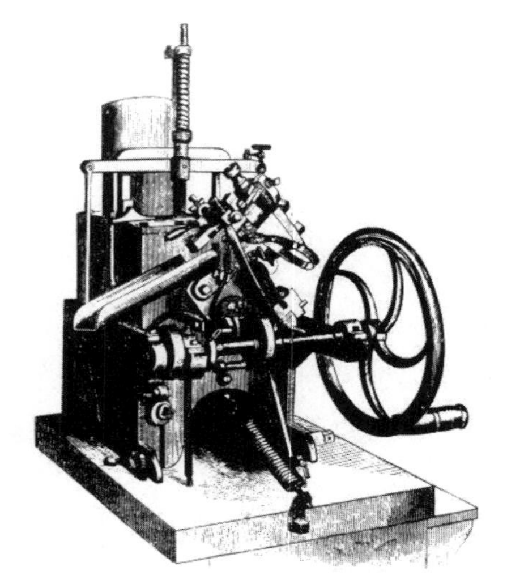
布鲁斯发明的机械铸字机

1839年

麦克米伦［英］制成由曲柄连杆驱动的自行车 1818年，德国发明家德拉伊斯制造“娱乐马”自行车，虽为自行车的雏形，但是靠脚蹬地前进。铁匠麦克米伦（Macmillan，Kirkpatrick 1812—1878）在木轮上裹上铁皮，在前轮上安装脚踏板和曲柄，用一根连杆将动力传向后轮。这样，骑车人通过脚踩踏板就可以驱车前进。同时，扭动车把可以自由改变行车方向，也可制动后轮刹车。这是自行车发展的重大突破。

麦克米伦制成的自行车

意大利第一条铁路通车 意大利以那波利为起点的铁路线通车。

法国创制小型剑麻剥麻机 这种剑麻剥麻机经改进后还可以用于萱麻加工。至19世纪末，法国人研制成小型手工喂入的反拉式剥麻机并取得专利，后传播到日本、巴西、菲律宾等。

1840年

贝恩［英］、惠斯通［英］各自独立发明了电钟 英国工程师贝恩（Bain，Alexander 1811—1877）、物理学家惠斯通（Wheatstone，Charles

1802—1875）发明的电钟，其显示部分用电力驱动。1906年，第一个内置电池的电钟问世。

巴贝奇［英］发明数字式自动计算机　数学家、发明家巴贝奇是可编程计算机的发明者，巴贝奇发明的计算机是在帕斯卡和莱布尼茨的发明的基础上研制出来的。与以前的计算机所不同的是，它可以自动计算到16位数字，因而可用于复杂的数学计算，而不只是用于事务性计算。这种计算机已经具有今天计算机的基础结构。

博伊登［美］采用钩尺测量水位　博伊登（Boyden，Seth 1788—1870）所采用的钩尺有一固定的框架、一标尺和一游标。游标安装在框架上，标尺可垂直地滑动，在其下端有一尖头的钩子。用一个细螺距的螺钉可以使标尺做垂直运动，直到钩子的尖头正好接触到水的表面为止。根据钩子上部水表面的微小毛细管上升的情况能够以很大的精确度（大约±0.01英寸）判断出钩子与水面的关系。

弗朗西斯［美］设计水轮机　工程师弗朗西斯（Francis，James Bicheno 1815—1892）设计的水轮机装有许多导叶，水通过导叶时，导叶平滑地使水发生偏转，将其导入固定在轴上的转轮的曲面轮叶之间所形成的通道之中。水在转轮上做功后，便在离中心更近的地方离开转轮。

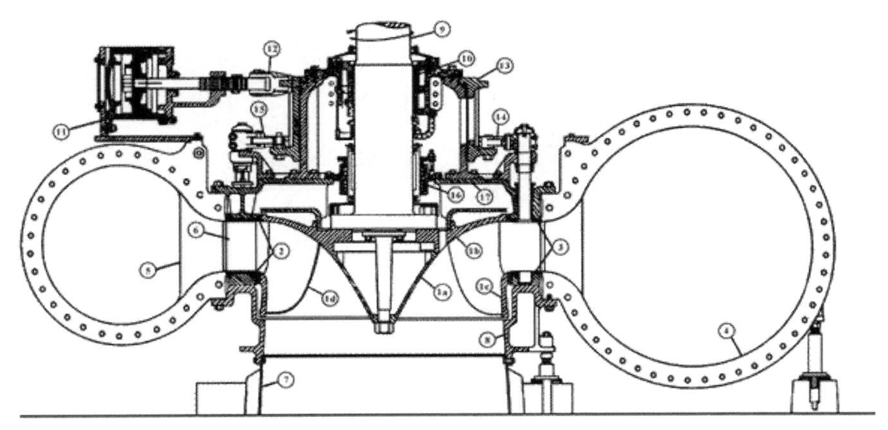

弗朗西斯设计的水轮机结构图

贝塞麦

贝塞麦［英］设计排字机 工程师贝塞麦（Bessemer，Henry 1813—1898）设计的这种排字机，亦称钢琴式排字机。

扬［法］、德尔康布尔［法］取得排字机专利 1840年，英国工程师贝塞麦设计了一种类似的排字机，而来自法国里尔的扬（Young，James Hadden）和德尔康布尔（Delcambre，Adrien）取得了专利，称为钢琴式排字机。这种排字机需由一人操纵键盘，另一人在铅字滑道的终端收集铅字，并按照给定的尺寸调整铅字间隔使全行排满。1842年12月17日出版的第一期《家庭先驱报》所用的铅字，就是在这架排字机上进行排版的。

扬和德尔康布尔的排字机示意图

1841年

罗布林［美］发明编缆法制造吊索 以前，悬索桥用的吊索是由几段钢缆绞在一起制成，然后拉过桥跨并连在桥上。土木工程师罗布林（Roebling，John Augustus 1806—1869）在制造吊索时使用了许多平行钢缆，不经绞扭，而是一根一根地用软钢丝缠绕成既结实又张力均匀的聚束。1841年3月，他为此项发明申请了专利。这种方法成功地应用在高架渠和短跨桥上。

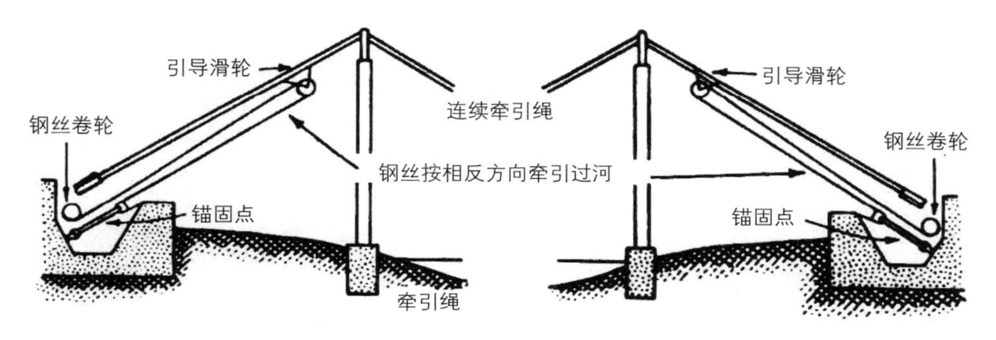

罗布林发明的编缆法示意图

惠特沃斯［英］提出螺纹标准，推进精确测量 工程师惠特沃斯提出螺纹的标准尺寸为顶角55°，牙谷和牙角为统一的圆形。螺纹标准的确定给当时的英国机床工业带来了巨大的影响，促进了互换式生产。1849年，惠特沃斯按照自己的理论改进了瓦特的千分尺，制成精确测量工件尺寸的测长器。19世纪下半叶，他将标准化和精度引入整个机器制造业，被迅速推广到世界各地。

惠特沃斯的螺纹标准

英国铁路装设臂板信号机 英国在伦敦克洛顿铁路纽克罗斯车站上装设臂板信号机。1904年，美国在东波士顿隧道里装设近射程的色灯信号机。铁路信号机用板臂或灯光的颜色、形状、数目、位置等向机车司机指示运行条件和行车设备状况，这对于保证行车安全、提高行车效率具有重要作用。

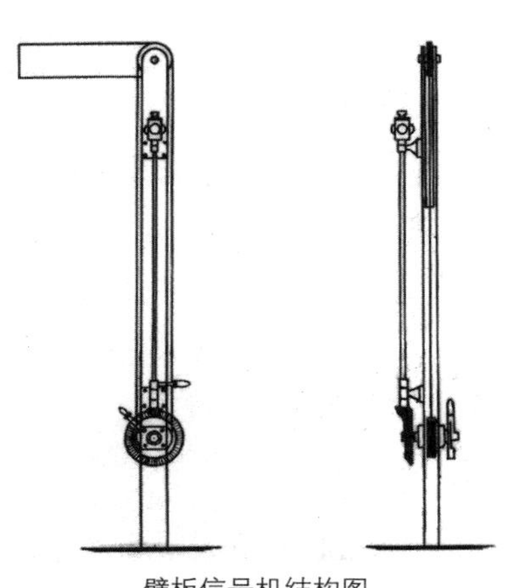

臂板信号机结构图

1842年

内史密斯［英］发明蒸汽锤并取得专利 1839年，造船技师布鲁内尔在建造大不列颠号轮船时，因其轴过大无法加工。技师内史密斯发明的蒸汽锤可以解决这一问题，但布鲁内尔最后改变了设计而未使用蒸汽锤。1842年，内史密斯发明的能锻造大型工件的蒸汽锤取得专利。1843年，他又制成蒸汽打桩机。

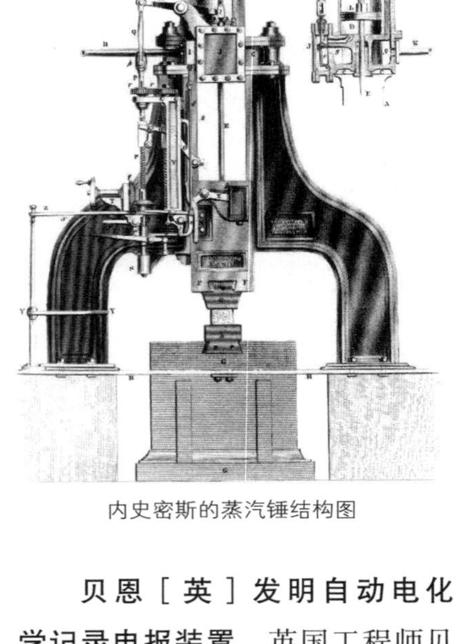

内史密斯的蒸汽锤结构图

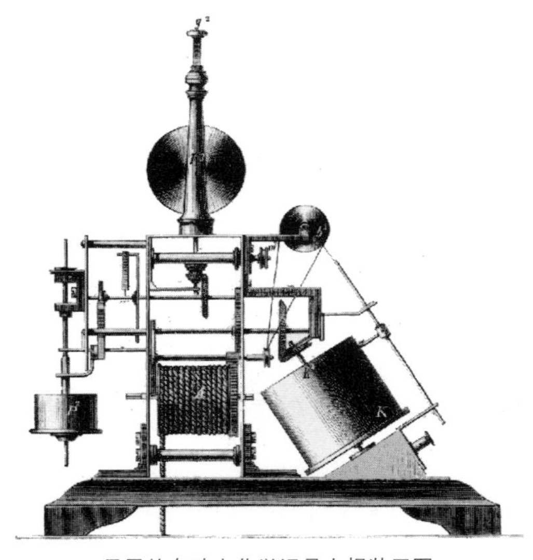

贝恩的自动电化学记录电报装置图

贝恩［英］发明自动电化学记录电报装置 英国工程师贝恩发明的这种装置，可以通过通讯电路传送文字和图形，并以摹真本的形式接收，这是传真电报的前身。1902年，德国工程师科恩研制出应用光电池的传真机。1924年，随着无线电报技术的发展，横跨大西洋的电报传送得以实现。

菲利普斯［英］研制直升机 工程师菲利普斯（Philips，W. H.）研制的这架小型直升机以蒸汽机作为动力。在试验时，这架小型直升机上升了约15米高，并持续飞行了几百米距离。

戴维森［英］制造电力机车 工程师戴维森（Davidson，Robert 1804—1894）制造出用40组电池供电、重5吨的标准轨距电力机车。这种自带化学电源的机车，由于供电时间有限加之自重过大而未能实用。

潘世荣［中］自制火轮船　广东绅士潘世荣雇用工匠，自制了一艘小型火轮船（蒸汽船）。这是中国第一艘自制的火轮船。

伍德沃德［美］申请安全别针的专利　伍德沃德（Woodward，Thomas）设计的安全别针是由一根针和一个金属钩组成的，用于固定披风及尿布，针尖可收入金属钩中，以防刺人，也不容易脱落，和现在的别针类似。1849年，洪特又进一步改良了别针，在针与金属片之间加上了弹簧。

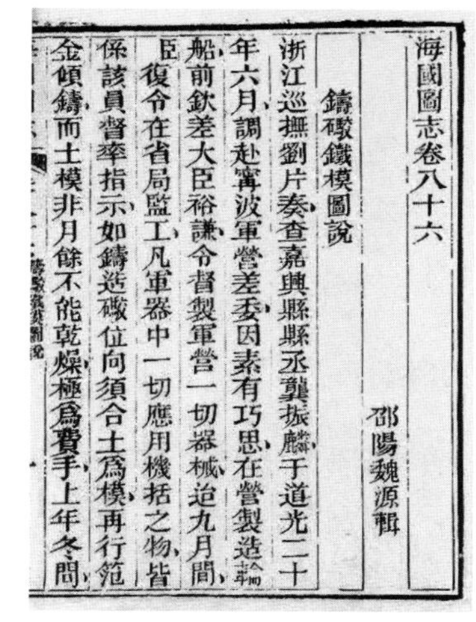
海國圖志卷八十六
鑄礮鐵模圖說　邵陽魏源輯
浙江巡撫劉片奏查嘉興縣縣丞龔振麟于道光二十年六月調赴寧波軍營差委因素有巧思在營製造輪船前欽差大臣裕謙令督製軍營一切器械迨九月間臣復令在省局監工凡軍器中一切應用機括之物皆係該員督率指示如鑄造礮位向須合土爲模再行范金傾鑄而土模非月餘不能乾燥極爲費手上年冬間

《铸炮铁模图说》书影

龚振麟［中］撰《铸炮铁模图说》刊印　清朝造船专家、台州知府龚振麟（？—1861）的《铸炮铁模图说》刊印，书中详述由泥范铸造铁模，再由铁模铸制铁炮的工艺过程和有关技术措施。

1843年

容瓦尔［法］发明轴流式水轮机　机械师容瓦尔（Jonval Feu）发明的轴流式水轮机中，转轮分成若干个不同的隔舱。人们能够单独地调整对它们的供水量。这样水轮机就能在不同的水头条件下保持恒定不变的速度，从而提高效率。这种水轮机特别适用于拥有大量低水头或中水头水流的欧洲。1850年，这项发明被引入美国。

丁拱辰［中］制成小型蒸汽机车和小轮船　清代晚期，机械工程专家丁拱辰（1800—1875）在广东编撰了《演炮图说》并制成象限仪一具。1843年，又将《演炮图说》修订为《演炮图说辑要》，其中所附《西洋火轮车、火轮船图说》，是中国第一部有关蒸汽机车、轮船的著作。书中记述了所制成的小蒸汽机车和小轮船。小蒸汽机车长1尺9寸、宽6寸，载重30余斤，配置铜质直立双缸往复式蒸汽机；小火轮船船长4尺2寸，明轮，在内河行驶较快，但不能远行。1851年，丁拱辰又编撰了《演炮图说后编》。

英国铁路车站采用联锁　铁路车站联锁是利用机械、电气自动控制和远程控制技术和设备，可使车站范围内的信号机、进路和进路上的遭岔相互具有制约关系。1843年，英国首先采用机械集中联锁。1887年，日本研制成功联锁箱设备。1904年，美国开始采用电气集中联锁。1929年，美国开始使用继电集中联锁。20世纪后半叶，部分国家已经开始使用计算机联锁。

本生［德］发明光度计 化学家本生（Bunsen，Robert Wilhelm Eberhard 1811—1899）发明的光度计，在天文学界得到广泛应用。

1844年

斯潘塞［英］发明轧制瓦垄钢板的轧辊 欧洲在户外使用镀锌铁已获成功，斯潘塞（Spencer，John）发明的轧辊可将以镀锌铁板材，轧制成瓦垄以覆盖建筑物，用金属质瓦垄取代泥土质瓦垄。金属瓦垄后来被建筑广泛采用。

1845年

豪［美］研制实用缝纫机 织布机械工豪（Howe，Elias 1819—1867）自1844年即开始研究用机械代替手工缝纫的方法。这种机械由前端有穿线针孔的弯曲的针和梭子组成，代替手工使用一根针的是两根针，线也被分别放在布的两面。他将针孔开在前端，当针垂直穿过布时，布背面会形成一个线环，让另一针引线像梭子一样穿过这个环而实现缝纫。这种缝纫机的缝纫速度为300针每分钟，但被缝织物的进给不完善、不连续，而且受到织物长度的限制。后虽获专利，但一直未得工业化量产。这一技术由出生于纽约州的辛格在豪的基础上发明将布压住的“自由压铁”和使布向前移动的“连续导轮”装置后得到完善。

豪研制的缝纫机

1846年

福韦勒［法］采用空心钻管钻井 1846年7月，福韦勒（Fauvelle，Pierre-Pascal 1797—1867）在佩皮尼昂采用空心钻管钻掘了一口550英尺深的井。他通过这种钻井法把水通过钻管向下压到钻头。当水沿着管子上升时，便夹带着钻下来的东西，并将它们从孔中排出来。后来，石油工业中普遍采用了这种排水钻井法，用这种钻井法能获得3英尺每小时的平均钻井速度。

鲁宾逊［英］发明转杯式风速计 鲁宾逊（Robinson，William 1840—1921）发明的转杯式风速计开始由4个杯组成，后改为3个抛物形或半球形的空杯，按同一朝向互成120° 固定于支架，装在一可自由转动的轴上。在风力作用下，风杯绕轴旋转，其转速与风速成正比。

哈钦森［英］发明肺活量计 医生哈钦森（Hutchinson，John 1811—1861）在伦敦医院时，为研究胸科疾病，测定病人的肺功能，发明肺活量计。

路德维希［德］发明计波器 发明家路德维希（Ludwig，Carl Friedrich Wilhelm 1816—1895）将气象学和物理学中使用的描记法应用于生理实验，发明用水银检压计在记纹鼓上记录血压变动的仪器，即记波器。1867年，又发明了血流速度计。

豪［美］申请实用缝纫机专利 马萨诸塞州织布机械工豪申请实用缝纫机专利。豪的缝纫机使用一种带凹槽的弧形针眼的缝衣针，同时还在织物背面用一个运行梭将第二根线穿过上面针眼引线形成的线环，从而形成一种连锁针迹。这种针迹只有缝纫机才能完成。然而，被缝织物的进给却不完善、不连续，缝合线迹的直线长度受缝纫板长度的限制。

1847年

福克斯［英］取得水压锻造机专利 机械师福克斯（Fox，Charles）发明水压锻造机并取得专利。1866年，在奥德姆由普拉特兄弟工厂制造的水压锻造机，压力达500吨，用于锻造酸性转炉钢。1887年，在谢菲尔德又制成压力为4 000吨的水压锻造机，供锻造更大的平炉钢锭用。

格雷特黑特［英］创造气压盾构法施工工艺 在伦敦地下铁道城南线施工时，工程师格雷特黑特（Greathead，James Henry 1844—1896）首次在黏土层和含水砂层中采用气压盾构法施工，并第一次在衬砌背后压浆来填补盾尾和衬砌之间的空隙，创造了比较完整的气压盾构法施工工艺，为现代盾构法施工奠定了基础。

霍［美］发明轮转印刷机 机械师霍（Hoe，Richard March 1812—1886）发明的轮转印刷机，铅字被固定在水平滚筒周围的铸铁版台上，一版印一页。铅字的栏与栏之间用楔形金属条卡住，中心滚筒周围安装4个小压印滚筒。当印纸送入机器时，自动叼纸牙将纸带放到4个压印滚筒和旋转的中心铅字滚筒之间进行印刷。霍的轮转印刷机首先安装在《费城公众纪事报》印刷所内，可带4个、6个、8个或10个续纸机构，每小时可印刷2万印张。但仍是单张印刷，且需要较多的熟练工人同时操作。

霍发明的轮转印刷机

1848年

德国发明万能轧机 万能轧机由一组成对的水平辊和立辊组成，所有轧辊都由动力传动。主要用于轧制板坯或扁钢。

豪［美］设计改进型平面铣床 豪设计的这台平面铣床，主轮由塔轮和后齿轮传动，工作台借助齿条和齿轮移动，利用一倾斜的凸轮轴来实现自动

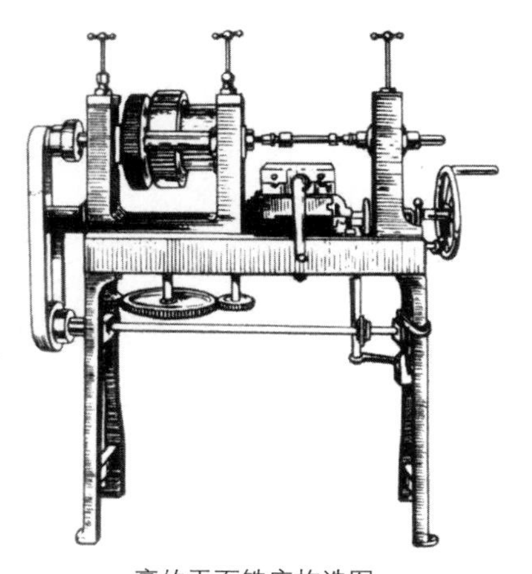

豪的平面铣床构造图

进刀。随后豪加以改进，使刀具滑板可调整，卡盘可转动。铣轴安装在工作台上的主轴箱中，夹持工件的虎钳支撑在可进行垂直调整的床身上，铣削时可借助于一钻孔的板进行分度。主轴箱通过手动或自动进给装置沿床身纵向或横向运动。

耶尔［美］制造耶尔锁 锁已有4 000年的历史。早期，埃及流行木制的销钉栓锁，中国发明挂锁。机械师耶尔（Yale，Linus Sr. 1797—1858）依据埃及锁的原理进行锁的大规模生产，锁为圆柱形，钥匙上有暗槽，一边为细齿边。钥匙插入锁内，细齿推动销钉，使销钉抬起合适的高度，钥匙便能转动圆柱体，完成开锁过程。销钉通常为5个，销钉长度、钥匙边齿变化及锁孔的榫槽之间的组合可千变万化。钥匙使销钉连成一直线，通过扭转钥匙而使圆柱体转动达到开锁的目的。耶尔锁成为世界上最流行的锁。1865年，他的儿子又对耶尔锁做了改进。

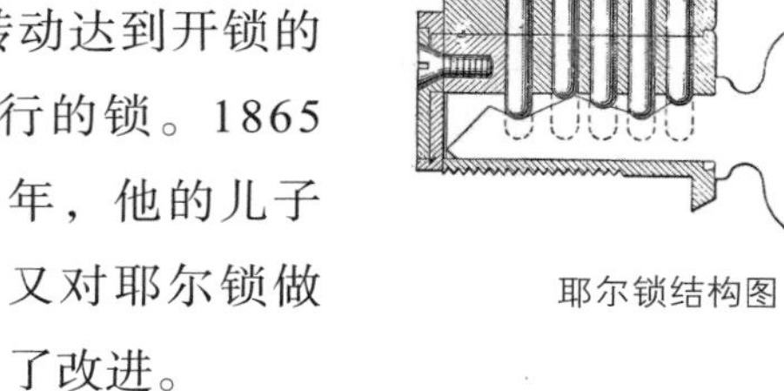

耶尔锁结构图

帕尔默的外径千分尺示意图

帕尔默［法］发明外径千分尺 发明家帕尔默（Palmer，Jean Laurent）发明的这种千分尺，有两部分刻有标度，一个是与架相连的圆筒部分，另一个则是围绕这个圆筒转动的圆筒部分。这种刻分方法简便易行，但在相当长的时间里并没有引起人们的兴趣。

1849年

弗朗西斯［美］发明混流式水轮机 水

力工程师弗朗西斯发明的混流式水轮机，其外侧安装固定叶片，内侧安装旋转叶片，水从叶轮的外圈向内流动，与法国水轮机发明家富尔内隆发明的外流型水轮机水流方向相反。混流式水轮机结构简单、效率较高，适应的水头范围较宽，广泛应用于水电站带动发电机发电。

贝朗瑞［法］取得贝朗瑞天平专利 天平制造工贝朗瑞（Béranger, Joseph 1802—1870）发明的贝朗瑞天平，由天平盘、主杠杆、辅助杠杆连接组成。与以往的天平相比，贝朗瑞天平更稳定也更精确，此后在欧洲流行开来。

巴洛［英］发明双级起升提花机 纺织机械工巴洛（Barlow, Alfred）发明的提花机，能使经纱连续提升两次以上，它不但提高了织布机的速度，而且还减少了提花机各相对超速的运转部件的速度。

贝朗瑞天平

1850年

沃辛顿［美］发明活塞泵 1689年，法国巴本发明了具有四叶片叶轮的蜗壳式离心泵。1754年，瑞士数学家欧拉提出了叶轮式水力机械的基本方程式，由此奠定了离心泵设计的理论基础。1818年，美国出现具有径向直叶片、半开式双级叶轮和螺壳的“马萨诸塞”离心泵；1840—1850年间，美国机械师沃辛顿（Worthington, Henry Rossiter 1817—1880）发明由蒸汽直接作用的活塞泵，标志着现代活塞泵的形成；1851—1875年间，又发明带有导叶的多级离心泵。

劳伦斯［英］发明冷冻奶装置　美国工程师劳伦斯（Lawrence）将冷冻奶装置固定在奶制品车间的墙壁上，其下放置一搅奶器。鲜奶被倒入一漏斗中，然后会通过由蛇形立管构成的制冷区，蛇形管内自下而上流动着冷水，而鲜奶则从上顺着管壁流下，上升的冷水和下降的鲜奶之间进行热交换，最后鲜奶落入搅拌器时已降至6℃。该发明是一次重要技术突破。因刚挤出的鲜奶温度（牛的体温达38.5℃）非常适宜细菌繁殖，故迅速冷却鲜奶是贮存、运输的首要步骤，也是奶制品工业发展初期必不可少的措施。

赫尔姆霍茨［德］创制神经传导速度测定装置　物理学家、生理学家赫尔姆霍茨（Helmholtz，Hermann Ludwig Ferdinand von 1821— 1894）制成一简单装置，首次成功地测定出蛙运动神经的传导速度，确定其为50～100米每秒。这一数值至今仍被认为是正确的。他以实验事实否定了他的老师穆勒认为神经传导速度不能测定的看法。

1851年

格温［英］、阿波尔德［英］发明离心泵　与当时已有的往复泵相比，格温（Gwynne，James Stuart）、阿波尔德（Appold，John George 1800—1865）发明的离心泵不使用活动阀门，因而能提供稳定的输出流量。在离心泵中没有反向运动，因此它必须具有很高的旋转速度。离心泵的优点是它的效率比较高。水排入叶轮眼后须进入小室再排出会把部分能量变为冲击热以及涡流形成的热而浪费掉。该离心泵曾在万国博览会展出。

辛格［美］研制家用缝纫机　机械师辛格（Singer，Isaac Merrit 1811—1875）研制的缝纫机有如下特点：它在一水平放置的工作台板上，用一垂直支柱连接着一水平臂。用一根作上下运动的直针取代了豪的弧形针，靠他发明的垂直压脚能把布料固定在相对针脚的适当位置上，装在压脚里的弹簧可让线通过，并可以调节以适

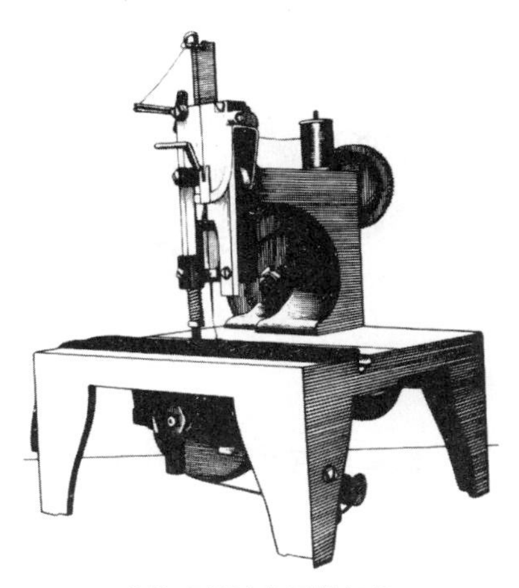
辛格研制的家用缝纫机

应不同厚度的布料。它用一脚踏板代替了手工驱动的曲轴轮。这台实用型家用缝纫机成为后来家用缝纫机的雏形。后经过不断改进，辛格所制造的缝纫机达到相当完美的程度。1860年，辛格成为世界上最大的缝纫机制造商。

利斯特［英］多尼索普［英］发明剪切机 纺织机械师利斯特、多尼索普发明的剪切机，采用了两旋转的精梳环，两内环与较大的梳环内圆周上相对的两点相接触，并在其中以同速同向旋转。长纤维在通过整毛箱中的鳃状梳时被拉直后，就通过特制的进给箱从轴线架向梳毛机供料。这种进给箱是1856年投入使用的。该剪切机问世后，迅速取代了手工操作的精梳机，在约克郡的梳毛工业中占据了统治地位。

福勒［英］发明双向铧式犁 农业机械师福勒（Fowler，John 1826—1864）用蒸汽机带动钢丝绳牵引两部他发明的双向铧式犁，在土地上交替耕地。其使用效果取决于能否获得满意的钢索。这种耕地方法在19世纪下半叶为欧洲农场主和承包人所使用，由此开创了农田操作中用机械动力代替畜力的新时代。

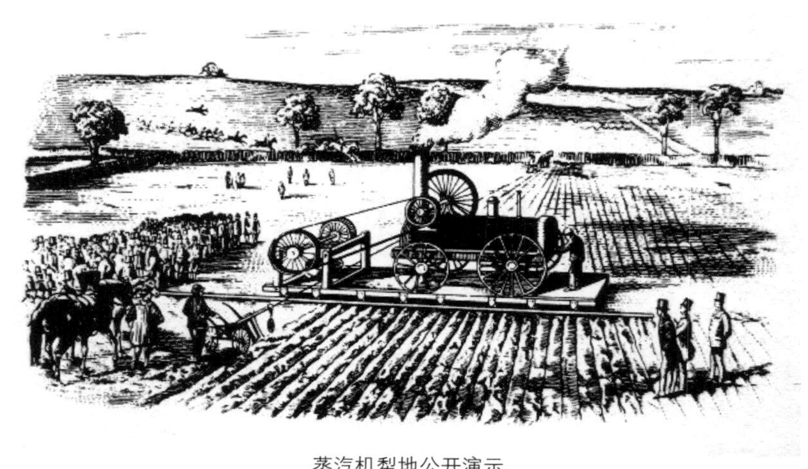

蒸汽机犁地公开演示

麦考密克［美］发明秸秆收割机 机械师麦考密克发明的这种收割机被誉为“其价值抵得上其他所有展品价值总和”。这种收割机利用位于机器前部旋转的水平板卡住直立的秸秆，然后利用一排位置稍高的带齿刀片在较低的刀片上来回移动割断秸秆。

麦考密克发明的秸秆收割机

1852年

波登［法］取得发明波登管专利 工程师波登发明的波登管，是利用管的弯曲变化或扭转变形测量压力的弹性敏感元件，又称弹簧管。管子的一端固定，一端活动，为椭圆或扁平的非圆形截面，在内压力作用下逐渐膨胀成圆形，此时活动端产生位移，位移值与压力大小有一定关系，活动端带动指针即可指示压力大小。波登管常用于测量较大的压力，并与其他弹性元件组合使用。利用这一原理还可以保持压力稳定。波登的这一发明在法国取得专利。

汤姆生［英］设计涡流水轮机 物理学家汤姆生（Thomson，William Lord Kelvin 1824—1907）设计的涡流水轮机，其转轮和导叶封闭在一很大的螺形外壳之内。水从螺形外壳最宽阔部分进入，以大致均匀的速度沿着机壳流动，导叶把水导入转轮之内，导叶的形状能够使水沿着形成螺旋形涡流的流动线路流动。汤姆生后来不断改进这种水轮机增加了导叶数目，并将导叶由固定式变为活动式，为水轮机的发展做出了贡献。

1853年

汤姆生［英］进行喷射泵的实验 喷射流体时，流体就会带动其周围的液体在喷嘴后面产生低压，这样在吸水管内就会产生足以使水从集水池内上升的力，这就是喷射原理。物理学家汤姆生把这一原理用于实际工程上，对这种喷射泵进行了多次实验，于1853年向皇家协会做了报告。

帕拉瓦［法］、伍德［英］发明皮下注射器 法国外科医生帕拉瓦发明了内部装有活塞的圆筒形注射器。同年，苏格兰医生伍德（Wood，Alexander 1817—1884）发明了与之配套的中空的注射用针。最早的皮下注射器就这么制成了。

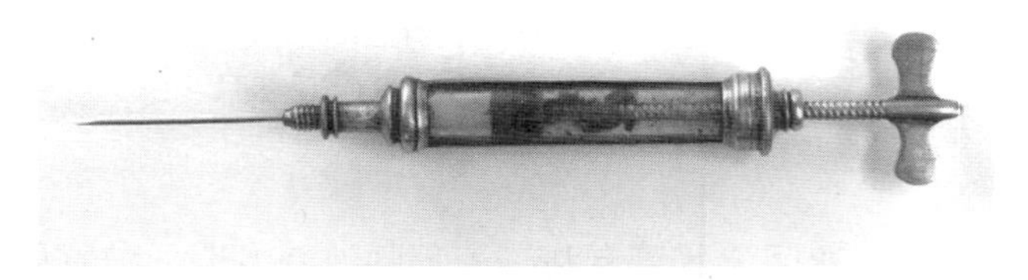

帕拉瓦和伍德发明的皮下注射器

1854年

埃贝尔［法］发明搅拌机 机械师埃贝尔（Herbert）发明立式、用马驱动且能均匀搅拌材料的机械，主要应用在制陶业的材料搅拌方面。1855年，德国机械师施里凯森制造出更为实用的螺旋式搅拌机。后经施里凯森多次改进，又将立式改为卧式。1874年他又在搅拌机上加上滚棒和供水窗口，使搅拌机日趋完善。

威尔逊［美］发明四面运行式（坠落式）缝纫机 机械师威尔逊（Wilson，Allen Benjamin 1824—1888）所发明的缝纫机的进给装置装有一复式带齿表面，上面的齿向前突出并以正交形式运动，类似于正交运行梳和鳃形

威尔逊发明的四面运行式缝纫机

螺刀的运动。它不仅能使布料在每缝一针后自动而连续地向前运动，还可以在布料转弯时产生弧形针脚。

奥蒂斯［美］发明升降机 机械师奥蒂斯发明用钢丝绳提升的升降机（电梯）。在进行安全示范表演时，他将正在运行的提绳斩断，安全钳可靠地钳住导轨，轿厢仍保持在井道空间。1854年，奥蒂斯在伦敦水晶宫博览会上公开表演了他发明的升降机。这种升降机是他在绞车基础上改制的。奥蒂斯在绞车上安装弹簧，在井道两侧的导轨上装设棘齿杆，并创造了一个制动器。1857年，纽约的哈瓦特公司安装了世界上最早的乘客升降机，载重量达450千克，速度为每分钟升（降）12米。1867年，奥蒂斯兄弟公司成立。1878年，奥蒂斯兄弟公司设计出了水压动力升降机（速度为每分钟204米）和在高速运行紧急时刻缓慢停车的安全限速装置。1879年，美国纽约波利尔大楼上同时安装了4台升降机。1889年，出现使用电动机驱动的电梯。1915年，出现自动控制电梯。电梯的出现成为19世纪后期高层建筑的出发点。

公开表演中的升降机

1855年

克勒尔［奥］发明钨钢 化学家克勒尔发明钨钢。在以后的几年里，奥地利恩斯河畔赖希拉明的一家专门的工厂一直生产这种钨钢。

美国佛蒙特罗宾斯–劳伦斯公司制造出转塔式六角车床

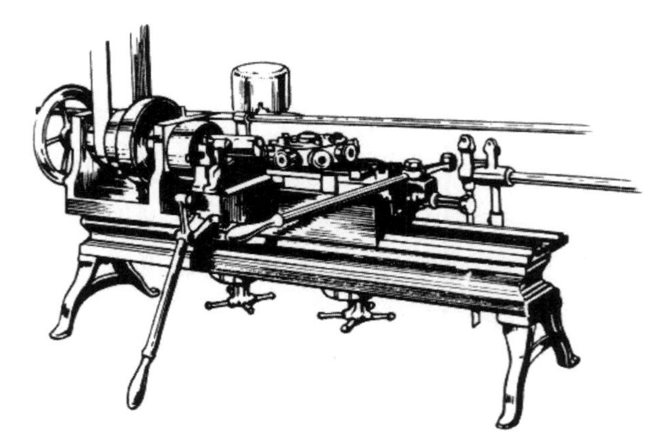

转塔式六角车床示意图

汤姆生［英］制作象限电流计

1856年

布莱克［美］发明爪式破碎机 机械师布莱克（Blake，Eli Whitney 1795—1886）发明的破碎机，有楔形的口，周围有两个爪，其中一个爪的上侧面固定在水平轴上，并依靠肘节杆齿轮进行移动；另一个爪则是固定的。破碎机口下部的孔可以利用楔子进行调整。这种机器的发明使用机械方法破碎陶瓷原料成为可能。1858年，布莱克又发明破碎岩石的颚式破碎机。

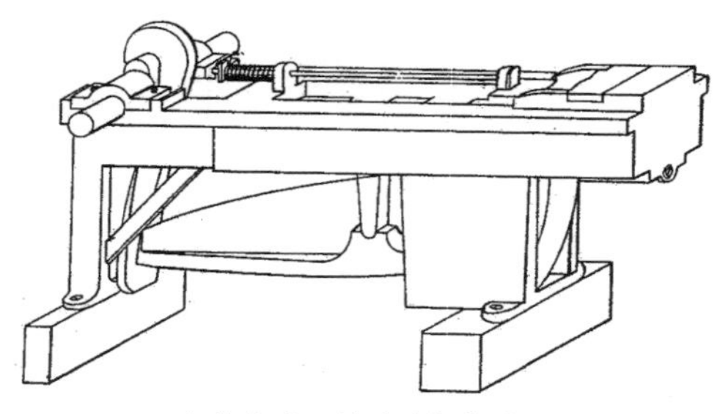

布莱克发明的破碎机构造图

希尔［美］构思滚铣法 希尔（Hill，George William 1838—1914）构思的滚铣法，是使成形铣刀与转动的齿轮毛坯同步转动，来铣削齿轮的轮齿。但希尔并没有造出这种机床。第一台滚齿机在1887年才被制造出来。

卡隆［法］、吉拉尔［法］设计冲击式水轮机 卡隆（Callon）、吉拉尔（Girard，Louis Dominique 1815—1871）设计的水轮机，可使水从喷嘴中喷出，凭借水流动产生的动能使叶轮旋转带动发电机发电，其设计目的是满足不同情况（高落差、低落差、大水流和小水流）的需要。吉拉尔对水轮机戽斗进行了通风设计，以确保戽斗保持大气压力，防止戽斗充满水或反作用运转。为此目的，吉拉尔在水轮的侧面钻上孔与每个戽斗相通，以使空气进入其中。为了充分利用水头，在大气压下运转的冲击式水轮机应当尽可能地接近尾水渠。吉拉尔把整个水轮机封闭在一个不漏气的机壳里，机壳的下端通到尾水以下。由水轮机驱动的空气泵能保持足够压力，使机壳内的水总是位于转轮之下。

卡尔松德［典］建造三辊立式轧机 卡尔松德（Carlsund，Otto Edvard 1809—1884）在瑞典穆塔拉建造三辊立式轧机。该机在第一对轧辊的上辊上方放置第三个轧辊，无需让发动机反转即可使铁板从反方向再次通过轧辊。1862年，劳斯在英国伯明翰建造了这种轧机。约在同一时期，出现了由若干个轧辊组成的连续轧机。

戴斯［法］取得榨油浸出器专利 1843年，欧洲出现利用二氧化硫作溶剂浸出橄榄皮油的机械。1856年，戴斯（Deiss，Edouard）的间歇式单缸浸出器取得专利。他于1870年建立了浸出油厂。1900年，他又进一步研制出多缸组成浸出器。

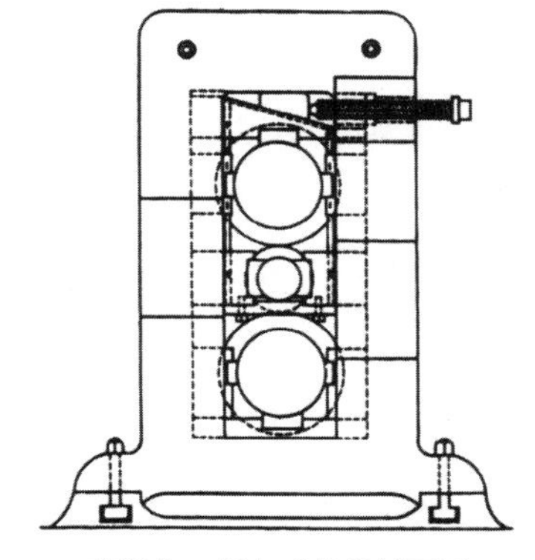

劳斯的三辊立式轧机剖面图

1857年

登纳姆［英］发明自动售邮票机 登纳姆（Denham，Simeon）发明的这种机器在工作时，人们只要把一个1便士的硬币顺着斜槽滚下，便会触动一弹簧，使其推出一张邮票。

1858年

切尔马克［奥］发明实用喉头镜 医生切尔马克（Czermak，Johann Nepomuk 1828—1873）改进了加西亚于1854年发明的喉镜，首次用喉头镜检查鼻咽腔疾患。

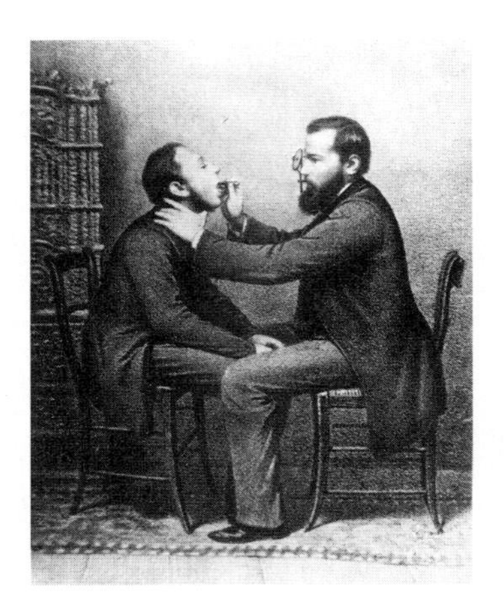

切尔马克用喉头镜为病人诊疗

大本钟

英格兰议会大厦大钟开始运转 该钟俗称大本钟。由登特及他的侄子弗雷德里克建造，于1858年4月10日建成，是英国最大的钟。大本钟用人工发条，国会开会期间钟面会发出光芒，每隔1小时报时一次，钟楼高95米，钟直径9英尺，重13.5吨。

1859年

勒努瓦［比］发明实用二冲程煤气内燃机 机械机勒努瓦（Lenoir, Jean Joseph étienne 1822—1900）发明靠煤气和空气混合燃气的爆发来运行的发动机。其结构与卧式双作用式蒸汽机相似，具有一个汽缸、一个活塞、一根连杆和一个飞轮。它与蒸汽机的不同之处仅在于用燃气代替蒸汽，当活塞到达中间位置时，蓄电池和感应圈便提供必要的高强度电火花点燃混合燃气。当活塞返回时，废气被排除，在活塞另一边重新充入的煤气和空气混合燃气则被点燃，故该发动机是双作用式的。这种发动机沿用了蒸汽机上所用的滑阀。勒努瓦在发明后第二年便将它装上一辆运输车，成为世界上第一台用内燃机驱动的“不用马拉的车辆”，后又将其装在轮船上作为动力。由于该发动机没有压缩过程，热效率仅为4%，每马力1小时耗用煤气为100立方英尺。虽然比同样功率的蒸汽机运行费用高，但运转稳定。1865年，法国和英国分别生产了400台和100台，德国生产了300 ~ 400台，小型的每台为0.5 ~ 3马力，大型的每台为6 ~ 20马力。

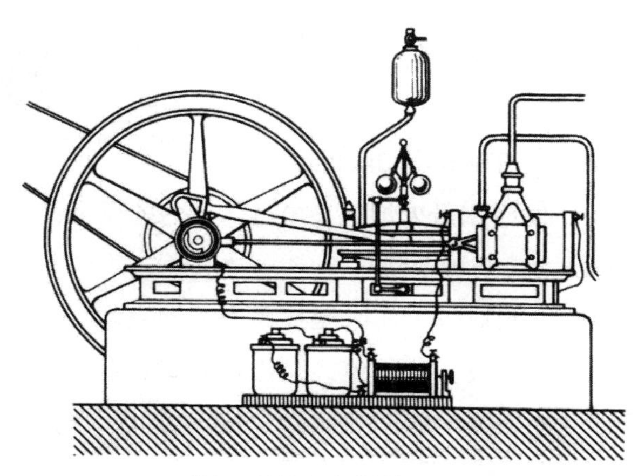

勒努瓦的燃气发动机构造图

兰金［英］提出“兰金循环” 工程师兰金（Rankine，William John Macquorn 1820—1872）的《蒸汽机及其他原动机手册》出版，书中阐述了他所提出的“兰金循环”。

1860年

法国建成倒焰式炼焦炉 法国建成的这种炼焦炉将成焦的炭化室和加热的燃烧室用墙隔开，在隔墙上部设有通道。炭化室内煤干馏产生的可燃性气体经此通道直接进入燃烧室，与来自燃烧室顶部风道的空气混合，自上而下地流动燃烧。这种炉子已经具备了现代炼焦炉的基本特征，是焦化技术的一项重大变革。1881年，德国建成第一座回收化学产品的炼焦炉，将回收化学产品后的净煤气送回燃烧室加热，保证了煤气的供应。1883年，德国又建成利用烟气废热的蓄热式炼焦炉。至此，炼焦炉在总体上基本定型。

曼内斯曼兄弟［德］发明无缝钢管工艺 冶金学家曼内斯曼兄弟（Mannesmann，Reinhard 1856—1922 and Max 1857—1915）发明的无缝钢管工艺，是将一根红热的圆钢塞到两个互相倾斜并朝着同一方向旋转的轧辊之间。在这两个轧辊的作用下，圆钢在两辊之间被向前拉出，并离开中心向四周扩展，形成一个空腔。此空腔被正好位于轧辊另一边的一装在心轴上的鼻端挤成圆孔，从而轧制成无缝钢管。

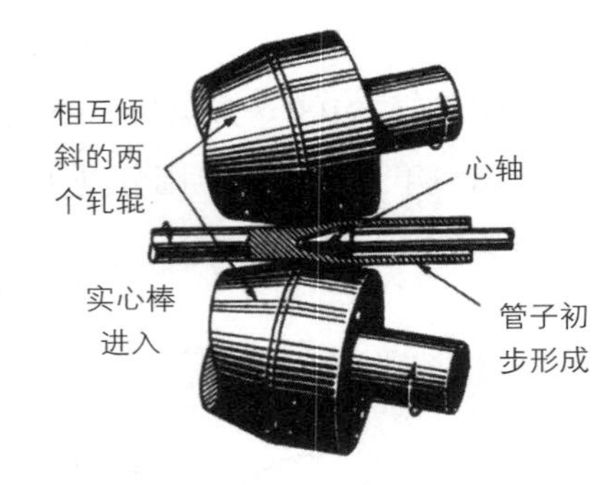

制造无缝钢管的曼内斯曼方法示意图

罗德曼（Rodman，Thomas Jackson 1816—1871）［美］发明测量火炮炮身内气体压力的压力计

英国批准真空压力挤奶机专利

美国出现穴播机 穴播机工作时先在田中横向划印，然后根据印迹操纵手柄排种，使种穴横向形成。1875年，又出现自动控制的方格穴插机。这种穴插机用定距打结的绳索开闭阀门控制种穴位置，此后又用装有定距结扣的钢丝（定距钢索）代替定距打结的绳索。

克虏伯［德］用铸钢制造炮身 制造商克虏伯（Krupp，Alfred 1812—1887）用铸钢制造炮身，其强度远高于传统的用青铜或铸铁制成的炮身，由此奠定了克虏伯公司生产的大炮闻名全球的基础。

克虏伯炮王

1861年

曾国藩［中］创办安庆军械所 清朝晚期，政治家曾国藩（1811—1872）创办的安庆军械所，是中国自办的第一家机械厂。安庆军械所于1862年和1865年先后造出中国第一台蒸汽机和第一艘木质蒸汽机船——黄鹄号。

克虏伯［德］建成火炮制造厂 制造商克虏伯采用贝塞麦炼钢法建成专业火炮制造厂，其生产的火炮很快名扬世界。

1862年

贝德森［英］发明连续轧机列 机械师贝德森（Bedson，George 1820—1884）发明的轧机列有16台双辊式轧机，其轴线有的是水平的，有的是垂直的。该轧机列利用一固定齿轮系统使后一台轧机的旋转速度高于前一台轧机的旋转速度，以避免由于线材在轧制过程中伸长而产生的松弛现象。所轧制的原料为截面1.062 5平方英寸、重量100磅的熟铁棒，经加热后轧制成截面0.25平方英寸的线材，生产效率达每小时2吨。

布朗［美］发明万能铣床 虽然美国机械师惠特尼早在1818年就制出铣床，但由于铣刀的加工制作既费钱又太困难，没有获得大规模的应用。机械师布朗（Brown，Jeseph Rogers 1810—1876）发明的万能铣床，是用一根螺丝导杆使工作台自动进给，通过安装在工作台上并与螺丝导杆相啮合的万能分度头使工件与工作台横向运动或按固定比值转动的机械。由于万能分度头上安有分度盘，所以在铣齿轮时，铣刀就可按事先确定好的时间间隔在圆形毛坯上做连续的铣削运动。随着铣刀刃磨的改进，铣床的应用逐步普及。

布朗发明的万能铣床

英国惠特沃斯公司制成钻床

德罗沙斯［法］提出内燃机四冲程循环理论 工程师德罗沙斯（De Rochas，Alphonse Beau 1815—1893）提出内燃机四冲程原理并取得专利。他所提出的等容燃烧四冲程循环——进气、压缩、燃烧膨胀、排气，促使燃气发动机的发展进入了新的阶段。不过，德罗沙斯一直没有制造出样机。1876年，德国工程师奥托研制成四冲程煤气内燃机。

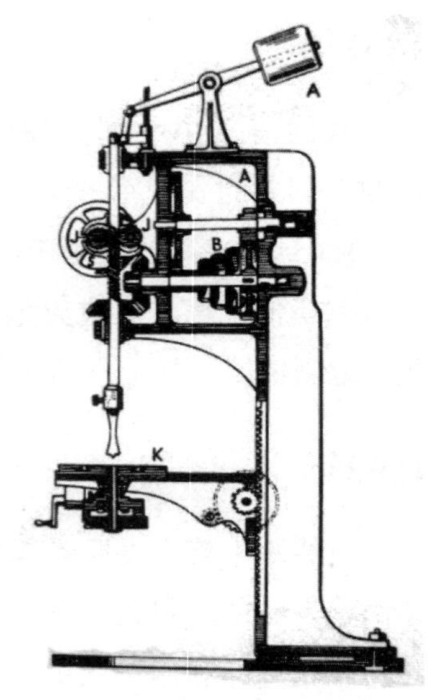

惠特沃斯公司制造的钻床构造图

徐寿［中］、华蘅芳［中］试制蒸汽机 清朝科学家徐寿（1818—1884）、数学家华蘅芳（1833—1902）在安徽安庆军械所任职时，制成中国第一台蒸汽机，该机汽缸直径为1.7英寸，转速为每分钟240转。

吉拉尔［法］发明液体静压轴承 法国机械师吉拉尔发明的液体静压轴承，是靠外部供给压力油，在轴承内建立静压承载油膜以实现液体润滑的滑动轴承。从启动到停止，轴承始终在液体润滑下工作几乎没有磨损，使用寿命长、启动功率小，在极低的速度下也能应用，其摩擦系数可小至1/500。

尼科［瑞］制成快速复零秒表 钟表匠尼科（Nicole，Adolphe）制成快速复零秒表，开创体育用表的最早记录。1870年前后，计时精度达0.2秒的双针秒表已经出现。1896年，雅典奥林匹克运动会开始使用秒表。

1863年

索斯渥克铸造机械公司制造波特–艾伦蒸汽机 费城的索斯渥克铸造机械公司（Southwark Foundry&Machine Company）制造出由波特设计的波特–艾伦（Porter-Allen）蒸汽机。它装有一悬垂的汽缸，以每分钟350转的较高速运转，能产生约168马力的功率。

1864年

莱肖［美］发明金刚石钻井法 工程师莱肖（Leschot，Rudolf）发明的金刚石钻井法，能钻透坚硬的地质结构。1870年，纽约的塞弗伦斯和霍尔特经营的公司开始出售这种装置，由此这项发明便从美国传到了英国和瑞典。1872年，德国采矿工程师克布利希对这种钻井法进行了改进。

美国研制磨床 制造磨床是从改进车床开始的，即在车床的进给箱上安装砂轮以取代刀具，使砂轮能自动进给以实现多种磨削加工。美国所研制的磨床是用于精加工缝纫机针的。由于制造磨轮的磨料质量低劣，限制了磨床的使用。19世纪90年代，碳化硅合成成功。后来，氧化铝的磨削价值被发现。这使磨床可以迅速加工各种刀具及其他工件。1875年，美国布朗–夏普公司制造出万能磨床，其特点是可以磨制多种工件。

洛斯［法］提出轧机设计方案 机械师洛斯设计的三辊式轧机，采用一小直径的轧辊（工作辊）和大直径的上轧辊、下轧辊（承重辊）。其优点是在不必提高驱动功率的条件下可以防止支承辊的挠曲。19世纪后期，这种三辊式轧机得到广泛应用。

赛勒［美］提出螺纹标准（公制） 制造商赛勒（Hoppe-Seyler，Ernst

赛勒

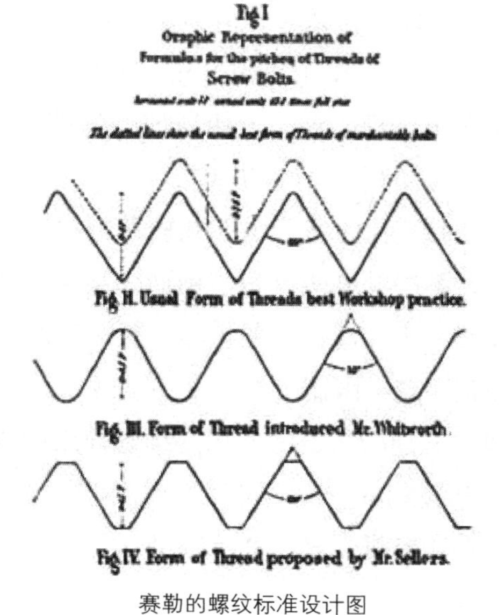

赛勒的螺纹标准设计图

Felix Immanuel 1825—1895）一生致力于机械技术的发明与革新，其工厂主要生产机床、机车车轮。为了批量生产的需要，赛勒设计出有别于英国采用的螺纹标准（英制），规定螺纹剖面为顶角60° 的等腰三角形。他不仅规定了螺纹的尺寸，还规定了螺栓的头部标准形状、螺母的标准形状。塞勒在富兰克林协会主办的杂志上发表有关新螺纹的论文，阐明为了今后机床工业的发展必须确立标准螺纹的尺寸，这就是后来的公制螺纹。

缝纫机用于皮鞋制造 缝纫机在美国批量生产后便用于皮鞋制造。1875年缝条机的出现和1883年绷帮机的问世，使繁重的手工制作皮鞋工作开始为机器所代替。

达文波特［美］发明带座位的犁 达文波特（Davenport，F. S.）发明单座两轮式犁。几年后，美国的莫莱因制犁公司制造了单座三轮式犁，使农夫犁地不再需要步行扶犁。

哈林顿［英］发明用发动机驱动的牙钻 牙医哈林顿（Harrington，George Fellows）设计出用发动机驱动牙科钻头的类似时钟机构的装置。此后又出现了各种电动或气动的牙钻。

1865年

卡塞尔［法］、马尔柯［意］设想用水轮机和发电机联结起来发电 法国技师卡塞尔（Casel）和意大利技师马尔柯（Marko）的这一设想于1873年在瑞士实现。瑞士罗伊斯河畔的珀伦造纸厂建成世界首座水电站，装有4台155千瓦的水轮发电机组。

布洛克［美］发明轮转印刷机 单张续纸是影响印刷生产速度的主要因素，解决的办法就是使用连续卷筒纸进行印刷。早在1802年，福尔德里尼就发明了生产卷筒纸的机器，然而当时的纸张税收制度规定在每张印纸上要贴一张印花，限制了卷筒纸的发展。1865年，发明家布洛克（Bullock，William 1813—1867）发明使用连续卷筒纸印刷的轮转印刷机，并首先被《费城探询者报》采用。与此同时，《泰晤士报》也完成了同一试验，在1865年取得沃尔特印刷机专利，并于1868年投入生产。两者的主要区别在于布洛克印刷机的卷纸在进入机器前就被切断，实际上还是单张印刷，而沃尔特印刷机是在印完之后才被自动裁切成单张。发展的下一步，便是在印刷和裁切卷纸后能够自动折叠报纸。英国机械师邓肯和威尔逊于1870年为《格拉斯哥星报》制作了维克托里轮转印刷机，完成了此项工作。

布洛克的轮转印刷机构造图

徐寿［中］等设计制造黄鹄号木质蒸汽船 1862年，清代政治家曾国藩设立安庆军械所，派科学家徐寿、数学家华蘅芳等人设计和试造轮船。他们先制成了一台蒸汽机，其汽缸直径为1.7英寸，转速为240转每分钟。1863年，他们制成一艘螺旋桨暗轮木质轮船，但因蒸汽供应不足只能行驶1里。1865年，徐寿等人改暗轮为明轮，即以蒸汽机推动的桨轮，终于获得了成功。黄鹄号重25吨，长55英尺，锅炉长12英尺，直径2英尺6英寸，炉管49根，长8英尺，直径2英寸。蒸汽机为高压单汽缸，汽缸直径1.09英尺，长2.18英尺，回转轴长14英尺，直径2.4英寸，静水速度为12.5公里每小时。黄鹄号是中国自行设计制造的第一艘轮船，船除转轴、烟囱和锅炉是用外国材料，船体、主机以及其他一切设备，均为国产。

蒸汽压路机示意图

巴黎出现最早的蒸汽压路机

李鸿章（1823—1901）［中］创办金陵机器制造局

1866年

白贝罗［荷］首创风暴警报器 气象学家白贝罗（Buys Ballot, Christophorus Henricus Diedericus 1817—1890）首创风暴警报器和危险天气信号系统，并用这种危险天气信号系统发布风暴警报信号。他还撰写了《风暴警报器说明》。

阿贝［德］改进显微镜技术 仪器制造师阿贝（Abbe, Ernst 1840—1905）改进了显微镜性能：发明集光器，使视野更加明亮清晰；制成油浸接物镜头，扩大了放大倍数；采用消色玻璃透镜，使分辨率明显提高。至1880年，光学显微镜已相当精密，基本接近现代水平。

中国最早的私营机器制造厂"发昌机器厂"成立

霍兰［爱尔兰］建造攻击型潜艇 工程师霍兰（Holland, John Philip 1840—1914）制造应用双推进系统的霍兰Ⅱ号潜艇。在长31英尺，排水量19吨的潜艇上，装有早期的布雷顿15马力内燃机。该艇还装有一门11英尺长、9英寸口径的气动加农炮，能在水下发射9英尺长的鱼雷。

左宗棠［中］创办福州船政局 福州船政局是清政府经营的制造兵船、炮舰的新式造船企业，亦称马尾船政局。1866年，清朝军事家、政治家、洋务派首领左宗棠（1812—1885）任闽浙总督时创办了福州船政局，稍后由沈葆桢主持，任用法国的日意格、德克碑为正、副监督，总揽一切船政事务。船政局主要由铁厂、船厂和船政学堂三部分组成。1869年6月10日，船局制造的第一艘轮船万年青号下水。船政学堂（求是堂艺局）设制造、航海两班，要求学员分别达到能按图造船和驾驶一般船的能力，并派员留学英、法，学习造船和驾驶技术。

1867年

吕尔曼［德］建造具有封闭式炉缸的高炉 自中世纪后期出现高炉以来，炉缸一直是前置的，因为前置炉缸易于从其中舀出铁水供铸造用，又便于从炉缸中清除炉渣。工程师吕尔曼（Lührmann, Fritz W. 1834—1919）建造了一座具有封闭式炉缸的高炉。这座高炉上装有4个风口。他发明用装在风口下方不远处的水冷渣口来分离出炉渣的方法，取代了过去所采用的让炉渣周期性地流出，通过挡料圈中的一个槽口来分离出炉渣的方法。封闭式炉缸可以更好地保持炉温，使炉温变得更高，从而可以在增加了高度的高炉中获得更多的生铁产量。

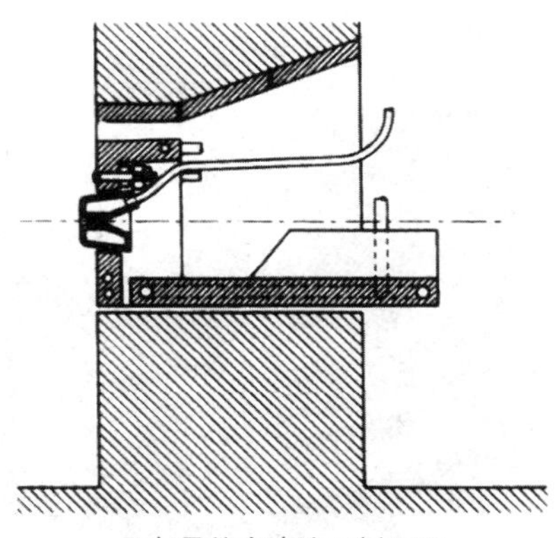

吕尔曼的水冷渣口剖面图

奥托［德］、兰根［德］创制改进型立式煤气内燃机 工程师奥托（Otto，Nicolaus August 1832—1891）与工业家兰根（Langen，Eugen 1833—1895）合作，成立奥托公司后，创制成一台改进型立式煤气内燃机，1867年获巴黎世界博览会金质奖章。其原理与勒努瓦的卧式燃气内燃机相同，均为二冲程内燃机。在动力发展史上，煤气内燃机是继纽可门蒸汽机之后的先进发动机，与蒸汽机相比装置简单、热效率高。由于煤炭易被制成煤气燃料，因而煤气机被广泛用作工厂的动力机和发电厂的原动机。在19世纪中后期是煤气机的全盛期，随后被效率更高的汽油机所代替。

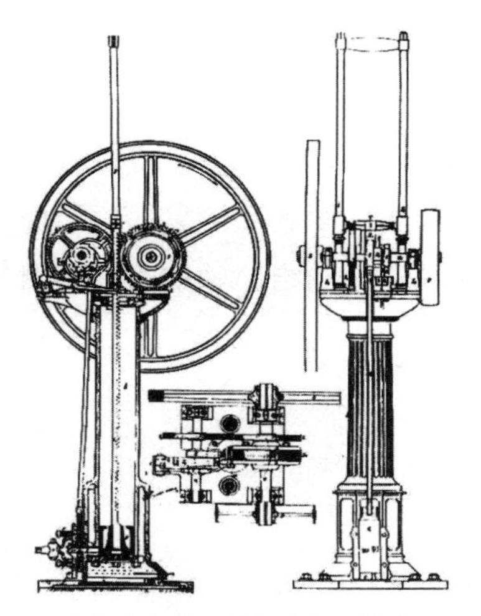

奥托与兰根的煤气内燃机构造图

巴布科克［美］、威尔科克斯［美］发明自然循环水管锅炉 锅炉的发展与蒸汽机的进步紧密相关，早期的锅炉因为压力要求不高，通常是用轧制的熟铁板铆制而成。1859年，美国工程师哈里森设计出分节锅炉，是由熟铁连接杆连接在一起的几排倾斜的中空铸铁管组成，虽然能提高蒸汽的压力，但遇到了由于材料差异受热膨胀不一这一难题。1865年，英国工程师特威贝尔在锅炉中装有一些稍倾斜于水平面的熟铁管，但是不易清理。美国工程师巴布科克（Babcock，George Herman 1832—1893）和威尔科克斯（Wilcox，Stephen 1830—1893）采用便于清理的直管，直管的每一端装有铸铁联管箱，

巴布科克–威尔科克斯型船用水管锅炉构造图

此联管箱与上面的汽水包相联。这种易于清扫的自然循环水管锅炉，由于使用安全、结构可靠而发展为后来锅炉的标准型，即巴尔科克–威尔科克斯锅炉。同年，两人合作创办公司生产锅炉，行销全球。19世纪末期，这种典型的锅炉每小时能产生12 000磅、压力为160磅每平方英寸的蒸汽，足以满足发电站对蒸汽的要求，并被广泛使用在舰船上。

美国制成洗衣机 这台洗衣机使用机械方式来搅动浸泡在洗涤液中的衣物，从而达到清洁衣物的目的。

上海江南制造局［中］设翻译馆 翻译馆聘英国人伟烈亚力、傅兰雅和玛高温任口译，中国近代科学的启蒙者徐寿、徐建寅父子和数学家华蘅芳任笔述。该馆早期译有《汽机发轫》《汽机问答》《运规约指》《泰西采煤图说》等工程技术类图书。

法国开始用管道风动装置传送邮件

1868年

马希特［英］炼制高碳钨锰钢 冶金学家马希特（Mushet，David 1772—1847）在迪恩森林的科勒福德开始炼制合金钢（高碳钨锰钢），炼成的高碳钨锰钢（其中，C 2%，W 7%，Mn 2.5%）放在空气中冷却，无需用淬火的方法来进行硬化处理即可达到所要求的硬度。用这种合金钢制成的工具的使用寿命至少比原同种工具长5 ~ 6倍，切削速度也由原来的16.4英尺每分钟提高到60英尺每分钟。

法尔科［法］发明气动船舵位置伺服机构 船舶学家法尔科提出“伺服机构”的概念，并在研究船舵调节器时发明伺服马达。他所发明的伺服机构将操纵杆与一曲柄连杆连接，曲柄连杆带动杠杆推动钟形曲柄打开或关闭滑阀，控制活塞运动。活塞杆与一臂连接，臂的旋转带动通向掌舵引擎的轴转动，实现舵的位置控制。

楞次［德］发明周期断流器　物理学家楞次（Ленц，Эмилий Христианович 1804—1865）研制出分段的转换开关，即周期断流器。它能在一个周期内的若干已知点上对周期性波形进行取样，然后向一慢速反应电流计输出一脉冲序列。序列中的每个脉冲都与该点的波形振幅对应，从而重新构成一完整的波形。利用周期断流器可绘出神经纤维中动态能的时间过程图和心电图等。

肖尔斯［美］取得打字机专利　1860年，工程师肖尔斯（Sholes，Christopher Latham 1819—1890）制成了打字机原型。然而他发现，只要打字速度稍快，连接按键的金属杆就会相互产生干涉。为了克服干涉现象，肖尔斯重新安排了字母键的位置，把常用字母的间距尽可能排列得远一些，以延长手指移动的时间，获得了成功。1868年6月23日，美国专利局正式接受肖尔斯、格利登和索尔共同注册的打字机发明专利。1873年，采取这种布局的第一台商用打字机成功地投放市场。后来，由于资金困难，专利被卖给了雷明顿公司，用于生产雷明顿牌打字机。

肖尔斯的打字机示意图

威斯汀豪斯［美］发明铁路用空气制动器　发明家、企业家威斯汀豪斯（Westinghouse，George 1846—1914）使用压缩空气发明空气制动装置后，次年成立威斯汀豪斯空气制动公司，所生产的自动空气闸于1872年开始在铁路上使用。1875年，在一次制动试验中，自动空气闸成功地使一列行驶速度为每小时52英里、重203吨的列车在19秒钟内停住，滑行距离为913英尺。随后，空气制动装置被广泛应用于铁路道岔、信号系统以及其他方面。

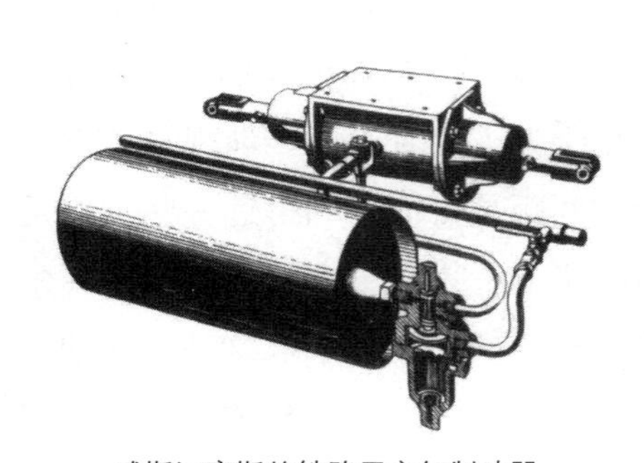

威斯汀豪斯的铁路用空气制动器

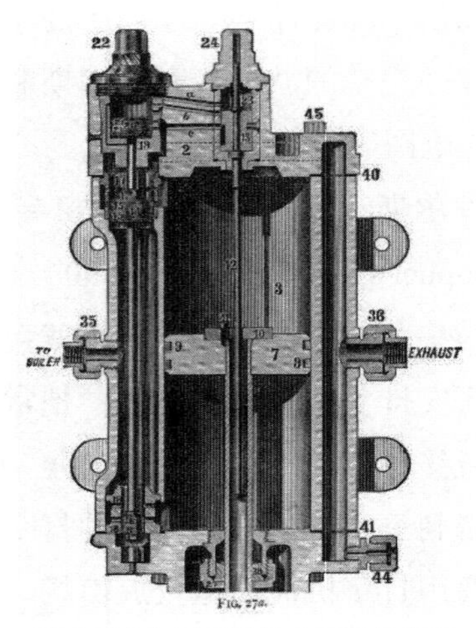

铁路用空气制动器的空气泵结构图

奈特［英］制造四轮蒸汽汽车 工程师奈特（Knight，John Henry 1847—1917）制造的四轮蒸汽汽车起初使用单缸蒸汽机，后来又改用双缸蒸汽机，车后安有立式锅炉，车前部设有3个座位，后部的火夫平台上还设有两个座位。该车重约1.7吨，速度为每小时13公里。1871年，汤姆森创制用实心橡胶轮箍取代铁轮箍的牵引蒸汽汽车。

奈特制造的四轮蒸汽汽车

1869年

埃尔金顿［英］取得用剥离法制备镀铜板专利 发明家埃尔金顿（Elkington，George Richards 1801—1865）在杜仲树胶薄板上涂上一层青铜粉末，形成一种导电体，铜就会沉淀到胶板上。一旦形成了镀层，树胶便被剥离掉，剩下铜进一步沉淀。该发明取得了专利。用这种剥离法或某些相似的方法制备的镀铜板，是以后所有电解设备发展的基础。

1870年

佩尔顿［美］发明冲击式水轮机 工程师佩尔顿（Pelton，Lester Allan 1829—1908）发明水从喷嘴中喷出，让喷出的水冲击叶片，靠水流的动能使叶片旋转的冲击型水轮机，又称水斗式水轮机、佩尔顿水轮机。它适用于水量不多但水流落差较大（300～1 800米）的水电站中。它的水流量低于每秒5立方米，功率不超过13万千瓦，转速为每分钟10～70转。

阿贝［德］创制聚光器 仪器制造师阿贝研制出强而均匀的光源聚光器，使显微镜取得重大改进。这种聚光镜被称为阿贝聚光镜。

李曼［美］发明开罐器 李曼（Lyman，William 1821—1891）发明能连续平滑打开罐头的开罐器。其一端可刺穿罐头顶部中心以作为轴心，供开罐器的手把压动切割轮。这种开罐器必须根据罐头的大小做调整，而能否有效地操作则要看钻孔器是否能正中罐头顶部中心。

1871年

布拉泽胡德［英］取得新型蒸汽机专利 工程师布拉泽胡德（Brotherhood，Peter 1838—1902）取得专利的新型蒸汽机在直接驱动机械时速度比旧式蒸汽机的速度要高得多。蒸汽机上有3个以辐射状固定在一个垂直平面内的汽缸，汽缸之间的夹角为120°。

林德［德］创建工业制冷系统 制冷工程师林德（Linde，Carl von 1842—1934）在慕尼黑啤酒厂安装工业制冷系统。1879年，林德又将这种系统创制成小型的家用制冷系统。

韦纳姆［英］建成低速风洞 工程师韦纳姆（Wenham，Francis Herbert 1824—1908）建成的低速风洞，是研究物体空气动力特性的主要实验设备之一。

1872年

德内鲁兹［法］发明能够自己供给空气的潜水器　工程师德内鲁兹（Denayrouze，Auguste 1837—1883）把带有头罩的柔软的水密潜水衣跟一盛压缩空气的容器连接起来。盛压缩空气的容器像个小桶，由潜水者背负。潜水者通过一救生索跟水面的船只连接起来，用救生索可将潜水者拉出水。

汤姆生［英］研制新型测深装置　工程师汤姆生（Thomson，Charles Wyville 1830—1882）将一绕满金属线的鼓轮装在一电镀保护层的机架上，上面有制动器和摇把。金属线和一个重的测深锤相连，穿过船尾栏杆上的一木块。当制动器松开时，测深锤很快坠入海底，鼓轮转动时摩擦力很小，而且金属线受到的阻力也很小。当测深锤触碰到海底时，金属线上的探测器就使制动器发生动作，放出金属线的总长被记录在设备顶端的刻度盘上。1878年，皇家海军和所有的大型海船公司都陆续采用这种装置。

李鸿章［中］创办轮船招商局

澳大利亚—印度间海底电报电缆接通

1873年

斯潘塞［美］发明单轴自动车床　机械师斯潘塞（Spencer，Christopher Miner 1833—1922）制成装有圆柱形凸轮的车床。凸轮用齿轮连接到主轴传动装置上。通过调节凸轮可控制切削工具和塔轮的运动。只要向车床供应棒料，即可自动加工零件，直至工具磨损或破坏需要更换为止。

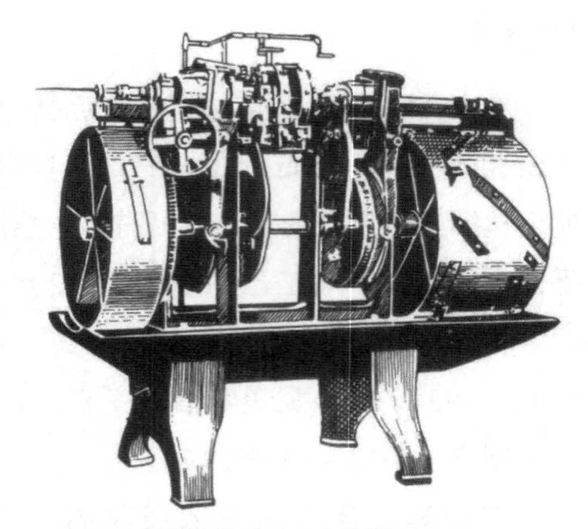
斯潘塞的自动车床构造图

英国制成船舶导航仪——磁罗经　磁罗经由中国创造的司南、指南针发展而成。14世纪，南意大利阿玛尔菲工匠乔亚首先把纸罗经卡（即方向刻度盘）和磁针连接在一起转动，从而代替了用手转动罗盘。16世纪，意大利技师卡尔达诺制成平衡环，使磁罗经在船摇晃时也能保持水平。19世纪，英国工程师弗林德斯和艾里先后提出消除铁船引起磁罗经产生自差的方法。1873年左右，英国物理学家汤姆生制成稳定性好的干罗经。20世纪，稳定性更好的液体罗经也被制作出来。

迪肯［美］发明上升式流程表 仪表设计师迪肯（Deacon，George F.）发明的上升式流程表，其原理是水通过流程表中一锥形管，锥形管内有一轴向棒，棒上带有一圆盘。这个圆盘的轴向运动受到阻碍时，能使笔在固定于旋转圆筒上的纸面上运动，将运动情况记录下来。流量表在早晨前几个小时内的示数能显示管路内的水是否由于渗漏、浪费或其他原因而有不正常的流出。通过关闭阀门轮流停止向城市的不同地区供水，便能够查出出现故障的管路或违章用水的用户。这种流程表结构简单，只能用小型水轮机等仪器来测量水的流量、流速。

亨泽（Henze）［德］发明用马铃薯制酒精用的高压蒸汽锅炉

林德［德］发明氨冷冻机 依据气体在高压下会变成液体，而液化气体在降压下又会恢复成气体的原理，制冷工程师林德发明氨冷冻机。该机给氨加压使其液化，然后将液化的氨从小孔射出。液氨立即汽化，同时吸收大量的热，使温度迅速下降。冷冻装置又使蒸发的氨重新液化，依次反复循环。这种氨冷冻机很快在制冰和食品冷藏冷冻行业中得以推广。

英国建成驼峰调车场实施调车控制 英国在利物浦建成世界上第一个驼峰调车场，实行了驼峰调车控制。1891年，美国开始把转辙机用于操纵驼峰调车场的道岔，以加快道岔转换，实施控制。

1874年

鲍德温［美］发明手摇式计算机 发明家鲍德温（Baldwin，Frank Stephen 1838—1925）利用他所发明的齿数可变齿轮，制成第一台手摇式计算机，并立即申请了发明专利，开始批量制造这种供个人使用的小机器。由于它工作时需要摇动手柄，被人称为手摇式计算机。

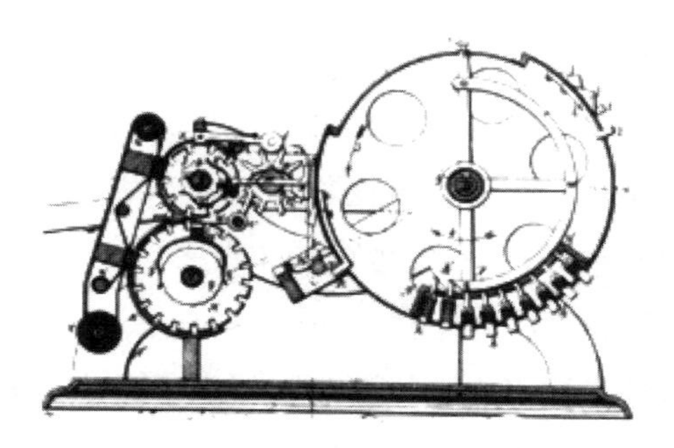
手摇式计算机剖面图

鲍德温的手摇式计算机

古特异［美］发明皮革接缝机　技师古特异（Goodyear，Charles Jr. 1833—1896）发明的皮革接缝机使机械化生产高档皮鞋成为可能。皮革接缝机制出的鞋只有底部需手工完成，使制鞋实现了机械化。

英国出现圆盘式犁　英国出现的由10～24个圆盘组成的圆盘式犁，在英国用得并不十分广泛，但后来在澳大利亚却取得巨大成功。这种犁附有一装置，可以使犁跳过地里残留的障碍物，如树根等。这就特别适于开荒时使用。

1875年

托马斯［英］发明碱性转炉炼钢法　这项发明解决了钢水除磷的难题。工程师托马斯及其合作者认识到，只有能使转炉钢水中的磷与碱性物质结合成渣排出，才能去磷。为此，托马斯向英国钢铁学会（British Iron and Steel Institute）提交了一份报告，阐述其发明在实际应用方面所取得的成功。但是这份报告被否定了。

布朗–夏普公司制造的万能磨床

美国布朗–夏普公司制造万能磨床　万能磨床的特点是可以磨制多种工件。布朗–夏普公司机械师诺顿

（Norton，Thomas 1433—1513）制造了平面磨床。随后，又有各种型号的磨床被研制成功，加速了磨床的发展。到1883年，布朗–夏普公司已制造出万能磨床等各种新型机床，成为世界一流的机床生产厂家。

英国制造多卷筒拔丝机 英国在1888年格拉斯哥展览会上展出了在14个拔丝模的拔丝机上拉出的38号至48号（约0.23～0.041毫米）的铜线。

1876年

奥托［德］创制四冲程往复活塞式燃气内燃机 工程师奥托偶然看到德罗沙斯于1862年提出的四冲程循环理论，受到很大启发，潜心钻研。1876年底，他制造出了一台以四冲程理论为依据的燃气内燃机。他发现，利用飞轮的惯性可以使四冲程自动实现循环往复，将德罗沙斯的理论付诸实践，使燃气内燃机的热效率一下提高到14%。1878年，奥托–兰根公司开始批量生产卧式燃气内燃机。由于这种内燃机的优越性，仅几年时间，公司就制造了35 000台燃气内燃机安装在世界各地。1880年，奥托燃气内燃机的功率由原来的4马力提高到20马力。现在人们仍将四冲程循环习惯地视为奥托循环，而其创始人德罗沙斯则鲜有人提及。1883年，奥托制造出200马力燃气内燃机。后来，内燃机的性能不断提高，热效率在1886年已达到15.5%，1894年更达到20%以上。在动力发展史上，燃气内燃机是继蒸汽机之后的先进发动机，它装置简

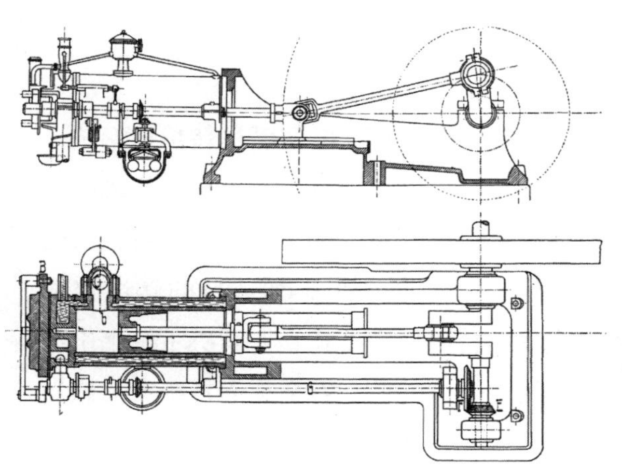

奥托四冲程往复活塞式内燃机剖面图

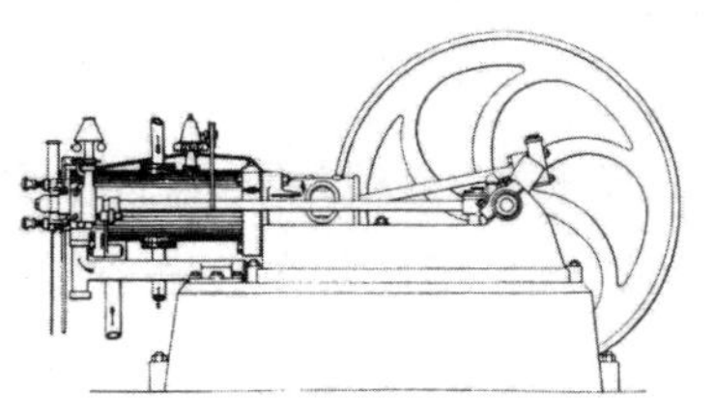

奥托的卧式燃气发动机结构图

单，热效率高。由于煤气易被制成燃气，石油工业的发展使得燃气内燃机得以广泛应用。

汤姆生［英］研制干标度板罗盘 物理学家汤姆生（Thomson，Elihu 1853—1937）用丝线绑住8根轻的针柱，类似于在绳梯上捆住的梯档似的环，丝线以一枢轴为中心沿辐射方向伸展到一直径为10英寸的轻铝环上。枢轴是一有蓝宝石顶冠倒置的一小铝杯，相同的线还支撑着用纸质扇形组成的罗盘刻度面板，面板可在一极细的铱尖上旋转。铱尖焊在一根固定在罗盘碗底的细铜丝上。该罗盘被人们称为现代罗盘，在汤姆生取得发明专利后很快被应用到皇家海军和大型商船上。

汤姆生研制的罗盘

麦克斯韦［英］制成求积仪 物理学家麦克斯韦（Maxwell，James Clerk 1831—1879）制成了一种求积仪，它通过两个垂直圆盘的转动与滑动把积分计算转变为长度量测的模拟计算。

汤姆生研制的潮汐调和分析仪

汤姆生［英］研制机械式模拟计算机 物理学家汤姆生研制成一种模拟计算机——潮汐调和分析仪，利用它可以计算傅立叶系数。

1877年

托马斯［英］发明碱性转炉炼钢法 工程师托马斯最初用石灰或石灰石组成的碱性炉衬进行试验时发现，为避免炉衬很快受到侵蚀，必须向铁水中加适量的碱性物料，几经失败。1877年，在堂兄吉尔克里斯特的协助下托马斯解决了炼钢中去磷的难题。托马斯在贝塞麦转炉中使用煅烧过的白云石配加沥青制成的碱性炉衬，并在冶炼过程中加进一些石灰石，成功地去除了金属中的磷。1879年，这项发明得以在工业生产中推广。由于托马斯发明了碱性炼钢法，使欧洲大陆拥有含磷铁矿石的国家，如比利时、法国，特别是德国的钢产量大增。这种炼钢法是20世纪上半叶西欧国家的主要炼钢方法。

拉瓦尔［典］发明牛奶脱脂机 乳品专家拉瓦尔发明的这种脱脂机，先将奶在锅炉间加热至最佳脱脂温度30℃，然后用管子引至空心的转鼓。蒸汽发动机驱动转鼓使其高速旋转。在强离心力的作用下，密度不同的液体被分离，使较重的脱脂奶被甩至容器外圈，而较轻的奶油则集中在容器内侧。然后通过管子就可以将两种产品分别引入不同容器中。在此之前，人们仅靠重力作用脱脂。拉瓦尔脱脂机使传统的脱脂方法转变为机械脱脂，获得的奶油质量更好。后来，转鼓内增加了轴向重叠的圆锥形碟片，分离效果更为显著。

爱迪生［美］发明圆柱形留声机 发明家、企业家爱迪生（Edison, Thomas Alva 1847—1931）发明的这种留声机，由直径10厘米的黄铜柱组成。黄铜柱上涂着一层锡箔。当用手使其绕水平轴转动时，也能同时发生横向移动。一钢制唱针被连到圆锥形喇叭末端的膜片上，在其转动时用于切入锡箔，切入的深度与膜片的振动相对应。当唱针再次经过切痕时，对着喇叭讲的话就被放出来。但这种留声机只能记录下短暂的信息，声音重现亦不够协调，而且锡箔很快就会被磨破。后被1887年德裔美国发明家柏林纳发明的圆盘形留声机代替。

经改进的圆柱形留声机（约1899年）

爱迪生

塔尼尔［法］设计改进型产钳 1670年，家庭医生钱伯伦公开产钳技术。后经法国医生帕尔法恩、迪赛、格雷瓜尔、勒夫雷及英国医生斯梅利等不断改进，最后由塔尼尔（Tarnier，étienne Stéphane 1828—1897）设计成弯曲轴牵引产钳。这种产钳是近代实用产钳的基本型。

1878年

汤姆生［英］制成机械测深机 测深机是用来测量水深的航海仪器，是测量水道的必备工具。物理学家汤姆生根据水深与压力成正比的原理，制成机械测深机。其原理是在接近铅锤处的钢索上安装测深玻璃管，内涂遇海水变色的化学品，开口端向下。当铅锤触碰海底时，在水压的作用下，海水进入管内，根据玻璃变色的长度便能得知水的深度。该测深机可测深度为180米左右，但易受航速及气候影响而产生误差。

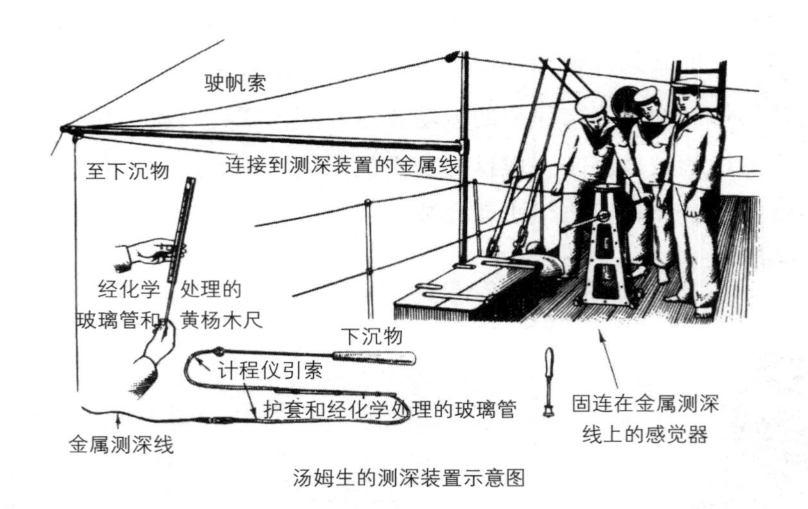

汤姆生的测深装置示意图

哈拉利斯基［俄］设计炭粉送话器 工程师哈拉利斯基设计的炭粉送话器为送话器的广泛实际应用奠定了基础。送话器最初应用于电话，后来应用于无线电广播、电视、录音系统等。

休斯［美］发明微音器 工程师休斯（Hughes，David Edward 1831—1900）发明的微音器，使电话的通话效果大为改善。他还曾发明印刷电报机。

1879年

帕克［英］设计专门生产螺丝用的自动车床 机械师帕克（Parker, C. W.）设计的这种车床在工作时先将棒料通过主轴箱进给，由固定的车刀加工到所需要的尺寸，然后车刀退出来，以便让板牙前进切削螺纹，最后用切割刀把螺丝从棒料上切下来。这种车床取得专利后由格林伍德—巴特利公司（Greenwood and Batley）制造。它能生产直径为1/8英寸的螺丝，速度为每小时80～150个。车床上安装有辊式棒料进给装置。

巴雷尔［法］设计用铅屏护电缆的压力机 机械师巴雷尔设计的这种机器，能把铅注入到容器中，待其冷凝后用下降式活塞压缩，铅便沿着电缆流动，形成连续的保护层。利用这种铅屏护电缆的方法，既能使电缆免受伤扰又具有防水性。后来，这种技术应用到挤压铜和铜合金上。

詹森［法］设计用相片再现一个单一动作连续阶段的仪器 机械师詹森（Janssen, Pierre Jules César 1824—1907）设计的仪器可成功地观察金星经过太阳的图像。他将一涂有感光乳剂的卡放在一有射线状的小孔的卡后面，将两个卡在时钟机构的推动下同步且不间断地移动。整个装置同天文望远镜的目镜相连，用定日镜对准太阳，在同一照相乳剂上连续拍摄到金星经过太阳的慢动作。

德拉瓦尔［典］发明用于分离奶油的离心机 技师德拉瓦尔的这一发明，使用机器分离奶油的方法完全代替了用手撇的方式。

托尔［英］进行高速条件下摩擦实验 法国物理学家库仑对摩擦进行过最初的系统实验，然而他的摩擦系数定得太高。法国物理学家莫林在19世纪30年代对此提出过批评意见。工程师托尔（Tower, Beauchamp 1845—1904）受机械工程师协会（Institution of Mechanical Engineers）的委托，进行“研究高速条件下的摩擦，特别是与轴承和枢轴有关的高速摩擦以及制动器的摩擦等”的实验工作之后，人们才开始怀疑库伦的数据和他的一些理论。托尔在雷诺兹的帮助下撰写了4篇报告，这些研究成为近代润滑剂实验的基础。

克莱芬［美］、默根特勒［美］制成轮转印刷机 法院书记官克莱芬（Clephane, James Ogilvie 1842—1910）和从德国符腾堡移居美国的发明家默

根特勒（Mergenthaler，Ottmar 1854—1899），根据穆尔发明的方法成功制造出轮转印刷机。

1880年

米尔恩［英］、尤因［英］、格雷［英］制作地震计 地理学家米尔恩、尤因（Ewing，James Alfred 1855—1935）和格雷（Gray，Thomas Lomar 1850—1908）在日本成功制成地震计。

兰利［美］制成热敏型红外探测器 美国物理学家兰利（Langley，Samuel Pierpont 1834—1906）依据金属细丝的电阻随温度变化的特性，制成热敏型红外探测器，亦称辐射热计。可用来测出1～100 000℃范围内的温度变化，被用于天体物理学、光谱学、电子学等领域。

阿普尔比［美］研制出畜力割捆机 早在1878年美国已生产出用铁丝打捆小麦的畜力割捆机，但对人畜安全不利。1880年，机械师阿普尔比（Appleby，John 1840—1917）发明的用麻绳打捆的畜力割捆机问世。20世纪80年代，麻绳打捆被塑料绳打捆取代。

1881年

迈克尔逊［美］设计制成干涉仪 物理学家迈克尔逊（Michelson，Albert Abraham 1852—1931）设计制成干涉仪。这是为了研究“以太漂移”，利用干涉条纹精确测量长度或长度改变的仪器。仪器由两平面反射镜和一背面镀有半反射膜的平板玻璃制成的分光板所组成，安装在一可旋转的十字形托架上。由扩展光源发出的光，经分光板被分成相互垂直的两束，分别到达两平面反射镜时又被反射回来，通过分光板后再次成为两束平行光，由此可以观察到它们产生的干涉条纹。

尼查逊发明电磁调速器 电工学家尼查逊发明的电磁调速器，采用恒电流或恒电压调节，测量和作用元件是一螺旋形线圈，直接作用于节流阀，可产生快速响应。这样，当负荷突然变化时，可使转速变化维持在5%范围内。

威克斯［英］发明转轮铸字机 印刷工程师威克斯（Wicks，Frederick 1840—1910）发明的转轮铸字机有100只铸模，铸造铅字速度为每小时6万个，创造了机械铸字的最高速度。这项发明免去了印刷后的拆版，只需将用过的铅字倒回熔铅锅就可重铸铅字，且随时都可用新铸铅字进行印刷。

雷诺德［瑞］取得套筒链的专利 机械师雷诺德把套筒装在1864年斯莱特设计的传动链条上，以提供更大的承载表面。这项发明取得专利。

约1881年

格林伍德–巴特利公司制成西姆斯蒸汽机 利兹的格林伍德–巴特利公司（Greenwood & Batlay）制成西姆斯蒸汽机。它是为直接驱动发电机而专门设计的，无须使用钢索或皮带来传动。由于采用短的行程和连杆并且加固了底座，这台蒸汽机的转速达到了每分钟350转。该机的汽缸直径为6.5英寸，行程为8英寸，能产生18马力的指示功率。

1882年

哈德菲尔德［英］发明高锰钢 冶金学家哈德菲尔德（Hadfield，Robert Abbott 1858—1940）发现，当锰在钢中的添加量增加到12%～13%时，钢由于增加锰元素后产生的脆化效应便消失了。如果把这种钢加热到1 000℃，并把它放到水中进行淬火，它的硬度会大为增加。高锰钢具有很好的韧性和很强的加工硬化倾向，在冲击条件下显示出优越的耐磨性，可用于制作粉碎岩石机具、金属切削刀具及钢轨。哈德菲尔德创新出“合金钢”一词。

拉瓦尔［典］发明单级冲击型实用汽轮机 工程师拉瓦尔（Laval，Carl Gustav Patiaik de 1845—1913）发明的这种汽轮机在圆筒四周安装了许多叶片，喷嘴喷射出的蒸汽冲击叶片从而使轮子转动。这台汽轮机是为了使离心奶油机高速旋转而制作的，是最早的冲击型汽轮机，其功率为5马力。20世纪初，法国工程师拉托和瑞士工程师佐莱分别制成多级冲动式汽轮机，机组功率不断扩大。

马雷［法］制成可连续摄影的摄影枪 工程师马雷（Marey，étienne-Jules 1830—1904）研制成以发条为动力，可以12帧每秒连续进行拍摄的“摄影枪”，并用它拍摄了海鸥飞翔的照片。他对这种连续拍摄相机进行多次改进后，于1888年制成用绕在轴上的感光纸代替感光盘的实用摄影机。

马雷的摄影枪

1883年

戴姆勒［德］研制成功汽油内燃机　发明家戴姆勒（Daimler，Gottlieb 1834—1900）认识到高转速能导致功率的提高，小而轻的高速发动机更适合人们的需要。他研制成功的热管点火式汽油内燃机，转速达每分钟800～1 000转。1885年，戴姆勒取得立式单缸发动机发明专利。这种发动机装有密闭的曲柄箱和飞轮，使用空吸式进气阀和机械式排气阀，装有节速器用以在速度达到预定值前阻止排气阀的开启，借助一封闭式风扇使空气围绕汽缸环流，以对汽缸进行冷却。与此同时，他还发明了表面汽化器，以便使发动机能使

戴姆勒的汽油内燃机

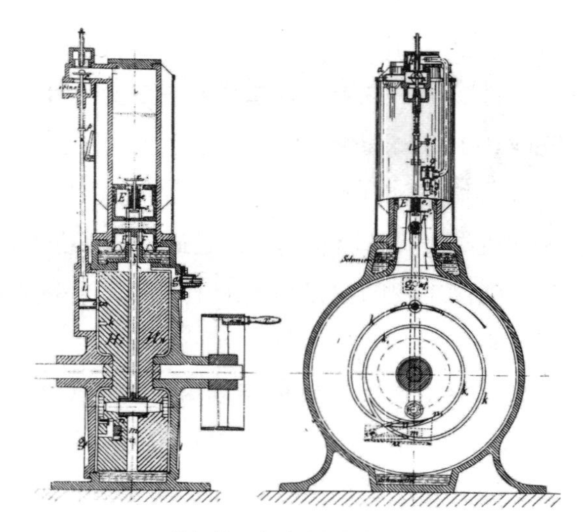

戴姆勒的汽油内燃机剖面图

用在空气中易于蒸发的汽油来进行工作。戴姆勒所发明的立式单缸汽油发动机的输出功率为0.5马力，转速为每分钟500～800转，汽缸高度不足30英寸，重110磅，成为后来各种汽油内燃机的原型。由于汽油的燃烧值远大于煤气，其所产生的动力也高于煤气内燃机。

马克沁［英］制成重机枪　马克沁（Maxim，Hiram Stevens 1840—1916）制成的重机枪是世界上第一挺以火药燃气为能源进行工作的自动武器。他于1894年取得该发明专利。该枪采用枪管短后坐式自动原理，肘节式闭锁机构，发射M71式11.43毫米黑药枪弹，枪身重27.2千克，连枪架重逾40千克，使用容弹333发的帆布弹带供弹。枪管外部装有冷却水套，理论射速每分钟600发，可单、连发射击，也可以每分钟100发的速度进行慢速射击。机枪工作时，利用膛内火药燃气作动力，在枪管后坐时拨动有枪弹的布料弹带，完成再装弹工序，并由曲柄连杆式闭锁机完成每发的闭锁和击发动作。该枪最初并未引起重视。1889年，英国海军首次试用该枪。在1898年的南阿战争中重机枪才以其巨大的威力闻名于世。

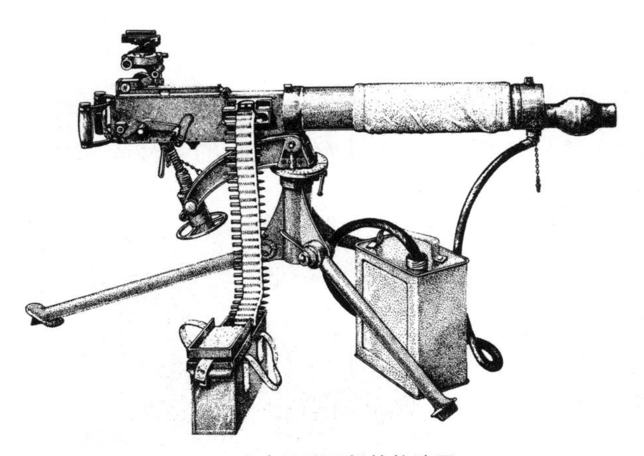

马克沁的重机枪构造图

马克沁

1884年

帕森斯［英］发明与发电机配套的反冲型汽轮机　工程师帕森斯

（Parsons，Charles Algernon 1854—1931）发明的这种汽轮机把许多叶片成排安装在圆筒周围，再将它装进有固定叶片的壳体内。该汽轮机不使用喷嘴，而是利用蒸汽在叶片之间边膨胀、边通过而产生反作用使转轮旋转，带动同轴的发电机发电。转速为每分钟1 800转，直流电压100伏，功率7.5千瓦。

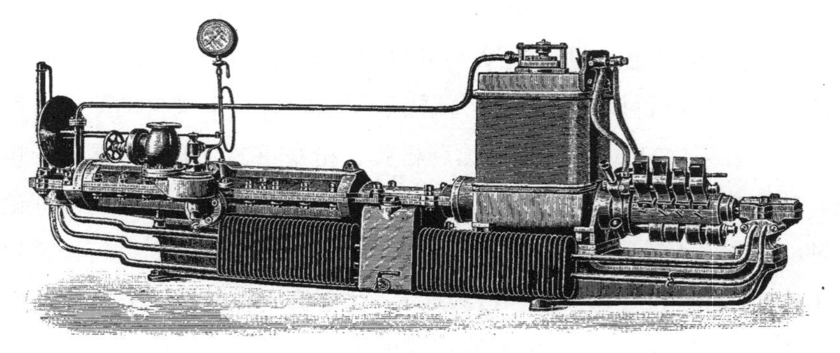

帕森斯的汽轮机构造图

费尔特［美］发明按键式计算器 发明家费尔特（Felt，Dorr 1862—1930）设计了第一台按键式计算器。他于1887年取得该发明专利。这种计算器很快被用于商业并取得成功。

沃特曼［美］发明自来水笔 沃特曼（Waterman，Lewis 1837—1901）发明的自来水笔里，墨水从笔囊到笔尖的流动是由进入毛细管中的空气控制的，用完后可重新将墨水滴入滴管。后来，墨水储存在笔胆的弹性胶囊中，墨水用尽时可挤压控制杆灌进墨水。

1885年

曼内斯曼兄弟［德］发明生产无缝钢管全新工艺 工程师曼内斯曼兄弟创造性地先将热管坯放在两转动的辊子间，辊子在一个方向上对管坯产生压力，而在另一个方向上则产生拉力。两个逆向的拉力会使管坯从中央断裂。辊子的作用力迫使热管坯向前

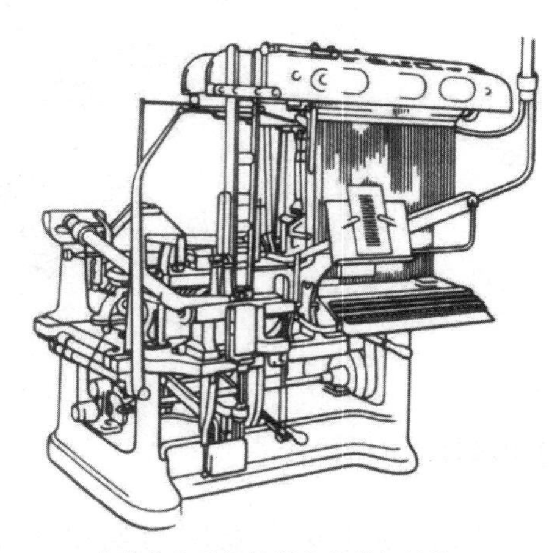

克莱芬和默根特勒的铸排机结构图

运动，插入一固定的穿通杆，将管坯穿透，从而形成管子。管子的直径和壁厚可以在相当大的范围内进行选择。西门子钢铁公司于1887年首先采用曼内斯曼工艺生产无缝钢管。

克莱芬［美］、默根特勒［德］发明铸排机 机械师克莱芬和从德国移居美国的钟表匠默根特勒发明由竖条组成的铸排机。这些竖条由键盘控制，竖条上所刻字母充作阳模，当字母形成一行文字时，把一条纸型带压上，形成字模纸型，由这个字模纸型可以铸出整行铅字。它的键盘打出代表字符和间隔的穿孔纸带，铸字机能根据纸带上的穿孔铸出单个字符来。这种铸排机于1885年被制作出来，并于1886年首次在《纽约论坛报》印刷所投入使用。

托德［英］取得卧式蒸汽机专利 工程师托德（Todd，Leonard Jennett）取得发明专利的卧式蒸汽机，后被称为单向流动式蒸汽机。蒸汽通过滑阀被引入到汽缸两端，并通过中部的一列排气口逸出。活塞起排气阀的作用，其长度等于行程减去汽缸的余隙部分。该机的优点是能使汽缸两端保持高温，使公共的出口侧保持较低的排气温度。不过，制造起来却很困难。在工程师施通普夫于1908年取得关于更为合适的阀动装置专利以后，这种蒸汽机才成为一种成功而又经济的蒸汽机。

1887年

希尔［美］制造滚齿机 1856年，机械师希尔就开始构思齿轮滚铣法——采用成型铣刀与转动的齿轮毛坯同步转动来铣削齿轮的齿形。但直到1887年他才制造出第一台滚齿机。

特斯拉（Tesla，Nikola 1850—1943）［美］取得交流感应电动机专利

弗莱彻［英］发明氧和氢混合物的焊炬装置 布林兄弟于1880年发明商业制造氧的方法之后，沃伦顿工程师弗莱彻（Fletcher，Thomas）发明使用氧和氢（或煤气）混合物的装置。这种焊炬火焰可用来熔化金属和切割钢材，但直到20世纪初能够大量地供应乙炔时，这种焊炬才在气焊和气割方面得到广泛的应用。

布朗希尔［英］取得实用投币煤气表专利 工程师布朗希尔（Brownhill，Rowland William）发明并取得专利的投币煤气表，使顾客一次能买1便士或1先令的煤气。

赫歇尔［美］研制成测量水流的实用装置 工程师赫歇尔（Herschel, Clemens 1842—1930）研制的装置，是连接于封闭管首，按节流器装置原理，最早用于测量液体、气体及蒸汽流量的检测元件。1894年，英国自来水公司和其他机构普遍采用了这个装置。20世纪，陆续出现应用声循环法的马克森流量计、实用卡门涡旋流量计及具有锁相环路技术的超声流量计等。

阿什利［英］发明半自动制瓶机 玻璃技师阿什利（Ashley, Howard）发明的制瓶机由两人手工操作，可以每小时200个的速度生产瓶子。但这种制瓶机需要人工往其锥型模里装添玻璃熔体，因此是半自动化的。

柏林纳［德］发明圆盘形留声机 发明家柏林纳（Berliner, Emile 1851—1929）用圆盘代替爱迪生留声机中的圆柱。圆盘由裹着蜂蜡的金属制成，唱针的振动被两面记录下来，且不用依靠切痕深度。录音完后，可用酸将原形蚀刻在金属中。然后就能用这个圆盘制作镀镍的“底片”了，由此印制出其他的唱盘。开始时用橡胶印制，后来用虫胶化合物印制。通常采用以每分钟78转的速度转动的直径为10英寸的唱盘。虫胶最终被硬质橡胶或塑料所取代。

柏林纳和留声机

1888年

劳德［美］发明圆珠笔 发明家劳德（Loud, John J.）发明以一装有可滚动的球珠代替笔尖的笔，用于在皮革上做标记。这种笔成为圆珠笔的雏形。

爱迪生［美］研制成摄影机和观影机 美国柯达公司研制出将卤化银感光剂涂在明胶片上的胶片和胶卷后，发明家爱迪生研制出用电动机驱动的摄影机。为了用齿轮带动胶片运转，爱迪生发明至今还在用的两边带齿孔的胶卷。还研制成可供单人观看的观影机，这种观影机使胶片在放大镜后面移动而形成活动画面。但由于每幅画出现的时间仅为1/700秒，亮度不足，画质较差。

1889年

法国落成大跨度建筑 为在巴黎举办世界博览会建造的机械馆，是一座大跨度（达115米）的钢铁材料建筑。巴黎建筑工程师们首次采用三铰拱结构，拱的末端越接近地面越窄，每端集中压力达120吨。此建筑充分显示了金属构件的承重能力。

福雷尔［瑞］制成水色计 水文学家福雷尔（Forel，Franois-Alphonse 1841—1912）制成的水色计可用来测定湖水的颜色。后经德国地质学家乌勒改进，被命名为福雷尔–乌勒标准水色计，一直被用来观测湖水和海水。

伯格［美］制成内燃机拖拉机 机械师伯格（Burger，Franz）首次将柴油发动机安装在蒸汽动力拖拉机的底盘上，制成内燃机拖拉机。

戴姆勒［德］取得关于V型双缸发动机专利 发明家戴姆勒采用功率为1.1千瓦的双缸V型发动机，制出的新型的四轮内燃机汽车，最高车速达每小时18公里。随后，法国潘哈德公司买断了戴姆勒的专利，改进了变速机构和差动装置，开始批量生产汽车。1890年，其汽车销售量达350辆。

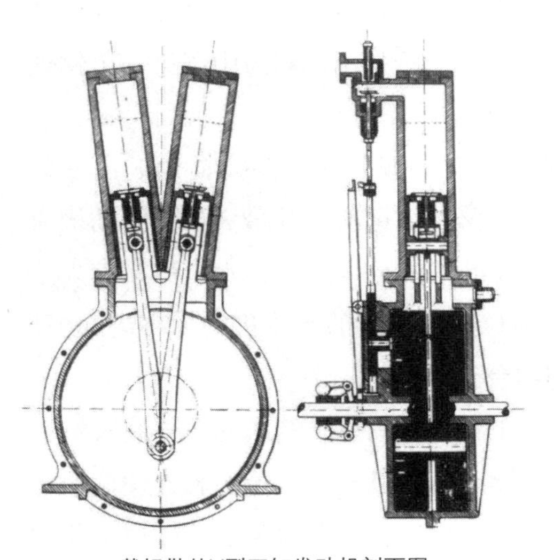

戴姆勒的V型双缸发动机剖面图

戴姆勒汽车

塞波莱［法］发明瞬间蒸汽发生器 工程师塞波莱（Serpollet，Léon 1858—1907）将镍钢管盘绕起来，当将少量水注入钢管下端时，燃烧室中炽热的钢管里会瞬间产生大量蒸汽，蒸汽全部通过钢管到达发动机，使膨胀力增大。这种发生器不仅可获得过热蒸汽，而且产生的蒸汽比水管锅炉所产生的蒸汽干燥。发明燃煤蒸汽机三轮车后，1894年，塞波莱又将此项发明成功地运用到蒸汽汽车上。随后又以石油代替煤炭作为燃料，并采用卧式的带有提升阀的单缸蒸汽机对蒸汽汽车进行了改进。

塞波莱的燃煤蒸汽机三轮车示意图

1890年

中国兴建汉阳铁厂 清朝晚期，湖广总督张之洞在汉阳设炼铁厂，继而在大冶兴办铁矿，并于1898年开办萍乡煤矿。汉阳铁厂拥有4座近代高炉（100吨2座、250吨2座），其技术设备各由英国和德国承造，另有8吨贝塞麦转炉2座和10吨酸性平炉1座，所炼的钢轧制成钢轨。由于酸性炼钢炉难以除磷，酸性炼钢炉于1898年全部拆除，又建4座30吨碱性平炉。1908年，汉阳铁厂、大冶铁矿、萍乡煤矿合并为汉冶萍煤铁厂矿公司，成为中国第一个钢铁联合企业，也是当时远东最大的钢铁联合企业。

佩尔顿［美］安装高水位水轮机 工程师佩尔顿在阿拉斯加矿山安装一高7英尺水轮机，此水轮机能在400英尺落差下运行。其最大优点是结构简单，从水管端头的喷嘴喷出的水流打在轮叶的弧形戽斗上，水从戽斗落入尾水渠中，用调节器进行控制。安装在阿拉斯加矿山的水轮机的功率为500马力，带动240台捣矿锤、96台粉碎机和13台破碎机。

霍勒里斯［美］制成机电制表机 工程师霍勒里斯制成的机电制表机，用穿孔卡片记录数据，用“活销装置”读卡，用机电技术传输和处理信息，取代了纯机械的计数装置。它加快了数据处理速度，能避免手工操作引起的差错。这是一种实用的程序控制计算机，在1890年美国的人口普查统计中发挥了重要作用。

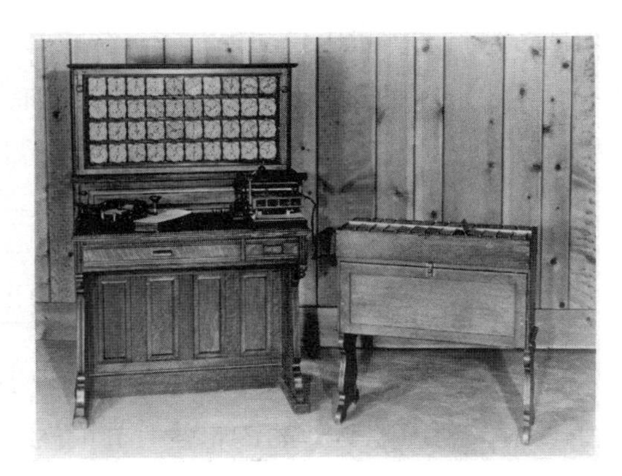

霍勒里斯的机电制表机

布冉利［法］研制金属屑检波器　物理学家布冉利（Branly，Edward 1844—1940）观察到，在通常情况下金属屑是不传导电流的，因为它们中间有空气隙，但当金属屑受无线电波作用时会稍稍联合在一起，足以提供传导电流的通路。他将金属屑装在小玻璃管中研制成金属屑检波器，亦称为电磁波检波器。

艾姆斯［美］制成百分表和千分表　工程师艾姆斯（Ames，Bliss Charles）制成的百分表和千分表是利用精密齿条齿轮机构制成的表式通用长度测量工具，常用于形状、位置误差以及小位移的长度测量。

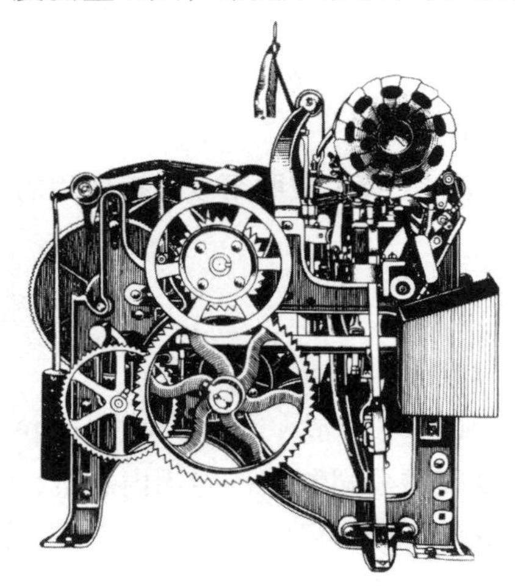

诺斯劳普的自动织机剖面图

美国出现电动玩具　美国制成电动小风扇玩具。1896年，又制成电动小火车，它能在一圆周轨道上绕圈行驶。电动火车制造成为西方玩具工业中的一重要门类。

诺斯劳普［美］发明自动织机　发明家诺斯劳普（Northrop，James Henry 1856—1940）发明的自动织机，可在不停机的状况下变换梭中的管纱，比用梭子变换器更为经济。该装置于1890年研制成功，1894年改进经纱停运装置后取得专利，1895年由马萨诸塞州的德拉普公司正式生产。诺斯劳普自动织机由自动穿线梭、纬线叉纱装置、经线引出运行装置、纬绒叉纱停运装置等组成。它减轻了纺织工在抽纱、装纱、穿线、插梭等操作过程中的劳动强度，在整体劳动成本下降的情况下，能提高产量并增加工人的工资。这项发明成为纺织业中以资本取代劳力的一种标志。

爱迪生［美］、迪克森［英］发明能连续摄影的相机 美国发明家爱迪生和英国企业家迪克森（Dickson，William Kennedy 1860—1935）将70厘米的伊斯曼胶卷从中间切开，在两边打上长方形小孔。这些小孔使35厘米的胶卷在过卷时保持一条直线，利用电驱动的链轮使胶卷间歇地移过快门，能得到一系列的照片。胶卷不动时，相机的快门打开拍下一帧照片，当快门关闭时，胶卷就移动准备拍摄下一帧画面。

勒罗依［美］研制放映机 爱迪生取得观影机专利不久后，工程师勒罗依将幻灯机与观影机相结合制成放映机，并于1894年2月5日在纽约放映了两部影片。

1891年

特罗佩纳［法］发明侧吹空气酸性转炉炼钢法 冶金学家特罗佩纳（Tropenas，Alexandre）发明的这一炼钢法扩大了钢铁的冶炼品种。

德朗德尔［法］发明太阳摄谱仪 物理学家、天体物理学家德朗德尔（Deslandres，Henri Alexandre 1853—1948）发明的太阳摄谱仪，是拍摄太阳单色像的设备。为研究恒星的光谱提供了技术条件。

丹斯（Dines，William Henry 1855—1927）［英］发明至今仍在使用的压力管风速计

1892年

费罗利克［美］制成专用内燃机 机械师费罗利克（Froehlich，John 1849—1933）为辛辛那提市范杜兹煤气和汽油机械公司制成一专用内燃机，安装在农用牵引车上。这是第一台真正实用的内燃拖拉机。

狄塞尔［德］取得定压加热循环内燃机专利 工程师狄塞尔（Diesel，

Rudolf 1858—1913）设计的定压加热循环又称狄塞尔循环（Diesel cycle）。其过程是将空气送入汽缸进行压缩，当压缩终了时，用一台喷油泵将精确定量的少量油喷入。由于空气受压缩产生高温，燃料立刻自动着火燃烧，反应时间极短，空气压力变化极小，近于定压。狄塞尔循环应用于柴油内燃机。由于被压缩的是空气，可采用较大的压缩比，因而热效率要比使用奥托循环（定容加热循环）的煤气或汽油内燃机的热效率高得多。狄塞尔的这项发明取得了专利。

PATENT-URKUNDE

№67207

UF GRUND DER ANGEHEFTETEN BESCHREIBUNG UND ZEICHNUNG IST DURCH BESCHLUSS DES KAISERLICHEN PATENTAMTES

an Rudolf Diesel, Ingenieur, in Berlin

EIN PATENT ERTHEILT WORDEN.

GEGENSTAND DES PATENTES IST:

Arbeitsverfahren und Ausführungsart für Verbrennungskraftmaschinen.

ANFANG DES PATENTES: 28. Februar 1892.

ZU URKUND DER ERTHEILUNG DES PATENTES IST DIESE AUSFERTIGUNG ERFOLGT.

Berlin, den 23. Februar 1893.

KAISERLICHES PATENTAMT.

狄塞尔取得专利的证书

齐奥尔科夫斯基［俄］建造风洞 科学家齐奥尔科夫斯基（Циолковский, Константин Эдуардович, 1857—1935）建造一系列风洞，用来测量空气对运动装置的阻力，开拓了对空气动力学的研究。

费奥多罗夫［俄］首创万能旋转台 矿物学家费奥多罗夫（Феодоров, Евграф Степанович 1853—1919）发明的万能旋转台简称“费氏台”。利用它观察者可在显微镜下沿不同晶向研究矿石晶粒。

丹斯［英］设计自动风仪 气象学家丹斯设计的自动风仪，亦称为丹斯风仪，用来自动测定瞬时风向和风速的连续变化。其风向由风向标装置测定，风速由感应风的动压力与大气静压力的总压力来测定。

1893年

布劳顿铜公司采用挤压法生产铜管和铜圆筒 布劳顿铜公司（Broughton Copper Company）首次采用挤压法进行铜管和铜圆筒的工业生产。具体方法是把铜坯分别加热到850℃左右，然后放入盘式的容器中。液压活塞下压，强行挤入坯的中心，铜坯料沿容器壁上涌，形成空心短圆筒。将圆筒从容器中取出，锯掉底部，按要求的尺寸对管壳进行机械加工或冷加工。这种方法特

别适用于制造非常大的铜管。

梅巴克［德］取得浮子充油式汽化器专利 技师梅巴克设计的浮子充油式汽化器取得发明专利，适用于戴姆勒发动机。该装置中汽油靠压力或重力送到装有浮子的空腔内，一根端部装有细孔（喷嘴）的管子将汽油引入到发动机输入管中的适当部位。在那里，空吸作用使得输入的空气与从喷嘴里喷出的油雾混合。浮子控制一用来调节从油箱流入到浮子室内的进油量的指针，使浮子室内油的平面始终保持在合适的高度上。这一原理后来几乎为所有的汽化器所采用。

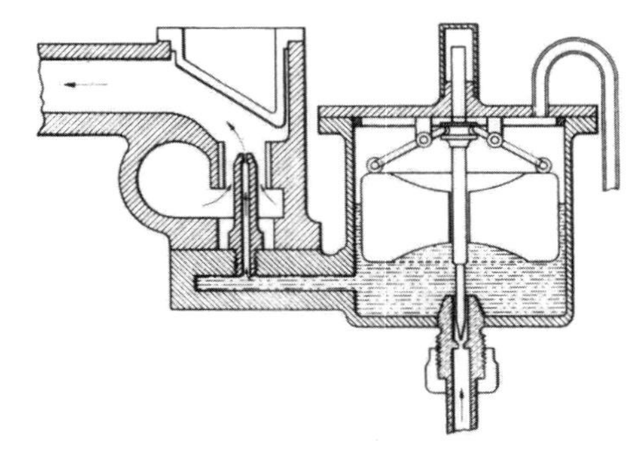

早期的浮子充油式化油器剖面图

1894年

约翰森［典］发明量规 工程师约翰森（Johansson，Carl Edvard 1864—1943）发明的量规并不能直接指示测量值，只能根据其与被测件的配合间隙、能否通过被测件等条件，来判断被测长度合格与否。量规对美国的汽车工厂采用互换式生产方法做出了贡献。1896年，约翰森又发明了长度计量的量值传递系统中的标准器——量块，并于1898年制成第一套成套量块（102块）。

卢米埃尔兄弟［法］研制活动画面电影机 机械师卢米埃尔（Lumiere，L.J.&A.M.L.N.）兄弟于1894年研制成“活动电影机”，1895年取得发明专利。他们的活动电影机既是摄影机也是放映机。他们在工程师穆瓦松的帮助下，用间歇拉片机的抓片机构移动胶片，用带缺口的圆盘作为胶片移动时的遮片装置。1895年3月22日，他们在里昂首次用这种机器放映电影。1895年12月28日，他们在巴黎卡普辛大街的咖啡馆公开放映影片，这标志着电影的正式诞生。

卢米埃尔兄弟

卢米埃尔兄弟研制的活动电影机示意图

1895年

威尔夫利［英］发明选矿摇床 工程师威尔夫利（Wilfley，Arthur R.）发明具有平行沟槽的选矿摇床。这种摇床上的沟槽在进料端比较深，向着出口端逐渐变浅，摇床面在出口端稍微抬起一些。当水流在沟槽上横向流过时，冲走了沟槽顶部较轻的矿砂颗粒。由于矿粒向沟槽的较浅部位移动，较重的颗粒往往会被分离出来。如果仔细地进行调节，就可以沿摇床的不同部位分离出许多成分。

威尔夫利的选矿摇床结构图

巴克［英］发明伞齿轮刨齿机 工程师巴克（Buck，John）发明的伞齿轮刨齿机，是能同时加工轮齿两面的刨齿机。其结构是，两个切削工具和两个刀架曲柄同时往复运动、刀架滑架沿着轴线转动，使切削工具沿着集中在节锥顶点的轨迹运动。在每个切削行程之后，齿轮要转换一个齿间隔，直至沿着齿轮毛坯正好加工一圈为止。然后向着切削工具进给鞍架，以便进行下一圈的切削加工。齿形是一近似渐开线的圆。这种刨齿机由于能同时进行两面加工，所以明显地提高了生产效率。

英国费伯蒂工厂研制出油断路器　这是一种最老式的罐型油断路器，其中的油用作灭弧介质。断路器是一种能在正常情况下接通和切断电气设备（如变压器、输电线路等）的负荷电流，也能在电网故障情况下切断规定的异常电流（如短路电流）的开关装置。1891年，在德国慕尼黑国际电工展览会后，由于高压三相输电系统的发展，需要制造有效和安全的断路器。英国费伯蒂工厂承担研制任务，并制成世界上第一台油断路器。

吉列特［美］发明安全剃须刀　发明家吉列特（Gillette，King Camp 1855—1932）设计的剃须刀用托架包住小的双刃钢刀片，使刃稍稍露在外面，从而避免了割深或划伤皮肤。刀片钝了可以更换。

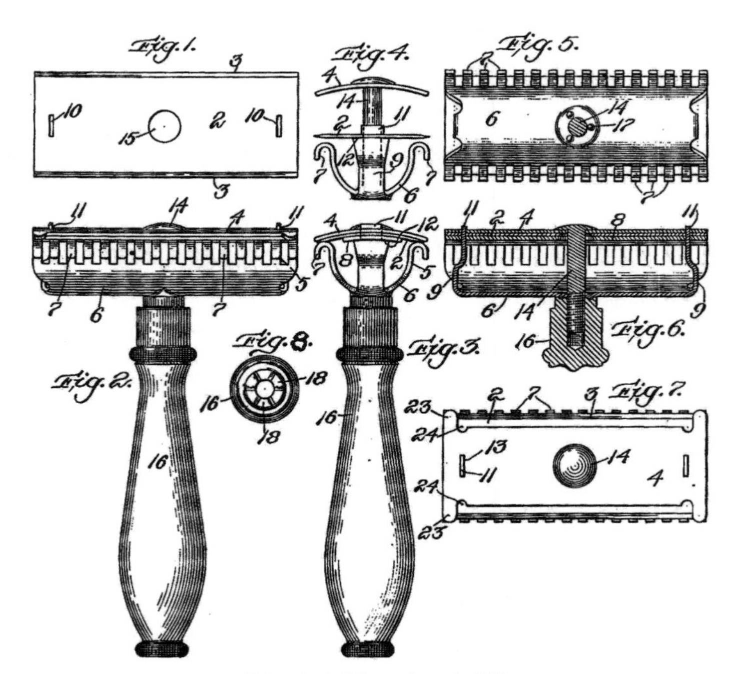

吉列特的安全剃须刀发明专利草图

美国制成大型折射式望远镜　美国磨制成重230千克、口径102厘米的透镜，组装成世界第一台大型折射式望远镜，安装于芝加哥西北的叶凯士天文台，于1897年5月21日投入使用。在以后的数十年中，它一直是世界上最大的折射式望远镜。

美国制成的大型折射式望远镜

中国湖北汉口茶厂采用蒸汽机压制青砖茶　中国在三国时期（220—264）已使用碾碎茶叶的工具。1081—1083年间，出现了用水力驱动的碾制饼茶（团茶）的机具，这是最早出现的制茶机械。1850—1861年间，湖北已用人力螺旋压力机压制帽盒茶（即砖茶）。1895年，汉口茶厂开始采用蒸汽压力机压制青砖茶。

1896年

鲍顿［爱尔兰］取得鲍顿机构专利　机械师鲍顿（Bowden，Ernest Monnington 1860—1904）取得发明专利的鲍顿机构由钢线外套上一层弹性圆筒构成。外套可固着在两端，通过安装在一端的把手拉动钢线可操作另一端的机械装置。这一装置可安装在自行车上作制动闸使用。

霍尔［英］设计液压机械传动装置　工程师霍尔（Hall，John Wallace）设计的液压机械传动装置是机械和液压驱动的结合，具有极好的差动性能。液压驱动利用一密封的液压系统，包括一个泵和一个能以上限和下限之间的可变速度传递动力的马达。下限通常为零，工作液体只在泵中绕流，没有输出转矩。以后出现的许多“自动传动装置”都是代替摩擦离合器的液体连接器，而另一些“自动传动装置”则完全是自动转矩变换器，具有离合器和齿轮箱的功能。

布雷格斯（Briggs，Thomas）［美］发明订书机

里瓦·罗奇［意］发明血压计　儿科医生里瓦·罗奇发明可以兼顾安全性和准确性的血压计。这种血压计由袖带、压力表和气球三部分构成。测量血压时，将袖带平铺缠绕在手臂上部，用手捏压气球，然后观察压力表跳动的高度，以此推测血压的数值。用这种血压计测量血压较之以前的方法更为安全，但它只能测量动脉的收缩压，而且测量出的数值也只是一个推测性的约数。1905年，俄国外科医生柯罗托柯夫对其进行了改进，在测血压时，加上了听诊器。改革后的血压计可测量最高、最低压。

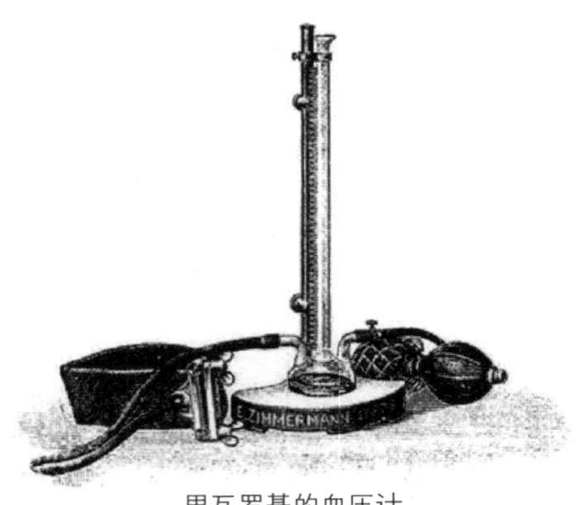

里瓦罗基的血压计

1897年

狄塞尔的柴油内燃机

狄塞尔［德］研制柴油内燃机 机械工程师狄塞尔研制成的定压加热循环四冲程柴油内燃机，功率为5.6匹马力，转速为每分钟180转，压缩比为16∶1，压力为35个大气压，热效率达24%～26%，是当时热效率最高的内燃机。其结构简单、燃料便宜，重量功率比为每马力30千克，经济性比汽油机高1.5～2倍。狄赛尔柴油内燃机的问世，标志着往复活塞式内燃机已基本定型。20世纪20年代，适用的燃油喷射系统研制成功后，柴油内燃机开始广泛应用于汽车、拖拉机、船舶与机车制造中，成为重型运输工具的原动机。

普福特［德］制造万能滚齿机 古代的齿轮是用木材刻制或用金属铸造的。16世纪，随着钟表业的发展，齿轮制造方法大多是在装有旋转的锉刀或铣刀的切齿装置上粗切齿部，再用手工修整齿形。18世纪后期，对于较大尺寸的齿轮一般仍采用铸造方法。19世纪上半叶，欧美地区先后出现了铣削齿轮的工艺。工程师普福特（Pfauter，Robert Hermann 1854—1914）研制的万能滚齿机既可用于滚铣直齿轮，也可用于滚铣其他齿形齿轮，但滚齿刀具的制造误差造成的轮齿的不准确性，给加工带来困难。1910年，用磨削方法精加工的滚齿刀出现后，才使万能滚齿机得到广泛应用。

普福特的万能滚齿机

费洛斯［美］研制插齿机　插齿机是使用插齿刀按展成法加工内、外直齿和斜齿，圆柱齿轮以及其他齿形件的齿轮加工机床。插齿机的发明扩展了齿轮加工范围。工程师费洛斯（Fellows，Edwin R. 1865—1945）研制的插齿机还可加工齿条、非圆齿轮、不完全齿轮和内外成形表面，如方孔、六角孔、带键轴等。

费洛斯的插齿机

法布里［法］、珀罗制成干涉仪　物理学家法布里和珀罗研制的干涉仪是一种能实现多光束干涉的仪器。它由两块平行放置的平面玻璃板或石英板组成，在相对的平面上镀有高反射率的膜层，镀膜表面平整度在0.01～0.05波长范围内。两个高反射率膜层表面间的空气层就是借以产生多光束干涉的平行平面。为消除两板背面上的反射光干扰，两板间成一很小的楔角。由于这种干涉仪产

生的干涉条纹非常细锐，所以它一直是长度计量和研究光谱超精细结构的有效工具。

1898年

欧文斯［美］制成自动制瓶机试验机 机械师欧文斯（Owens，Michael Joseph 1859—1923）对半自动制瓶机进行改进后在美国建造了第一台自动制瓶机试验机。他发明一名为“欧文斯手枪”的装置。其中空圆筒约长3.5英尺，把它浸到熔融玻璃中，拉动柱塞，就能将玻璃熔液吸入型坯模内。用滑动刀切断玻璃，使之形成型坯模的底部，用凸模塑成瓶颈，然后将整个玻璃坯料送到工作台上。在那里靠颈模中的瓶颈吊着型坯，而型坯全被成形坯模包裹。把柱塞推入成形坯模中，玻璃瓶就会鼓起来。

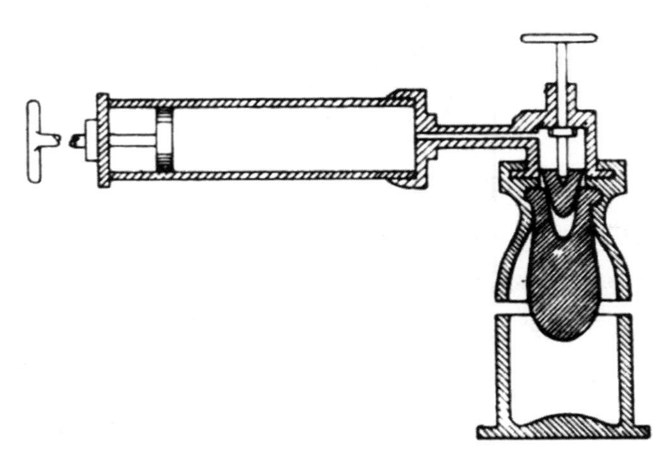

欧文斯的试验机剖面图

1899年

雷诺［比］发明万向节 雷诺汽车公司创始人雷诺，在传动轴两端装上了他所发明的万向节，用来在颠簸的道路上对传动轴进行调节，从而改善了传动轴的功效。

瑟曼［美］取得电动吸尘器发明专利 1898年11月14日，瑟曼（Thurman，John S.）向美国专利局提交了电动吸尘器的专利申请。1899年10

月3日取得发明专利。

英国为俄国建造破冰船 英国根据俄国的马卡罗夫的建议和设计，为俄国建造了用于北极航行的破冰船叶尔马克号。

洛伯夫［法］建造纳维尔号潜艇 科学家洛伯夫（Laubeuf, Maxime 1864—1939）建造的纳维尔号潜艇像鱼雷艇，水面航速达每小时11节，水下短距离航速可达到每小时8节，续航力为500海里。潜艇的艇体由内外两层壳体构成。内层叫固壳，具有很高的耐压性能，也称为耐压艇体，是一个圆柱形筒，主要用来承受海水的压力，以保证艇员的正常工作和生活。外层叫外壳，也称非耐压艇体。外壳和固壳之间通常布置有主水柜和调节水柜，能够根据潜艇下潜或上浮的需要，注入或排出海水。双层壳体技术的出现，不仅扩大了潜艇的内部空间，而且使潜艇更易于操纵。

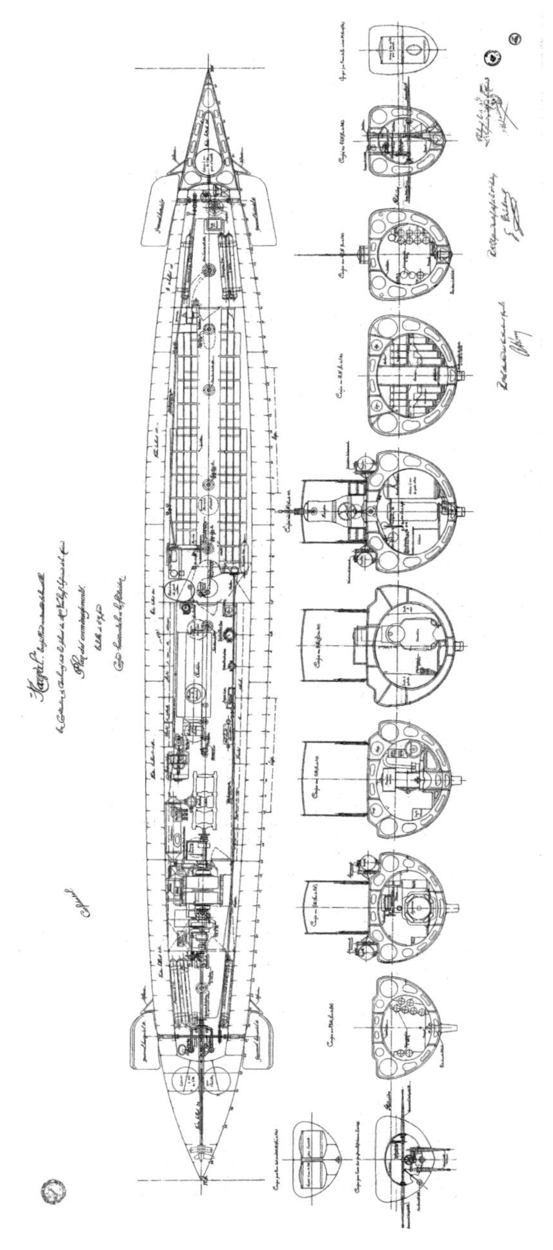

纳维尔号潜艇结构图

1900年

托法姆［英］、斯梯恩［英］发明黏胶纤维生产设备和工艺 工程师

托法姆（Topham，Charles Fred 1860—1935）发明的制造黏胶纤维的关键设备——纺丝箱，是一湿法纺丝装置。黏胶经过过滤、熟成，在一定温度下放置18～30小时以降低纤维素黄原酸酯化度。脱泡后通过纺丝箱进行湿法纺丝，形成溶液细流。这种细流通过斯梯恩（Stearns，Charles Henry 1854—1936）发明的由硫酸、硫酸钠和硫酸锌组成的凝固浴，凝固成形。同时，纤维素黄原酸钠发生分解，纤维素再生而析出，所得的纤维素经水洗、脱硫、漂白、干燥后成为性能优良的黏胶人造丝。1900年，英国建成了年产量1 000吨的黏胶人造丝厂。

第一台自动楼梯在巴黎世界博览会展出

19世纪

欧洲出现用途广泛的球磨机　球磨机是在低速回转的卧式筒体内，以钢球为研磨介质粉磨物料的机械。给料粒度在30毫米以下，排料粒度为0.5～0.043毫米。它的应用范围很广，能粉磨各种硬度的物料，如矿石、岩石、煤、长石、药物和化工原料等。

台式机械计算机趋于成熟　19世纪70年代，在俄国工作的瑞典发明家奥涅尔研制出外观与结构已接近现代计算机的台式机械计算机。这种计算机的特点是，采用被叫作"奥涅尔齿轮"的齿数可变齿轮，以取代"莱布尼兹的阶梯形轴"。其中，字轮与基数齿轮间没有中间齿轮，数字直接刻在齿数可变齿轮上并在外壳窗口中显示出来，其结构简单而且尺寸较小。

线膛枪正式定名为步枪　16世纪初，第一代线膛式武器出现。19世纪中叶以前，前膛装弹的线膛枪没能广泛装备于军队，主要是因为它的射速大大低于滑膛枪（约为1/5），造价较贵，还需要精心保养。步枪在当时常用作要塞武器，也为个别士官和优等射手所使用。19世纪，由于金属制式子弹壳（弹壳、火帽、发射药和弹丸）的发明以及后膛装弹法的出现，后膛装步枪被制造出来。

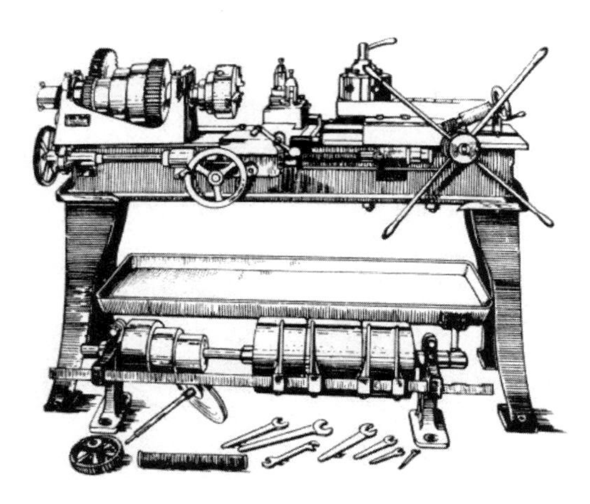

19世纪末的六角车床构造图

1901年

布思［英］发明真空吸尘器 工程师布思发明的这种吸尘器装在马车上，由一台5马力的汽油泵和一条长胶管组成，吸尘器内还有一块具有过滤功能的布。该吸尘器与今天所使用的真空吸尘器原理相同，很快就取代了比斯尔发明的地毯清扫器。

布 思

布思发明的真空吸尘器

海维特［美］发明荧光灯管 电气工程师海维特发明的这种灯管长4英尺、直径1英寸，是放电型照明灯具，于1901年9月17日取得专利。灯管中装有水银，电流通过灯管时水银汽化，发出蓝绿色的光。

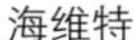

海维特

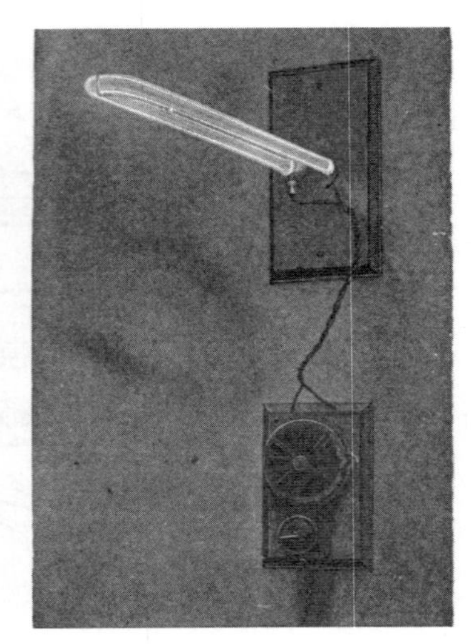

海维特的荧光灯管

1902年

布斯［英］创办真空吸尘器公司 工程师布斯创办公司，并以他所发明的电动清扫机开展各项清洁服务。

1903年

贝内特［英］提出机构学研究新课题 一般情况下，由4个转动副构成的空间机构的自由度为零，但工程师贝内特设计的这种机构获得了1个自由度。贝内特机构是机构学中一个颇有研究价值的问题。

泰勒［美］提出“人力规划”概念 工程师泰勒（Taylor，Frederick Winslow 1856—1915）认为，要想在经济上成功，就要尽可能减少人力，最有效地利用原材料和设备。这一理论被认为开创了工业中对人和机器进行科学管理的时代。福特首先把它付诸实践，建立了汽车生产流水线。

第一台商品化制氧机制成 制氧机最初用于金属的气焊和切割。后来，由于氮肥工业需要氮气，制氧机发展到能同时生产氯气和氮气，改称空气分离设备。

欧文［美］发明的全自动制瓶机投产 工程师欧文发明的全自动制瓶机

大大提高了产量，降低了成本，促进了制瓶工业的发展。

1904年

霍尔公司［美］创制柴油动力牵引式联合收割机 霍尔公司制造的这种联合收割机，后于1912年改进为全钢结构，1938年又推出自行式联合收割机。

尼科尔森［美］研制正向测力仪 工程师尼科尔森研制的正向测力仪是测试机床切削力的重要设备。

派克［美］取得自来水笔杆装置专利 派克钢笔公司的工程师派克取得自来水笔杆装置发明专利。

1906年

美国制成预选式自动电唱机 芝加哥自动机械公司研制的这款电唱机别名为“加贝尔自动娱乐机”。它可以存放24张25厘米唱片供人选择并连续播放。

1907年

泰勒［美］提出刀具寿命公式 工程师泰勒通过研究切削速度对刀具寿命的影响，提出泰勒公式，即刀具寿命与切削速度之间相互制约的经验公式。在生产中，可根据加工条件，按最低生产成本或最高生产率的原则，来确定刀具寿命和拟定工时定额。

热量计在美国问世 在生物机体的新陈代谢研究即食物转变为有效能量的研究中，热量计可以测定出氧的消耗量、二氧化碳的排出量以及身体中的热量，也可以为测量疾病对新陈代谢的影响提供参考。

1909年

洪富里［英］设计内燃水泵 工程师洪富里根据四冲程内燃机工作原理设计并试验成功内燃水泵。1919年，这种水泵投入生产和使用，输出水功率为25.7千瓦。

库利吉［美］发明制造钨丝的拉丝方法 工程师库利吉发明的制造钨丝

的拉丝方法取得专利。

霍代尔研制筒式减震器 工程师霍代尔（Houduille）研制的筒式减震器比马车上常用的弓形钢板弹簧装置效果好。后来，这种减震器成为大部分汽车的标准装配部件。

戴维森［美］研制新型灭火器 工程师戴维森研制的灭火器，用加压的二氧化碳将不可燃、比重大的四氯化碳气体挤出来窒息火焰。这种灭火器是继俄国工程师劳伦特（Laurent，A.）1905年发明的泡沫式灭火器之后出现的一种新型灭火器。

克劳德［法］发明氖霓虹灯 工程师克劳德的这一发明被广泛用作广告灯，是荧光灯的先驱。

1910年

勒夫恩达尔［典］发明烧结青铜含油轴承 工程师勒夫恩达尔取得烧结青铜含油轴承发明专利。1930年，美国工程师吉尔松（Gilson）实现了这种轴承的工业化生产。1933年，德国开始研制烧法铁基含油轴承。20世纪30年代末，美国已大量生产和使用烧法铁基油泵齿轮，并取代铸铁制品。

朔普［瑞］发明熔化喷涂法 工程师朔普发明的这项技术是将喷涂材料加热到熔融状态，然后高速喷射到工件表面用以形成所需涂层的工艺。

南森［挪］发明颠倒采水器 工程师南森发明的采水器，亦称南森瓶。这种采水器可采集预定深度的水样，由于结构简单、携带方便、工作可靠，成为水文、海水化学和微生物调查的常规采水器。

霍尔特发明联合收割机 农机师霍尔特（Holt）发明的这一机器取代了过去用马或拖拉机来牵引的收割机，改善了收割谷物的生产过程。

帕森斯［英］研制出齿轮减速器

1912年

瑞士研制手扶拖拉机 到1920年前后，瑞士农机械专家们研制的手扶拖拉机，在欧美一些国家的菜园、苗圃、果园中已普遍使用。

达伦［典］发明自动太阳阀调节煤气灯

1913年

哈里森［英］发表气体润滑轴承流体动力学分析的论文　气体轴承是用气体作润滑剂的滑动轴承。机械师哈里森在论文中指出，最常用的气体润滑剂为空气，根据需要也可用氮、氩、氢、氦或二氧化碳等。气体轴承可用于纺织机械、电缆机械、仪表机床、陀螺仪、高速离心分离机、牙钻、低温运转的制冷机、氢膨胀机和高温运转的气体循环器等。

拉瓦尔［典］发明真空挤奶机

布拉格［英］发明X射线分类计　物理学家布拉格发明的这一仪器，可用来测定X射线的波长和晶体的各项参数，奠定了X射线光谱学的基础。

福特公司［美］建成汽车装配生产线　福特公司的这条装配生产线是用来批量生产“高地公园”牌汽车的。传送带以准确的速度沿装配线为工人传送零件，使每辆车的装配时间从12.5小时下降到1.5小时。

兰米尔［美］发明充氮灯泡　工程师兰米尔（Langmuir，I.）发明的灯泡，内部充入氮气，减缓了钨丝的蒸发速度，使灯泡比以前更干净明亮，并使灯丝可以加热到更高温度，从而能辐射出更强的光。

1914年

欧洲制造碟形砂轮磨齿机　磨齿机是利用砂轮作为磨具加工圆柱齿轮或某些齿轮加工刀具齿面的齿轮加工机床，主要用于消除热处理后的变形和提高齿轮精度。为提高齿轮精度，瑞士机械专家制造出碟形砂轮磨齿机，采取了补偿砂轮磨损等措施。20世纪初，随着汽车工业的发展，德国研制出锥面砂轮磨齿机，美国采用成型砂轮磨削汽车齿轮。20世纪30年代后期，瑞士又研制出蜗杆砂轮磨齿机，提高了效率。

斯佩里［美］发明飞机自动驾驶仪　机械师斯佩里发明的驾驶仪，是用4个陀螺仪组成一稳定参考平面，通过一系列电的、机械的、摆的信号探测飞机的相对平面位置，得到校正角以控制飞机的外部升降舵。这种自动驾驶仪能稳定地操作纵向颠簸和横向转动。

1915年

日本制成采茶机 1910年，日本首次试用采茶铗采茶。到1920年，日本国内已推广使用15万把。1960年，日本设计并制造出单人螺旋滚刀切割采茶机。

1916年

巴克利［美］发明电离真空计 物理学家巴克利发明的电离真空计又称热阴极电离真空计，主要用于高真空测量，由圆筒式热阴极电离规管和测量线路两部分组成。测量时，规管与被测真空系统相连。通电后，热阴极发射电子，在飞向带正电位的加速极的路程中与管内空间的低压气体分子碰撞，使气体分子电离。电离产生的电子和离子，分别在加速极和收集极上形成电子流Ie和离子流Ii。在被测气体压力低于10^{-1}帕的情况下，当电子流Ie恒定时，离子流Ii与被测真空系统中的气体分子密度成正比。因此，离子流的大小就可作为压力的度量。这种真空计的测量范围为10^{-1}～10^{-5}帕。

达德尔［美］、马瑟［英］制出工业用瓦特表 美国工程师达德尔、英国工程师马瑟研制出的电功率表可以直接在高压电缆上准确地测量电功率。

美国在汽车上安装机械式雨刷 工程师们将机械式雨刷安装在汽车上，解决了雨天行车安全问题。

费希尔［美］研制出搅拌型洗衣机 机械师费希尔（Fisher，J.）发明的洗衣机内装有一电动机，搅棒可以直接推动衣服绕筒旋转，洗涤效果很好。1927年，搅拌型洗衣机开始在芝加哥市场上销售。

1917年

美国制成单柱坐标镗床 坐标镗床是具有精密坐标定位装置、用于加工高精度孔或孔系的镗床。单柱坐标镗床的主轴垂直布置，由主轴套筒作上下移动实现垂直进给。有的主轴箱可沿立柱导轨上下移动以适应不同高度的工件。工作台沿滑座作纵向移动，滑座沿床身导轨作横向移动，以配合坐标定位。

克拉克设备公司［美］试制叉车　叉车出现于20世纪初。1917年，美国克拉克设备公司首先开始试制叉车。1932年，液压升降叉车作为正式商品投放市场。

意大利研制栽插拔取苗机具　当时这种机具达30余种，其中1930年的玛兰高民型畜力插秧机较有效果。

布莱克［德］、德克尔［德］发明新式手电钻　工程师布莱克（Black）、德克尔（Decker）发明的手电钻，安装有揿放式开关和交直流两用电机，使用方便。

1918年

美国使用农用飞机　1918年，美国机械师成功将寇蒂斯（Curitiss）双翼机改装成用于防治牧草害虫的农用飞机。这是飞机首次应用于农业。之后，飞机经改装直接参与种植业和林、牧、渔业生产活动，从事山区、荒原种草种树，大面积水稻播种，林、草及作物的病虫害防治，田间管理和资源调查等各项作业。

美国发明通用食物搅拌机　与手工搅拌机类似，食物搅拌机的搅拌头从电机往下延伸到搅拌桶内。一直到1952年，这一设计才发生变化。

1919年

德国研制履带式斗轮挖掘机

阿斯顿［英］发明磁焦式质谱仪　科学家阿斯顿发明的利用电磁分离法鉴别和称量同位素的质谱仪，具有极高的灵敏度和精确度。阿斯顿利用质谱仪，发现了200多种同位素。

施维扎［法］在汽车上安装新型刹车器　工程师施维扎（Suiza，Hispano）所设计的刹车器可通过单一踏板同时控制四个轮上的刹车装置，使司机不必同时使用手刹车和脚刹车。20世纪30年代，这种刹车装置得到广泛应用。

贝林公司［英］开始生产家用烤箱　贝林（Belling）公司原先生产用于潜水艇的电烤箱。1919年，经家用化设计后，由于价格低、重量轻、可靠性

好，深受消费者的喜爱。

1921年

卡佩克［俄］创造Robot（机器人）一词　剧作家卡佩克在他的剧本里创造了Robot一词，该词源于俄文，是“工作”的意思。后来这个词成为20世纪二三十年代制造的遥控机器人的同义语。

1923年

怀尔德哈伯提出圆弧齿廓的齿轮　机械师怀尔德哈伯提出齿轮廓为圆弧形的设想。1955年，苏联机械师诺维科夫（Nowikov，M.A.）对此进行了深入的研究，圆弧齿轮得以应用于生产。圆弧齿廓齿轮的承载能力和工作效率都较高，但尚不及渐开线齿轮那样易于制造。

克林根贝格公司［德］创造克林根滚齿法　滚齿是利用蜗杆形的齿轮滚刀在滚齿机上加工外啮合的直齿、斜齿圆柱齿轮。滚齿时，滚刀相当于一个螺旋角很大的斜齿轮与被切齿轮作空间交轴啮合，滚刀的旋转形成连续的切削运动。克林根滚齿法是用圆锥形滚刀滚切准渐开线齿锥齿轮的方法。

斯韦德伯格［典］发明超速离心机　机械师斯韦德伯格发明的超速离心机可以得到比地球表面重力加速度大几十万倍的力场。这为胶体物质研究提供了有力手段。

德国研制天象仪　位于耶拿的老蔡司厂研制出的天象仪，是一种可显示星空形象、表演星球运动和天文现象的装置。1923年10月，德国在慕尼黑用它装备了一座天文馆。

1924年

纽柯克、泰勒［美］发现油膜振荡现象　机械师纽柯克、泰勒发现，油膜振荡是滑动轴承转子因流体膜的特殊力学性能而产生的自激振荡现象。油膜振荡是轴颈中心绕某一平衡位置转动引起的。此后，他们为如何防止油膜振荡展开了研究，如提高转子的临界转速；减小轴承宽度，以提高轴承单位投影面积上的载荷，增大偏心率；改变轴承间隙；改变润滑剂的黏度；采用多楔滑动轴承或可倾瓦块轴承等。

莫里斯汽车公司［英］建成缸体加工生产线　莫里斯汽车公司建成的这条大型专用加工线长55米，由53台机床组成，按工序连续生产，每4分钟就可完成一个汽车发动机缸体的全部加工工作。

盖伦［典］研制家用烤炉　机械师盖伦研制的AGA品牌烤箱炉，使用固体燃料，操纵方便，便于清洁。后来，炉内又添装了水箱，可用来为家庭提供热水。

美国建成机械化驼峰　美国在吉布森编组站建成使用减速器调速的机械化驼峰。

1925年

海洛夫斯基［捷］、志方益三［日］发明极谱仪　1922年，科学家海洛夫斯基创立极谱分析法。这种方法是根据溶液中被测物质在滴汞电极或其他电极上进行电解时，所得的电流—电压曲线来进行定性、定量分析。后来，海洛夫斯基和志方益三在极谱分析法的基础上研制出极谱仪。

中国创建大华仪表厂　大华仪表厂建于上海，是中国最早的自动化仪表厂。后为电子工业部部属重点企业，主要产品有工业仪表、实验室仪器、计算机外部设备和热量计量仪表等。

1926年

美国出现水泥搅拌车　水泥搅拌车将水泥搅拌机装在汽车后部，是建筑业不可缺少的设备。

福特公司［美］建成自动生产线　自动生产线是由工件传送系统和控制系统，将一组自动机床（或其他工艺设备）和辅助设备按照工艺流程联结起来，自动完成产品全部或部分制造的生产系统。这条自动生产线，主要用于加工汽车底盘。

埃克特［德］、蔡格勒［德］研制注塑机　机械师埃克特、蔡格勒研制的注塑机，其注射塞由压缩空气推动，是塑料成形加工的重要设备。

1927年

柯斯特尔［德］制成柯氏干涉仪 柯氏干涉仪是以氪光或氦光的波长作为已知长度，利用光波干涉现象和小数重合法检定量块长度的高精度测量工具。柯氏干涉仪由柯斯特尔大约于1923年提出设计方案，1927年研制成功。它可用于绝对法测量，也可用于相对法测量。

伍德［美］、卢米斯［美］进行超声加工试验 超声加工是利用超声频作小振幅振动的工具，并通过它与工件之间游离于液体中的磨料对被加工表面的捶击作用，使工件材料表面逐步破碎的特种加工。1927年，机械师伍德、卢米斯开始进行超声加工试验。超声加工主要用于各种硬脆材料，如玻璃、石英、陶瓷、硅、锗、铁氧体、宝石和玉器等，进行打孔、切割、开槽、整料、雕刻、表面抛光和砂轮修整。其孔径范围是0.1～90毫米，加工深度可达100毫米以上，孔的尺寸精度可达0.02～0.05毫米。

钢琴公司生产出自动打字机 斯库里茨音响（The Schulz phayer）生产的自动打字机采用钢琴中的基本机械装置，将字母打到纸轴上。

英国推出无声电冰箱 空气压缩机式冰箱的噪音很大。伊莱克斯公司推出的新冰箱用电热元件使冷凝剂蒸发。

1928年

欧美地区出现气动量仪 气动量仪是由气动长度传感器、指示器（表）、空气过滤器和稳压器等组成的长度测量工具。使用气动量仪可以进行不接触测量，测量效率很高。气动量仪适用于在大批量生产中测量内、外尺寸，也可用于测量孔距和轴孔配合间隙。

美国生产模拟电压表 电工电子技术的各个领域都需要测量不同的电压信息，因此陆续出现了各种不同类别、不同测量功能的模拟电压表。这种测量仪器首先由General Radio公司推出。

希克［荷］设计电动剃须刀 工程师希克（Schick，J.）所设计的电动剃须刀的原理是，让刀片在脸上来回移动达到刮脸的效果。

1929年

美国开始航空播种 从1929年起，美国开始用飞机撒播水稻。解决了边远、山峦、沼泽地区的播种难题。

普洛伊格公司［德］生产潜水电泵 20世纪初，关于潜水电泵的设想、构想已基本成熟。1928年，欧美地区开始研制湿式潜水电动机。1929年，普洛伊格（Pleuger）公司开始生产潜水电泵。随后，欧美各国及日本生产的各种型号的潜水电泵相继问世。

劳伦斯［美］发明回旋加速器 物理学家劳伦斯发明的加速器，可使粒子在连续的圆周运动中不断得到加速，从而可以在一个相对较小的容积内运行较长的距离。劳伦斯凭借回旋加速器取得人工放射性方面研究成果。

1930年

美国制成剃齿机 剃齿机是用齿轮式剃齿刀精加工齿轮的一种高效机床。

罗宾诺夫［美］发明埋弧焊 埋弧焊是利用在焊剂层下燃烧的电弧熔化焊丝进行焊接的方法。在焊接过程中，焊剂熔化产生的液态熔渣覆盖电弧和熔化金属，起保护净化熔池、稳定电弧和渗入合金元素的作用。

澳大利亚创制整秆式甘蔗收割机 农机工程师们于1899年开始研究、试制甘蔗收割机。1930年，整秆式甘蔗收割机被创制出来。

苏联设计单人采菜机 1929年，农机专家们开始研究采菜机。1930年，设计出应用切割原理采菜的单人采菜机。1953年，农机专家们转向利用折断原理采菜的研究。1965年，研制成功悬挂在自走底盘上的折断式采菜机。

施容特［俄］研制折反射望远镜 旅德俄国光学家施密特研制成功折反射望远镜，亦称施密特望远镜。它在作为主镜的球面反光镜的球心处加上了一个特殊的“改正透镜”。光束经它们折射和反射后，所成星象的缺陷大为减小，从而使望远镜的有效视场增大。

1931年

雅克［法］发明电解抛光方法 工程师雅克发明的电解抛光方法

（ECP），是利用金属表面微观凸点在特定电解液中和适当电流密度下，首先发生阳极溶解的原理进行抛光的一种电解加工。电解抛光对难于用机械抛光的硬质材料、软质材料以及薄壁、形状复杂、细小的零件和制品均能加工。抛光时间短，可多件同时抛光。

克诺尔［德］、鲁斯卡［德］改装高压示波器 工程师克诺尔、鲁斯卡改装的高压示波器获得了放大十几倍的图像，证实了电镜成像放大的可能性。1932年，经过鲁斯卡的改进，电镜成像的分辨率达到了50纳米，约为当时光学显微镜分辨率的10倍。

德格拉夫［美］研制高压静电加速器 科学家德格拉夫研制的加速器能产生约13兆伏的电压，后称范德格拉夫起电机。

斯特朗［美］发明真空蒸馏玻璃镀铝工艺 采用这种工艺制成的镀铝镜，其各方面性能均优于镀银镜，被广泛用于天文反射式望远镜的制作。

克诺尔［德］、鲁斯卡［德］研制透射式电子显微镜 电子光学显微镜的分辨率受光波波长的限制，促使人们研究新的突破途径。1931年，工程师克诺尔和鲁斯卡在柏林工学院研制出透射式电子显微镜。它用电子束取代光束来放大样品图像。由于电子波长比光波长短几个数量级，因此电子显微镜拥有分辨原子间距的分辨本领。1933年，鲁斯卡设计的电子显微镜，其分辨本领已突破了光学显微镜的极限。

麦克邱［英］制成齿辊式茶叶揉切机

1932年

泽尔尼克［荷］发明相位差显微镜 工程师泽尔尼克阐明光学中的相位差原理，并利用此原理发明出相位差显微镜。后经改进，使其成为生物学、病理学和金相学领域的重要仪器。

科克罗夫特［美］、瓦尔顿［英］研制出倍加速器 美国工程师科克罗夫特、英国工程师瓦尔顿研制的倍加速器，亦称科克罗夫特–瓦尔顿加速器。可把质子加速到7×10^5电子伏。

克里顿［美］、威廉斯［美］发明分子钟 在美国密执安大学实验室，科学家克里顿、威廉斯用磁控管作为振荡源，激发出频率为23 870兆赫的氨谱线，由此发明了利用氨谱线的稳定频率作为频率标准来计时的装置——分子钟。分子钟每天可准确到万分之一秒。

奈奎斯特［美］确定稳定判据　科学家奈奎斯特根据闭环控制系统开环的频率响应，判断闭环系统的稳定性。其本质是一种图解法，应用方便且直观，但只适用于线性定常系统，且多用于单变量系统。70年代后推广到多变量系统。

埃杰顿［美］发明电子闪光灯　工程师埃杰顿发明发光时间不到百万分之一秒的电子闪光灯。

1934年

刘仙洲［中］著《机械原理》　教授刘仙洲所著《机械原理》阐述了机器的结构、受力、质量和运动等。

伏兹涅仙斯基［苏］提出自控调整原理

1935年

帕林［英］等研制聚乙烯　1935年12月，英国帝国化学工业公司工程师帕林、巴顿和威廉姆斯等人通过对乙烯加高压，在180℃下研制出8克乙烯聚合物粉末。1936年，帝国化学工业公司取得英国专利，此后聚乙烯生产迅速发展起来。

霍普金斯［美］发明电渣焊　工程师霍普金斯发明的焊接方法可以用来焊接厚板钢材，使钢在熔化状态下焊接，防止杂质进入形成潜在的薄弱环节，能承受高压。在现代飞机的发动机制造中起着重要作用。

莫瓦诺［法］发明螺杆泵　机械机莫瓦诺发明的螺杆泵，又称莫诺泵（Mono Pump），可于深井取水以供人畜用水。50年代后，单螺杆泵在石油、化工、食品、建筑和纺织等行业得到广泛应用。

格里亚契金［苏］提出“农作力学”理论　1895—1935年，设计师格里亚契金通过其对多种农机具工作原理进行的理论分析和试验研究，提出农作力学基础理论，为农机具设计提出科学依据。

弗格森［英］创制拖拉机悬挂系统　工程师弗格森创制的拖拉机三点式

悬挂系统，被称为弗格森系统。后得到普遍应用。

莫斯科地下铁道第一条线路建成

鲍登［英］等人开始用材料黏着概念研究干摩擦 工程师鲍登等，借助材料黏着概念对干摩擦进行理论研究、试验分析。

特罗斯特［法］研制塑料挤出机 工程师特罗斯特研制出单螺杆电加热型塑料挤出机。

1936年

中国机械工程学会在杭州成立

图灵［英］提出图灵机 科学家图灵在普林斯顿大学从事数理逻辑研究时提出了图灵机的概念，它是一种抽象自动机，用来定义可计算函数类。图灵机能表示算法、程序和符号行的变换，因此可作为电子计算机的数学模型、控制算法的数学模型，在形式语言理论中还可用来研究短语结构语言。

英国胡佛有限公司推出直立式真空吸尘器 胡佛有限公司（Hoover Ltd.）推出的直立式真空吸尘器，在吸尘器头部装有一拍打器，可将地毯上的尘土扬起，然后用一旋转滚筒把尘土收集起来。

1937年

美国使用风送液力喷雾机 1937年前，美国在果园中开始使用风送液力喷雾机。1956年，日本开始生产。到1988年，日本已有80%的果园使用风送液力喷雾机喷药。

潘宁［美］发明冷阴极电离真空计 工程师潘宁发明的冷阴极电离真空计是一种测量高真空的相对真空计。它由电离规管和测量线路两部分组成。规管一般由两块平行的阴极，一环形阳极和产生磁场的磁钢构成。在电极之间加有高压直流电场，而整个规管的电极系统又置于垂直电极平面的磁场中。在正交电场和磁场的作用下，由低压气体分子电离产生的放电电流是被测压力的函数，所以放电电流的大小可作为压力的度量。

雷伯［美］建成9米天线射电望远镜 科学家雷伯用这台望远镜研究宇宙射电强度分布，证实了来自银河中心方向的射电强度最大。其天线呈抛物面。

克雷洛夫［苏］、博戈留博夫［苏］发表《非线性力学概论》

1938年

尤尔森［美］发明静电复印技术　工程师尤尔森在暗室中用棉布摩擦涂有硫磺的锌板使之带电，然后在其上覆盖带有图像的透明原稿，曝光之后撒上石松粉末能明显示出原稿图像。这是原始的静电复印方式。

美国出现液体静压轴承　液体静压轴承是靠外供给压力油，在轴承内建立静压承载油膜以实现液体润滑的滑动轴承。液体静压轴承从启动到停止始终在液体润滑下工作，几乎没有磨损，使用寿命长、启动功率小，在极低的速度下也能应用。此外，这种轴承还具有旋转精度高、油膜刚度大、能抑制油膜振荡等优点，但需要专用油箱供给压力油，高速运转时功耗较大。

西蒙斯［美］、鲁奇研制电阻应变计　工程师西蒙斯、鲁奇研制出实用的电阻应变计，用于非电量检测。它可利用各种类型的传感器，在一个地点进行测量，由遥测仪及发射机将测得的信号发射出去，并在另一地点由接收系统对信号放大、显示或记录。

米哈伊洛夫［苏］提出判断系统稳定性的准则　工程师米哈伊洛夫用图解分析法，即以谐波分析和幅角原理为基础，依据被分析系统的特征多项式（即传递函数的分母多项式）在复平面上的幅相特性曲线来判断系统的稳定性，为研究自动调整系统提供了一种分析方法。但该方法只适用于线性定常系统。

维希［美］设计高压锅　工程师维希设计的高压锅，锅体与锅盖内部拧合，取代了过去用螺栓连接的形式。锅外有一个碟把，锅体与锅盖间有一可更换的橡胶锅圈。该设计确定了现代高压锅的形式。

1939年

泰勒森［英］设计出多面棱体　工程师泰勒森设计的多面棱体，是具有准确夹角的正棱柱形量规。它的测量面具有良好的光学反射性能。测量面数一般为8、12、24和36等，最多可达72面。它常用于检定多度测量工具。一般采用轴承钢和氮化钢等制造，测量面是最后在钢面上研磨出来的；也有

采用光学玻璃、石英等透明材料制造的，但需要在测量面上镀膜以增强其反射性能。

德国、法国发明电子束焊 电子束焊是利用电子来作为热源的焊接方法。热阴极发射的电子，在真空中被高压静电场加速，经磁透镜产生的电磁场聚集成功率密度高达每平方厘米1.5×10^5瓦的电子束，轰击到工件表面上，将所释放的动能转变为热能，熔化金属，焊出既深又窄的焊缝，焊接速度可达每小时125～200米，且工件的热影响区和变形量都很小。电子束焊可焊接所有的金属材料和某些异种金属接头，从箔片至板材均可一道焊成。电子束焊机成本高，但电子束焊的多能性和高精度往往能补偿其高成本。

机器人和机器狗在美国展出 这次展出显示了机器人技术的发展。机器人可以做吸烟、用手指从1数到10等26个动作。机器狗能叫，能乞求，还能摇尾巴。

汽车用空调器在美国问世 汽车用空调器由一台小型冰箱加上通风装置构成，增加了汽车的舒适度。

1941年

高绪侃［中］设计专用铲齿机 这种铲齿机安装在车床上，可铲制各式铣刀，适用于机器厂自制铣刀，为改进铣刀生产品种做出贡献。

埃利［美］等阐明挤奶机理论 工程师埃利、彼得逊、米勒论述了挤奶机原理。20世纪50年代，苏联研制出三节拍挤奶机；20世纪60年代，管道式挤奶机和牛奶冷却储存罐得到推广，配合电子自动装置，提高了挤奶机械化和自动化水平；英美等国研制出能自动摘卸挤奶杯的装置；瑞典生产出真空度、脉动频率均能随奶流速度自动调节的挤奶机；新西兰设计出挤奶杯和脉动室压力略大于乳头室压力的挤奶机。

瑞士研制燃气轮机车

1943年

拉扎连科夫妇［苏］发明电火花加工 工程师拉扎连科夫妇发明的电火花加工，是利用浸在工作液中两极间脉冲放电时产生的电蚀作用，蚀除导电材料的特殊加工方法。其加工原理是加工时工具电极和工件分别接脉冲电源的两极，并浸入工作液中或将工作液充入放电间隙。通过间隙自动控制系统控制工具电极向工件进给。当两极间的间隙达到一定距离时，两电极上施加的脉冲电压将工作液击穿，产生火花放电，此时温度达1万摄氏度以上，从而使局部微量金属材料立刻熔化，被工作液带走。虽然两个脉冲蚀除的金属量极少，但因每秒有上万次脉冲，就能蚀除较多的金属，提高生产效率。

控制思想的科学讨论会在美国普林斯顿召开　会议参加者有生理学、心理学、通信技术和计算机等领域的专家。专家达成如下共识：工作在不同领域的科学家之间有共同的思想基础，科学家维纳总结为一个控制系统必须根据周围环境的变化，自己调整自己的行为，具有一定的灵活性和适应性。会议确认了控制论的概念。

麦洛克［美］、皮茨［美］提出神经元模型　科学家麦洛克、皮茨提出，神经元模型中心部分是加法器，代表神经细胞称为中心体；模型输入I_1……I_n相当于各个枝突，将来自前一级脉冲收集起来，再传到中心体，相加；若超过某一阈值时，中心体便产生一个脉冲，通过轴突传到下一级，神级元在短时间恢复后，随时可再次发出脉冲，其联系参数是固定不变的。

维纳［美］等发表《行为、目的和目的论》　科学家维纳、罗森勃吕特、比奇洛提出神经系统和自动机之间存在一致性。

中国建成机械化驼峰　辽宁苏家屯编组站建成机械化驼峰，用车辆减速器控制溜放速度。

美国建成中程无线电导航系统　该系统又称“标准罗兰”。它由3个岸台组成1个台链，其中1个主台，2个副台。主副台距离一般为200～400海里。主台分别与副台结成台对，3个岸台的发射频率相同，但两台对的脉冲重复频率不同，副台在接收到主台脉冲后，经过一定的时间延迟，再发射副台脉冲。罗兰A的工作频段为1.75～1.95兆赫，白天利用地波作用距离约为700海里，夜间利用天波作用距离约为1 400海里。罗兰A在20世纪40年代发展较快，到20世纪70年代最多时有80多个岸台，用户接收机估计超过10万台。后来罗兰A逐步被罗兰C替代。1980年，美国完成了用罗兰C代替罗兰A布台的过程。

美国建成输油管道　输油管道于1942年初开始修建，到1943年8月建成并投产。该管道口径为600毫米（24英寸），在当时是最大的，故名为“大口径”管道。管道起自得克萨斯州朗维尤终至宾夕法尼亚州菲尼克斯维尔，长2 018公里，输油能力为30万桶每天。1944年3月，美国又建成一条“次大口径”输油管道并投产。其管径为500毫米，全长2 373公里，并与“大口径”管道平行铺设，两条管道间距为9米。“次大口径”管道输油能力为每天23.5万桶。1947年，美国政府将这两条管道出售给东得克萨斯有限公司，并将其改为输送天然气管道。1948年，这两条管道输气能力达到每天396万立方米。1957年，“次大口径”管道又改为成品油输送管道。

1944年

厄利康公司［瑞］发明厄利康铣齿法 铣齿是利用盘形齿轮铣刀在铣床上加工或利用指形齿轮铣刀在有单齿分度机构的滚齿机上加工。前者利用分度头分齿，适于加工中小模数齿轮；后者适于加工模数大于10毫米的齿轮。厄利康铣齿法是用端面铣刀盘铣削延长外摆线齿锥齿轮的方法。

中国中央机器厂制造柴油机 中央机器厂工程师胡国栋制造的柴油机为150马力VD25柴油机，压缩比为15.1，600转每分钟。它的结构与该厂两年前制造的250马力VG25煤油机基本相同，其缸体、曲轴箱、油底壳是铸成一体的，从曲轴箱侧开口装曲轴。

奎利西［法］取得带电喷射化学药剂专利 工程师奎西利取得这项专利得益于法国物理学家诺来特（Nolett）进行的带电喷射液体实验。

兰迪斯公司取得［英］无心螺纹磨床 兰迪斯（Landis）公司取得无心螺纹磨床专利授权后于1947年制造成功。这种磨床主要用于加工发动机摇臂上调整气门间隙用的无头淬火钢螺栓。

1945年

德雷伯［美］研制液浮陀螺 由于陀螺转轴存在摩擦力矩，会使陀螺产生不期望的进动，进而引起漂移误差。所以，早在20世纪40年代初人们就已开始探索新的支承形式。第二次世界大战期间，美国麻省理工学院仪表实验室教授德雷伯在研制瞄准具时，就在为提高陀螺仪的精度而努力，进动轴存在摩擦力矩与阻尼不够是以前常规机电陀螺的两个主要误差源。德雷伯首先解决了阻尼问题。液浮陀螺仪在相当长时间内一直是精度最高的陀螺仪，广泛用于惯性导航系统中。

美国研制出溴化锂吸收式制冷机　制冷机是将具有较低温度的被冷却物体的热量转移给环境介质从而获得冷量的机器。从较低温度物体转移的热量习惯上称为冷量。制冷机在制冷装置中起生产冷量的作用。溴化锂吸收式制冷机可有效地利用低温位热能，为吸收式制冷机的应用开拓了新的领域。

迈因纳［美］提出线性损伤积累理论　1924年，德国工程师帕姆格伦在估算滚动轴承寿命时，曾假定轴承材料受到的疲劳损伤的积累与轴承转动次数呈线性关系，即两者之间的关系可以用一次方程式来表示。1945年，工程师迈因纳根据更多的资料和数据，明确提出线性损伤积累理论，又称帕姆格伦–迈因纳定理。线性损伤积累理论是有限寿命设计的理论基础，以此为基础，形成了现代的常规疲劳强度设计理念。

斯本塞［美］发明微波炉　微波炉是利用微波使物体发热的原理制成的烹饪炉具。产生微波的器件是磁控管，在烹饪时可通过调节磁控管以选择最适宜的温度。1947年，雷声公司推出工程师斯本塞发明的商用微波炉，但因成本高、寿命短而未能打开市场。1965年，工程师福斯特和斯本塞一起设计出了价格低廉且耐用的微波炉。1967年，一种廉价家用微波炉开始投放市场，当年销售额就突破了5万台。

1946年

魏布尔［德］提出疲劳寿命的规律　工程师魏布尔通过对大量疲劳实验数据进行分析研究后阐明，疲劳数据分析技术中应采用数理统计知识。疲劳寿命一般符合正态分布，即高斯分布。

勃普耶维奇［苏］发表《机构精确度》　教授勃普耶维奇在《机构精确度》中指出，机构精确度是机械原理的组成部分，尺寸和形状绝对精确的理想机构与实际机构之间误差越小，精度越高。研究机构精度的问题也就是研究机械误差问题。机械误差中主要研究的是机构的位置误差。

美国研制质子直线加速器　斯坦福大学教授汉森开始设计用巨型速调

管驱动的高能直线加速器。该加速器在他去世后于斯坦福大学落成。与此同时，加利福尼亚大学教授阿耳瓦雷茨也建成了一座质子直线加速器。他们的工作为直线加速器的发展奠定了基础。

哈德［美］提出自动化一词 福特汽车公司工程师哈德用自动化（即为自动操作的缩写）来描述福特公司研究的一种机械，它能自动地将发动机汽缸送进传送机，再从传送机输出。福特汽车公司于1947年建成第一个自动化部门，并给予部门中从事这些特殊设计的人员以自动化工程师的称号。

1947年

苏联生产履带集材拖拉机 20世纪40年代，集材拖拉机已发展为履带式和轮式两大类。其中，履带式集材拖拉机行走装置的悬架多采用平衡式弹性悬架，以便翻越树桩、伐根等；轮式集材拖拉机多采用四轮驱动、折腰转向并配有宽断面低压轮胎，以适应林区复杂地形条件。

1948年

施泰格瓦尔特［德］发明电子束加工 工程师施泰格瓦尔特发明的电子束加工，是利用高功率密度的电子束来冲击工件时所产生的热能使材料熔化、汽化的特种加工方法。其加工原理是，在真空中，从灼热的灯丝阴极发射出的电子，在高压作用下被加速到很高的速度，通过电磁透镜会聚成一束高功率密度的电子束。当冲击到工件时，电子束的动能立即转变为热能，产生出极高的温度，足以使材料熔化、汽化，从而可进行焊接、穿孔、刻槽和切割加工。

尤斯坦［法］制造出电子探针仪 工程师尤斯坦发明的电子探针仪，是X射线光谱学与电子学技术结合的产物。主要包括探针形成系统（电子枪、加速和聚焦部件等）、X射线信号检测系统和显示、记录系统，样品室、高压电源和扫描系统及真空系统。电子探针仪的最早应用领域是金属学。对合金中各类成分等可作定性和定量分析，能较准确地测定元素的扩散和偏析情况；还可用于研究金属材料的氧化和腐蚀问题，测定薄膜、渗层式镀层的厚度和成分等，是分析机械构件失效、选择生产工艺、剖析特殊用材的重要手段。

丹麦制成运行中动叶可调的轴流通风机　轴流通风机的原理是当动力机驱动叶轮在圆筒形机壳内旋转时，气体从集流器进入，通过叶轮获得能量，提高压力和速度，然后沿轴向排出。轴流通风机的布置形式有立式、卧式和倾斜式。

美国建成直径200英寸反射式望远镜　这台望远镜安装于加利福尼亚州帕洛马山天文台，是1974年前世界最大、倍数最高的光学望远镜。为纪念对美国反射式望远镜的建造做出过巨大贡献的天文学家海尔，这台望远镜被命名为“海尔望远镜”。

美国《机械师》杂志提出自动化定义　该杂志在报道福特公司自动化研究成果时，对自动化下了如下定义：用机械装置去操纵工件的进出，在各项操作之间转送零件、清除废料，用生产设备按照一定时序去完成这些任务，使流水线能部分或全部地处在集中控制的按钮控制下的一种技术。

詹姆斯［美］等合著《伺服机构理论》　教授詹姆斯、尼科尔斯、菲利普斯在书中，对美国麻省理工学院从20世纪20年代以来对继电器伺服、间隙作用伺服和连续控制伺服等进行系统的研究，包括系统动态稳定、快速跟踪性能和控制机的设计等理论与实践加以总结。此书后成为自动控制专业教材。

香农［美］发表《通讯的数学理论》　教授香农在文中，总结了通讯和雷达系统中信息传递的共同规律，把通信的基本问题归结为通信的一方能以一定的概率复现另一方发出的消息，并用负熵作为信息的度量；定义了信源、信道、信宿、编码、译码等概念，建立了通信系统的数学模型，并得出信息编码定理和信道编码定理等重要结果。香农的文章为信息论奠定了基础，标志着信息论的诞生。

维纳［美］创立控制论　教授维纳发表《控制论，或关于在动物和机器中控制与通信的科学》。在文中，他从信息的观点分析了现代自动机的主要特点：通过接收印象完成动作与外界联系；它们包括感受器、效应器和相当神经系统的器官，宜于用生物学的术语来描述；通过通信与控制系统的共同特点与生物学的控制机构进行类比，建立了控制论。该文的发表标志着控制论的诞生。

埃文斯［美］提出控制系统设计方法　教授埃文斯（Evans，Oliver

1755—1819）通过对飞机导航和控制所遇到的动态系统的稳定性研究中，提出根轨迹法。所谓根迹法就是，根据特征方程的根随开环放大系数变化，在复平面上的轨迹，来判断系统的稳定性和过渡过程性能，从而为系统的设计与稳定性分析提供了一种方法。

1949年

英国出现圆度仪 圆度仪是利用回转轴法测量圆度的长度测量工具。测量时，被测件与精密轴系同心安装，精密轴系带着电感式长度传感器或工作台作精确的圆周运动。当被测圆有圆度误差时，便会引起长度传感器的测头位移。长度传感器把位移量转换为电量，经过放大、滤波运算等程序处理后即由显示仪表指示出圆度误差。起初，圆度仪只带有记录器，由人工根据记录图形计算圆度误差。

美国研制出花生分离集条机 20世纪40年代后期，花生分离集条机的研制成功初步实现了花生收获机械化。20世纪50—60年代，花生挖掘—翻转集条机被研制出来，与花生挖掘机配套的花生捡拾摘果机也被研制出来。

布伦讷［德］设计多种联合收割机 1929年，工程师布伦讷受邀参加从美国引进的14种联合收割机的试验鉴定工作。1933—1949年，受聘在克拉斯公司的农机厂工作时，他先后设计了几种联合收割机。1952年，布伦讷对动力输出轴驱动挂车、前置式装载机、厩肥撒布机、旋转开沟机等展开研究。他在1939年设计的种子清选机、捡拾压捆机，以及1955年设计的“超级”联合收割机三项，获德国农业协会颁发的银质奖章。

美国研制通用计数器 伯克利仪器公司把时间标准装入了计数器，更简便地测出了放射性物质的半衰期。后又在此基础上制成了最初的通用计数器，用于时间和频率测量等。

美国制成氨分子钟 美国国家标准局利用氨的吸收谱线制成氨分子钟。这是最早出现的一种分子钟。

蔡司公司［德］研制出Contax-S型相机 蔡司公司研制出的这款相机是一种单镜头反光相机。相机上有一五棱镜，使相机可平视取景，并能改变普通反光相机所见的逆象。

1950年

贝阿德［美］、阿尔伯特［美］发明BA式电离真空计 物理学家巴克利发明的电离真空计解决了10^{-1}～10^{-5}帕的高真空测量，但测量上限能达10^{2}帕以上的高压力电离真空计在工作时，阴极发射的电子撞击加速极时产生软性X射线，照射到收集极上时便引起收集极的光电子发射，因而就在离子流测量回路中增加一个与被测压力无关的剩余光流，限制测量下限的扩展。1950年，为了减少这种软性X射线对收集极的影响，物理学家贝阿德、阿尔伯特发明了BA式电离真空计。它将收集极改为针形，并与阴极的位置对换，使压力测量下限从10^{-5}帕扩展到10^{-8}帕左右，从而解决了超高真空测量的问题。

鲍登［英］提出黏着理论 科学家鲍登的黏着理论认为，摩擦表面局部接触区产生的高压引起局部焊合，由此形成的黏着结点随表面的相对滑动而被剪断。此外，在滑动中较硬表面的微凸体犁削较软材料的基体而产生摩擦力。这个理论能够解释各种金属的摩擦物理现象，得到比较普遍的认可。

美国建成高架仓库 高架仓库是利用高货架储存货物的仓库，又称立体仓库。这种仓库利用多种物料搬运机械进行搬运、堆垛和存取。仓库货架是多层的，而且很高，所以空间利用率好，适用于多品种货物的储存。1950年美国建成的高架仓库，使用装有堆垛厨具的桥式起重机在地面上操纵作业。

罗马尼亚研制芦苇收获机 经过长期的试验改进，适用于沼泽地区的芦苇收割机、芦苇割捆机、运输车和装载机等被研制出来。

克里斯托菲洛斯［美］等提出强聚焦原理 工程师克里斯托菲洛斯（Christiansen，W.N.）等人的理论，为高能加速器的设计开辟了新路。在此基础上，人们陆续研制出产生了强聚焦的高能加速器和扇形焦回旋加速器。

美国生产静电复印机 施乐公司生产出静电复印机，标志着静电复印机技术进入了实用阶段。

1951年

厄恩斯特、格罗布［美］发明冷轧齿轮工艺 工程师厄恩斯特、格罗布发明的冷轧齿轮工艺是，轧轮向轮坯径向进给，并按一定速比相互滚动，使轮坯外周产生塑性变形轧出齿形。可加工圆柱齿轮（直齿或斜齿）、非圆齿轮或带细齿的零件，精度可达8～9级，齿面粗糙度可小至R_q0.63～0.16微米。模数小于2.5毫米的齿轮，可从轮坯直接轧出齿形。模数大于2.5毫米时，通常先采用切削加工粗切，或铸、锻出齿形，再用冷轧对齿面作精准加工。冷轧一个齿轮的时间只需数十秒。

苏联巴顿电焊研究所发明电渣焊 电渣焊是利用电流通过焊剂的熔渣所产生的电阻热熔化工件材料（母材）和填充金属的焊接方法。熔渣还对熔池起保护和净化的作用。电渣焊主要用于焊接厚壁压力容器、大型铸–焊结构及锻–焊结构式厚板拼焊，还可以用于堆焊轧辊、高炉料钟等大型工件；还可焊接低碳钢、低合金钢、中碳钢、某些不锈钢和纯铝等。

缪勒［美］发明场离子显微镜 工程师缪勒发明的显微镜分辨率极高，达2～3埃。可用于观察固体表面的原子排列，金属表面的结构缺陷，合金的晶界、偏析及有序–无序相变等。

克里斯蒂安森［澳］发明射电干涉仪 工程师克里斯蒂安森发明的干涉仪，是由多面天线组成的射电望远镜，解决了一般射电望远镜分辨率不高的难题。

1952年

吴仲华［中］提出叶轮机械三元流动理论 物理学家吴仲华认为，叶片通道内流体在轴向、周向和径向的运动均发生变化，可用三个坐标描述。用熵和焓两个参变量导出一系列叶轮机械内部流动的基本方程，即“吴氏方程”。他还用两族流面理论描述三元空间流动。这一理论被国际上公认为是所有采用叶轮机械的设计基础，对20世纪50年代以后的燃气涡轮和喷气发动机的发展起了很大作用。

瑞典建成超高压输电线路 采用分裂导线新技术架设的380千伏超高压输电线路全长980千米，采用德国设计的分裂导线新技术建造。线路由相互间保持一定距离的多根导线（每根导线称分裂子导线）组成导线束。建设超高压输电线路，一般按正多边形排列的分裂子导线间也保持一定距离，以获得相当大的等效半径，降低导线周围的最高电场强度，减少电晕损失，减轻对无线电和载波通信干扰，并降低线路感抗和容抗，从而提高线路输电容量。

美国研制三坐标数字控制机床 三坐标数字控制机床由帕森斯公司与麻省理工学院伺服机构研究室合作研制。1948年，帕森斯公司接受美国空军委托，研制飞机螺旋叶片轮廓样板的加工设备，由于其形状复杂、精度要求高，遂产生用计算机控制机床的设想。后在麻省理工学院伺服机构研究室的协助下研制成功。数字控制机床是用数字代码形式的信息控制的给定的工作程序、运动速度和轨迹进行自动加工的机床，简称数控机床。数控机床具有广泛的适应性，改变加工对象时只需要改变输入的程序指令。加工性能比一般自动机床高，可以精确加工复杂型面，因而适合于加工中小批量改型频繁、精度要求高、形状较复杂的工件，能获得良好的经济效果。

中国召开全国机器工业会议 1952年5月，中央人民政府政务院财政经济委员会召开全国机器工业会议，讨论如何提高机器制造能力，迎接第一个"五年计划"。会后，分别召开机床工具工业、工矿机械制造工业和电器工业专业会议，贯彻会议精神，并确定了各工厂的发展方向和专业分工；研究五年发展的初步轮廓，组织调配技术人员，加强工厂设计力量，强调学习苏联先进经验，推行苏联技术标准，加强企业管理，提高质量，增加品种。这些会议为执行国家第一个"五年计划"进行了重要的准备。

中国成立第一机械工业部 1952年8月，中央人民政府第17次会议通过成立第一机械工业部（简称一机部），主管全国民用机械工业。

佐巴奇［美］发明中心轴式喷灌机 工程师佐巴奇发明中心轴式喷灌机并取得专利。喷灌机由中心支座、塔架车、喷洒桁架，末端悬臂和电控同步系统等部分组成。其最大特点是实现了喷洒支管连续自移喷洒作业，以湿润一个圆形面积。

凯［美］发明数字电压表 工程师凯发明的419型数字电压表尽管是很原始的，但它却成为仪器仪表数字化革命的先声。

格拉泽［美］发明气泡室 物理学家格拉泽发明的气泡室是比云雾室更灵敏的高能粒子轨迹探测器，为高能物理研究提供了有力手段。

马克维茨［美］发明双速月球照相仪 工程师马克维茨发明的照相仪可将月球和恒星同时拍摄在一张照相底片上。

美国建成质子同步加速器 质子同步加速器建于布鲁克海文国家实验室，首次将粒子加速到20亿～30亿电子伏，即相当于宇宙线的平均能量，并得到2.3吉电子伏特的质子。因此质子同步加速器又被称为“宇宙线级加速器”。

1953年

中国一机部发布《关于目前国营机械工业的情况及今后工作部署的指示》 “指示”要求，对现有工厂加以调整和进行技术改造，配合苏联的技术援助，为实现“五年计划”提供必要的工业设备。并把原有企业的改造和生产活动与新企业的建设很好地结合起来，使机械企业逐步成为独立而完整的机械制造业。这个指示经中共中央批准，转发全国，使机械工业逐渐成为独立而完整的机械制造业。该文件成为第一个“五年计划”时期中国发展机械工业的行动纲领。

中国一机部发出《关于贯彻计划管理推行作业计划的指示》 在经济恢复时期，东北各机械企业开始学习苏联企业的管理经验，推行按指示图表有节奏地生产，以克服工厂盲目投料、生产前松后紧、经常突击加班的忙乱现象。一机部建立后，黄敬部长对机械企业首先从抓作业计划入手，加强计划管理。1953年9月，一机部向全国机械企业发出《关于贯彻计划管理推行作业计划的指示》，明确提出下半年加强计划管理。

艾查德［美］提出磨损计算公式 磨损是摩擦体接触表面的材料在相对运动中由于机械作用，间或伴有化学作用而产生的不断损耗的现象。工程师艾查德提出的磨损计算公式是摩擦学研究的重要内容，也是分析研究机械零件失效的主要方法。

柳巴夫斯基［苏］等发明二氧化碳气体保护焊 气体保护电弧焊是以电弧作为热源，利用气体保护熔池的焊接方法。气体的作用主要是保护熔化金属不受空气中氧、氮、氢等有害元素和水分的影响，同时对电弧的稳定性、熔滴过渡形式和溶池的活动性有一定影响。采用不同的气体会产生不同的冶金反应和工艺效果。工程师柳巴夫斯基等人发明的二氧化碳气体保护焊，促进了气体保护电弧焊的应用和发展。

沃尔什［澳］发明原子吸收分光光度计　工程师沃尔什发明的分光光度计是利用原子吸收光谱的分光光度分析制成，用于对样品的定量分析。

1954年

美国出现可转位刀具　可转位刀具是将能转位使用的多边形刀片用机械方法夹固在刀杆或刀体上的刀具。可转位刀具与钎焊式和其他机械类固式的刀具相比有如下优点：避免了硬质合金钎焊时容易产生裂纹的缺点，可转位刀片适合用气相沉积法在硬质合金刀片表面沉积薄层更硬的材料以提高切削性能，换刀时间短。由于可转位刀片是标准化和集中生产的，刀片几何参数易于统一，切屑控制稳定。

钱学森［中］著《工程控制论》　科学家钱学森在书中，运用控制论的基本思想和概念，总结了两次世界大战中发展起来的控制与制导工程技术。从技术科学角度，对各种工程技术系统的自动调节和控制理论作了全面阐述，奠定了工程控制论的理论基础。

塞缪尔［美］编制跳棋弈棋程序　科学家塞缪尔利用对策理论和启发式探索技术编制成跳棋程序。它具有自适应、自学习功能，向人学习下跳棋，不断积累经验，并能根据对方的走法，从许多可能的走法中选出一个较好的走法。此程序先后打败了它的设计者和一个州的跳棋冠军。

德沃［美］取得工业机器人专利　工程师德沃在取得专利的论文《通用复型机器人》中，提出一个对重复作业具有通用性的工业机器人的设想。1958年，美国联合控制公司制造出一个利用数控技术的机器人原型。

美国麻省理工学院研制自动程控机床　所谓自动程控机床，即可自动为机床编制程序，以便精确地完成改变切削方向、尺寸以及切削速度的操作。它的研制成功，显示了加工机械的未来前景。

1955年

马瑟［美］取得谐波传动的专利　工程师马瑟提出的谐波传动是由波发生器、柔性件和刚性件三个基本构件组成的机械传动。这种传动是在波发生器作用下，使柔性件产生弹性变形并与刚性件相互作用而达到传递运动或动力的目的。

美国研制高速锻锤 高速锻锤的工作原理是，瞬间释放的高压气体，迫使锤头向下做每秒9～24米的高速运动，同时也向上推动高压汽缸的缸盖，并带动整个机架向上运动。锤头上的上模与机架上的下模在空中对击工件，使之塑性变形。机架的质量远大于锤头，所以移动速度慢、行程小，便于操作。锤击后，安装在机架内的回程杆将锤头推回原处。

美国发明等离子弧切割 等离子弧切割是用等离子弧作为热源，借助高速热离子气体熔化和吹除熔化金属而形成切口的热切割。它一般使用高纯度氮作为等离子气体，但也可以使用氩或氩氮、氩氢等混合气体。一般不使用保护气体，有时也可使用二氧化碳作保护气体。可切割不锈钢、高合金钢、铸铁、铝及其合金等，还可切割非金属材料，如矿石、水泥板和陶瓷等。切割的切口细窄、光洁而平直，质量与精密气割质量相似，但切割速度更大，切割材料范围更广。

赵忠尧［中］主持建成加速器 物理学家赵忠尧主持建成70万伏质子静电加速器。1958年，又主持建成了200万伏高气压型质子静电加速器。赵忠尧为中国核物理技术、加速器技术、真空技术和离子源技术的研究打下了基础。

中国一机部建立电器科学研究院 该院于1955年9月成立。后为机械电子工业部直属机械工业自动化研究机构，主要研究方向是：计算机在机械工业中应用和通用软件研究，各种自动化控制装置和成套系统，工业机器人、自动控制检测装置和技术，液压和气动共性基础性技术，大型液压振动试验装置和技术的研究，专用集成电路研究，低能加速器、电子束、离子束装置及技术研究，中小型超导磁体技术研究等。是国际标准化组织（ISO）第131（液压与气动）技术委员会及第184（工业自动化系统）技术委员会中国归口单位。定期出版《机械工业自动化》（季刊）、《液压与气动》（季刊）和《机械工业自动化与计算机应用文摘》（双月刊）。

1956年

齐格勒发明往复螺杆式注射机 工程师齐格勒发明的注射机是将固态塑

料塑化并以一定压力和速度使其流入闭合模腔以成形制品的机械。它能一次制成尺寸精确的复杂零件。注射机一般由注射装置、合模装置、机架、液压和电气系统组成。

中国一机部召开地方机械工业会议　1956年12月、1957年2月，一机部分两批召开全国地方机械工业会议，明确了地方机械工业的任务和发展方向：（1）为农业生产和农业技术改造服务；（2）为轻工业、手工业服务；（3）支援重工业建设，辅助国营机械工业之不足；（4）发展与国营机械厂的专业协作，为成套设备提供配件；（5）为市政建设服务；（6）为城市和农村人民生产服务。各省所属的地方机械工业，主要为本省服务。上海、天津、北京、沈阳等城市的地方机械工业，要为全国服务。靠近大的冶金、采矿工业基地的地方机械工业，主要为当地的冶金和采矿工业服务。

中国一机部建立北京金属切削机床研究所　该所后改为北京机床研究所，共设8个研究部，科研方向主要包括机床基础理论，高精度精密机床、自动化机床和特种加工机床的研制，机床制造关键工艺，机床用材料及其热处理，机床电气、液压和气动驱动元部件及其技术，机床标准、定型、技术情报，机床技术发展规划和技术组织工作等。所里有实验工厂和数控机床培训中心，是机床工具工业中规模最大的综合性技术开发中心。

中国一机部建立工具科学研究院　该院后于1956年11月分成计量科学院和工具研究所2个单位。接着，计量科学院划归国家科委管理，工具研究所划归二局管理并迁到哈尔滨，1965年又迁到成都。1985年，这个研究所已有职工800多人，设15个研究室和20个试验室，另有一个中心测试室和一个实验车间，主要科研方向是金属切削理论和测试理论，新型切削刀具、量具和量仪的开发、工具新材料和强化处理等。

中国一机部举办主要企业总机械师训练班　训练班在天津市举办，由苏联专家介绍苏联的《机器制造企业工艺设备的统一计划预修和使用制度》，培养设备管理骨干。同年，一机部制订了第一机械工业设备计划预修制度，各专业局也举办了各种培训班，对加强企业设备的科学管理起了推动作用。

中国一机部编制《科学技术研究工作基本规划》　规划提出，要在若干年内研究、掌握苏联与东欧国家在机电产品设计、工艺方面的重要技术，并要求在2年内按机械工业主要门类设立12个综合性研究院、所，12年内发展到64个研究单位。

丘季科夫［苏］发明摩擦焊 工程师丘季科夫发明的摩擦焊是利用工件端面相互摩擦产生的热量使之达到塑性状态，然后顶端完成焊接的方法。摩擦焊可分为连续驱动和摩焊两种。摩擦焊所用的摩擦焊机包括驱动系统和加压装置。摩擦焊适合于焊接杆件和管件，工艺简单、质量好、劳动条件好、生产率高、耗电量少，易于实现机械化和自动化。

琼斯［美］发明超声波焊 工程师琼斯发明的超声波焊是利用超声波的高频振荡能对工件接头进行局部加热和表面清理，然后施加压力实现焊接的方法。进行超声波焊时，通常由高频发生器产生16～80千赫的高频电流，通过激磁线圈产生交变磁场，使铁磁材料在交变磁场中发生长度交变伸缩，超声频率的电磁能便转换成振动能，再由传送器传至声极，同时通过声极对工件加压，平行于连接面的机械振动起着破碎和清除工件表面氧化膜的作用，并加速金属的扩散和再结晶过程，适当选择振荡频率、压力和焊接时间，即可获得优质接头。

德里亚［瑞］发明斜流式水轮机 工程师德里亚发明的斜流式水轮机的叶片斜装在转轮体上，随着水头和负荷的变化，转轮体内的油压接力器操作叶片绕其轴线相应转动。最高效率稍低于混流式水轮机，但平均效率高于混流式水轮机。与轴流转浆式水轮机相比，抗气蚀性能较好，适用于40～20米水头。由于其结构复杂、造价高，一般只在不宜使用混式或轴流式水轮机或不够理想时才采用。

莫勒［德］发明油膜式燃烧室 工程师莫勒发明的燃烧室位于活塞顶内，呈球形燃料喷向燃烧室壁面，大部分燃油在强涡流作用下喷涂在燃烧室壁面上，形成很薄的油膜，小部分燃油雾化分布在燃烧空间并首先着火，随后即引燃从壁面上蒸发的燃料。这种燃烧室也称为油膜式燃烧系统，其中的燃烧过程又称为M燃烧过程。M燃烧过程可使工作过程柔和，燃烧完全，声轻无烟，并可使用轻质燃料。缺点是低温时启动困难，低负荷时油膜蒸发困难，故排气中未燃的碳氢化合物含量略高。

庞特里亚金［苏］提出极大值原理 教授庞特里亚金依据极大值原理，

给出最优控制所满足的一般的、统一的必要条件，从而成为最优控制理论形成和发展的基础。它是分析力学中古典变分法的推广，工程领域中很大一类最优控制问题可采用极大值原理所提供的方法和原则来定出最优控制的规律。有关原理的严格数学证明及其应用，都发表在其1961年出版的《最优过程的数学理论》一书中。

贝尔曼［美］提出动态规划概念 教授贝尔曼提出的动态规划概念，是研究多段（多步）决策过程最优化问题的一种数学方法，是最优控制和运筹学的主要工具。为寻优可将系统运行过程分为若干相继的阶段，并在每个阶段做出最优决策。虽然它对下一个阶段未必是最有利的，但多段决策所构成的序列最终能使目标达到极值。

中国建立上海自动化仪表研究所（SIPA） 该所为中华人民共和国机械电子工业部直属的工业自动化仪表科研机构。承担工业过程自动化仪表行业技术归口工作（包括标准、规划、情报和质量评定），设有中国工业自动化仪表产品质量监督检验中心，出版刊物《自动化仪表》《工业自动化仪表文摘》等。

国际自动控制联合会（IFAC）成立 该组织为国际学术组织，现有42个会员国，总部设在奥地利拉克森堡。宗旨是通过国际合作，促进自动控制理论和技术的发展，推动自动控制在各部门的应用。出版《自动学》《国际自动控制联合会会刊》《国际自动控制联合会通讯》。

纽厄尔［美］等研制出"逻辑理论家程序（LT）" 美国教授纽厄尔、西蒙、肖通过研究证明定理的心理过程发现一个共同规律：先把整个问题分解为几个或多个问题，然后根据记忆中的公理和已被证明的定理，用代入法、替换法先解决子问题，最后再解决整个问题。基于此建立了机器证明数学定理的启发式搜索法，并编制了"逻辑理论家程序（LT）"，用计算机证明了罗素的名著《数学原理》第二章52个定理中的38个。被认为是人工智能研究的开端。

1957年

斯托尔［法］发明电子束焊接技术 1957年11月23日，工程师斯托尔公

布了电子书焊接技术。这种焊接在真空中进行，可使焊接质量完美无瑕。用这种技术可将其他方法很难或不可能焊接的异金属焊接到一起。这种技术后来也用于飞机和火箭的制造。

特利普［美］取得感应同步器的专利　工程师特利普取得发明专利的感应同步器是利用电磁感应原理将两平面型绕组间的相对位移转换成电信号的测量元件，用于长度测量工具。感应同步器分为直线和旋转式两类。前者由定尺和滑尺组成用于直线位移测量；后者由定子和转子组成，用于角位移测量。初期，感应同步器用于雷达天线的定位和自动跟踪、导弹的导向等。

盖奇［美］取得等离子弧焊专利　工程师盖奇取得发明专利的等离子弧焊是利用等离子弧作为热源的焊接方法。气体由电弧加热产生离解，在高速通过水冷喷嘴时受到压缩，增大能量密度和离解度，形成等离子弧。其稳定性、发热量和温度都高于一般电弧，因而具有较大的熔透力和焊接速度。等离子弧焊接属于高质量焊接方法。焊缝的深宽比大、热影响区窄、工件变形小，可焊材料种类多。

贝克［联邦德国］发明涡轮分子泵　科学家贝克发明的涡轮分子泵是利用高速旋转的叶轮将动量传递给气体分子，使气体产生定向流动而抽气的真空泵。涡轮分子泵广泛用于高能加速器、可控热核反应装置、重粒子加速器和高级电子器件制造等方面。

欧文［美］提出应力强度因子概念　工程师欧文在裂纹的顶端附近的弹性力学应力分析结果的基础上，把裂纹尺寸的平方根与应力的乘积定义为应力强度因子K_{I}，在其他载荷情况下，还有K_{II}和K_{III}。并提出，应力强度因子是反映零件在裂纹顶端受力程度的一个参数。

马骥［中］研制联合收割机样机　1954年，机械专家马骥开始主持设计中国首台水喂入型谷物联合收割机，1957年完成样机。1975年，又研制出星轮扶禾器立式割谷收割机，获国家发明三等奖。1980年，该项技术取得菲律宾专利，并在东南亚各国生产推广。1982年，马骥提出立式轴流脱粒机原理，用于新型脱粒机和联合收割机设计。

奥特利［英］研制扫描电子显微镜　剑桥大学科学家奥特利研制的扫描X射线分析仪，是最早的扫描电子显微镜。1959年初，剑桥仪器公司与德克萨斯仪器公司达成协议生产这种仪器，并于1960年1月在剑桥仪器公司的伦敦办公室进行展出。扫描技术的出现是微分析技术的重大突破。此前，被测样品必须在静止的探针下移动，绘制元素图费工费时，有了扫描技术就可把这些信息在类似电视的屏幕上显示出来。这种仪器的聚焦视野比以往的显微镜大300倍，而且不管对粗糙的还是细腻的表面都可得到良好的观测效果。

中国科学院建立自动化研究所（IAAS） 该所为中国科学院所属自动控制和信息处理方面的研究机构，设在北京。直到20世纪60年代主要从事电子模拟计算机、运动技术、自动控制理论、工业自动化、人造卫星和导弹的控制系统等方面的研究。20世纪70年代以来主要研究方向是控制理论与系统工程、智能自动化（包括信号处理、模式识别与人工智能）、机械电子技术与计算机辅助设计。出版刊物《自动化学报》《自动化》。

罗森布［美］、卢埃特［美］研制感知器 教授罗森布、卢埃特研制的感知器模型中神经元是一个加法器，输入可为兴奋或抑制，变量是分配给各输入的加数，输入输出是开或闭，模拟量以函数形式出现。神经元设有独立的阈值，当输入的代数和超过阈值时神经元就产生输出。阈值器件中加数调整的规则是，随着模型对问题的运算，增加每个激发神经元的正数、减少每个激发神经元的负数，面对不成功的尝试来说则相反，减少每个激发的神经元的正数、增加每个激发神经元的负数。感知器将学习增强理论和概率决策的运用结合起来，反映神经元突触连接的可塑性，是具有学习记忆功能的自组织神经网络。

英国使用照相排字技术 照相排字技术可以从照相排版的底片上制出胶印平板而不用金属铸字制版，大大加快了印刷速度。

1958年

美国通用汽车公司生产铝合金发动机 铝合金发动机比铸铁发动机轻30%，使通用汽车公司能够制造质量更轻、经济性更好的汽车。通用汽车公司的研究还表明，用铝合金制作的发动机部件比铸铁件耐磨。

中国济南第二机床厂自行设计制造超重型龙门刨床 为满足重型机器制造业的需要，济南第二机床厂自行设计制造一台超重型龙门刨床。该机床门

高6.3米、工作台长20米。1963年，试制成功，后装备在四川德阳第二重型机器厂。

中国通用机械研究所等自行设计制造动力用空压机 1958年以前，中国动力空压机几乎全部采用仿苏型。1958年行业组织成立后，通用机械研究所制定了动力用空压机系列、技术条件等标准，并与沈阳气体压缩机厂、西安交通大学、北京第一通用机械厂等单位组成联合设计组，以沈阳气体压缩机厂工程师陈克明为主，设计出系列动力用空压机的典型产品图纸，由通用机械研究所制造出第一台20立方米L型动力用空压机。

中国上海重型机床厂试制立式车床 上海重型机床厂成功加工直径可达4.5米的立式车床。

中国机械工业情报所成立 为制订规划、确定发展战略和领导决策提供参考和依据，中国机械工业情报所正式成立。情报所成立不久便组织人员编写了《英国机械工业水平综述》，后来又编写了关于各国机械工业水平和发展趋势的资料。情报所为机械工业生产建设和科学技术发展进行了大量的情报调研工作。

中国一机部召开全国机电工业标准化工作规划会议 会议提出建立机械工业标准体系的要求。此后经5年的努力，机械工业系统已有160个国家标准和2 800多个专业标准，其中基础标准170多个，产品标准780多个，零部件标准450多个。按当时情况分析，最常用的基础标准可满足需要的60% ~ 70%，产品质量方面标准可满足需要的35%，零部件、配件标准约可满足需要的20% ~ 30%。

舒罗耶［美］发明实型铸造法 工程师舒罗耶发明的实型铸造法是用泡沫塑料模样制造不分型不起模的铸型，浇注时利用高温液态金属将模样汽化并填充型腔的铸造方法。由于铸型腔浇注前由模样占据，故称为实型。实型铸造所用的模样可用泡沫聚苯乙烯板材经机加后可粘结制成，或将可发性聚苯乙烯珠粒放在金属型腔内加热，使珠粒发泡制成。为防止铸件粘砂，须在模样表面刷耐火涂料。

中国研制半喂入式联合收割机 中国将半喂入式脱粒机和帆布平台式收割台结合起来，研制出第一台半喂入式联合收割机。

卡尔曼［美］提出逆推估计自适应控制原理 工程师卡尔曼提出的原理，奠定了自校正控制器的基础。

美国研制RW-300过程控制计算机系统 汤姆逊—雷蒙—伍尔德里奇公司的RW-300是一台磁鼓型的机器，运转速度慢、排程序困难，最初使用机器语言，后来使用汇编语言。由于它设置了一个“磁道插头”，因此能够用手操作从一个存储磁道位置改变到另一个存储磁道，以避免存储程序的过多写入。

中国北京第一机床厂等自行设计研制数控机床诞生 1958年9月29日，由北京第一机床厂和清华大学合作研制，在北京第一机床试制现场诞生了中国第一台X53K-1三坐标数控机床。其中，清华大学担负数控系统的研制，北京第一机床厂负责机床主机、液压系统和滚珠丝杠等关键零部件的设计、制造和组装。

1959年

中国建立热带机床研究所 该所建于广州，后改名为广州机床研究所。主要科研方向是机床配套技术与产品造型设计，液压技术、密封技术，精密检测元件，润滑技术和机床表面防护技术等。

中国一机部建立大连组合机床研究所 该所的主要科研方向是组合机床和自动生产线的设计和技术开发。

中国洛阳轴承厂设计研制轴承环自动线 这条年产150万套308单列向心球轴承环自动线包括车加工、热处理、磨加工、装配、包装5个工段（其中，热处理、装配、包装由洛阳轴承厂研制）。车加工和磨加工由北京机床研究所的陈循介率课题主负责。1966年，车加工自动线在沈阳第三机床厂联线调整，通过鉴定，1967年交用户使用。1969年，磨加工自动线在无锡机床厂联线调整，通过鉴定，1970年交用户使用。

中国举办全国机械工业“土设备、土办法”展览会 为了实现机械工业高速发展，强调要“解放思想，破除迷信，敢想敢干”，提倡土洋并举，土法上马，大搞土简设备。1958年10月，一机部在哈尔滨市机联机械厂召开现场会议，推广该厂“大搞土设备，自己武装自己”的做法。1959年2月，全国机械工业“土设备、土办法”展览会在北京举办。会上展出了1 500多件土简设备。全国出现的大量土简设备，给机械工业的发展造成严重的后果，导致机械工业的技术落后，浪费严重。

中国一机部组建机电设备成套总公司 1959年一季度，为了解决成套供应问题，经国务院批准，从各部门抽调部分人员，由一机部负责组建机电设备成套总公司。杨铿任总经理，各省、自治区（西藏除外）、直辖市相继成立成套设备公司。其主要任务是，对工业、交通部门的主要建设项目所需设备，组织成套的生产供应。1960年12月，机电设备成套总公司更名为机电设备成套总局，各地机电设备公司更名为机电设备成套局。

斯坦福研究所［美］研发爆炸焊 爆炸焊是利用炸药爆炸产生的冲击力造成工件迅速碰撞而实现焊接的方法。50年代末期，在用爆炸成形方法加工零件时，发现零件与模具之间产生局部焊合现象，由此斯坦福研究所研究成功爆炸焊接的方法。爆炸焊接时，通常把炸药直接敷在覆板表面，或在炸药与覆板剖面之间垫以塑料，橡皮作为缓冲层。炸药引爆后的冲击波压力使覆板撞向基板，两板接触面产生塑性流动和高速射流，结合面的氧化膜在高速射流作用下喷射出来，同时使工件连接在一起。

中国研制电动单人切割式采茶机 中国于1958年开始研制采茶机。1959年，研制出机动和电动单人切割式采茶机。

1960年

中国一机部召开全国机械工业技术革新和技术革命规划会议 1960年1月，中共中央号召用大搞群众运动的办法，实现机械化和半机械化，并进而向自动化、半自动化发展。2月，一机部召开了全国机械工业技术革新和技术革命规划会议，要求各地在年内实现以十计的自动化和半自动化工厂，以百计的自动化生产线，以千计的自动化半自动化单机，以万计的手工操作机械化（简称十、百、千、万运动），并掀起了一个大搞“铸、锻、焊、运”机械化、半机械化的群众运动。由于这种群众运动满足于表面上轰轰烈烈，不讲求实效，当时推广的355项重大革新，只有30%取得一定效果。

第十一届国际计量大会通过以86Kr辐射光波长定义“米”的决定 1950

年以后，随着同位素光谱光源的发展，出现了一些复现精度高、单色性好的光源。大会通过的“米”的定义是：“长度米等于86K_r原子在2P_{10}和5d_5能级之间跃迁时，其辐射光在真空中波长的1650763.73倍”。同时宣布废除1889年确定的“米”的定义和国际基准米尺。这样“米”在规定的物理条件下在任何地点都可以复现，其复现精确度可达$\pm 4\times 10^{-9}$。

美国研制油淬真空炉 真空炉是炉膛内的压力能抽成低于大气压力的工业炉。真空炉用电加热，被加热的工件表面不氧化、不脱碳、变形小、机械性能好。真空炉一般由炉膛、电热装置、密封炉壳、真空系统、供电系统和控温系统等组成。

牛富林［中］试制直径为0.08毫米的小钻头 上海工具厂工匠朱富林经过用38种加工方法反复试验和227次失败之后，终于试制成功直径为0.08毫米的小钻头。

日本研制单人动力采茶机 日本早期使用茶铗采茶，1960年研制出第一台单人动力采茶机。20世纪60年代末，出现了双人采茶机，随后又有自走式和乘坐式采茶机相继问世。1976年，基本实现采茶机械化。

纽厄尔［美］、西蒙［美］设计通用问题求解器 教授纽厄尔、西蒙认为，依据通用求解方法将所研究的具体工作类型的知识分开，形成启发式程序，把具体工作知识收集在数据库中，提出原始目标和希望目标，通用问题求解器（GPS）则将原始目标变换成希望目标。通用问题求解器的目标和操作符是与状态空间表示的状态和算符相似。其基本原理为中间—结果分析和递归问题求解，经过中间—结果分析找出现有状态与目标状态的差别并进行分类，找出最重要的差别，寻找适当的操作符序列来减少这些差别。可能找出的操作符不适用于现有目标，但可生成一个子问题，它得到的状态可减少差别，如此操作下去，直到希望目标实现。这是应用目标差别来引导问题求解，可解11个不同类型问题。

卡尔曼［英］发表《控制系统的一般理论》 工程师卡尔曼通过引入状态空间法分析系统，提出了能控性、能现测性、最佳调节器和卡尔曼滤波器等概念，奠定了现代控制理论的基础。为此，他获得了电气与电子工程师学会（IEEE）的最高奖——荣誉奖章。

美国西屋电气公司建成计算机控制的炭电阻生产线　该生产线用来生产四个系列和许多阻值的炭电阻。它不仅实现了操作自动化，而且检测、装配、试验和在工作站之间的移动都有反馈环络联系。这是计算机控制的无人生产线的最早尝试。

美国研制可模仿人手动作的机器人　该机器人臂长2.7米，由遥控装置操纵，可完成像人手抓东西等10种动作，并在一家核电厂投入运行。

国际信息处理联合会成立　国际信息处理联合会（IFIP）为学术组织，总部设在日内瓦。宗旨是推动信息科学和信息处理的研究、开发及其在科学和人类活动中的应用，普及和交流信息处理方面的情报，扩大信息处理方面的教育。每三年举行一次国际会议。

中国成立飞行自动控制研究所　飞行自动控制研究所为中国航空研究院所属科研机构，设在西安。主要任务是飞行控制系统、惯性导航系统及其元部件的研究，开发和新产品设计与小批量制造。还设有城市交通管理、惯性技术应用等课题研究。

中国建成西安仪表厂　西安仪表厂（XIF）为综合性工业自动化仪表研究所和一个全国压力仪表测试中心站，主要生产测温测压仪表、显示记录仪表、QD2气动单元组合仪表、DD2电动单元组合仪表等416个品种6 600个规格。在中国现代化建设工程项目中，它们提供的成套项目约占总项目的30%～35%。

中国南京工业学院研制机器人　这是一台能走路，会转弯，可做22个动作的机器人。

1961年

国际工效学协会成立　工效学是研究人的工作效能的综合性学科。该协会成立于斯德哥尔摩。后来，国际标准化组织于1975年设置了人类工效学术委员会。中国标准化协会也于1980年成立了全国人类工效学标准化技术委员会。

刘仙洲［中］完成《中国机械发明史》初稿　教授刘仙洲长期进行机械工程及机械发明史的研究。1961年11月，他在中国机械工程学会十周年年会上论述了机械发明史的梗概，受到机械工程界代表的赞扬和重视。

中国成立自动化学会 自动化学会（CAA）为全国性自动化科技工作者的学术团体，总部设在北京。出版刊物有《自动化学报》（1963年创刊）《信息与控制》（1984年创刊的科普刊物）。

1962年

中国各地出现协作互助组 这种行业内互助行动是由北京地区率先兴起的。1962年6月，部分企业发起成立北京地区直属企业协作组，首先开展了维修备品配件的调剂余缺，互通有无，进而组织备件制造的分工测绘，编制各种机型的备件图册，利用机修后方设备组织分工生产，受到企业的普遍欢迎，带动了全国性的地区协作互助组成立。

中国一机部在郑州建立磨料磨具磨削研究所

中国研制电子管式电火花机床 为减小电火花成形加工的表面粗糙度，中国科学院电工研究所和北京电子管厂联合研制成功电子管式电火花机床。

中国制造万吨水压机 经过多年生产实践的考验，所制造出的这两台万吨水压机质量良好，为国家提供了大量的制造电站设备、轧钢设备、航空以及军用专门机械产品所需的大型锻件。

美国运用计算机控制加工、管理生产 计算机设备由托马斯和鲍尔得温公司拥有，其计算机程序不仅能控制宽带热轧钢机加工过程，还能安排生产计划。

美国研制实用工业机器人 美国联合控制公司研制出第一台实用的工业机器人——“龙尼梅特”，原意“万能自动”，它用磁鼓作存储器，液压驱动，手臂和手腕具有5个自由度（水平旋转、上下俯仰、水平伸缩、手腕摆动和转动），采用极坐标型式。同年，美国机床铸造公司也研制出一种工业机器人——“沃莎特兰”，原意“灵活搬运”，它的手臂可水平旋转、垂直和水平移动，手腕也能摆动、转动，特别适宜于搬运重物，也是液压驱动，采用圆柱坐标型式。这两种机器人为示教装置，具有记忆能力和初级判断能力，有一定通用性，适于多种环境下工作，为第一代机器人。

英国帝国化学公司、美国孟山都公司采用直接数字控制 这是利用计算机分时处理功能直接对各个控制回路实现多种形式的控制的多功能数字控制系统（DDC）。英国帝国化学公司在纯碱厂、美国孟山都公司在乙烯装置上首先进行DDC试验并获成功，实现了过程计算机在线应用。

美国研制工业生产用自动编程系统 用于一般工业生产的自动编程系统（ATP）语言类似一种高级语言，使用时不仅要依据其文法，根据工件形状编制工件程序，还要描述刀具运动的轨迹。也就是说，工件的切削过程事先要由编程者确定，最后由该语言的编译系统编辑形成。

1963年

美国制造高压离心压缩机 氨厂用14.7兆帕高压离心压缩机采用筒型机壳代替水平剖分型机壳，又称筒型压缩机，它能承受10兆帕以上的压力。离心压缩机是排气压力高于0.015兆帕、气体主要沿着径向流动的透平压缩机。排气压力低于0.2兆帕的一般又称为离心鼓风机。

电气和电子工程师学会成立 电气和电子工程师学会（IEEE）为国际性学术组织。由美国电气工程师学会（AIEE，1884年成立）和无线电工程师学会（IRE，1912年成立）合并而成。出版综合性学术刊物《IEEC会刊》《IEEE大学生月刊》《波谱》等。

1964年

中国北京机床研究所研制单、双闸流管高频脉冲电源 利用这一电源，可使电火花成形加工的表面粗糙度从Ra10微米减小到Ra2. 5 ~ 1.25微米。

史绍熙［中］等发明复合式燃烧室 燃烧室在活塞顶内呈深盆形，口部略有收缩，用特殊形状的进气形成进气涡流，采用单孔轴针式喷油器。喷油器轴线与燃烧室壁面基本平行。燃料喷向燃烧室的周边空间。在涡流作用下，粗大的油粒散落在燃烧室壁面上形成油膜，细小的油粒在空间与空气混合。“油膜”部分和“空间”混合部分比例可随柴油机工况而变化。当转速较高时，燃烧室涡流速度高，壁面上的油膜燃料量增加，具有油膜燃烧特点；而在低转速和启动时，涡流速度低，空间混合的燃料量增多，这时有空间式燃烧的特点，能改善冷启动性能。工程师史绍熙等发明的复合式燃烧室将油膜蒸发混合燃烧，与空间混合燃烧合理地结合起来，兼有两者的优点，故又称为复合式燃烧系统。

格罗弗［美］发明热管　工程师格罗弗发明的热管是一种高效的强化传热元件。它是一封闭系统，由管壳，吸液芯和工质组成。管壳是一金属的圆管或其他几何形状的容器。吸液芯是紧贴在管壳内壁上的毛细结构，由多孔材料构成。传递热量的载热工质按工作要求选用，可从深冷液化气直到液态金属。热管具有很多独特的优点。

美国IBM公司开发CAD系统

美国本迪克斯公司在铣床上实现最佳适应控制　最佳适应控制（ACO）是以加工成本、生产率或利润等综合指标为评价，可实现多参数优化控制。

1965年

美国应用氟塑料换热器　在工业生产中，氟塑料换热器以小直径氟塑料软管作为传热元件的换热器，又称挠性管换热器。氟塑料换热器主要用于工作压力为（3～4）$\times 10^5$帕，工作温度在200℃以下的各种强腐蚀性介质的换热，如硫酸、腐蚀性极强的氯化物溶液、醋酸和苛性介质的冷却或加热。

中国引进自动仪的生产　中原量仪厂从日本引进气动和电动量仪的成套生产技术和设备。1966年5月，该厂在河南三门峡建成投产，填补了中国自动量仪生产的空白。

日本迈克公司研制单轨运输车　迈克公司研制出单轨运输车（农田单轨铁道运输车）用于坡地果园运输。与其他机械配合使用，可运输果品、肥料、农药以及林业搬运木材等物品。

苏联研制复合式采茶机　1930年，苏联研制出第一台切割式采茶机。1953年，研制出抵断式采茶机。1965年，研制综合两种采茶原理的复合式采茶机。

中国上海电子光学技术研究所等研制一级大型电子显微镜　该电子显微镜由上海电子光学技术研究所和有关单位协作研制，1965年7月通过国家鉴定。它全部采用国产材料，最大放大倍数为20万倍，分辨率达7埃。

中国科学院仪器厂等研制核磁共振波谱仪　中国科学院仪器厂、应用化学研究所、上海科学仪器厂和华东师范大学共同研制出的这台仪器，最高分辨率为5×10^{-9}量级。

傅京孙［美］提出把启发式推理规则用于学习控制系统　教授傅京孙提出的“学习控制系统”，最早将人工智能与控制问题联系在一起。1967年，朗德斯等人首次正式使用“智能控制”一词。

扎德［美］提出模糊集合概念　自动控制论专家扎德，在《信息与控制》1965年第8期上发表论文《模糊集》，引起控制专家和数学家的重视。他指出，人类思维的一个重要特点是按模糊集（边界不明显的类）的概念来归纳信息。1968—1973年间，他又提出语言变量、模糊条件语句和模糊算法等概念与方法，从而使这些规则可在计算机上实现。扎德用语言变量代替数值变量来描述大系统的行为，使人们找到了一种处理不确定性的方法，并给出了一种较好的人类推理模式和提供了一种分析复杂系统的新方法。

1966年

中国通用机械研究所等研制火箭固体燃料自动生产线设备　这套设备由一机部通用机械研究所、七机部四院组成联合设计组开始研制。大部分是国内首次研制的，也是当时世界上最大的同类生产线之一。1971年完成试制，1976年投产成功。

中国研制高速走丝线切割机床　这种机床采用了乳化液和快速走丝机构，并相继采用了数字控制和光电跟踪控制技术，提高了切割速度和加工精度。

瑞士研制可控硅中频感应炉　该感应炉采用的交流电源有工频、中频和高频3种，感应炉的主要部件有感应器、炉体、电源、电容和控制系统等。可控硅中频感应炉的电效率高，容易实现自动控制。

中国运用电子计算机辅助企业管理　第一汽车制造厂最早采用电子计算机进行企业管理。通过应用计算机辅助企业管理，不但为企业节省了人力物力，还使企业管理更具有科学性。

1967年

英国莫林斯公司研制"系统24" 根据工程师威廉森提出的FMS基本概念，莫林斯公司开始研制"系统24"。"系统24"主要设备是6台模块化结构的多工序数控机床。其目标是在无人看管条件下实现昼夜24小时连续加工。但最终由于经济和技术上的困难而未全部建成。

美国怀特森斯特兰公司建成omniline I系统 该系统由8台加工中心和2台多轴承托盘带组成。工件被装在托盘上的夹具中，按固定顺序以一定节拍在各机床间传送和进行加工。这种柔性自动化设备适于少品种大批量生产使用。

休伊什［英］研制高时间分辨率射电望远镜 天文学家休伊什主持研制的射电望远镜中，天线是由2 048个振子组成的简单网阵，接收机的时间分辨率较高。他原打算用以观测和研究星际射电闪烁效应，但由于其快速时间响应功能和反复搜索的程序方法，结果意外导致了脉冲星的发现。

中国研制定型机动水稻插秧机 这种机型后来发展为多种型号，至1979年按不同行距和适应苗高编制系列后，统一设计成工I系列机动插秧机。1970年，日本在带土苗移栽和工厂化育苗体系试验成功后，推出机动插秧机产品，按配用动力和配置行数形成产品系列。

1968年

美国贝尔实验室研制高精密超短时测时装置 该装置利用一个激光脉冲可以测量到10^{-12}秒的超短时。

辛辛那提–米格克隆公司［美］推出约束适应控制系统 约束适应控制系统（ACC）以最大切削扭矩、最大切削功率、最大切削力或最大切削变形为评价指标，可在切削过程中，将实测数据与约束进行比较，按比较结果自动调整切削量。

美国通用汽车公司提出可编程序控制器设想 为适应汽车型号不断翻新，寻找一种减少重新设计继电器控制系统和接线，具有计算功能完备、灵活通用的方法，又保留继电器控制系统的简单易懂、操作方便、价格便宜，计算机编程简单，应用面向控制过程、面向问题的“自然语言”编程，使不熟悉计算机的人也能方便地使用，通用汽车公司提出10条招标指标，如编程简单，可在现场修改程序；维护方便；可靠性高；体积小；成本可与继电器控制柜竞争；输出能直接驱动电磁阀；扩展时只需在原系统上做小变动等。1969年，美国数字设备公司研制出编程程序控制器，在美国通用汽车自动装配线上试用，获得成功。

1969年

世界一般系统与控制论组织成立 该组织（WDGSC）为非政府性国际学术组织，宗旨是联络世界上从事控制论、系统论和其他边缘学科和跨学科研究的专家，促进不同地区、不同组织间的合作，并帮助发展中国家开展有关的科学工作，每三年召开一次国际会议，出版刊物《控制论学报》（1971年创刊）。

阿斯特勒姆［典］提出自校正调节器方案 自校正调节器是利用辨识技术，自动校正系统特性的参数适应控制系统，可克服通常控制系统的数学模型固定或不能预先知道的缺点。自校正调节器设想最初由卡尔曼于1958年提出，受于当时条件不能发展。工程师阿斯特勒姆提出一简易可行的实现方案：用一个表示输入与输出关系的差分方程（可包括干扰项）作为系统的预测数学模型，用逆推最小二乘法在线估计模型参数，直到得出一个最小的输出方差。这个方案结构简单易于在工业过程控制中推广。

费根鲍姆［美］等研制DENDRAL系统 1965年，教授费根鲍姆、布肯兰、萨瑟兰即开始研究DENDRAL系统，旨在用来确定有机化学的分子结构。系统输入了有机化合物的分子式和质谱图。系统内有一根据化学专家知识构成称之为发生器的产生式系统，这个系统将分子式得到的所有可能结构转换成质谱图，然后利用正常匹配的方法与实验得到的质谱图相比较，确定一个化学结构。该系统工作能力超过本专业青年博士，已投入运用，为实用专家咨询系统。

中国上海重机厂研制辊宽2 300毫米冷轧合金薄板轧机 1963年，该轧机以工程师徐希文为主设计，由上海重机厂试制。其主轧机辊宽2 300毫米，工作辊直径有550毫米、450毫米两种，支承辊直径1 600毫米，轧制压力4 000吨，轧制速度每秒0.2～1.5米。在设计过程中，曾做了230毫米、600毫米2台模拟样机，进行过23项试验研究。1969年完成制造，1971年投产。

北京机床研究所发明内齿轮的电解加工工艺 该所科研人员在研究此工艺的过程中，研制出相应的电解主轴头和5 000安培电源。

1970年

本杰明［美］制造用氧化钡弥散强化高温合金 机械合金化是用金属粉或中间合金粉与氧化物弥散相混合，在高能球磨机中研磨，使粉末反复焊合、破碎，从而使每一颗粉末成为“显微合金”颗粒。工程师本杰明用机械合金化工艺制造出氧化钡弥散强化高温合金。

二氧化碳激光器用于工业切割 用激光束作为热源进行切割，温度可超过11 000℃，足以使任何材料汽化。切割时，切口细窄、尺寸精确、表面光洁，质量优于任何其他热切割方法。几乎所有的金属材料都可以用激光切割。可切割厚度从几微米的箔片至50毫米的板材。

第一届生物机构讨论会召开 模仿生物形态结构创造机械的技术有悠久的历史。然而人们对于生物与机器之间到底有什么共同之处还缺乏认识，只限于形体上的模仿。20世纪中叶，由于原子能利用、航天、海洋开发和军事技术的需要，迫切要求机械装置应具有适应性和高度可靠性，迫切需要寻找一条全新的技术发展途径和设计理论。近代生物学的发展与控制论的提出，促进了仿生学的研究。1960年，在美国召开的第一届仿生学讨论会，确立了仿生学学科。1970年，日本人工手研究会主办召开了第一届生物机构讨论会，从而确立了生物力学、生物机构学，在此基础上形成了仿生机械学。

莫森宁［美］提出农业物料学 农业物料特性研究始于20世纪60年代。1970年，宾州大学农业工程教授莫森宁的《动植物材料的物理特性》一书，标志农业物料学这一学科正式形成，并作为教材率先在美国、日本等国的一些大学开设课程。

美国试验遥控水下机械手 机械手装有摄像机和取样卡爪，通过同轴电缆在水面上控制其操作，作业深度达1万英尺。

霍恩［意］研制出可上下楼梯的假腿　都灵大学教授霍恩研制的假肢，可使截肢者通过残留股肌收缩产生的电信号，控制人造膝关节自动曲伸。使用这种假腿需携带6伏的电池组。

孙昌树［中］发明电火花共轭回转加工法　工程师孙昌树发明的这种加工方法，是使工件和工具电极各自按一定规律作回转运动，运用空间共轭成形原理把工件加工成形的电火花加工，又称电火花展成加工。其加工原理是在电火花加工过程中，使工件与工具电极各对应点之间始终保持对应重合的关系，从而形成共轭运动。

黄潼年［中］等发明高效率测绘整体误差图　整体误差图是一类把被测齿轮某一横截面或齿宽上的全部工作齿面的形状和位置误差，以同一坐标零位画出，并按齿面上各点的啮合顺序排列的曲线图。黄潼年等发明的高效率测绘整体误差图，系统地发展了整体误差测量技术。这种技术已应用于圆柱齿轮测量，并逐渐推广到圆锥齿轮测量。

1971年

英国实现行车自动化　7月23日，在维克多利亚线上开通的全长22.4公里的地铁，实现了行车自动化。

休斯飞机制造公司［美］研制轻便全息照相机　这种全息照相机采用无透镜摄影方法，用激光作为摄影照明光源将三维图像拍摄到一种高分辨率照相底板上。最初用它来探测飞机翼的性能。

中国试用自主研发的地铁行车自动化系统　在以往的地铁运行方面，北京地铁曾采用过调度集中控制、移频制自动闭塞和自动停车等基本信号设备。1971年，开始试用自主研发的行车自动化系统。1976年，开始采用国产电子计算机，初步实现了铁路行车指挥自动化以及行车速度监控自动化。

中国自主设计并制造客车式电气轨检车　1953年，中国制造出自主设计的客车式机械轨检车。1971年，制造出客车式电气轨检车，型号为“TSK22”。该车长约26米、自重约62吨。采用旋转变压器作位移传感器，借助3个轮对所构成的18.5米不对称弦测量轨道高低，用三轴转向架的3个轮对构成的3.4米对称弦测量钢轨接头低陷。轨道水平状态由陀螺装置测量，三角坑由相距15.1米的2个轮对测得。测量结果用电磁笔记录在纸带上。该轨检车能同特快列车联挂进行检测。

严伯寿［中］等设计的冷轧机系列投产　1961年，以工程师严伯寿、刘立夫、陈宏弟、白连海为主设计的直径80～200、80毫米钢管两套冷轧机系列由太原重机厂、洛阳矿山机器厂、西安重型机械研究所、上海彭浦机器厂开始试验。1971年，正式投产。投产以来生产了大量的冷轧钢管，解决了军工、民用的急需。

冯姚平［中］等研制的固体火箭发动机装药自动生产线投入运行　北京通用机械研究所工程师冯姚平、王士华和七机部第四研究院工程师张凤林等会同有关单位，研制成功固体火箭发动机装药自动生产线并投产运行。改变了中国装药生产线采用手工隔离操作的落后面貌。

中国北京第一机床厂研制通用性数控升降台铣床　科研人员研制成功的两种通用性的数理升降台铣床能够安全稳定地用于生产，后来转入小批量生产。

中国北京第一机床厂研制五坐标船用螺旋桨数控铣床

中国上海机床附件一厂等合作研发冷挤压法加工工艺　上海机床附件一厂与上海交通大学科研人员合作研究成功用冷挤压方法加工钻夹头扳手及外套工艺。这一工艺由于效率高，实用性强，很快被应用于生产实践。

孙琪［中］等合作研制出易磨削高性能铝高速钢　工程师孙琪等与重庆第二钢铁厂科研人员合作研制出易磨削高性能铝高速钢，既结合了中国资源的特点，又解决了特殊刀具原料问题。该成果获得1980年国家发明三等奖。

中国研制出光电等高仪　由中国科学院科研人员研制的光电等高仪口径达15厘米，装有反射光学系统，可实现光电自动记录，测时精度为3×10^{-3}秒，测纬精度为4×10^{-2}角秒。主要用于航空、航海、大地测量等。

1972年

邦沙［美］、拉古兰［美］发展了物理气相沉积法　工程师邦沙、拉古兰的方法是，在硬质合金式高速钢刀具表面涂覆碳化钛或氮化钛硬质层，将基体材料的高强度和韧性与表层的高硬度和耐磨性结合起来，从而使这复合材料具有更好的切削性能。

日本早稻田大学研制两足步行机 为了提高移动机械对环境的适应性，扩大人类在海底、北极、矿区、星球和沼泽等崎岖不平地面的活动空间，需要研究模拟生物的步行机构。为此，早稻田大学科研人员研制出两足步行机。

美国通用电气公司生产非金属材料刀具 通用电气公司科研人员研制出的非金属材料刀具可以更高的速度切削。聚晶金刚石适用于切削不含铁的金属及合金、塑料和玻璃钢等；聚晶立方氮化硼适用于切削高硬度淬硬钢和硬铸铁等。

卢声［中］研发合成橡胶自动成型包装线安装投产 为摆脱包装机械比较落后的境况，一机部合肥通用机械研究所从60年代初开始了包装机械的研究和设计工作。该所工程师卢声负责为北京石油化工总厂研发的这套包装线是先将合成橡胶制成长70厘米、宽35厘米、高16厘米至20厘米的块状，然后内层用塑料薄膜热合包装，外层用牛皮纸包装。全线由垂直螺旋振动输送机、水平振动输送机、自动秤，自动压块机、薄膜包装机、金属检测机、卸块机、纸袋包装机、交替输送机等组成。采用液压、气动、电器与机械混合传动控制，实现了全线自动化。

中国北京机床研究所研发出叶片的电解加工工艺 为了提高整体涡轮叶片的生产率，北京机床研究所科研人员对叶片的电解加工工艺进行研发并取得成功。其成果在化工和船舶制造工业得到了广泛的应用。在此基础上，又为哈尔滨汽轮机厂研发出其仑叶片混气电解加工工艺。

中国一重厂、太重厂合作研发制造的热轧、冷轧铝板机投产运行 这两套轧机是由第一重机厂和太原重机厂科研人员从1961年开始设计制造的。2 800毫米热轧铝板轧机为四辊、可逆式，工作辊直径为750毫米，支撑辊直径为1 400毫米，轧制速度每秒3米。2 800毫米冷轧铝板轧机为四辊、可逆式，工作辊直径为650毫米，支撑辊直径为1 400毫米，轧制速度每秒4米。1972年，投产运行。

中国科学院沈阳自动化研究所成立 该所为科学院所属自动化研究机构，原称东北工业自动化研究所，重点研究人工智能、机器人、模式识别、图像处理和现代控制理论的应用，出版《信息与控制》（双月刊）和《机器人》（双月刊）。

日本机床展览会在上海举行 展品中有近十种通用性数控机床。

1973年

中国一机部召开全国数控机床攻关会议 一机部机床工具局召开有关科研生产单位参加的全国数控机床攻关会议，制订了数控技术三年计划，安排了主机、数控系统、配套件和编程技术等成套的科研和生产任务，确定了生产点。组织在全国范围内攻关数控技术。

中国北京汽车制造厂等科研处所共同设计制造自动化立体仓库成套设备 这座高15米的中间试验库，由一机部北京起重运输机械研究所、北京工业自动化研究所、一机部汽车工厂设计处和北京汽车制造厂共同设计，以北京汽车制造厂为主制造。中间试验面积为980平方米，总计1 508个货格，货物单元采用1 000毫米×800毫米×650毫米的货箱，满载额定500千克。整个仓库采用微型计算机控制，具有进货合理、库容利用充分，库存积压减少、加速资金周转等优点。

中国一机部和冶金工业部设计双线往复式客运索道 这条索道跨度740米，运量每小时905人，由四川矿山机械厂制造。1982年，安装在重庆嘉陵江上作为过江交通工具。

中国机械工业推行设备的一二级保养制度 机械行业规定：设备运行500小时，以操作工人为主，维修工人为辅，进行一次一级保养。设备运行2 500小时，以维修工人为主，操作工人为辅，进行一次二级保养。打破了过去操作工人只管使用、维修工人只管维修的界限，建立了专职维修人员和操作工人相结合的设备管理体制。

美国运输自动化系统启用 运用BART系统可它使电力火车运行及收费实现自动化：一扇自动门在旅客的磁性车票上记录下旅客的始点站，标记出应付的钱数；在旅客的终点，又一扇自动门减掉应缴的车费数，并在车票上打出应退还的钱数。

美国杜邦公司研发B-10反渗透器 杜邦公司研发的B-10反渗器经一次处理就可以将海水变成可饮用水。

1974年

黄衍庆［中］等研制异形孔纺丝数控电火花加工机床 江苏苏州电加工研究室工程师黄衍庆等与有关单位合作研制出的这一成果获得1981年国家发明四等奖。

中国一机部在北京举办仪器仪表自动化装置展览会 会上共展出了34种40台数控机床和一批关键配套件。

中国上海先锋电机厂研制出低能大功率电子加速器 上海先锋电机厂设计制造的电子加速器能量为30万电子伏，束流为5～10毫米，扫描宽度为1～5米。

国际自动控制联合会召开第一届大系统学术会议 大会在意大利召开，主题为大系统理论及应用，共交论文70篇，分14组，包括：动力系统、工业过程控制、社会经济系统分析与管理、代数方法的稀疏集、稳定性分析、控制系统分析、数学规划方法、控制系统综合、最优控制与滤波、多目标决策、分散控制、多级控制协调技术、其他问题与方法。

1975年

中国太原起重机厂等合作制造造船用大型龙门起重机 1975年8月，太原起重机厂、清华大学和天津新港船厂联合制造出一台造船用大型龙门起重机。这台起重机起重力为200吨、跨度为66.5米，跨高为45米，可横跨万吨级船台，能将船段在空中翻身，便于进行平焊和自动焊作业。

中国武汉地震大队研制相位式精度激光测距仪 国家地震局武汉地震大队研制的测距仪，能适应多种地形和气候条件下的长距离测距。

1977年

费根鲍姆［美］提出“知识工程” 教授费根鲍姆在论文《人工智能的艺术，知识工程课题及其实例研究》中提出，知识工程是人工智能的一种技艺，它利用人工智能的原理和方法，为那些需要专家知识才能解决应用的难题提供求解方法，“知识工程可以看成是人工智能在知识信息处理方面的发展，它研究如何把知识在计算机内表示，然后进行自动求解。知识工程是人工智能在应用方面的研究”。此后，出现专家咨询系统研究热。

中国木工机床研究所在福州成立

黄潼年［中］等人创造出齿轮整体误差测量新技术 成都工具研究所工程师黄潼年等人创造出齿轮整体误差测量新技术。应用这种新方法制造的齿轮整体误差单面啮合检查仪，能自动绘出曲线图，同时测出齿轮的4种动态误差，据此可全面评定齿轮质量并找出产生误差的工艺因素，效率比一般单面测量提高30倍。

中国清华大学研制出SJD-11自动补偿双频激光干涉仪 清华大学科研人员研制的SJD-11自动补偿双频激光干涉仪，可在工业环境下，精密量测长度、角度等，测量距离可达50米。

1978年

中国苏州电加工机床研究所成立 该所前身为江苏省苏州电加工研究所。改名后由一机部、江苏省机械厅双重领导，以一机部领导为主。

中国北京机床研究所研制出精密坐标电火花加工机床 该机床适于加工直径3毫米以下小孔，表面粗糙度低达Ra0.32微米。可应用在大型、精密和微孔加工方面。

汪用彭［中］、孙立模［中］等设计研制出130平方米烧结机成套设备 该套设备包括8台主要设备，由制造部门和使用部门联合设计，以西安重型机械研究所汪用彭和沈阳重型机厂孙立模为主设计师。其中，130平方米烧结机由西安重型机械研究所与沈阳重机厂等共同设计、制造，是当时最大的有冷却机配套的烧结设备。200平方米环式冷却机由西安重型机械研究所与上海冶金矿山机械厂设计、制造。每分钟1.2万立方米的抽风机由沈阳鼓风机厂为主设计、制造。其中，机壳由沈阳重机厂制造，大轴由第一重机厂制造。该成果获全国科学大会奖。

中国科学院仪器厂等单位研制出扫描式离子探针质谱微区分析仪 该分析仪由中国科学院仪器厂等单位研制。主要用于表面微区薄层分析，是表面科学、集成电路、固体物理等学科的重要分析工具。

1979年

中国机械工业调整生产结构，提出“六个转变”“五个面向”的方针 针对机械工业生产结构不合理的状况，机械工业调整生产结构，扩大服务领域，提出“六个转变”“五个面向”的方针。“六个转变”是：从主要为重工业服务，转变为同时为农业、轻工业、城市建设和人民生活等方面的需要服务；从主要为新厂建设服务，转变为同时为老厂挖潜、革新、改造服务；从只搞制造转变为负责成套设计，成套安排生产，以及安装、调试、维修、供应配件、培养操作人员等；从只着眼于国内市场，转变为积极打入国际市场；从小批量转变为大批量，逐步实现专业化生产；从主要抓产值、产量，转变为主要抓质量、品质、交货期和降低成本，不断提高企业管理水平。“五个面向”是：面向农、林、牧、副、渔、轻工市场和人民生活需要；面向老企业挖潜、革新、改造的需要；面向城乡集体所有制经济和商业企业的需要；面向生产维修、技术服务的需要；面向扩大出口的需要。

程典［中］研制出锯齿型小节距翅片冲床和模具 开封空分设备厂工程师程典设计的锯齿型小节距翅片冲床和模具，于1979年初在杭州制氧机研究所和开封空分设备厂先后试制成功，攻克了板翅式换热器质量攻关中的最后障碍。

中国一机部决定采用IEC国际标准 为了改变机床电器产品的落后状态，1979年12月，一机部决定采用IEC国际标准。同时采用许可证、合作生产、来料加工等形式，从德国西门子公司、法国遥控器械有限公司、日本富士公司等，引进机床电器产品技术共19项（包括交流接器、中间继电器、电磁针和电子式计数器、阀用电磁铁、电磁离合器、微动开关、行程开关、接近开关、转换开关和机床模拟静态变换装置等）。所研制出的17种新产品，全部符合IEC国际标准。中国机床电器生产跨入国际先进水平。

中国机床电器研究所研制出小型中间继电器 用这种成功失误率五百分之一次的小型中间继电器装备的机床，效率得到了很大的提高。

中国机床、小工具机械开始采用国际标准 国家标准总局确定，一机部北京机床研究所和成都工具研究所，分别参加国际标准化组织的机床技术委员会（ISO/TC39）和小工具技术委员会（ISO/TC29），以便与国际标准接轨。为采用国际标准，北京机床研究所组织沈阳机床研究所等14个单位，对20种机床品种按相应的国际标准和检验方法进行了验证。

中国计量科学研究院研制出激光量块干涉仪　11月，中国计量科学研究院等单位研制的这台仪器，精度达国际先进水平。

1980年

中国天津工程机械研究所等研制出大型轮斗挖掘机成套设备　为了挖掘储量丰富的褐煤资源，一机部组织天津工程机械研究所、杭州重机厂、沈阳矿山机器厂、大连重机厂和上海彭浦机器厂等，研制出产量为1 500立方米每小时的轮斗挖掘机成套设备，包括轮斗挖掘机、转载机、胶带运输机、排土机等。研制过程中，解决了56个技术关键问题。这套设备安装在云南小龙潭煤矿。经试运转，各项指标都先进于单斗挖掘机采掘工艺。

刘先林［中］研制出数控测图仪、正射投影仪　中国测绘科学院工程师刘先林研究出数控测图仪、ZS-1正射投影仪及与之配套的80个软件包，使中国成为当时世界上第三个能生产这类仪器的国家。这是一种用于测绘山地、丘陵地区正射影像地图的大型精密航测仪器，是进行土地评查和规划的重要设备。

美国霍尼韦尔公司研制出DSTJ-300型差压智能型传感器　该传感器采用集成工艺在一块硅片上将测量差压、压力、温度的多功能敏感元件与CMOS处理机结合起来，能进行不同温度压力条件下作差压的补偿运算，精度可达0.1%，量程比达400∶1，能把数字信号叠加到模拟传输信号中。由于专用程序与传感器、电源和负载阻抗任意连接，能双向通信并能在信号转输线的任意位置上，远距离地校准零挡、调整阻尼、变更测量范围、选择输出（线性的或平方根的）和读出传感器本身的自诊断结果。

日本、美国、英国研制出计算机辅助制造系统　在这一自动化系统中，计算机用来设计机器部件并监控它的制造过程。这种自动化系统还使用了机器人以及由计算机控制的机器和装配线。

1981年

中国在机械企业中推行价值工程　1981年8月，一机部召开推行价值工程的研究会，并发出了《关于积极推行价值工程的通知》，要求机械工业和科研单位努力学习和掌握价值工程的原理和方法并积极推行。

1982年

中国大连起重机厂研制出抓、吸、吊三用起重机　这台由抚顺铝厂研制的起重机，在使用过程中显示出各项性能都达到了世界先进水平。

中国北京机床研究所发明电加工微小深孔新工艺　这项工艺可加工直径1毫米以下、孔深与孔径之比达100的小孔，效率比一般电加工提高了几倍到几十倍。

日本发那科公司建成自动化电机生产车间　这一加工车间由60个柔性制造单元（包括50个工业机器人）和一立体仓库组成，另有2台自动引导台车传送毛坯和工件，此外还有一无人化电机装配车间，它们都能24小时连续运转。这种自动化和无人化车间，是向实现计算机集成的自动化工厂迈出的重要一步。

中国颁发《机械工业技术改造试行条例》　1981年9月，制订出《机械工业技术改造试行条例》。1982年3月，国务院批准颁发，要求各省、自治区、直辖市和各部门试行，根据试行条例的规定，机械电子工业首批改造30类重点产品。机械工业部围绕国民经济急需的重大战争设备，量大面广的节能产品，关键基础零部件，基础机械，铸、锻、电镀、热处理四大工艺改造和扩大出口等重点任务，确定了“六五”计划后三年技术改造项目857个。

中国北京信息与控制研究所成立　该所是航空航天部直属的系统科学、计算机科学及其应用研究机构。主要从事计算机网络、信息管理与数据库图像处理与模式识别、计算机辅助设计、计算力学、计算机仿真和应用软件工程等方面的研究，以及对工程、经济、社会、科学技术、生态环境等复杂系统进行建模、预测、优化和政策模拟，为决策部门提供定量参政依据。

1983年

中国北京机床研究所研制出大型精密电火花机床　该机床在汉川机床厂和北京恒源电火花加工机床厂协助下研制成功。北京机床研究所研制出的这台机床，坐标定位为10微米，可加工16吨以下腔膜。

中国大连起重机厂制造出20吨*650米单承载缆索起重机　这台起重机被安装在龙羊峡水电站使用，其性能达到了国外同类产品的水平。

中国颁布实施《机电产品生产许可证条例》　机械工业的生产许可证制度从1980年开始，首先从低压电器开始试点，随后对机床电器、工业锅炉、电度表开展了这项工作。1983年初，国家经委与机械工业部共同颁发《机电产品生产许可证条例》。按照条例规定，对小型拖拉机、小型柴油机、手拉葫芦、千斤顶、水表等产品发放生产许可证。这对制止粗制滥造和提高产品质量起了一定的作用。

中国清华大学研制出肌电假手　假肢是分为上肢假肢和下肢假肢，上肢比下肢精巧灵活，结构也较复杂，一般要求假手的外形、构造与人手相近。随着电子技术、生物医学工程的发展，假手已由装饰假手、机械牵引假手发展到肌电假手。清华大学研制的肌电假手，可由大脑通过脊髓和神经系统向有关肌内发出一组生物电脉冲，利用装在手臂皮肤表面的电极接受指令而驱动假手运动。这种假手受人的意志控制，能实现多功能的、与人手相似的动作。

中法两国合作建成三轴谱仪和四圆衍射仪　这两台中子散射谱仪，提供了现代化的中子散射实验手段，在核工业部原子能研究院安装完成并投入运行。

中国北京钢铁学院等联合研制出光导便携式测温仪　北京钢铁学院和天津市冶金实验厂联合研制出的这台测温仪达到国际先进水平，可用于电炉、感应炉等各种炼钢设备。

1984年

曹凤国［中］研制出聚晶金刚石工具电火花加工技术

中国陕西重机厂制造的极薄带轧机调试成功 1965年，西安重型机械研究所宋激、董廷枢开始组织和设计该项目。1973年初交货。由于原用户已引进国外产品，这套设备改交重庆钢铁公司第四钢铁厂使用并于1984年调试成功，主要技术指标达到了设计要求。

中国实现莲子机械剥壳 1980—1984年，中国研制并生产出利用滚差、撞击等不同原理剥壳的莲子剥壳机，从而实现了莲子机械剥壳。

中国天水红山试验机厂等合作建成地震模拟震动台 该地震模拟台由天水红山试验机厂、同济大学与美国MTS公司合作建造。

中国北京天文台研制出米波综合孔径射电望远镜 中国科学院北京天文台研制的这台射电望远镜，由28面口径为9米的天线组成，分辨率为3.8角分，灵敏度优于0.2央斯基。工作波段填补了国际上232兆赫的空白，在利用计算机软件“洁化”图像方面，也取得了较好成果。

中国北京自动化研究所研制喷漆机器人 这台喷漆机器人由北京自动化研究所研制。

1985年

中国航天部一院计量站研制出数显转台、激光流量计 航天部一院计量站研制的精密数量转台是一种高精度、高分辨率、多功能的测角仪器，为国内首创；激光流量计是一种新型测量仪器，其准确度、灵敏度优于已有流量仪器。

中国南京大学研制出高精度自动数据处理穆斯堡尔谱仪 南京大学研制的这台仪器主要用于研究物质微观结构和原子核——核外电子超精细作用。

中国建成“中国环流1号” 它是目前中国最大的受控核聚变实验装置，由全国100多个科研、教学和生产单位协作自力建设，1984年9月21日启动，1985年11月18日正式通过国家验收。实验数据表明，其纵向磁场达到23 000高斯，等离子体电流平顶时间约2/10秒，获得了平衡、稳定和比较干净的等离子体，等离子体电流持续时间长达1秒。

中国北京大学等协作研制出微波辐射计量仪器 北京大学地球物理系与大华无线电厂协作研制的5频段微波辐射计、微波辐射率仪和微波反射率仪可遥感大气温度、湿度、压力和云中含水量及地物有关特征。

中国哈尔滨工业大学等研制出弧焊机器人　哈尔滨工业大学机器人研究所和哈尔滨风华机器厂研制出弧焊机器人。

IEEE在美国纽约召开第一届智能控制学术讨论会　会上集中讨论了智能控制原理与智能控制系统的结构。会后不久，在IEEE控制系统学会内成立了IEEE智能控制专业委员会。该专业委员会对智能控制定义与研究生课程教学大纲组织了讨论。

1986年

美、日、澳科学家联合建成高分辨率射电望远镜　科学家们使地面上一直径70米的抛物面天线，与一颗数据转播卫星上5米的直径抛物面天线建立起电磁联系，形成一长达4万余公里的测量基线，从而建成这台高分辨率射电望远镜。

中国建成第三代激光人卫测距仪

1988年

白春礼［中］研制出微机控制高分辨率扫描隧道显微镜　中国科学院化学研究所教授白春礼领导研制的微机控制高分辨率扫描隧道显微镜，采用单管结构，在垂直和水平方向上扫描分辨率为0.1埃和1埃。

中国计量科学研究院研制出高精度小型绝对重力仪　中国计量科学研究院研制的这台重力仪，由光学、电子、真空、机械等系统组成，是由计算机自动控制的可移动式高精度仪器。

中国北京正负电子对撞机对撞成功　北京正负电子对撞机由中国科学院高能物理研究所负责建造，工程包括电子注入器、贮存环、探测器及技术处理中心、同步辐射区等4个主要部分，设计能量为2×28亿电子伏。1984年10月7日奠基，1987年12月负电子出束，1988年5月正电子出束，1988年10月16日首次对撞成功。

中国上海天文台研制出氢原子钟　上海天文台研制的氢原子钟，又称实用型氢频标，是一种1 000万年误差不超过1秒的高精度时间频率标准，在现代

国防、空间技术和科学实验中有重要实用价值。

美国通用电气公司研制出装有激光系统的焊接机器人

中国建成重离子加速器

1989年

白春礼［中］等研制出原子力显微镜 中国科学院化学所教授白春礼等人研制的显微镜，分辨率达原子级（10^{-10}m）。它是在扫描隧道显微镜的基础上发展而成，其基本原理是，靠探测极微弱的原子间作用力来获得物质表面形貌。

中国北京医科大学等共同研制出头面云纹摄影仪 北京医科大学口腔医院与北京理科大学科研人员共同研制的摄影仪，是利用光的干涉特性，获取被测物体的云纹“等高线”来准确记录人体面部形态的仪器，可为整形手术提供较精确的数据，也可用于人体工程学、公安侦破、服装设计等领域。

中国工程物理研究院研制出1.5兆电子伏直线感应加速器 中国工程物理研究院第一研究所研制的加速器，综合了大功率脉冲技术和常规加速器技术的优点，达到了国外同类装置的技术指标，使中国成为继美国、苏联之后第三个掌握这种加速器技术的国家。

北京质子直线加速器建成 建在中国科学院高能物理研究所的北京质子直线加速器，能量为35兆电子伏，脉冲流强度为60毫安。综合运用了超高频无线电、高真空、高电压、高精度光测、计算机自动控制等技术，是中国自行设计制造的第一台质子直线加速器，主要用于治癌研究和核物理、核化学的基础研究。

日本研制出两个具有高技能和智能的工业用机器人 这两个机器人其中一个可以代替人在极限条件下独自作业，另一个则可与人进行对话，协调作业，当它遇到不能处理的复杂情况时，可用声音向人求救。

1990年

日本索尼公司研制出锂离子电池 锂离子电池由索尼公司最先开发成功。电池的综合性能好，工作电压3.6V，循环寿命1 200次，自放电低，充电快（2小时可完全充电）。被认为是最具发展前景的极限电池。

德国建成巨型环加速器　1990年11月，巨型环加速器在汉堡建成。其环形隧道长6 330米，采用超导高能电磁体等先进技术，可把电子加速到300亿电子伏，把质子加速到8 200亿电子伏。

1993年

卡兹墨斯基［美］发明原子加工显微镜　美国能源部实验室工程师卡兹墨斯基发明的这种显微镜，可以移走半导体材料中的某一种原子，并以另一种原子取代，从而形成一种新材料。它不仅是对材料进行毫微加工的工具，而且还是检测、修整材料和器件的工具。该显微镜的发明归功于几项技术革新，包括光子偏压，将它加到材料上时，光子脉冲被调整到材料表面某一原子上，就可将它从表面去掉。另外，还有一种采用电子束感应电流的仪器可对材料进行毫微加工，将此仪器与电致发光和阴极发光结合，可用于分析新材料的特性，全套设备还包括一台计算机，用于控制和数据处理。

美国建成凯克望远镜　望远镜口径达10米，其镜面由36块1.8米的反射镜拼合而成。

中国西北核技术研究所研制并建成闪光Ⅱ号电子束加速器　西北核技术研究所研制的加速器，是一种低能强流脉冲相对论电子加速器，具有电子束流大、瞬间功率高、阻抗小等特点，是一种高功率新型加速器。闪光Ⅱ号的建成，标志中国已继美国和俄罗斯之后，跨入了高功率脉冲技术领域的先进行列。

中国中原光电测控技术公司研制出JGC系列激光测厚仪　机电部第27研究所中原光电测控技术公司研制的测厚仪，可用于测厚、测宽、测长、测径作业。经重庆钢铁公司等数十家用户使用，其检测质量达国际同类产品先进水平。

范维登［中］、王清安［中］等设计建成燃烧风洞　中国科技大学大灾科学国家重点实验室教授范维澄、王清安等设计建造的这套研究火灾机理设备，总长20米，最大进口直径3.94米，风洞轴线标高2米。洞体壁面为钢板加肋结构，燃烧厅、排气道为钢筋水泥结构。风洞可研究各类可燃物、各种几

何布局、有风无风和其他环境条件下的燃烧蔓延及火焰特性，火灾现象的各种因素的相互作用及其机理，验证各种理论分析和数值模化的模型等。

中国重庆大学等共同研制出工业CT实用样机 1993年5月18日，XN-1300型工业CT实用样机在重庆大学ICT实验室诞生。这是一台工业用计算机断层成像装置，又称工业用计算机层析成像装置。该项工程由重庆大学与绵阳市政府和中国工程物理研究院共同研制，从1992年2月开始，共用14个月研制完成。

1994年

英国研制出砷化镓材料粒子探测器 格拉斯哥、米开斯特、谢菲尔德三所大学的物理学家们发现，砷化镓能经受更强的辐射，但它对穿过探测器的电离粒子释放的电荷搜集不完全。经多方探索，他们找到了一种新型砷化镓材料，用来制成探测器。经试验，其有用信号强度比干扰信号高出19倍以上，电荷搜集率接近90%，探测精度大大提高。

法国Vivitron静电加速器投入运行 该加速器建于斯特拉斯堡核研究中心，可产生3500万伏高压，是目前世界最大的范德格拉夫静电加速器。主要用来研究原子核的“超变形”现象。

欧洲建成同步加速辐射装置 该装置（ESRF）建于法国格勒诺布尔，由欧洲12国共同投资、研制，设计光束40束，输出能量达6兆电子伏，是目前世界上能量最大、亮度最高的X射线源。

美国研制出便携式光纤X射线衍射装置 该装置由高技术材料公司研制，是一种根据光纤光学原理制成的灵敏闪烁探测器。可用于实时监测化学汽相淀积金刚石薄膜的参数，包括相合成、晶化度、优先趋向的构造、厚度和残余应力等。

日本研制出光机器人 日本研制成功的光机器人，结构简单，总长度约5厘米。当光照射在光机器人的两条腿上时，机身会反复膨胀和收缩，从而像尺蠖那样走动，每分钟只能行走20微米。

日本研制出能自行繁殖的机器人 日立制作所研制成功的这种机器人利用微晶片作为“遗传密码”，以预制部件为“细胞”，可像动物一样繁殖后代，并能“优胜劣汰”。

美国开发出新型硫铝高能电池　克拉克大学化学家利希特介绍的这种电池，采用固态硫阴极和铝阳极。为了使固态硫充分导电，将其浸在经硫饱和过的水溶状聚硫化物中，而铝阳极则采用了一种强碱性溶液。这种电池每千克储电量为每小时220瓦，放电时间长达17小时。电池重量轻，几乎无毒性化学材料。

比尔登［美］研制出激光反馈显微镜　加州大学伯克利分校比尔登教授和他的同事们，将一构造简单的低成本激光器与一标准光学显微镜结合，研制出这种新型显微镜。它利用了比尔登等人用1989年第一次观察到的激光反馈干涉现象。显微镜的分辨率达100纳米，可与扫描电子显微镜相媲美，预期还能达到10纳米的水平。

英国研制出低温扫描隧道显微镜　利物浦仪器公司研制出的这种显微镜，分辨率小于10纳米，探测样品的时间只有几分钟，用于研究物体的精细结构。

德国研制出新一代望远镜　这种双筒望远镜装有激光器和微机。既具望远功能，又能对远方物体测距和定位，测距范围25～1 000米，误差小于1米。

中国研制出激光飞行时间质谱仪　中山大学测试中心教授赵善楷等吸收国外仪器的合理部分，同时改进了激光系统、检测系统、后加速电压系统，增加了可选择激光波长、线性和反射工作方式，研制出研究级激光微探针飞行时间质谱仪。其分辨率线性式为650，反射式为1 300，灵敏度达10^{-13}摩尔水平。

中国研制出高性能TM格式同步器及快视系统　中国科学院遥感卫星地面站科技人员吸收国外先进技术，采用国外最新的大规模门阵列器件，通过自己的研究探索，改进设计，研制出这种遥感卫星地面站的重要设备。

中国研制出高分辨快电子能量损失谱仪和电子动量谱仪　中国科技大学原子分子实验室科研人员研制的这种大型实验装置是电子碰撞激发研究中的重要基本设备。所研制的谱仪能在较高能量下能实现电子能量损失谱的高分辨测量，并能实现零度角和小角范围内的转动测量。

中国研制出单道扫描光谱仪诞生 该仪器由北京地质仪器厂自行设计研制，是一种集精密光学、精密机械、电子及计算机技术为一体的大型精度仪器。它将电感耦合等离子体作为高效原子发光源，应用于光谱分析，可在数十秒或几分钟内同时测定几十个元素，检出限多在亿分之一到十亿分之一，精密度可达1%~2.5%，用于地质、冶金、生命科学等众多领域。

中国研制出多通道太阳望远镜 中国科学院北京天文台、南京天文仪器研制中心联合研制出能同时进行立体观测的、具有强大功能的太阳望远镜。望远镜的滤光器由1 697片晶体、KD*P和干涉滤光片组成，共77级，使用了84个电机和20个独立恒温器，组成复杂的、性能优异的滤光器系统。望远镜还使用了14个CCD系统。

澳研制出廉价太阳能电池 1994年5月13日，新南威尔士大学电光源装置及系统中心教授格林和博士韦纳姆用廉价材料制造的太阳能电池，可使太阳能发电成本降低80%~95%。电池的转化效率为10%~16%左右，所用的材料比现在的商用硅电池对材质要求低1 000倍，既价廉又可靠。

中国研究课题“仿人智能控制理论框架及双倒摆实验”通过鉴定 1994年5月27日，北京航空航天大学自动控制系科研人员在该研究课题中提出的仿人智能控制理论，是用计算机控制来模拟人的智慧和控制技能的一种途径理论。科研人员就是用这种理论成功地控制了单倒立摆和双倒立摆。

中国研制出1.2米地下式天文望远镜指向精度系统 1994年6月18日，中国科学院云南天文台经10年努力研制的该系统，在昆明通过了专家鉴定。系统配备了电感式精密轴角编码器、力矩电机和摩擦传动驱动系统、伺服跟踪系统、激光光标等，望远镜指向精度达±1″。

中国研制出多功能浮点地震仪 中国科学院武汉测量与地球物理研究所研制的DZH-16B多功能浮点地震仪，灵敏度高、抗干扰能力强、体积小、重量轻，特别适合于野外作业、高分辨浅层地球探测。

日本研制出大功率平板型氧化物燃料电池 东京气体公司研制的这一燃料电池功率为1.33千瓦，可持续工作20小时。电池由堆积在一起的两组电池板组成，每组电池由47个标准的氧化锆电解质板组成，每个电解质板面积为12厘米×12厘米，有效电极面积为100平方厘米。电池以氢为燃料，以空气为氧化剂，其开路电压为47伏，工作温度为1 000摄氏度。

英国研制出阴天可充电光电池 这一光电池用非晶型硅材料制成。只要有散射光，无论是在冬天还是在窗户北开的室内，电池都可以充电。

中国研制出全电子式交流电能表 湖南威胜集团电子有限公司研制出DSSD-331和DTSD-341型全电子式预付费多功能三相交流电能表。

中国研制出三相数字流量仪 西安交通大学教授周劳德等运用压差测量法，克服了国外流量仪结构复杂、体积大、不易维护、须用放射性元素测试等不足，设计制造出精度高、测量动态范围广、体积小、造价低的油气水三相数字流量仪。

中国研制出高精度7米激光能测长机 哈尔滨工业大学、哈尔滨汽轮机厂合作研制的测长机，结合技术指标达国际先进水平，其微机实时处理与计量管理系统为国内首次研制。

中国研制出强流回旋加速器 该装置建于中国原子能科学研究院，是专用于生产放射性同位素的加速器，在同位素生产靶上束流为30兆电子伏、370微安，达到目前同类加速器的最高水平。

中国研制出机器人导引车系统并投入使用 中国科学院沈阳自动化研究所、金杯客车公司合作研制出一条由9台机器人组成的自动导引车系统，并在沈阳金杯客车制造有限公司的总装生产线投入使用。

中国研制出7自由度机器人试验样机 北京航空航天大学机器人研究所研制成功类似于人的手臂由3自由度球形肩关节、单自由度肘关节和3自由度球形手腕组成的机器人，达到国际冗余自由度机器人研究20世纪80年代末水平。

中国研制出神经网络控制机器人 此课题负责人是教授国防科技大学王正志。研制成功的这套手眼系统，通过学习，能够实现三维空间中的协调控制，是自组织神经网络实现机器人手眼协调控制的系统。

中国研制出遥控移动式作业机器人样机 中国科学院沈阳自动化所等5家科研院所和高校共同研制出可以显示整体功能技术的试验样机。

中国研制出SEEL-CNC系列型机床数控系统 北京三重电器设备工程有限公司研制开发的是一个功能强、速度快、力矩大、精度高的轴控制系统。适用范围广泛，填补了国产步进系统细分控制的一项空白。

中国研制出水下识别物种的机器人 北京信息工程学院研制出的机器人，可识别水下物种为钢、覆铜板、油石、大理石等，识别率90%以上，首创水下识别种机器人的核心技术——热觉式触觉器，并通过技术鉴定。

中国研究成功“银河可重构容错多机柔性制造控制系统” 国防科技大学教授窦文华、戴树智研制成功的这一系统，技术性能达到90年代初国际先进水平。

中国研制出机电一体化仓库 上海市自动化研究所研制成功机电一体化仓储系统—计算机群控柜式自动化立体仓库。仓库采用计算机联网，实现流程自动控制和管理、自动存取货物，定位迅速正确，能精确记忆并计算货物的数量、货号等数据及变化。

中国研制成功七感觉智能机器人 该机器人由杭州电子工业学院机器人研究所研制成功，并通过鉴定。

中国研制出探索者号水下智能机器人 探索者号是一台无缆水下机器人。其功能和主要技术指标均达到国际90年代的水下机器人水平。

1995年

美国研制出微型隧道显微镜 康奈尔大学教授麦克唐纳和他的两个学生，在一片硅晶片上制作出一台微型隧道显微镜（STM）。显微镜直径只有0.2毫米，装有3台微电机，两台用来驱动探针往复运动，另一台用于使针端升高或降低。STM用途广泛，尤其在提高新一代计算机存储容量方面极有前景。

日本开发出300万伏加速电压电子显微镜 1995年6月20日，由日立制作所投资设计制作，建于大阪大学超高压电子显微镜中心的300万伏加速电压电子显微镜投入运行。显微镜高13.5米，外径3米，重140吨，电子枪发射的电子束经加速后可穿透观察物，拍下表面或断面照片，分辨率为0.14纳诺米，可观察到单个金属原子，倍率高达百万倍。电子能被加速电压提高后可拍摄3～10微米厚的物体断面。

美国建成GBT射电望远镜 GBT（Green Bank Telescop）是连续孔径多功能射电望远镜。它采用了一系列高新技术，包括无遮挡的馈源编制技术，由计算机控制的伺服系统对天线主面主动调整技术，精密测定天线表面形状和望远镜指向的激光技术，以及能迅速更换各个波段接收机的技术等。望远镜在米波、分米波、厘米波直到毫米波的宽阔波段上，均有很高的强度灵敏度和空间、时间及频率分辨率，能极其方便有效地观测星系、恒星、行星和星际介质等天体的射电辐射及其随时变化的特性。

美国研制出新型紫外光检测仪 爱达荷国家工程实验室科学家研制的这种检测仪，利用紫外光源和氧化氮检测器，可以连续或单点检测水中的硝酸盐含量，因而它既可检测爆炸物又可检测地下水污染。

中国研制出SSR电参数综合测试仪 1995年1月23日，电子工业部电子技术标准研究所国防微电子一级站自行设计研制的CESI-1固体继电器（SSR）电参数综合测试系统，通过了技术鉴定。它是一套全自动多功能综合参数分析测试设备，能自检、自校的参数多，可对SSR的19项电参数进行全自动测试，测试范围宽、测试速度快，测试精度高，设计水平、性能指标均达到国外20世纪90年代初的水平。

中国建成环流器新一号装置 该装置建于四川乐山核工业西南物理研究院，是国内第一个等离子体电流超过300千安的托卡马克聚变装置。其主要技术参数和指标均处于目前国际上同类规模装置的先进水平。

中国建成大型超导核聚变装置HT–7 该装置建于中国科学院安徽等离子体物理研究所，是通过对苏联早年赠送的超导托卡马克装置T-7进行“脱胎换骨”改造而建成。只保留了T-7的超导线圈和铁芯基础，其余部件都进行了改造或重新制作。目前世界上只有4个国家建成了这种装置。

中国研制出智能机器人三指灵巧手 北京航空航天大学机器人研究所研制的智能机器人手指，基本上达到了当时国际多指灵巧手研究的先进水平。

中国研制出精密一号机器人 上海交通大学研制出高性能精密装配智能型机器人。“他”不仅可以转动“身躯”和灵活的“手臂”“手抓”，还有上下两层的“大脑”，可以同时管“眼睛”、管“感觉”。精密一号机器人的诞生，标志着中国已具有开发第二代工业机器人的技术水平。

1999年

美国米德公司研制出天文望远镜控制器　业余天文爱好者只要把这种Autostar控制器插入ETX-90EC天文望远镜的基座中，把望远镜指向正北，对着天空中两颗最明亮恒星所在区域调焦，控制器就可根据时间、日期及方位计算出天体的位置。然后望远镜自动旋转，锁定天体，在液晶显示屏幕上显示天文观测内容，不必具备任何天文知识，就能观察约1.4万个天体。

美国“钱德拉”太空望远镜投入观测　1999年7月，美国航天局将“钱德拉”X射线观测器送入椭圆形地球轨道。它是美国航天局大型观测器系列中，继“康普顿”伽马射线望远镜和“哈勃”太空望远望之后的第三台望远镜。天文学家需要有能够“看到”不同波长的望远镜，以提供在不同光线下看到的细节。“钱德拉”望远镜能拍摄下宇宙中的大多数高能活动。它拍摄的第一张照片是一颗超新星的残骸，显示了前所未有的细节。

欧洲研制并发射大功能X射线望远镜　1999年12月10日，欧洲用1枚新型阿丽亚娜5型运载火箭把重3.8吨的X射线多镜面任务（XMM）望远镜送入太空。该望远镜由3条长导管组成，包括58组精密打磨而成的镀金铜轴镜面。这些镜面将能吸收来自宇宙深处辐射出的细微X射线。XMM望远镜的灵敏度至少是美国于1999年7月发射的“钱德拉”太空望远镜的5倍。

美国QX3家用数字式显微镜投放市场　这种显微镜与主频200MHz、配有Windows 95操作系统的个人电脑相连，可观察到10倍、60倍和200倍于实物大小的图像，还可通过电脑对数字图像进行处理，或制作成慢镜头影片。

中英合作生产球栅数显表　中国航天工业总公司三十三研究所与英国新和测量系统有限公司合作，在北京建立球栅尺和数显表生产、销售基地，推出了性能优异的专利产品球栅数显表。

中国研制成功移动式集装箱检查系统　该系统由清华大学同方股份有限公司研制成功，是世界上第一套以直线加速器为辐射源的移动式集装箱检查系统，在该领域达到国际最高水平。

“电磁爬行机构”样机诞生　由清华大学机械系阎炳义高级工人技师研制，属机器人领域。

2000年

美国研制出机器人护士　匹兹堡大学和卡内基—梅隆大学设计的这台名叫“弗洛”的机器人护士，会提醒人们按时吃药并定期检查他们的生命特征，如体温和脉搏等，然后通过电子邮件把这些数据传送给医生。目前“弗洛”还只是个人服务机器人的早期产品。

日本研制出水下机器人　电信电话公司研制的名为“水中探险者2号”的机器人，是世界唯一实用化的自律行走式水中机器人。通过遥控，它可在海中自由游动。机器人高3米，宽1.3米，重260公斤，潜水深度500米，可检查、保护海底电缆。

威尔金森［美］研制出可进食物的机器人　工程师威尔金森研制出的这一机器人名叫“丘丘”，其形状类似一个大型玩具列车，它有3个带轮的车厢，每个车厢长约1米，里面装有这台机器人的“器官”。它的“胃”是一个微生物燃料电池，这是一种利用细菌群分解食物并把化学能转化为电能的装置。机器人的设计注重实用性，重点要解决在把食物转化后的废物处理问题。“丘丘”目前只吃方糖，方糖几乎可以完全在“胃”里分解而不产生废物。现在它产生的能量还不足以直接让它行动，所以还要为它充电。威尔金森认为，“这项研究的目的是最终研制出自给型机器人”。

日本开发出双足步行机器人　本田技术研究所研制的这台叫“P3”的机器人，可用两手端着沉重的水槽迈步前进，水槽里的水不晃也不溢出，动作与人十分接近。“P3”携带有高性能发动机，在手和脚的关节部分装有控制用的电脑，体重130公斤，比以前的“P2”减少了80公斤。研究人员认为它必须更轻，使它即便倒下也不会伤人，这样才能承担起护理等工作。

日本法纳克公司研制出智能机器人　这台智能机器人名叫“法纳克人”，它有和人同样大的两只手，并有立体捕捉对象的图像传感器，可以观察和触摸对象，边判断对象的情况边进行复杂的操作。

美日研制出可模拟人的表情的机器人　美国IBM阿尔马登研究中心与日本IBM等共同研制的机器人“波恩”，有一张与人脸大小相同的脸。有两道大眉和可开闭的嘴。可以做出各种招人喜欢的丰富表情；它还有可以理解人

语言的声音识别机能，并能用自己的合成声音答话。

美国研制出可进化复制的机器人 由布兰代斯大学研究人员设计的这种机器人，开始时是基本零部件的静态组合体，由计算机学会如何去掉机器人身上无用的或笨重部分，就像自然界中的自然选择一样。经过这样几十代“进化”，计算机选出了3个“最合适”的设计，然后用三维打印机由喷头喷出热塑性塑料，把机器人实物制造出来。人的作用就是给这些机器人装上小型马达，使它动起来。这些机器人体积小，结构简单，由像玩具积木一样的三角形和长方形部件组成。

美国研制出蛇形机器人 蛇形机器人细长的身体由许多节体组成，它可以像蛇一样盘绕、摆动、爬行。美国航天局计划用它在太空执行任务。因为它具有很强的适应性和坚固性，可以在崎岖、陡峭的地形上行走，而带轮子的车形机器人则很可能被挡住或绊倒。这种机器人有一台主计算机“大脑”，它通过电线与各体节相连，指挥每个体节的小发动机行动。

英国研制出仿真假手 英国所研制的这种假手是为先天手部畸形、手在腕部或腕部以下被部分截除的儿童设计的。假手外面色着硅套，手指由小马达驱动，儿童把手臂伸到假手里，可以握自行车把、剪纸、撕开一袋糖或拿着一本书。

日本研制出“章鱼”机器人 三菱重工研制出的这种机器人像一只大蜘蛛，全长约80厘米，有8只脚、72个灵活的球形关节，每个球关节直径4厘米，其内部装有具备通讯功能的控制板和超声波电动机以及树脂材料的减速器等。球的表面装有4个接触传感器，它们能感知地面的情况和高低差别。“章鱼”能像尺蠖一样一起一伏地前进，也可以直立而起，像虫子一样行下次移动。研究人员期望充分发挥它体形能自由伸缩变化的特长，在管道纵横交错的核电站等场所自由行动，进行维修工作。

事项索引

D

E

F

G

H

J

K

L

M

N

P

Q

R

S

水色计　1889
水位自动调节器　1765
水洗便器　1778
水压锻造机　1847
水压机　1795
水银漏壶　979
水银气压计　1643
水银温度计　1714
水运浑象　约117
水运仪象台　1092
水则　B.C.256
水钟　约500
水转大纺车　12世纪
水准仪　B.C.532
瞬间蒸汽发生器　1889
司南　B.C.250
斯特拉福战斧　9世纪
四级漏壶　7世纪
四轮蒸汽汽车　1868
四则计算器　1820
四则运算计算机　1672
塑炼机　1820
算数机器　1720
燧发枪　1701
缩绒机　1621
锁钥　约B.C.444

T

台钳　1530
台式机械计算机　1818，19世纪
台式蒸汽机　1807
太阳行星齿轮机构　1781
太阳摄谱仪　1891
泰西水法　1612
炭粉送话器　1878
耥　1313
镗床　1713
套筒链　1881
特雷维喷泉　1732
提花织机　约230
提水机器　1582
体温计　1597
天工开物　1637
天文仪器　13世纪
天文钟　1735
条播机　1701，1750
铁船　1787
铁钉　83
铁焊接法　B.C.604
铁路　1839
铁路车站采用联锁　1843
铁轮箍矿车　1710
铁炮　1543
铁索桥　58
铁制印刷机　1800，1813
铁制子弹　1400
听诊器　1816
铜管　1893
铜火铳　1332
铜卡尺　9
铜绿山矿冶技术　B.C.212
铜马车　B.C.3世纪
铜圆筒　1893
铜制滑膛炮　1586
铜制医工盆　B.C.113
投币煤气表　1887

W

X

Y

Z

人名索引

A

阿贝 Abbe，E.［德］1866，1870
阿波尔德 Appold，J.G.［英］1851
阿尔-贾扎里 al-Jazari I.［阿拉伯］1206
阿尔贝蒂 Alberti，L.B.［意］1450
阿格里柯拉 Agricola，G.［德］1530，1556
阿基米德 Archimedes of Syracuse［希］B.C.220
阿克莱特 Arkwright，S.R.［英］1769
阿伦 Allen，R.［英］1710
阿蒙顿 Amontons，G.［法］1695，1702
阿佩尔 Appert，N.［法］1795
阿普尔比 Appleby，J.［美］1880
阿什利 Ashley，H.［英］1887
埃贝尔 Herbert［法］1854
埃尔金顿 Elkington，G.R.［英］ 1869
埃克尔 Ercker，L.［奥］1574
埃里克森 Ericsson，J.［美］1836
埃利科特 Ellicott，J.［英］1736
埃奇沃思 Edgeworth，R.L.［英］1770
埃文斯［美］1785，1786，1800，1803
艾姆斯 Ames，B.C.［美］1890
艾特魏因 Eytelwein，J.A.［德］1801
爱迪生 Edison，T.A.［美］1877，1888，1890
奥蒂斯 Otis，E.G.［美］1833，1854
奥斯汀 Orstin，J.［英］1796
奥特雷德 Oughtred，W.［英］1621
奥托 Otto，N.A.［德］1867，1876

B

巴贝奇 Babbage，C.［英］1822，1833，1840
巴本 Papin，D.［法］1679，1680，1690，1707
巴伯 Barber，J.［英］1791
巴布科克 Babcock，G.H.［美］1867
巴丁 Budding，E.B.［英］1830
巴顿 Barton，J.［英］1816

巴克 Buck，J.［英］1895
巴洛 Barlow，A.［英］1849
巴雷尔［法］1879
白贝罗 Buys Ballot，C.H.D.［荷］1866
柏拉图 Plato［希］B.C.380
柏林纳 Berliner，E.［德］1887
薄珏［中］1631
保罗 Paul，L.［英］1738，1748
鲍德马［美］1838
鲍德温 Baldwin，F.S.［美］1874
鲍顿 Bowden，E.M.［爱尔兰］1896
鲍尔 Bauer，A.F.［德］1810
鲍内 Bourn，D.［英］1748
贝德森 Bedson，G.［英］1862
贝恩 Bain，A.［英］1840，1842
贝尔 Baer，K.E.V.［英］1826
贝尔 Bell，T.［英］1785
贝海姆 Behaim，M.［德］1492
贝朗瑞 Béranger，J.［法］1849
贝内特［英］1786
贝塞麦 Bessemer，H.［英］1840
贝松 Besson，J.［法］1569，1578
本瑟姆［英］1795
本生 Bunsen，R.W.E.［德］1843
比林格其奥 Biringuccio，V.［意］1540
波尔祖诺夫 Polzunov，I.I.［俄］1763，1765
波登［法］1852
波施曼 Пошман，A.［俄］1809
波义耳 Boyle，R.［英］1660，1668，1680
伯格 Burger，F.［美］1889
伯利塞鲁斯 Belisarius［拜占庭］537
伯特 Bert，P.［英］1820，1829
博尔顿 Boulton，M.［英］1775，18 世纪
博福特 Beaufort，F.［爱尔兰］1805
博南贝格尔 Bohnenberger，J.G.F.V.［德］1810
博西尼 Bossini，P.［德］1807
博伊登 Boyden，S.［美］1840
博伊斯 Boyce，J.［英］1800
布盖 Bouguer，P.［法］1729
布拉默 Bramah，J.［英］1778，1795，1802
布拉泽胡德 Brotherhood，P.［英］1871
布莱克 Black，J.［英］1760
布莱克 Blake，E.W.［美］1856
布兰卡 Branca，G.［意］1626，1629
布朗 Brown，J.R.［美］1862
布朗 Brown，R.［英］1820
布朗希尔 Brownhill，R.W.［英］1887
布雷格斯 Briggs，T.［美］1896
布鲁内尔 Brunel，I.K.［英］1802
布鲁内尔 Brunel，M.I.［法］1818
布鲁斯 Bruce，D.［美］1838
布伦金索普 Blenkinsop，J.［英］1811
布洛克 Bullock，W.［美］1865
布乔 Bouchon，B.［法］1725
布冉利 Branly，E.［法］1890
布什内尔 Bushnell，D.［美］1775

D

达·芬奇 Leonardo da Vinci［意］1492，15 世纪
达比 Darby Ⅱ，A.［英］1709
达文波特 Davenport，F. S.［英］1864
戴姆勒 Daimler，G.［德］1883，1889

戴斯 Deiss，E.［法］1856
戴维 Davy，H.［英］1801
戴维森 Davidson，R.［英］1842
戴梓［中］1700
丹蒂 Danti，E.［意］约1570
丹蒂［意］1350
丹斯 Dines，W.H.［英］1891，1892
德・科 De Caus，S.［法］1615
德・维克 De Vick，H.［德］1370
德贝莱纳［德］1823
德尔康布尔 Delcambre，A.［法］1840
德科尔马 De Colmar，C.X.T.［法］1820
德朗德尔 Deslandres，H.A.［法］1891
德雷贝尔 Drebbel，C.［荷］1620
德罗沙斯 De Rochas，A.B.［法］1862
德内鲁兹 Denayrouze，A.［法］1872
登纳姆 Denham，S.［英］1857
邓玉函 Johann，S.［德］1627
狄塞尔 Diesel，R.［德］1892，1897
迪克森 Dickson，W.K.［英］1890
迪肯 Deacon，G.F.［英］1873
蒂莫尼埃 Thimonnier，B.［法］1830
丁拱辰［中］1843
丁缓［中］B.C.2 世纪
杜兰德 Durand，P.［英］1810
杜诗［中］31
杜预［中］265
多隆德 Dollond，J.［英］1758

F

法尔科 Farcot，J.［法］1868
法拉第 Faraday，M.［英］1821
菲隆 Philo of Byzantium［希］B.C.230
菲利普斯 Philips，W. H.［英］1842
菲奇 Fitch，J.［美］1787
费奥多罗夫 Феодоров，E.C.［俄］1892
费奥多罗夫Feodorov，P.［俄］1606
费尔特 Felt，D.［美］1884
费罗利克 Froehlich，J.［美］1892
费洛斯 Fellows，E.R.［美］1897
丰德尔 Fondeur［法］1825
丰塔纳 Fontana，G.D.［意］1420
冯继升［中］970
弗莱彻 Fletcher，T.［英］1887
弗朗西斯 Francis，J.B.［美］1840，1849
伏特［意］1775
福丁 Fortin，J.［法］1810
福克斯 Fox，C.［英］1847
福勒 Fowler，J.［英］1851
福雷尔 Forel，F.A.［瑞］1889
福韦勒 Fauvelle，P.P.［法］1846
傅安［中］92
富尔顿 Fulton，R.［美］1801，1803
富尔内隆 Fourneyron，B.［法］1827，1832
富兰克林 Franklin，B.［美］1753，1775，1784
富尼埃［法］1742

G

冈特 Gunter，E.［英］1620
格劳卡斯［希］B.C.604
格雷 Gray，T.L.［英］1880
格雷厄姆 Graham，G.［英］1715，1725
格雷特黑特 Greathead，J.H.［英］1847
格里凯 Guericke，O.V.［德］1650，1654，1660

H

J

K

L

利奥波德 Leupold，J.［德］1720，1725
利斯特［英］1851
梁令瓒［中］724
列文虎克 Leeuwenhoek，A.P.V.［荷］1650
林德 Linde，C.V.［德］1871，1873
林特拉埃 Lintlaer，J.［法］1608
卢卡泰罗 Lucatello，D.J.D.［西］1669
卢米埃尔兄弟 Lumiere，L.J.；Lumiere，A.M.L.N.［法］1894
鲁班［中］B.C.5世纪，约B.C.444
鲁宾逊 Robinson，W.［美］1846
陆龟蒙［中］880
路德维希 Ludwig，C.F.W.［德］1846
罗比森 Robison，J.［英］1759
罗宾斯 Robins，B.［英］1740，1742
罗伯茨 Roberts，R.［英］1817
罗伯特 Robert，N.L.［法］1798
罗布林 Roebling，J.A.［美］1841
罗德曼 Rodman，T.J.［美］1860
罗杰斯 Rogers，M.［美］1819
罗蒙诺索夫 Ломоносов，M.B.［俄］1742，1763
罗默 Romer，O.C.［丹］1684
洛伯夫 Laubeuf，M.［法］1899
洛卡提里 Locatelli，J.［希］1663
洛斯［法］1864
落下闳［中］B.C.111
吕才［中］7世纪
吕尔曼 Lührmann，F.W.［德］1867

M

马尔柯 Marko［意］1865
马钧［中］约230，235
马克沁 Maxim，H.S.［英］1883
马雷 Marey，É.J.［法］1882
马里亚诺 Mariano，D.J.D.I.T.［意］1438
马利兹 Maritz，J.［典］1713
马奇 Mudge，T.［英］1757，1765
马希特 Mushet，D.［英］1868
迈克尔逊 Michelson，A.A.［美］1881
麦考密克 McCormick，C.H.［美］1834，1851
麦克米伦 Macmillan，K.［英］1839
麦克斯韦 Maxwell，J.C.［英］1876
曼比 Manby，G.W.［英］1813
曼内斯曼兄弟 Mannesmann，R.；Mannesmann，M.［德］1860，1885
茅元仪［中］1621
梅巴克［德］1893
梅西 Massey，E.［英］1820
门克 Mönch，P.［德］1496
孟席斯 Menzies，M.［英］1732
米尔 Mill，H.［英］1714
米尔恩［英］1880
米克尔 Meikle，A.［英］1750，1788
莫尔斯 Morse，S.［美］1837
莫兰德 Morland，S.［英］1666，1674
莫里斯［荷］1582
莫兹利 Maudslay，H.［英］1797，1802，1807
默根特勒 Mergenthaler，O.［德］1879，1885
默里 Murray，M.［英］1805

N

纳尔托夫 Nartov，A.［俄］1720

O

P

Q

R

S

沈括［中］1074，1075，11世纪
施韦格尔 Schwigger，J.S.［德］1820
史蒂芬森 Stephenson，G.［英］1814
史密斯 Smith，F.P.［英］1836
史密斯 Smith，J.［英］1811，1834
朔佩尔 Schopper，H.［德］1568
斯米顿 Smeaton，J.［英］1754，1760，1768，1772，1789
斯潘塞 Spencer，C.M.［美］1873
斯潘塞 Spencer，J.［英］1844
斯普纳 Spooner，E.［美］1799
斯坦厄普 Stanhope，C.［英］1775，1800
斯特里特 Street，R.［英］1794
斯梯恩 Stearns，C.H.［英］1900
宋应星［中］1637
苏颂［中］1092，1096
孙云球［中］1628，17 世纪
索默林 Sommerring，S.T.V.［德］1809
索热尔［瑞］1783

T

塔尔 Tull，J.［英］1701，1714，1750
塔尼尔 Tarnier，É.S.［法］1877
汤利 Towneley，R.［英］1677
汤姆生 Thomson，C.W.［英］1872
汤姆生 Thomson，E.［英］1876
汤姆生（开尔文）Thomson，W.（Lord Kelvin）［英］1852，1853，1855，1878
汤若望 Bell，J.A.S.V.［德］1643
唐金 Donkin，B.［英］1803，1813
特奥菲卢斯 Theophilus P.［希］12世纪
特里维西克 Trevithick，R.［英］1800，1802，1813
特罗佩纳 Tropenas，A.［法］1891
特斯拉 Tesla，N.［美］1887
提奥多鲁斯 Theodorus of Samos［希］B.C.550，B.C.532
托德 Todd，L.J.［英］1885
托尔 Tower，B.［英］1879
托法姆 Topham，C.F.［英］1900
托里拆利 Torricelli，E.［意］1643
托马斯 Thomas，C.X.［法］1818
托马斯・杨 Thomas Y.［英］1807

W

瓦罗 Varlo，C.［英］1772
瓦特 Watt，J.［英］1765，1775，1779，1781，1784，1788，1794
王徵［中］1627
威尔夫利 Wilfley，A.R.［英］1895
威尔金森 Wilkinson，J.［英］1758，1774，1775，1787，1794
威尔科克斯 Wilcox，S.［美］1867
威尔逊 Wilson，A.B.［美］1854
威克斯 Wicks，F.［英］1881
威斯汀豪斯 Westinghouse，G.［美］1868
韦伯 Weber，W.E.［德］1837
韦纳姆 Wenham，F.H.［英］1871
维兰梯乌斯 Verantius，F.［意］1617
维格里斯 Vignoles，C.B.［英］1837
维森塔尔 Wiesenthal，C.F.［英］1755
文丘里 Venturi，G.B.［意］1791
沃恩 Vaughan，P.［英］1794
沃尔夫 Wolff，A.［英］1804
沃康松 Vaucanson，J.D.［法］1738，1745
沃拉斯顿 Wollaston，W.H.［英］1809

沃特曼 Waterman，L.［美］1884
沃辛顿 Worthington，H.R.［美］1850
吾丘衍［中］13世纪
伍德 Wood，A.［英］1853
伍德沃德 Woodward，T.［美］1842
武斯特 Worcester，E.S.［英］1663

X

西贝 Siebe，A.［英］1837
西格尔 Sidgier，H.［英］1782
西克斯 Six，J.［英］1780
西森 Sisson，J.［英］1730
希尔 Hill，G.W.［美］1856，1887
希尔德 Шильдер，К.А.［俄］1834
希拉克略 Heraclius［拜占庭］10世纪
解飞［中］340
希罗 Hero of Alexandia［希］60，1世纪
希帕恰斯 Hipparchus［希］前2世纪
希思 Heath，J.［英］1750
席卡特 Schickard，W.［德］1623—1624
夏普 Chappe，C.［法］1791
肖尔斯 Sholes，C.L.［美］1868
辛格 Singer，I.M.［美］1851
信都芳［中］6 世纪
熊三拔 Sabatino，D.U.［意］1612
休斯 Hughes，D.E［美］1878
徐朝俊［中］1809
徐光启［中］1612
徐寿［中］1862，1865

Y

燕肃［中］1031
雅卡尔 Jacqard，J.M.［法］1801
雅可比 Jacobi，C.G.J.［德］1838
杨 Young，J.H.［法］1840
耶尔 Yale，L.S.［美］1848
尤尔 Ure，A.［英］1830
尤因 Ewing，J.A.［英］1880
于尔根 Jürgen，J.［德］1530
约翰森 Johansson，C.E.［典］1894
岳义方［中］969

Z

赞恩 Zahn，J.［英］1685
曾国藩［中］1861
曾公亮［中］1044
詹克斯 Jenks，A.［美］1830
詹森 Janssen，P.J.C.［法］1879
詹希元［中］1360
张衡［中］约117，132
张思训［中］979
召信臣［中］B.C.34
宗卡 Zonca，V.［意］1621
祖冲之［中］475
左宗棠［中］1866，1867